Apache Airflow
数据编排实战

[荷] 巴斯·哈伦斯拉克(Bas Harenslak)　　著
　　 朱利安·德·瑞特(Julian de Ruiter)

　　　殷海英　　　　　　　　　　　　译

清华大学出版社

北　京

北京市版权局著作权合同登记号 图字：01-2022-2371

Data Pipelines with Apache Airflow
EISBN: 978-161729-690-1

Original English language edition published by Manning Publications, USA © 2021 by Manning Publications. Simplified Chinese-language edition copyright © 2022 by Tsinghua University Press Limited. All rights reserved.

本书封面贴有清华大学出版社防伪标签，无标签者不得销售。
版权所有，侵权必究。举报：010-62782989, beiqinquan@tup.tsinghua.edu.cn。

图书在版编目(CIP)数据

Apache Airflow 数据编排实战 / (荷) 巴斯•哈伦斯拉克 (Bas Harenslak), (荷) 朱利安•德•瑞特 (Julian de Ruiter) 著；殷海英译. —北京：清华大学出版社，2022.10
书名原文：Data Pipelines with Apache Airflow
ISBN 978-7-302-61815-7

Ⅰ. ①A… Ⅱ. ①巴… ②朱… ③殷… Ⅲ. ①数据管理 Ⅳ. ①TP274

中国版本图书馆 CIP 数据核字(2022)第 166473 号

责任编辑：王　军
装帧设计：孔祥峰
责任校对：成凤进
责任印制：刘海龙

出版发行：清华大学出版社
　　　　　网　　址：http://www.tup.com.cn, http://www.wqbook.com
　　　　　地　　址：北京清华大学学研大厦 A 座　　邮　编：100084
　　　　　社 总 机：010-83470000　　邮　购：010-62786544
　　　　　投稿与读者服务：010-62776969, c-service@tup.tsinghua.edu.cn
　　　　　质 量 反 馈：010-62772015, zhiliang@tup.tsinghua.edu.cn
印 装 者：小森印刷霸州有限公司
经　　销：全国新华书店
开　　本：170mm×240mm　　印　张：26.75　　字　数：618 千字
版　　次：2022 年 11 月第 1 版　　印　次：2022 年 11 月第 1 次印刷
定　　价：128.00 元

产品编号：094367-01

译者序

在上"数据科学 101"这门课的时候，学生问了我一个问题："我们如何将多种数据汇聚并处理成我们想要的样子？"对于这个问题，在不同的时间，也许我会给出不同的答案。如果是在十多年前，恐怕我会说："首先要通过某家数据库公司出品的数据同步软件将数据选择性同步，然后再使用 ETL 或 ELT 软件对数据抽取转换，最后生成我们想要的样子。"我想，这样的解释对于计算机科学专业的学生来说，应该不难理解。但今天，我如果仍然这样对台下那些来自不同专业、想通过数据科学帮助他们实现各种有趣研究的学生来说，真的是晦涩难懂并且显得过于老套。我一直在寻找一个解决方案，能够通过简单的脚本语言，搭配简单明了的可视化界面，将众多数据以数据流的方式处理成我们想要的样子。在 2015 年的圣诞节前，我找到了一个比较合适的方案。当时我和同事去拉斯维加斯参加一个学术会议，在回洛杉矶的路上，我们发现我们对彼此所能够欣赏的音乐风格存在很大的差异，真的找不到一个音乐流派让我们同时接受，索性就关掉收音机。但为了避免尴尬，只能聊聊最近看到和学到的东西。他说，你是否知道在年中的时候，Airbnb 做了一个有趣的东西，用来处理他们日益复杂的数据流程，并且使用简单的脚本语言和 Web 界面来实现？真的很感谢他提出的话题，让这几小时的路程变得有趣。从那之后，我一直追踪 Airflow 的发展，并在近几年将它纳入数据科学相关的课程中。

《Apache Airflow 数据编排实战》通过 4 部分深入浅出地介绍了什么是 Airflow，如何部署和使用 Airflow，并涉及许多深入的主题，让你对 Airflow 能够有全面的了解，并且在本书的第Ⅲ部分，为大家提供了许多实用的案例，让你能够快速使用 Airflow 解决工作中遇到的各种数据流处理问题。现在是云的时代，在本书的第Ⅳ部分介绍了大量的上云示例，让你能够轻松地使用 Airflow 管理各种本地、云端或者二者混合在一起的数据流。

很高兴清华大学出版社引进了这本书，我能有幸完成本书的翻译工作。在这里要感谢清华大学出版社的王军老师，感谢他帮助我出版了十多种关于数据科学和高性能计算的书籍，也要感谢我的学生对我的支持，尤其感谢我的学生祁翊嘉帮我完成本书的校对和实验脚本的测试。

殷海英
埃尔赛贡多，加利福尼亚州
2022.7

前　言

我们都很幸运能在这个有趣而富有挑战性的时代成为数据工程师。无论怎样，许多公司和组织都意识到，数据在管理企业和改善运营方面发挥着关键作用。机器学习和人工智能的迅速发展为我们提供了大量新的机遇。然而，采用以数据为中心的流程通常非常困难，因为它通常需要协调跨许多异构系统工作，并将所有工作以一种稳定、及时的方式捆绑在一起，以便进行后续分析或产品部署。

2014 年，Airbnb 的工程师们意识到在公司内部管理复杂数据工作流是一件非常具有挑战的事情。为了应对这种挑战，他们开发了 Airflow：一个开源的解决方案，允许他们编写和安排工作流，并使用内置的 Web 界面监控工作流运行。

Airflow 项目的成功很快引起了 Apache 软件基金会的注意，并在 2016 年将其作为孵化器项目，在 2019 年将其作为顶级项目。因此，现在许多大公司都依赖 Airflow 来协调许多关键的数据处理任务。

作为 GoDataDriven 的技术顾问，我们已经帮助许多客户将 Airflow 作为项目的关键组件应用在生产系统中，这些项目涉及数据湖、数据平台、机器学习模型等的应用场景。在这个过程中，我们意识到交付这些解决方案可能具有很大的挑战性，因为像 Airflow 这样复杂的工具很难在短时间内掌握。为此，我们还在 GoDataDriven 开发了一个 Airflow 培训项目，并经常组织和参加会议，分享我们的知识、观点，以及一些开源软件包。在我们探索 Airflow 的过程中，不断发现它的复杂性，并且通过阅读文档来完全掌握 Airflow 并不是一件容易的事情。

在《Apache Airflow 数据编排实战》中，我们旨在全面介绍 Airflow，涵盖从构建简单工作流到开发定制组件，以及设计并管理 Airflow 部署的所有内容。我们打算用一种简洁、易于遵循的格式，将多个主题集中在一起，从而对许多优秀的博客及其他在线文档进行补充。在此过程中，我们希望能够通过在过去几年中积累的经验，为你成功开启 Airflow 的探索之旅。

作者简介

  Bas Harenslak 是 GoDataDriven 的数据工程师。GoDataDriven 是一家位于荷兰阿姆斯特丹的开发数据驱动解决方案的公司。Harenslak 拥有软件工程和计算机科学背景,他喜欢研究软件和数据,从事开源软件的工作,他是 Apache Airflow 项目的提交者,并且是阿姆斯特丹 Airflow 用户组的联合组织者。

  Julian de Ruiter 是一名机器学习工程师,拥有计算机和生命科学背景,并拥有计算癌症生物学博士学位。作为一名经验丰富的软件开发人员,他喜欢通过使用云端和开源软件来开发可用于生产的机器学习解决方案,从而在数据科学和工程领域之间架起桥梁。在业余时间,他喜欢开发自己的 Python 包,为开源项目做贡献,他也喜欢研究电子产品。

致　　谢

如果没有众多技术专家的大力支持，本书是不可能完成的。来自 GoDataDriven 的同事及我们的朋友提供了大量的支持与帮助，并提供了宝贵的建议和批判性的见解。此外，Manning Early Access Program (MEAP)的读者在网上论坛发表的评论也提供了许多帮助。

感谢如下来自开发过程的审阅者，他们提供了很有帮助的反馈：Al Krinker、Clifford Thurber、 Daniel Lamblin、 David Krief、Eric Platon、Felipe Ortega、Jason Rendel、Jeremy Chen、Jiri Pik、Jonathan Wood、 Karthik Sirasanagandla、Kent R. Spillner、Lin Chen、Philip Best、Philip Patterson、Rambabu Posa、Richard Meinsen、Robert G. Gimbel、Roman Pavlov、Salvatore Campagna、Sebastián Palma Mardones、Thorsten Weber、Ursin Stauss 和 Vlad Navitski。

在 Manning 出版社方面，要特别感谢我们的策划编辑 Brian Sawyer，他帮助我们制定了最初的出版提案，并相信我们能够实现它；我们的项目编辑 Tricia Louvar，非常耐心地解答我们所有的问题和疑虑，对每个草稿章节都提供了重要的反馈，这些是我们整个撰写过程中必不可少的指南；同时也要感谢其他工作人员：执行编辑 Deirdre Hiam、文本编辑 Michele Mitchell、校对员 KeriHales，以及技术审校者 Al Krinker。

Bas Harenslak

我要感谢我的家人和朋友在过去的一年半中对我的耐心和支持。我要感谢斯蒂芬妮，谢谢她一直忍受我在电脑前工作。同时要感谢 Miriam、Gerd 和 Lotte，感谢他们在我撰写本书时对我的耐心与信任。我还要感谢 GoDataDriven 团队的支持和奉献，他们一直在学习和进取。在五年前，我开始工作时，我根本无法想象自己会成为一本书的作者。

Julian de Ruiter

首先，我要感谢我的妻子 Anne Paulien 和我的儿子 Dexter，感谢他们在我撰写本书时对我的无尽耐心与支持。如果没有他们坚定不移的支持，这本书就不可能出版。同样，我还要感谢来自我们的家人和朋友的支持与信任。最后，我要感谢来自 GoDataDriven 的同事们，谢谢他们的建议和鼓励，过去几年，我从他们那里学到了很多有价值的知识。

关于本书

《Apache Airflow 数据编排实战》旨在帮助你使用 Airflow 实现面向数据的工作流(或管道)。本书首先介绍了使用 Python 编程语言以编程方式为 Apache Airflow 构建工作流所涉及的概念和机制。然后切换到更深入的主题，例如通过构建自定义的组件和全面测试你的工作流程来扩展 Airflow 功能。本书的最后一部分侧重于设计和管理 Airflow 部署，涉及安全性和为多个云平台设计架构等主题。

本书的目标读者

《Apache Airflow 数据编排实战》是为希望在 Airflow 中开发基本工作流的数据科学家和工程师，以及对更高级主题(例如为 Airflow 构建自定义组件或管理 Airflow 部署)感兴趣的工程师们编写的。由于 Airflow 工作流及组件是用 Python 构建的，我们希望读者具有 Python 编程的中级经验(即具有构建 Python 函数和类的良好工作知识，理解诸如 *args 和**kwargs 等概念)。如果你具有 Docker 的相关经验，也将能帮助你更好地理解本书中的内容，因为我们的大多数代码示例都是使用 Docker 运行的(如果你愿意，它们也可以在本地运行)。

本书内容组织路线图

本书由 4 大部分，共计 18 章组成。

在第 I 部分，重点介绍 Airflow 的基础知识，解释什么是 Airflow 并介绍相关基本概念。

- 第 1 章讨论数据工作流/管道的概念以及如何使用 Apache Airflow 构建它们，还讨论了 Airflow 与其他解决方案相比的优缺点，包括那些不适合使用 Apache Airflow 的场景。
- 第 2 章介绍 Apache Airflow 中管道(也称为 DAG)的基本结构，并解释与此相关的不同组件以及如何将它们组合在一起。
- 第 3 章展示如何使用 Airflow 安排管道通过特定的时间间隔重复运行，以便你可以按照时间顺序将增量数据加载到管道当中。本章还深入探讨了 Airflow 调度机制中的一些复杂情况，这通常是产生混淆问题的根源。

- 第 4 章演示如何使用 Airflow 中的模板机制在管道定义中动态包含变量。这将为你的管道运行带来更大的灵活性。比如，可以将计划执行日期作为参数放在管道中运行。
- 第 5 章展示定义管道中任务之间关系的不同方法，允许你使用分支、条件任务以及共享变量来构建更复杂的管道结构。

第 II 部分将深入探讨如何使用更复杂的 Airflow 主题，包括与外部系统的接口、构建自定义组件以及为你的管道设计测试场景。

- 第 6 章展示如何使用非固定计划的方式(例如加载文件或通过 HTTP 调用)触发工作流。
- 第 7 章演示如何使用操作符在 Airflow 之外编排各种任务的工作流，允许你通过未连接的系统开发事件流。
- 第 8 章解释如何为 Airflow 构建自定义组件，以便跨管道重用功能，或与 Airflow 内置功能无法支持的系统集成。
- 第 9 章讨论用于测试 Airflow 工作流的各种技术，涉及 operator 的几个属性以及如何在测试期间处理这些属性。
- 第 10 章演示如何使用基于容器的工作流在 Docker 或 Kubernetes 中运行管道任务，并讨论了这些基于容器的方法的优缺点。

第 III 部分着重于在实践中应用 Airflow，并涉及诸如最佳实践、运行/保护 Airflow，并在最后通过示例提供了相关演示。

- 第 11 章着重介绍在构建管道时可以使用的几个最佳实践，这些实践将帮助你设计和实现高效和可维护的解决方案。
- 第 12 章详细介绍在生产中设置运行 Airflow 时需要考虑的注意事项，如扩展、监控、日志记录和警报的架构等内容。
- 第 13 章讨论如何确保 Airflow 的安全，以避免非授权的访问，并尽量降低发生违规操作时的影响。
- 第 14 章展示一个示例 Airflow 项目，其中我们定期处理来自纽约市的 Yellow Cab 和 Citi Bikes 的行程数据，以确定社区之间最快的交通方式。

第 IV 部分探讨如何在多个云平台中运行 Airflow，包括为不同的云平台设计 Airflow 的部署，以及如何使用内置操作符与不同的云服务交互等主题。

- 第 15 章概要介绍在云端部署中所涉及的 Airflow 组件，介绍了内置于 Airflow 中的特定于云端的组件背后的设计原理，并比较自己在云端部署 Airflow 与使用托管解决方案的优缺点。
- 第 16 章重点介绍 Amazon 的 AWS 云平台，将介绍如何使用 AWS 上的 Airflow 服务，并演示如何使用特定组件来利用 AWS 服务，本章是对前一章很好的扩展与补充。
- 第 17 章介绍针对微软 Azure 平台的部署，并演示为云端设计的特定组件的使用方法。

- 第 18 章介绍针对谷歌的 GCP 平台的部署，并演示为云端设计的特定组件的使用方法。

刚接触 Airflow 的读者应该阅读第 1 章和第 2 章，从而了解什么是 Airflow，它的功能是什么。第 3~5 章提供了关于 Airflow 关键功能的重要信息。本书的其余部分讨论了诸如构建定制组件、测试、最佳实践和部署等主题，读者可以根据需求选择性地阅读。

关于代码

在许多情况下，原始源代码已经被重新格式化，我们添加了换行符并对缩进重新排版，以适应书中可用的页面空间。此外，当在文本中描述代码时，源代码中的注释通常会从清单中删除。在清单中，我们通过代码注释来显示一些重要的概念与内容。

所有示例的源代码和使用 Docker 及 Docker Compose 运行代码的指令都可以在我们的 GitHub 存储库(https://github.com/BasPH/data-pipelines-with-apache-airflow)中找到，也可扫描封底二维码下载。

注意：附录 A 提供了关于运行示例代码的更详细说明。

所有示例代码都已通过 Airflow 2.0 测试。大多数示例依旧可以在早期版本的 Airflow(如 1.10)上运行，只需稍作修改。在一些情况下，我们通过内联指针来说明如何实现这一点。为了帮助你解释 Airflow 2.0 和 1.10 之间导入路径的差异，附录 B 概述了两个版本之间更改的导入路径。

关于封面插图

《Apache Airflow 数据编排实战》封面上的图片标题是 *Femme del'Isle de Siphanto*。这幅插图摘自 1797 年在法国出版的 Jacques Grasset de Saint-Sauveur(1757—1810)的 *Costumes de Différents Pays*。其中每幅插图都是手工精心绘制并上色的。丰富多样的圣索夫尔收藏生动地提醒我们，200 年前世界上的城镇和地区在文化上存在巨大的差异。由于彼此隔绝，人们说着不同的方言和语言。在街上或乡下，只要看他们的衣着，就很容易知道他们住在哪里，他们的职业或地位是什么。

从那时起，人们的着装方式开始发生变化，地区差异在过去非常明显，但现在已经几乎消失。现在很难区分来自不同国家或地区的居民，更不用说不同的城镇了。也许，我们用文化的多样性换取了更多样化的个人生活——当然，是更多样化、节奏更快的科技生活。

在这个计算机图书同质化严重的时代，Manning 出版社以两个世纪前地区生活的多样性为基础，用书的封面来庆祝计算机行业的创造性和主动性，并用 Grasset de Saint-Sauveur 的插画将这些丰富多彩的生活重新展现给大家。

目　　录

第 I 部分　入门

第 1 章　遇见 Apache Airflow ········· 3
- 1.1　数据管道介绍 ·························· 3
  - 1.1.1　数据管道的图形表示 ········· 4
  - 1.1.2　运行管道图 ······················· 5
  - 1.1.3　管道图与顺序脚本 ············· 6
  - 1.1.4　使用工作流管理器运行数据流 ··· 8
- 1.2　Airflow 介绍 ··························· 9
  - 1.2.1　通过 Python 代码灵活定义数据管道 ···················· 9
  - 1.2.2　调度并执行数据管道 ········ 10
  - 1.2.3　监控和处理故障 ··············· 11
  - 1.2.4　增量载入和回填 ··············· 14
- 1.3　何时使用 Airflow ·················· 14
  - 1.3.1　选择 Airflow 的原因 ········· 14
  - 1.3.2　不使用 Airflow 的理由 ····· 15
- 1.4　本书的其余部分 ······················ 15
- 1.5　本章小结 ································· 16

第 2 章　Airflow DAG 深度解析 ········ 17
- 2.1　从大量数据源中收集数据 ······· 17
- 2.2　编写你的第一个 Airflow DAG ···················· 19
  - 2.2.1　任务与 operator ··············· 22
  - 2.2.2　运行任意 Python 代码 ······ 23
- 2.3　在 Airflow 中运行 DAG ········ 25
  - 2.3.1　在 Python 环境中运行 Airflow ··· 25
  - 2.3.2　在 Docker 容器中运行 Airflow ··· 26
  - 2.3.3　使用 Airflow 图形界面 ····· 27
- 2.4　运行定时任务 ·························· 31
- 2.5　处理失败的任务 ······················ 32
- 2.6　本章小结 ································· 34

第 3 章　Airflow 中的调度 ················ 35
- 3.1　示例：处理用户事件 ··············· 35
- 3.2　定期执行 DAG ························ 37
  - 3.2.1　使用调度器计划性运行 ····· 37
  - 3.2.2　基于 cron 的时间间隔 ······ 38
  - 3.2.3　基于频率的时间间隔 ········ 40
- 3.3　增量处理数据 ·························· 40
  - 3.3.1　获取增量事件数据 ············ 40
  - 3.3.2　使用执行日期的动态时间参考 ··· 42
  - 3.3.3　对数据执行分区 ··············· 43
- 3.4　理解 Airflow 的执行日期 ······· 45
- 3.5　使用回填技术填补过去的空白 ···································· 47
- 3.6　任务设计的最佳实践 ··············· 49
  - 3.6.1　原子性 ······························ 49
  - 3.6.2　幂等性 ······························ 51
- 3.7　本章小结 ································· 52

第 4 章　使用 Airflow context 对任务进行模板化 ······················· 53
- 4.1　为 Airflow 准备数据 ·············· 53
- 4.2　任务 context 和 Jinja 模板 ···· 55
  - 4.2.1　对 operator 使用参数模板 ··· 56
  - 4.2.2　模板中可用的变量及表达式 ··· 57
  - 4.2.3　对 PythonOperator 使用模板 ··· 60
  - 4.2.4　为 PythonOperator 提供变量 ··· 64
  - 4.2.5　检查模板化参数 ··············· 66
- 4.3　连接到其他系统 ······················ 67
- 4.4　本章小结 ································· 74

第 5 章　定义任务之间的依赖关系 75
- 5.1 基本依赖关系 75
  - 5.1.1 线性依赖关系 75
  - 5.1.2 扇入/扇出依赖 77
- 5.2 分支 79
  - 5.2.1 在任务内部执行分支操作 79
  - 5.2.2 在 DAG 中使用分支技术 81
- 5.3 带有条件的任务 85
  - 5.3.1 在任务内部使用条件 85
  - 5.3.2 对 DAG 使用条件 86
  - 5.3.3 使用内置 operator 88
- 5.4 触发条件详解 88
  - 5.4.1 什么是触发规则 88
  - 5.4.2 失败的影响 89
  - 5.4.3 其他触发规则 90
- 5.5 在任务之间共享数据 91
  - 5.5.1 使用 XCom 共享数据 91
  - 5.5.2 XCom 的适用场景 94
  - 5.5.3 使用自定义 XCom 后端存储 95
- 5.6 使用 Taskflow API 连接 Python 任务 95
  - 5.6.1 使用 Taskflow API 简化 Python 任务 96
  - 5.6.2 Taskflow API 的适用场景 98
- 5.7 本章小结 99

第 II 部分　Airflow 深入学习

第 6 章　触发工作流 103
- 6.1 带有传感器的轮询条件 103
  - 6.1.1 轮询自定义条件 106
  - 6.1.2 传感器的异常情况 107
- 6.2 触发其他 DAG 110
  - 6.2.1 使用 TriggerDagRunOperator 执行回填操作 114
  - 6.2.2 轮询其他 DAG 的状态 114
- 6.3 使用 REST/CLI 启动工作流 117
- 6.4 本章小结 120

第 7 章　与外部系统通信 121
- 7.1 连接到云服务 122
  - 7.1.1 安装额外的依赖软件包 122
  - 7.1.2 开发一个机器学习模型 123
  - 7.1.3 在本地开发外部系统程序 128
- 7.2 在系统之间移动数据 134
  - 7.2.1 实现 PostgresToS3Operator 136
  - 7.2.2 将繁重的任务"外包"出去 139
- 7.3 本章小结 141

第 8 章　创建自定义组件 143
- 8.1 从 PythonOperator 开始 143
  - 8.1.1 模拟电影评分 API 144
  - 8.1.2 从 API 获取评分数据 146
  - 8.1.3 构建具体的 DAG 149
- 8.2 创建自定义 hook 151
  - 8.2.1 设定自定义 hook 151
  - 8.2.2 使用 MovielensHook 构建 DAG 156
- 8.3 构建自定义 operator 158
  - 8.3.1 创建自定义 operator 158
  - 8.3.2 创建用于获取评分数据的 operator 159
- 8.4 创建自定义传感器 162
- 8.5 将你的组件打包 165
  - 8.5.1 引导 Python 包 166
  - 8.5.2 安装你的 Python 包 168
- 8.6 本章小结 169

第 9 章　测试 171
- 9.1 开始测试 171
  - 9.1.1 所有 DAG 的完整性测试 172
  - 9.1.2 设置 CI/CD 管道 177
  - 9.1.3 编写单元测试 179
  - 9.1.4 pytest 项目结构 180
  - 9.1.5 使用磁盘上的文件测试 184
- 9.2 在测试中使用 DAG 和任务 context 186
- 9.3 使用测试进行开发 198

9.4 使用 Whirl 模拟生产环境……201
9.5 创建 DTAP 环境……201
9.6 本章小结……201

第10章 在容器中运行任务……203
10.1 同时使用多个不同 operator 所面临的挑战……203
 10.1.1 operator 接口和实现……204
 10.1.2 复杂且相互冲突的依赖关系……204
 10.1.3 转向通用 operator……205
10.2 容器……205
 10.2.1 什么是容器……206
 10.2.2 运行第一个 Docker 容器……207
 10.2.3 创建 Docker 映像……207
 10.2.4 使用卷持久化数据……209
10.3 容器与 Airflow……212
 10.3.1 容器中的任务……212
 10.3.2 为什么使用容器……212
10.4 在 Docker 中运行任务……213
 10.4.1 使用 DockerOperator……213
 10.4.2 为任务创建容器映像……215
 10.4.3 使用 Docker 任务创建 DAG……218
 10.4.4 基于 Docker 的工作流……220
10.5 在 Kubernetes 中运行任务……221
 10.5.1 Kubernetes 介绍……221
 10.5.2 设置 Kubernetes……222
 10.5.3 使用 KubernetesPodOperator……225
 10.5.4 诊断 Kubernetes 相关的问题……228
 10.5.5 与基于 docker 的工作流的区别……230
10.6 本章小结……231

第Ⅲ部分 Airflow 实践

第11章 最佳实现……235
11.1 编写清晰的 DAG……235
 11.1.1 使用风格约定……235
 11.1.2 集中管理凭证……239
 11.1.3 统一指定配置详细信息……240
 11.1.4 避免在 DAG 定义中计算……242
 11.1.5 使用工厂函数生成通用模式……244
 11.1.6 使用任务组对相关任务进行分组……247
 11.1.7 为重大变更创建新的 DAG……248
11.2 设计可重用的任务……249
 11.2.1 要求任务始终满足幂等性……249
 11.2.2 任务结果的确定性……249
 11.2.3 使用函数式范式设计任务……250
11.3 高效处理数据……250
 11.3.1 限制处理的数据量……250
 11.3.2 增量载入与增量处理……252
 11.3.3 缓存中间数据……252
 11.3.4 不要将数据存储在本地文件系统……253
 11.3.5 将工作卸载到外部系统或源系统……253
11.4 管理资源……254
 11.4.1 使用资源池管理并发……254
 11.4.2 使用 SLA 和告警来检测长时间运行的任务……255
11.5 本章小结……256

第12章 在生产环境中使用 Airflow……257
12.1 Airflow 架构……258
 12.1.1 挑选适合的执行器……259
 12.1.2 为 Airflow 配置 metastore……259
 12.1.3 深入了解调度器……261
12.2 安装每个执行器……265
 12.2.1 设置 SequentialExecutor……266
 12.2.2 设置 LocalExecutor……266
 12.2.3 设置 CeleryExecutor……267
 12.2.4 设置 KubernetesExecutor……269
12.3 捕获所有 Airflow 进程的日志……276
 12.3.1 捕获 Web 服务器输出……276
 12.3.2 捕获调度器输出……277

12.3.3 捕获任务日志 278
12.3.4 将日志发送到远程存储 278
12.4 可视化及监控 Airflow 指标 279
12.4.1 从 Airflow 收集指标 279
12.4.2 配置 Airflow 以发送指标 280
12.4.3 配置 Prometheus 以收集指标 281
12.4.4 使用 Grafana 创建仪表板 283
12.4.5 应监控的指标 285
12.5 如何获得失败任务的通知 287
12.5.1 DAG和operator内的告警 287
12.5.2 定义服务级别协议(SLA) 289
12.6 可伸缩性与性能 290
12.6.1 控制最大运行任务数 290
12.6.2 系统性能配置 292
12.6.3 运行多个调度器 292
12.7 本章小结 293

第 13 章 Airflow 安全性 295
13.1 保护 Airflow Web 界面 296
13.1.1 将用户添加到RBAC界面 296
13.1.2 配置 RBAC 界面 299
13.2 加密静态数据 300
13.3 连接 LDAP 服务 301
13.3.1 理解 LDAP 302
13.3.2 从 LDAP 服务获取用户 304
13.4 加密与 Web 服务器的通信 305
13.4.1 了解 HTTPS 305
13.4.2 为 HTTPS 配置证书 307
13.5 从认证管理系统获取凭证 311
13.6 本章小结 314

第 14 章 实战：探索游览纽约市的最快方式 315
14.1 理解数据 318
14.1.1 Yellow Cab 文件共享 318
14.1.2 Citi Bike REST API 319

14.1.3 确定算法 320
14.2 提取数据 320
14.2.1 下载 Citi Bike 数据 321
14.2.2 下载 Yellow Cab 数据 323
14.3 对数据应用类似的转换 325
14.4 构建数据管道 330
14.5 开发幂等的数据管道 331
14.6 本章小结 333

第Ⅳ部分 在云端

第 15 章 Airflow 在云端 337
15.1 设计云端部署策略 337
15.2 云端专用的 hook 和 operator 339
15.3 托管服务 340
15.3.1 Astronomer.io 340
15.3.2 Google Cloud Composer 340
15.3.3 适用于 Apache Airflow 的 Amazon 托管工作流 341
15.4 选择部署策略 342
15.5 本章小结 342

第 16 章 在 AWS 中运行 Airflow 345
16.1 在 AWS 中部署 Airflow 345
16.1.1 选择云服务 345
16.1.2 设计网络 347
16.1.3 添加 DAG 同步 347
16.1.4 使用 CeleryExecutor 扩展 348
16.1.5 后续步骤 349
16.2 针对 AWS 的 hook 和 operator 350
16.3 用例：使用 AWS Athena 进行无服务器的电影排名 351
16.3.1 用例概要 352
16.3.2 设置资源 352
16.3.3 创建 DAG 355
16.3.4 环境清理 360
16.4 本章小结 361

第 17 章 在 Azure 中使用 Airflow……363
17.1 在 Azure 中部署 Airflow……363
17.1.1 选择服务……363
17.1.2 设计网络……364
17.1.3 使用 CeleryExecutor 扩展……365
17.1.4 后续步骤……366
17.2 针对 Azure 设计的 hook 和 operator……367
17.3 示例：在 Azure 上运行无服务器的电影推荐程序……367
17.3.1 示例概要……368
17.3.2 设定资源……368
17.3.3 创建 DAG……372
17.3.4 环境清理……377
17.4 本章小结……378

第 18 章 在 GCP 中运行 Airflow……379
18.1 在 GCP 中部署 Airflow……379
18.1.1 选择服务……379
18.1.2 使用 Helm 在 GKE 上部署 Airflow……381
18.1.3 与 Google 服务集成……383
18.1.4 设计网络……385
18.1.5 通过 CeleryExecutor 扩展……386
18.2 针对 GCP 的 hook 和 operator……388
18.3 用例：在 GCP 上运行无服务器的电影评级……392
18.3.1 上传到 GCS……392
18.3.2 将数据导入 BigQuery……394
18.3.3 提取最高评分……396
18.4 本章小结……399

附录 A 运行示例代码……401

附录 B Airflow 1 和 Airflow 2 中的包结构……405

附录 C Prometheus 指标映射……409

第 I 部分

入　　门

本书的第 I 部分将为你使用 Apache Airflow 构建各种数据管道的旅程奠定基础。前两章旨在概述什么是 Airflow 以及它可以为你完成哪些工作。

首先，在第 1 章中，我们将探索数据管道的概念，并概述 Apache Airflow 在帮助你实现这些管道方面所起的作用。同时，我们还将 Airflow 与其他几种技术进行比较，并讨论 Airflow 最适用的应用场景。接下来，第 2 章将介绍如何在 Airflow 中实现第一个数据管道。在构建管道后，我们还将介绍如何运行此数据管道，并使用 Airflow 的 Web 界面对它进行监控。

第 3~5 章将深入探讨 Airflow 的关键概念，让你对 Airflow 的基础有一个深入的了解。

在第 3 章中，将重点介绍调度语义，它允许你配置 Airflow 从而对管道进行定期运行。比如，这使你可以编写每天、每周或每月加载和处理数据的管道。接下来，在第 4 章中，我们将讨论 Airflow 中的模板机制，它允许你动态引用管道中的执行日期等变量。最后，在第 5 章中，我们将深入探讨在管道中定义任务依赖项的不同方法，这些方法允许你定义复杂的任务层次结构，包括条件任务、分支等。

如果你对 Airflow 并不熟悉，我们建议你一定要了解第 3~5 章中涉及的主要概念，因为这些是有效使用 Airflow 的关键。Airflow 的调度语义(在第 3 章描述)对于新用户来说也许会令人困惑，因为刚接触它们时，会让人觉得与常理不符。

完成第 I 部分后，你应该准备好在 Apache Airflow 中编写自己的基本管道，并准备好深入研究第 II~IV 部分中的那些更高级的主题。

第 *1* 章

遇见 Apache Airflow

本章主要内容
- 如何在工作流程中以任务图的形式表示数据管道
- 理解 Airflow 如何应用于工作流管理器的生态系统
- 判断 Airflow 是否适合你的工作场景

在当今社会,人们和企业都越来越受到数据的驱动,并将开发数据管道作为日常业务的一部分。近年来,在业务流程中涉及的数据量大幅增加,从每天兆字节增加到每分钟千兆字节。尽管处理这种数据洪流似乎是一个相当大的挑战,但这些不断增加的数据可以通过适当的工具管理。

本书重点介绍 Apache Airflow,这是一个通过面向批处理技术构建数据管道的框架。Airflow 的关键特性是,它允许你使用灵活的 Python 框架轻松构建数据管道,同时还提供了许多构建块,允许你将现代技术领域中的许多不同技术联合在一起。

Airflow 被认为是蛛网中的蜘蛛:它位于你的数据处理过程中心,协调不同(分布式)系统的工作。同样地,Airflow 本身并不是一个数据处理工具,而是在数据管道中负责对处理数据的不同组件进行协调。

本章首先简单介绍 Apache Airflow 中的数据管道。之后,将讨论在工作中是否使用 Airflow 作为数据流管理工具时需要考虑的几个因素,并演示如何在 Airflow 中迈出第一步。

1.1 数据管道介绍

数据管道通常由几个需要执行的任务或操作组成,从而达到预期的结果。例如,假设我们想要构建一个小型天气预报仪表板,告诉我们下周的天气情况(如图1-1所示)。要实现这个实时天气预报仪表板,需要执行如下步骤:

(1) 从天气 API 获取天气预报数据。

(2) 对获取的数据进行清理或转换(例如,将温度从华氏度转换为摄氏度),以便数据满足我们后续的使用需求。

(3) 将转换后的数据推送到天气预报仪表板中。

图 1-1　天气预报仪表板用例概述，天气数据来自外部 API，处理后传输到动态仪表板

如你所见，这个相对简单的管道由 3 个不同的任务组成，每个任务完成部分工作。此外，这些任务需要按照特定的顺序执行，例如在获取数据之前尝试对数据进行转换是毫无意义的。类似地，我们也不能将任何刚获取的数据直接推送到仪表板上，一定是在将这些数据进行必要的转换之后才能执行推送动作。因此，我们要确保这个数据流在运行时遵照特定的数据处理顺序。

1.1.1　数据管道的图形表示

将任务之间的依赖关系更明确地显示出来的一种方法是将数据管道绘制成图。在这种基于图的表示中，任务将被表示为图中的节点，而任务之间的依赖关系将通过任务节点之间的"有向边"来表示。"边"的方向表示依赖关系的方向，边从任务 A 指向任务 B，表示需要在任务 A 完成之后才能开始执行任务 B。注意，这种图通常被称为有向图，这是由于图中的边是带有方向的。

将这种图形表示应用到天气预报仪表板管道中，这个图提供了整个数据管道的相对直观的表示(如图 1-2 所示)。通过对图进行快速浏览，可以看到管道由 3 个不同的任务组成。除此之外，边的方向清楚地表明了任务需要执行的顺序：可以简单地沿着箭头跟踪执行过程。

图 1-2　天气预报仪表板数据管道的图形表示。节点表示任务，有向边表示任务之间的依赖关系
(由任务 A 指向任务 B 的边，表示任务 A 需要在任务 B 之前运行)

这种类型的图通常被称为有向无环图(Directed Acyclic Graph，DAG)，因为图中包含有向边，而不包含任何形式的环状结构(无环)。这个无环的(acyclic)属性非常重要，因为它可以防止任务之间陷入循环依赖(任务 A 依赖于任务 B，同时任务 B 也依赖于任务 A)。当尝试执行图时，这些循环依赖关系就会出现问题，因为可能会遇到这样的情况：任务 2 只能在任务 3 完成后执行，同时要求任务 3 只能在任务 2 完成后执行。这种逻辑上的不一致性导致了一种死锁情况的发生，即 task 2 和 task 3 都不能运行，从而阻止了图的正常运行，如图 1-3 所示。

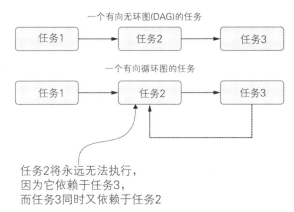

图1-3 由于存在循环依赖关系，图中的循环将阻止任务的执行。在非循环图(上图)中，有一个清晰的路径执行3个不同的任务。但是，在循环图(下图)中，由于任务2和任务3之间存在相互依赖性，因此不存在清晰的执行路径

请注意，这种表示与循环图(cyclic graph)表示不同。例如，循环图表示可以包含循环来说明算法的迭代部分，这在许多机器学习应用程序中很常见。然而，Airflow(以及许多其他工作流管理器)使用DAG的非循环(acyclic)属性来有效地处理和运行任务图。

1.1.2 运行管道图

使用有向无环图(DAG)表示的一个好处是，它提供了一个相对简单的算法，我们可以使用它运行管道。从概念上讲，该算法包括以下步骤：

(1) 对于图中的每个打开(或称为"未完成")的任务，执行以下操作：
- 对于指向任务的每条边，检查边另一端的"上游"任务是否已完成。
- 如果所有"上游"任务都已完成，则从下一步要运行的任务中，选出要执行的任务，并添加到任务执行队列中。

(2) 运行执行队列中的任务，并在任务完成后将其标记为已完成。

(3) 跳回步骤(1)并重复，直到图中的所有任务都已完成。

为了弄清它是如何工作的，可通过图1-4了解之前提到的天气预报的数据管道例子是如何运行的。在该算法的第一个循环中，我们看到Clean和Push任务仍然依赖于尚未完成的上游任务。因此，这些任务的依赖关系还没有得到满足，此时无法将它们添加到执行队列中。我们通过观察发现Fetch任务没有任何传入边，这就意味着它不存在任何未满足的上游依赖项，这个任务可以被添加到执行队列中。

完成Fetch任务后，可以通过检查Clean和Push任务的依赖关系来启动第二个循环。现在我们看到Clean任务可以在其上游依赖项(Fetch任务)完成之后来执行。因此，可以将Clean任务添加到执行队列中。而Push任务无法添加到队列中，因为它依赖于尚未完成的Clean任务。

在第三个循环中，在完成Clean任务后，Push任务终于可以执行了，因为它对Clean任务的上游依赖现在已经得到满足。因此，可以将Push任务添加到执行队列中。Push任

务执行完毕后，就没有其他任务要执行了，这样就完成了整个管道的执行过程。

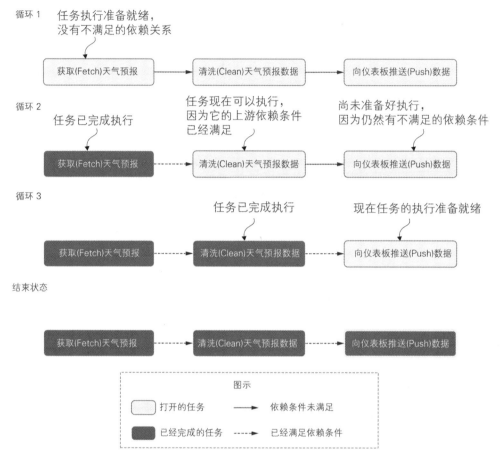

图 1-4　使用 DAG 结构通过正确的顺序执行数据管道中的任务：通过算法描述各个循环期间的每个任务状态，图中讲解了如何执行数据管道操作，最终达到结束状态

1.1.3　管道图与顺序脚本

尽管管道图表示法提供了管道中的任务及其依赖关系的直观描述，但你可能想知道，为什么不使用简单的脚本运行这个由 3 个步骤组成的线性任务链呢？为了说明基于图的方法的某些优点，让我们使用一个稍微大一点的示例。在这个新的示例中，假设一家雨伞公司的老板联系了我们，他受到我们之前开发的天气仪表盘的启发，想尝试使用机器学习(Machine Learning，ML)以提高他们的生产效率。为此，他希望我们创建一个数据管道，并创建一个机器学习模型，将雨伞销售与天气模式关联起来。根据未来几周的天气预报，通过这个模型预测未来几周市场对该公司生产的雨伞的需求量(如图 1-5 所示)。

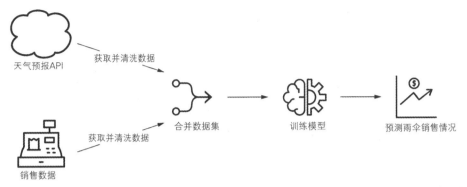

图1-5 雨伞需求的示例概述，首先使用历史天气数据和销售数据训练一个机器学习模型，然后根据天气预报对雨伞的未来销售情况进行预测

为构建一个训练机器学习模型的管道，需要实现如下步骤。

(1) 通过以下步骤准备销售数据：
- 从源系统获取销售数据。
- 对销售数据进行清洗和转换，使数据满足要求。

(2) 准备天气数据的方法如下：
- 从 API 获取天气预报数据。
- 对天气数据进行清洗和转换，使数据满足要求。

(3) 将销售数据和天气数据合并，将合并后的数据集作为机器学习预测模型的输入数据集。

(4) 使用上一步合并后的数据集训练模型。

(5) 部署机器学习模型，使它可以被用于销量预测。

这个数据管道也可以使用我们之前用过的基于图的方式表示，即将任务画成节点，任务之间的数据依赖关系画成有向边。

与前面示例的一个重要区别是，该管道的第一步(获取和清洗天气/销售数据)实际上是相互独立的，因为它们涉及两个独立的数据集。如图1-6所示，这是通过两个不同的分支图表示的数据管道，可以在图执行的算法中使用并行的技术。与串行执行的数据管道相比，这将充分利用可用资源，并降低数据管道的运行时间。

图1-6 在雨伞需求预测模型的数据管道图中，销售数据获取和天气数据获取是两个独立的任务，因为它们涉及两个不同的数据集，这种独立性在图中表现为这两个任务之间不存在有向边

使用图表示的另一个有用的特性是，它清楚地将管道分割成小的增量任务，而不是用一个单独的脚本或进程来完成所有的工作。尽管使用单一的脚本最初看起来并不是什

么大问题，但当数据管道中出现任务失败时，它可能会带来某些效率低下的问题，因为我们将不得不重新运行整个脚本。相反，如果使用图表示(graph representation)的方法，我们只需要重新运行失败的任务以及它的下游依赖项(后续任务)即可。

1.1.4 使用工作流管理器运行数据流

当然，运行依赖任务图的挑战并不是计算中的新问题。多年来，已经出现了许多所谓的"工作流管理"解决方案用来解决运行依赖任务图的问题，这些解决方案通常允许你将任务图定义为工作流或管道并运行它们。

表 1-1 列出了一些著名的工作流管理器。

表 1-1 常见的工作流管理器及其主要特征

名称	起源[a]	工作流定义语言	编程语言	是否支持调度	是否支持回填	用户界面[b]	安装平台	横向可扩展
Airflow	Airbnb	Python	Python	Yes	Yes	Yes	Anywhere	Yes
Argo	Applatix	YAML	Go	第三方[c]		Yes	Kubernetes	Yes
Azkaban	LinkedIn	YAML	Java	Yes	No	Yes	Anywhere	
Conductor	Netflix	JSON	Java	No		Yes	Anywhere	Yes
Luigi	Spotify	Python	Python	No	Yes	Yes	Anywhere	Yes
Make		Custom DSL	C	No	No	No	Anywhere	No
Metaflow	Netflix	Python	Python	No		No	Anywhere	Yes
Nifi	NSA	UI	Java	Yes	No	Yes	Anywhere	
Oozie		XML	Java	Yes	Yes	Yes	Hadoop	Yes

a 一些工具最初是由公司的(前)员工创建的；然而，所有工具都是开源的，不代表某家公司

b 用户界面的质量和功能存在很大差异

c https://github.com/bitphy/argo-cron

尽管这些工作流管理器都有各自的优点和缺点，但它们都提供了相似的核心功能，允许你定义及运行包含多个具有依赖关系的任务的数据管道。

这些工具之间的主要区别是它们如何定义工作流。例如，Oozie 等工具使用静态 XML 文件定义工作流，这可以提供清晰的工作流，但灵活性有限。而 Luigi 和 Airflow 等其他解决方案允许你通过代码方式定义工作流，这提供了极大的灵活性，但对工作流进行理解和测试可能更具挑战性，这很大程度上取决于实现工作流的人员的编码技能。

其他区别在于工作流管理器所提供的功能。例如，Make 和 Luigi 等工具不具有内置的调度功能，这意味着如果你想定期运行工作流，则需要使用像 Cron 这样的额外工具才能够实现。而其他工具可能会提供额外的功能，例如调度、监控、用户友好的 Web 界面等，这意味着为了使用这些功能，你不必自己安装各种软件，并将它们整合在一起。

总而言之，为你的需求选择合适的工作流管理解决方案，需要仔细考虑不同解决方

案的主要功能以及它们是否能够满足你的要求。在下一节中，我们将深入研究Airflow(本书的重点)，并探索通过Airflow处理面向数据的工作流或管道的几个关键特性。

1.2 Airflow 介绍

在本书中，我们将重点介绍Airflow，这是一种用于开发和监控工作流的开源解决方案。在本节中，我们将提供Airflow功能的概要介绍，在后续的章节中将会更详细地介绍相关功能，并帮助你判断Airflow是否适合你的应用场景。

1.2.1 通过 Python 代码灵活定义数据管道

与其他工作流管理器类似，Airflow允许你将管道或工作流定义为任务的DAG。这些图与上一节描绘的示例非常相似，任务被定义为图中的节点，依赖关系被定义为任务之间的有向边。

在Airflow中，将使用Python代码在DAG文件中定义DAG，这些文件本质上是描述相应DAG结构的Python脚本。因此，每个DAG文件通常描述给定DAG的任务集以及任务之间的依赖关系，然后由Airflow解析并识别DAG结构(如图1-7所示)。除此之外，DAG文件通常包含一些关于DAG的附加元数据，通过这些信息告诉Airflow应该如何以及何时执行数据流等。我们将在下一节深入探讨这种调度机制。

在Python代码中定义Airflow DAG的一个优势是，这种编程方法为你构建DAG提供了极大的灵活性。例如，可以使用Python代码根据特定条件动态生成可选任务，甚至可以根据外部元数据或配置文件生成整个DAG。这种灵活性为你构建数据管道提供了极大的可发挥空间，使你可以根据需求通过Airflow构建各种复杂的数据管道，并完成许多其他工作流管理器无法完成的工作。

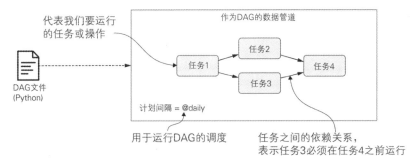

图 1-7　Airflow 管道使用 DAG 文件中的 Python 代码定义 DAG。每个 DAG 文件通常定义一个 DAG，它描述了数据流中不同的任务及其依赖关系。除此之外，DAG 还定义了一个调度间隔，用于确定 Airflow 何时执行 DAG

除了这种灵活性之外，基于Python的Airflow的另一个优势是在任务中执行Python可实现的任何操作。随着时间的推移，这将带来许多Airflow扩展功能的开发，使你能够跨各种系统执行任务，包括外部数据库、大数据技术以及调用各种云服务，将来自不同系统的数据流整合在一起，从而构建复杂的数据管道。

1.2.2 调度并执行数据管道

将数据管道的结构定义为 DAG 后，Airflow 允许你为每个 DAG 定义调度器，这将确定你的数据管道何时由 Airflow 运行。通过这种方式，你可以告诉 Airflow 通过每小时、每天、每周或其他时间间隔执行你的 DAG，甚至可以使用基于类似 Cron 表达式的更复杂的调度计划执行 DAG。

要了解 Airflow 如何执行 DAG，先简要介绍开发和运行 Airflow DAG 所涉及的整个过程。一般来说，如图 1-8 所示，Airflow 有 3 个主要组件：

- Airflow 调度器——用于解析 DAG，并检查它们的调度间隔。如果 DAG 调度通过检查，则对 DAG 任务进行调度，将它们传递给 Airflow workers。
- Airflow workers——从计划执行的任务中挑选并执行这些任务。因此，Airflow workers 是实际完成工作的组件。
- Airflow Web 服务器——使用图形界面的方式，对通过调度器解析的 DAG 进行监控，并显示其运行结果。

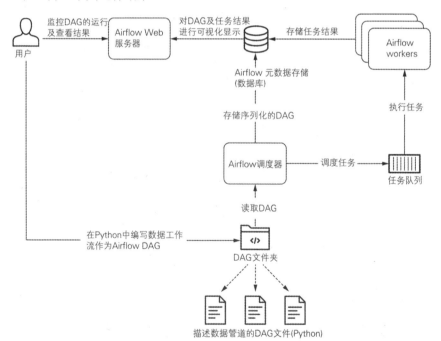

图 1-8　Airflow 的主要组件，Airflow Web 服务器、调度器和 workers

可以说 Airflow 的核心是调度器，因为这是决定数据管道何时以及如何执行的绝大部分工作发生的地方。如图 1-9 所示，一般来说，调度器执行以下步骤：

(1) 一旦用户将他们的工作流写成 DAG，调度器就会读取包含这些 DAG 的文件，从而提取每个 DAG 的相应任务、依赖关系和调度间隔信息。

(2) 对于每个 DAG，调度器将检查自上次读取以来 DAG 的调度间隔是否已经完成。如果已经完成，DAG 中的任务将被安排执行。

(3) 对于每个计划任务，调度器随后会检查任务的依赖项(上游任务)是否已完成。如果已完成，则将任务添加到执行队列中。

(4) 调度器将等待片刻，然后通过跳回步骤(1)开始新的循环。

细心的读者可能已经注意到，调度器遵循的步骤实际上与 1.1 节介绍的算法非常相似。这并非偶然，因为 Airflow 基本上都遵循相同的步骤，并在顶部添加一些额外的逻辑来处理其调度任务。

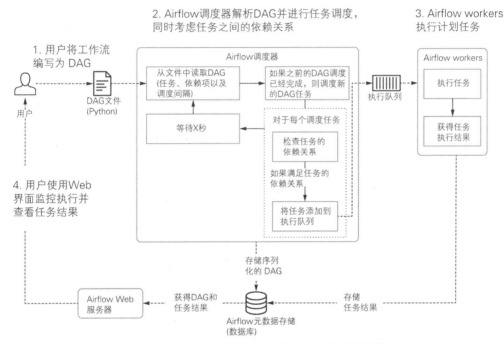

图 1-9　使用 Airflow 开发并执行使用 DAG 的数据管道

一旦任务进入执行队列并等待执行，它们就会被一组 Airflow workers 挑选出来，这些 workers 并行执行任务，同时跟踪其结果。这些结果会传送到 Airflow 的元数据存储，以便用户可以使用由 Airflow Web 服务器提供的 Web 界面跟踪任务进度，并查看任务的日志。

1.2.3　监控和处理故障

除了调度和执行 DAG 之外，Airflow 还提供了一个功能强大的 Web 界面，用于监控 DAG 并查看 DAG 运行结果。如图 1-10 所示，登录 Airflow 后，主页提供了不同 DAG 的一般性概览，以及如图 1-11 所示的最近执行结果的摘要视图。

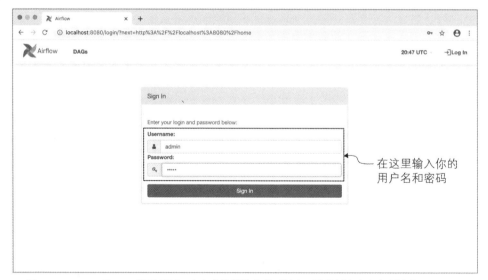

图 1-10 Airflow 的 Web 登录界面。在本书随附的代码示例中，默认用户名和密码均为"admin"

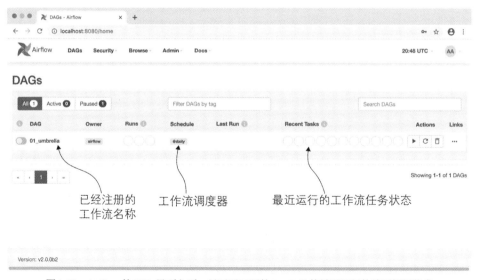

图 1-11 Airflow 的 Web 界面主页，显示了可用的 DAG 及其最近运行的结果概要信息

如图 1-12 所示，单个 DAG 图提供了 DAG 任务和依赖关系的清晰概览，这类似于本章前面提到的概览示意图。这个图对于查看 DAG 的结构、了解任务之间依赖关系的详细信息，以及查看单个 DAG 运行的结果十分有用。

第 1 章 遇见 Apache Airflow 13

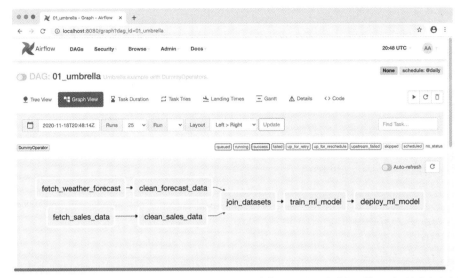

图 1-12 在 Airflow 的 Web 界面中显示的图形视图，显示了单个 DAG 中任务的概要情况以及这些任务之间的依赖关系

除了这个图形视图，Airflow 还提供了一个详细的树状视图，如图 1-13 所示，它显示了相应 DAG 的所有运行情况(包含历史运行情况)。这可以说是 Web 界面提供的最强大的视图，因为它可以让你快速了解 DAG 随着时间的推移是如何执行的，并允许你深入研究失败的任务，从而查出失败的根本原因。

图 1-13 Airflow 的树状视图，显示了雨伞销售模型 DAG 最近一次及所有历史运行的结果。通过图中的"列"显示 DAG 单次执行的状态，通过"行"显示单个任务的所有执行状态。通过颜色表示相应任务的执行结果。如果需要，用户还可以单击图中的方格，从而获取该任务实例的更多详细信息，也可以重置任务状态，从而让 Airflow 可以重新运行它(单击图中的方格将弹出对话框，然后可以对该任务执行操作)

默认情况下，Airflow 可以通过重试机制处理任务中的失败(这是一个可选操作，在每次重试之间需要等待片刻)，这可以帮助任务从任何间歇性故障中得到恢复。如果重试没有成功，Airflow 会将任务标记为失败，你也可以设定通知服务来通知你任务执行失败。调试失败的任务非常简单，因为树状视图允许你查看哪些任务失败，并深入了解它们的日志。通过这个视图还使你能够清除单个任务的结果，并重新运行它们(连同依赖于该任务的其他任务)，从而允许你在更改其代码后轻松地重新运行任何任务，而不需要将整个工作流都重新执行一次。

1.2.4 增量载入和回填

Airflow 调度的一个强大功能是调度间隔不仅在特定时间点触发 DAG(类似于使用 Cron 工具)，而且还提供有关上一个和(预期)下一个调度间隔的详细信息。这允许你将时间划分为离散的时间间隔(如每天、每周等)，并为每个时间间隔运行 DAG[1]。

Airflow 调度间隔的这一特性对于实现高效的数据管道非常有用，因为它允许你构建增量数据管道。在这些增量管道中，每次 DAG 运行仅处理增量数据，而不必每次都重新处理整个数据集。特别是对于较大的数据集，这可以通过避免对现有结果进行昂贵的重新计算来提供显著的时间和成本优势。

与回填概念相结合时，计划间隔变得更加强大，它允许你为过去发生的历史计划间隔执行新的 DAG。此功能使你只需要在这些过去的计划间隔内运行 DAG，即可使用历史数据轻松创建(或回填)新数据集。此外，通过清除过去运行的结果，如果你更改任务代码，则还可以使用这个 Airflow 功能重新运行任何历史任务，从而在需要时重新处理整个数据集。

1.3 何时使用 Airflow

在对 Airflow 简要介绍之后，我们希望你有热情与愿望去深入了解 Airflow 的详细功能与用途。但是，在进一步讨论之前，首先探讨你选择使用 Airflow 的几个原因(以及你不想使用的几个原因)，以确保 Airflow 确实适合你的应用场景。

1.3.1 选择 Airflow 的原因

在上面的内容中，我们已经描述了 Airflow 的几个关键特性，这些特性使 Airflow 成为实现面向批处理的数据管道的理想选择。Airflow 有如下优势：
- 使用 Python 代码实现管道的能力允许你使用 Python 中可以想到的任何方法创建复杂的数据管道。

---

1 如果这对你来说听起来有点抽象，请不要担心，因为我们将在本书后面提供有关这些概念的更多详细信息。

- 基于 Python 的 Airflow 使得扩展以及与其他不同系统的集成变得容易。事实上，Airflow 社区已经开发了丰富的扩展插件集合，允许 Airflow 与许多不同类型的数据库、云服务集成。
- 丰富的调度功能允许你定期运行管道，并构建提供增量处理功能的高效数据管道，以避免对现有结果进行昂贵的重新计算。
- 回填等功能使你能够轻松(重新)处理历史数据，允许你在更改代码后对任何数据集重新计算。
- Airflow 丰富的 Web 界面为监控数据管道运行、查看运行结果以及调试可能发生的任何故障提供了一个简单友好的工作台。

Airflow 的另一个优势在于它是开源的，这保证了你可以在 Airflow 上构建你的工作，而不会受限于任何供应商。业界中也有多家公司提供专业的 Airflow 解决方案和技术支持服务，这使你在使用 Airflow 的过程中享有极大的灵活性的同时，也得到专业的技术保障。

1.3.2 不使用 Airflow 的理由

虽然 Airflow 有许多丰富的功能，但 Airflow 的某些设计可能使它不太适合某些情况。下面列出了一些不适合使用 Airflow 的场景：
- 处理流式的实时数据流，因为 Airflow 主要针对定时循环和面向批处理任务，所以 Airflow 并不适合处理流式的实时工作负载。
- 频繁变更的动态数据管道，在每个数据管道运行期间动态添加或删除任务。虽然 Airflow 也支持动态修改的行为，但是在 Web 界面中只能显示在 DAG 最新版中定义的任务。因此，Airflow 更适合运行那些结构相对固定的数据管道。
- 如果你或你的团队缺乏 Python 编程经验，那么 Airflow 也不适合你及你的团队。因为在 Python 中实现 DAG 对于没有 Python 经验的团队来说是令人生畏的。在这样的团队中，使用带有图形界面的工作流管理器(如 Azure Data Factory)或静态工作流定义可能更有意义。
- 对于较大的用例或者应用场景，也不适合使用 Airflow。因为这会让 DAG 中的 Python 代码变得过于复杂。因此，实施 Airflow DAG 需要必要的工程严密性，并需要长期维护。

此外，Airflow 主要是一个工作流/管道管理平台，目前还不提供更广泛的功能，例如维护数据血统、数据版本控制等。如果你需要这些功能，则可能需要考虑将 Airflow 与其他专门工具结合起来共同使用。

1.4 本书的其余部分

到目前为止，你应该对什么是 Airflow，以及它的功能如何帮助你实现和运行数据管道有了一个很好的认识。在本书的其余部分，将首先介绍 Airflow 的基本组件，你需要熟悉这些组件才能开始构建自己的数据管道。对于本书前几章的内容来说，我们希望你具备 Python 编程的中级经验(大约一年的经验)，这意味着你应该熟悉基本的概念，例如字符串格式、推导式、args/kwargs 等。你还应该熟悉 Linux 终端的基础知识，具备数据库(包括 SQL)和不同数据格式的基本工作知识。

接下来，将深入探讨 Airflow 的更高级特性，例如生成动态 DAG、实现自己的操作符、运行容器化的任务等。这些章节需要更多地了解相关技术，包括编写自己的 Python 类、基本的 Docker 概念、文件格式和数据分区等。我们希望第二部分内容能引起读者中的数据工程师的特别兴趣。

在本书的最后几章中，将重点介绍 Airflow 部署的主题，包括部署模式、监控、安全性和云架构。我们希望这些章节能够引起那些对推广和管理 Airflow 部署感兴趣的人的特别兴趣，比如系统管理员和 DevOps 工程师。

1.5 本章小结

- 数据管道可以表示为 DAG，它清楚地定义了任务及任务之间的依赖关系。利用依赖结构中固有的并行性，可以有效地执行这些图。
- 尽管多年来开发了许多用于执行任务图的工作流管理器，但 Airflow 具有几个关键特性，使其特别适合于实现高效的、面向批处理的数据管道。
- Airflow 由 3 个核心组件组成：Web 服务器、调度器和 workers。它们一起在数据管道中调度任务，并帮助你监控它们的运行及查看结果。

第 2 章

Airflow DAG 深度解析

本章主要内容
- 在你的计算机上运行 Airflow
- 创建并运行第一个工作流
- 检查 Airflow 界面的第一个视图
- 处理 Airflow 中失败的任务

在第 1 章中，我们了解到为什么在数据领域中处理数据和使用数据处理工具不是一件容易的事情。在本章中，将介绍 Airflow，并通过一个带有许多基本模块的例子讲解如何使用工作流。

前面已经介绍了，Airflow 的工作流是通过 Python 代码定义的，因此，如果你在使用 Airflow 时有一些 Python 的经验将会很有帮助。学习 Airflow 的基础知识不是一件困难的事情，通常，启动和运行基本的 Airflow 工作流非常容易。让我们通过一个火箭爱好者的用例，看看 Airflow 可以怎样帮到他。

2.1 从大量数据源中收集数据

火箭是人类工程的奇迹之一，每一次火箭发射都吸引全世界的关注。我们将介绍一位名叫 John 的火箭爱好者的生活，他跟踪并记录每一次火箭发射相关的信息。John 跟踪了许多有关火箭发射的新闻来源，他一直想将所有与火箭发射相关的信息聚合在一起，最近他开始学习编程，并希望通过一种自动化的方式收集有关火箭的信息，并通过这些信息进行分析。为了开始这个有趣的信息处理之旅，他决定先从收集火箭的图像开始。

探索数据

关于数据的来源，我们使用了 Launch Library 2 (https://thespacedevs.com/llapi)，这是一个在线的数据仓库，其中包含了由多种信息汇聚而成的关于火箭发射的历史数据和计划发射数据。它是一个免费和开放的 API，对世界上的所有人公开提供服务，由于访问者众多，因此会限制访问速率。

目前 John 只关心即将发射的火箭信息，幸运的是 Launch Library 提供了相关数据 (https://ll.thespacedevs.com/2.0.0/launch/upcoming)。在提供的相关数据中，包括即将发射的火箭信息以及相应火箭图像的 URL，代码清单 2-1 是图像 URL 返回的数据片段。(译者注：为了获取更美观的输出结果，可以在 curl 代码后面加入"| python -m json.tool"，比如，curl -L "https://ll.thespacedevs.com/2.0.0/launch/upcoming" | python -m json.tool)。

代码清单 2-1　通过 curl 请求 Launch Library API 的响应示例

```
$ curl -L "https://ll.thespacedevs.com/2.0.0/launch/upcoming"
{
    ...
    "results": [
        {
            "id": "528b72ff-e47e-46a3-b7ad-23b2ffcec2f2",
            "url": "https://.../528b72ff-e47e-46a3-b7ad-23b2ffcec2f2/",
            "launch_library_id": 2103,
            "name": "Falcon 9 Block 5 | NROL-108",
            "net": "2020-12-19T14:00:00Z",
            "window_end": "2020-12-19T17:00:00Z",
            "window_start": "2020-12-19T14:00:00Z",
            "image": "https://spacelaunchnow-prodeast.
nyc3.digitaloceanspaces.com/media/launch_images/falcon2520925_image
_20201217060406.jpeg",
            "infographic": ".../falcon2520925_infographic_20201217162942.png",
            ...
        },
        {
            "id": "57c418cc-97ae-4d8e-b806-bb0e0345217f",
            "url": "https://.../57c418cc-97ae-4d8e-b806-bb0e0345217f/",
            "launch_library_id": null,
            "name": "Long March 8 | XJY-7 & others",
            "net": "2020-12-22T04:29:00Z",
            "window_end": "2020-12-22T05:03:00Z",
            "window_start": "2020-12-22T04:29:00Z",
            "image": "https://.../long2520march_image_20201216110501.jpeg",
            "infographic": null,
            ...
        },
        ...
    ]
}
```

注释说明：
- 通过命令行工具 curl 获取 URL 响应结果
- 如你看到的结构，返回的数据是通过 JSON 格式进行组织的
- 在 Python 中，方括号表示这是一个列表(list)
- 单次火箭发射的所有信息都被存储在一对花括号中
- 这里显示该火箭图像的 URL

如你所见，数据采用 JSON 格式提供火箭发射信息，并且对于每次发射，都有关于该火箭的详细信息，例如 ID、名称和图像 URL。这正是 John 所需要的，他想通过图 2-1 中的计划来获取并使用火箭图像，他将计算机的屏幕保护程序指向保存这些火箭图像的文件夹，从而可以在屏幕上显示即将发射的火箭图像。

第 2 章　Airflow DAG 深度解析　19

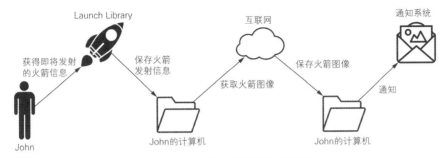

图 2-1　John 下载火箭图像的心智模型

基于图 2-1 中的示例，我们可以看到，在一天结束时，John 的目标是拥有一个装满火箭图像的目录，例如图 2-2 中的 Ariane 5 ECA 火箭图像。

图 2-2　Ariane 5 ECA 火箭的示例图像

2.2　编写你的第一个 Airflow DAG

刚才看到的 John 的用例应用范围很广，所以让我们看看如何编写代码来实现他的计划。这只需要几个步骤，理论上，使用某些 Bash-fu，可以通过线性解决方案实现它。那么，为什么需要像 Airflow 这样的系统来完成这项工作呢？

使用 Airflow 的优势在于，可以将一项由一个或多个步骤组成的大型任务分解成单独的 "任务"，这些 "任务" 共同构成 DAG。多个任务可以并行运行，在任务中可以使用不同的技术。比如，可以先运行一个 Bash 脚本，然后再运行一个 Python 脚本。在图 2-3 中，我们将 John 的心智模型分解为 3 个逻辑任务。

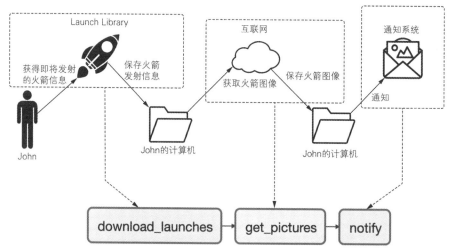

图 2-3　将 John 的心智模型映射到 Airflow 中的任务

你可能会问，为什么是这 3 个任务？为什么不在一个任务中完成上述的所有工作呢？或者，为什么不把它们分成 5 个任务？毕竟，John 的计划中有 5 个有向箭头啊？这些都是在开发工作流时需要考虑的问题，但事实是，这并没有正确或错误的答案。不过，有几点需要考虑，在本书中，我们研究了许多用例，从而了解哪些是对的，哪些是错的。John 的火箭示例工作流的代码如代码清单 2-2 所示。

代码清单 2-2　用于下载和处理火箭发射数据的 DAG

```
import json
import pathlib

import airflow
import requests
import requests.exceptions as requests_exceptions
from airflow import DAG
from airflow.operators.bash import BashOperator
from airflow.operators.python import PythonOperator

dag = DAG(
    dag_id="download_rocket_launches",
    start_date=airflow.utils.dates.days_ago(14),
    schedule_interval=None,
)

download_launches = BashOperator(
    task_id="download_launches",
```

- DAG 的名称
- 设置 DAG 重复运行的时间间隔
- 实例化一个 DAG 对象；这是任何工作流的起点
- 设置 DAG 首次运行的时间
- 通过 Bash 调用 curl，从而获得 URL 的响应内容
- 任务的名称

```
    bash_command="curl -o /tmp/launches.json -L
        'https://ll.thespacedevs.com/2.0.0/launch/upcoming'",
    dag=dag,
)

def _get_pictures():
    # Ensure directory exists
    pathlib.Path("/tmp/images").mkdir(parents=True, exist_ok=True)

    # Download all pictures in launches.json
    with open("/tmp/launches.json") as f:
        launches = json.load(f)
        image_urls = [launch["image"] for launch in launches["results"]]
        for image_url in image_urls:
            try:
                response = requests.get(image_url)
                image_filename = image_url.split("/")[-1]
                target_file = f"/tmp/images/{image_filename}"
                with open(target_file, "wb") as f:
                    f.write(response.content)
                print(f"Downloaded {image_url} to {target_file}")
            except requests_exceptions.MissingSchema:
                print(f"{image_url} appears to be an invalid URL.")
            except requests_exceptions.ConnectionError:
                print(f"Could not connect to {image_url}.")

get_pictures = PythonOperator(
    task_id="get_pictures",
    python_callable=_get_pictures,
    dag=dag,
)

notify = BashOperator(
    task_id="notify",
    bash_command='echo "There are now $(ls /tmp/images/ | wc -l) images."',
    dag=dag,
)

download_launches >> get_pictures >> notify
```

注释说明：
- 通过 Python 函数对上面获得的返回结果进行处理，并下载所有火箭的图像
- 使用 PythonOperator 调用 DAG 中的 Python 函数（注意，该函数是在 DAG 内部创建的_get_pictures）
- 设置任务的执行顺序

让我们分解工作流。DAG 是任何工作流的起点。工作流中的所有任务都引用 DAG 对象，以便 Airflow 知道哪些任务属于哪个 DAG。

代码清单 2-3　实例化 DAG 对象

```
dag = DAG(
    dag_id="download_rocket_launches",
    start_date=airflow.utils.dates.days_ago(14),
    schedule_interval=None,
)
```

注释说明：
- DAG 类带有两个必要的参数
- 这里设定在 Airflow 用户界面 (UI)中所显示的 DAG 名称
- 设定工作流首次运行的日期和时间

在代码清单 2-3 中，需要注意的是：dag 是 DAG 类的实例名称。实例名称可以是任何符合语法规则的名称，比如 rocket_dag 或者 whatever_name_you_like。我们将在 operator

中引用 dag，告诉 Airflow operator 属于哪个 DAG。

另外需要注意的是，我们将 schedule_interval 设置为 None。这意味着 DAG 不会自动运行。目前，可以从 Airflow 的用户界面手动触发并运行它。我们将在 2.4 节讲解如何调度。

接下来，Airflow 工作流脚本由一个或多个 operator 组成，这些 operator 执行实际的工作。在代码清单 2-4 中，我们应用 BashOperator 运行 Bash 命令，这个 Bash 命令是使用 curl 从网络获取火箭发射信息。

代码清单 2-4　通过 BashOperator 实例运行 Bash 命令

每个 operator 执行一个单一的工作单元，使用多个 operator 一起在 Airflow 中形成一个工作流或 DAG。operator 彼此独立运行，但你可以定义它们的执行顺序，我们在 Airflow 中将其称为依赖项。毕竟，如果你第一次尝试下载图片而没有关于图片位置的数据，那么 John 的工作流程将没有用处。为了确保任务以正确的顺序运行，可以设置任务之间的依赖关系，如代码清单 2-5 所示。

代码清单 2-5　设定任务的执行顺序

在 Airflow 中，可以使用二元右移运算符(即"rshift"[>>])来定义任务之间的依赖关系。这可以确保 get_pictures 任务仅在 download_launches 成功执行后再运行，而通知任务仅在 get_pictures 成功完成后再运行。

注意：在 Python 中，rshift 运算符(>>)用于移位操作，这是密码学软件库中的常见操作。在 Airflow 中，因为没有位移的用例，所以 rshift 运算符的功能被覆盖，并提供一种易于理解的方式定义任务之间的依赖关系。

2.2.1　任务与 operator

你可能想知道任务和 operator 之间有什么区别。毕竟，它们都执行了某些代码。在 Airflow 中，operator 只有一项责任：它们的存在是为了完成某项具体的工作。有些 operator 执行一般性的工作，比如 BashOperator(用于运行 Bash 脚本)或 PythonOperator(用于运行 Python 函数)。而另外一些 operator 则有更具体的应用场景，比如 EmailOperator(用于发送电子邮件)或 SimpleHTTPOperator(用于调用 HTTP 端点)。不管怎样，它们只是完成了一件具体的工作。

DAG 的作用是协调各种 operator 的执行。这包括 operator 的启动和停止，在 operator 完成后开始执行其他任务，确保 operator 之间的依赖关系得到满足等。

在本书介绍的内容中以及在整个 Airflow 文档中，我们常常看到术语 operator 和 task 可以互换使用。从用户的角度来看，它们指的是同一件事，并且在日常讨论中两者经常相互替代。operator 提供了一项工作的具体实现。Airflow 有一个名为 BaseOperator 的类和许多继承自 BaseOperator 的子类，比如 PythonOperator、EmailOperator 和 OracleOperator。

不过，任务(task)和 operator 还是存在差异的。在 Airflow 中，通过任务管理一个 operator 的执行，可以将任务(task)看作 operator 的小型包装器或管理器，用来确保 operator 能够正确执行。用户可以通过使用 operator 专注于要做的工作，而 Airflow 通过任务确保了工作的正确执行(如图 2-4 所示)。

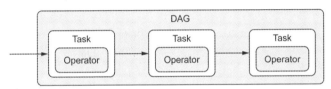

图 2-4　Airflow 用户使用 DAG 和 operator。Task 是内部组件，用于管理 operator 并向用户显示其状态(例如已启动/已完成)

2.2.2　运行任意 Python 代码

获取即将发射的火箭信息是通过 Bash 中的 curl 命令完成的，使用 BashOperator 可以很容易地执行这个命令。但是，对网络返回的 JSON 格式的结果进行解析、从中找出图像 url 并下载相应的图像到指定文件夹，则需要使用更多的工作才能完成。尽管我们也可以通过一行 Bash 命令完成上述所有工作，但使用几行 Python 代码或选择你熟悉的任何其他语言通常会更好理解并更容易实现。由于 Airflow 代码是用 Python 定义的，因此将工作流和执行逻辑保存在同一个脚本中非常方便。可以通过代码清单 2-6 实现火箭图片的下载。

代码清单 2-6　使用 PythonOperator 运行 Python 函数

```
def _get_pictures():          ◀── 定义稍后被调用的
    # Ensure directory exists      Python 函数
    pathlib.Path("/tmp/images").mkdir(parents=True, exist_ok=True)  ◀── 如果用于保存图像的目录不存在，则创建它

    # Download all pictures in launches.json
    with open("/tmp/launches.json") as f:   ◀── 在上一个任务中，在指定位置生成了 JSON 格式的文件，现在打开该文件
        launches = json.load(f)
        image_urls = [launch["image"] for launch in launches["results"]]
        for image_url in image_urls:
            try:                                                    ◀── 通过循环的方式，下载每幅图像
                response = requests.get(image_url)
                image_filename = image_url.split("/")[-1]
                target_file = f"/tmp/images/{image_filename}"
                with open(target_file, "wb") as f:
```

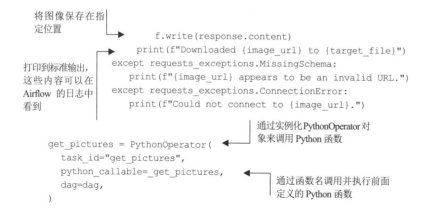

```
                    f.write(response.content)
                print(f"Downloaded {image_url} to {target_file}")
        except requests_exceptions.MissingSchema:
            print(f"{image_url} appears to be an invalid URL.")
        except requests_exceptions.ConnectionError:
            print(f"Could not connect to {image_url}.")

get_pictures = PythonOperator(
    task_id="get_pictures",
    python_callable=_get_pictures,
    dag=dag,
)
```

可以通过 Airflow 中的 PythonOperator 运行任何 Python 代码。就像我们之前介绍的 BashOperator 一样，PythonOperator 及其他 operator 都需要指定 task_id。task_id 在运行任务时被引用，并显示在 Airflow 的图形界面中。PythonOperator 的使用有两点要说明，我们以上面的代码为例：

(1) 首先定义 operator，在上面的例子中，是程序代码后半部分的 get_pictures。

(2) 使用 PythonOperator 的 python_callable 参数指定完成具体工作的 Python 函数。在上面的例子中，是程序代码前半部分的 _get_pictures

当运行该 operator 时，将调用并执行 Python 函数。下面展开讲解 PythonOperator 的基本用法，如图 2-5 所示。

图 2-5　通过 PythonOperator 的 python_callable 参数指定要执行的 Python 函数

虽然不是必需的，但为了方便理解，我们将变量名设置为与 task_id 相同，都为 get_pictures。

代码清单 2-7　确保用于保存图像的目录已经存在，如不存在，则创建它

```
# Ensure directory exists
pathlib.Path("/tmp/images").mkdir(parents=True, exist_ok=True)
```

在被调用的函数中，首先要确保稍后用于保存图像的目录已经存在。如果不存在，则创建它，如代码清单 2-7 所示。接下来，我们打开上一个任务生成的来自 Launch Library API 下载结果的 JSON 文件，并对文件进行解析，通过循环的方式将每次火箭发射的图像 URL 信息读取出来(见代码清单 2-8)。

代码清单 2-8　将每次火箭发射的图像 URL 提取出来

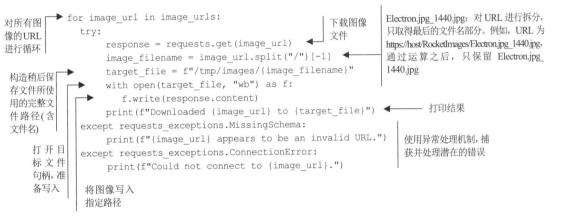

接下来，通过代码清单 2-9 所示的代码将从文件中抽取出来的 URL 作为下载链接，将图片下载到 /tmp/image 目录中。

代码清单 2-9　利用解析出来的 URL 下载所有图像文件

```
for image_url in image_urls:
    try:
        response = requests.get(image_url)
        image_filename = image_url.split("/")[-1]
        target_file = f"/tmp/images/{image_filename}"
        with open(target_file, "wb") as f:
            f.write(response.content)
        print(f"Downloaded {image_url} to {target_file}")
    except requests_exceptions.MissingSchema:
        print(f"{image_url} appears to be an invalid URL.")
    except requests_exceptions.ConnectionError:
        print(f"Could not connect to {image_url}.")
```

对所有图像的 URL 进行循环

下载图像文件

构造稍后保存文件所使用的完整文件路径(含文件名)

打开目标文件句柄，准备写入

将图像写入指定路径

打印结果

使用异常处理机制，捕获并处理潜在的错误

Electron.jpg_1440.jpg：对 URL 进行拆分，只取得最后的文件名部分。例如，URL 为 https://host/RocketImages/Electron.jpg_1440.jpg，通过运算之后，只保留 Electron.jpg_1440.jpg

2.3　在 Airflow 中运行 DAG

我们已经完成了基本的火箭发射 DAG，现在通过 Airflow 启动并运行它，并可以通过 Airflow 的图形界面查看 DAG 的运行情况。基本的 Airflow 由 3 个核心组件组成：调度器、Web 服务器和数据库。可以在 Python 环境中自己安装 Airflow，或者像我们的配套练习中介绍的，使用 Docker 容器运行 Airflow。

2.3.1　在 Python 环境中运行 Airflow

通过 PyPi 以 Python 包的形式安装和运行 Airflow，有以下几个步骤：

```
pip install apache-airflow
```

需要注意的是，请确保安装的是 apache-airflow，而不仅仅是 airflow。在 2016 年加入 Apache 基金会后，PyPi airflow 库被重新命名为 apache-airflow。因为总有人安装 airflow 而不是 Apache-airflow，为了将这些人引导到正确的软件库，airflow 这个安装库依旧保留，不过没有任何功能，仅仅是提示安装者应该选择 apache-airflow 作为正确的安装库。

因为有些操作系统已经安装了 Python 环境，所以直接运行 pip install apache-airflow 就可以直接安装 Airflow。在开发 Python 项目时，最好为每个项目维护一个它自己的 Python 环境，从而创建一组可复制的 Python 包，并避免依赖冲突。这样的环境通常是使用如下工具创建的：

- pyenv: https://github.com/pyenv/pyenv
- Conda: https://docs.conda.io
- virtualenv: https://virtualenv.pypa.io

成功安装 Airflow 后，需要初始化 metastore(是用来存储 Airflow 状态信息的数据库，可以使用本地的 SQLlet 或者使用 MySQL 以及其他数据库)并创建用户。然后将火箭发射的 DAG 复制到 Airflow 的 DAG 工作目录中，最后启动调度器和 Web 服务器。

(1) airflow db init(初始化 metastore)

(2) airflow users create --username admin --password admin --firstname Anonymous --lastname Admin --role Admin --email admin@example.org(创建登录 Airflow 时使用的用户)

(3) cp download_rocket_launches.py ~/airflow/dags/(将示例 DAG 复制到 Airflow 的 DAG 工作目录)

(4) airflow webserver(启动 Web 服务器)

(5) airflow scheduler(启动调度器)

需要注意的是，Web 服务器和调度器是独占窗口运行的，因此请打开两个 terminal，分别运行上面第(4)步和第(5)步的内容。稍等片刻，等到 Web 服务器和调度器都完全启动后，可以在浏览器中登录 Airflow 的控制台。如果你是在本地安装，则可以使用 localhost:8080；如果是远程安装，请使用 IP 地址:8080 登录，登录时使用的用户名和密码是在上面第(2)步所指定的 admin。

2.3.2 在 Docker 容器中运行 Airflow

Docker 容器也很受欢迎，用于创建隔离环境来运行一组可重现的 Python 包，并避免依赖冲突。但是，Docker 容器在操作系统级别创建隔离环境，而 Python 环境仅在 Python 运行时级别隔离。因此，你可以创建 Docker 容器，其中不仅包含一组 Python 包，还包含其他依赖项，例如数据库驱动程序或 GCC 编译器。在本书中，将通过几个示例演示在 Docker 容器中运行的 Airflow。在每章代码文件夹中都会有 Docker 的配置文件，只需要在自己的计算机上配置好 Docker 容器环境，并下载我们的示例代码即可通过 Docker 运行这些代码。但需要注意的是，由于 Docker 容器对操作系统上的文件访问有时会受到限制，因此在运行代码时，请注意文件的读写权限。

运行 Docker 容器需要在你的计算机上安装 Docker 引擎。然后，可以使用以下命令在 Docker 中运行 Airflow(见代码清单 2-10)。

代码清单 2-10　在 Docker 中运行 Airflow

```
docker run \                                    在主机上需要开放
-ti \                                           8080 端口
-p 8080:8080 \
-v /path/to/dag/download_rocket_launches.py:/opt/airflow/dags/    在容器中挂载
   download_rocket_launches.py \                                  DAG 文件
--entrypoint=/bin/bash \
--name airflow \                                Airflow 的 Docker
apache/airflow:2.0.0-python3.8 \                镜像
-c '( \                                         在容器中初始化
airflow db init && \                            metastore
  airflow users create --username admin --password admin --firstname    创建用户
        Anonymous --lastname Admin --role Admin --email admin@example.org \
); \                                            启动 Web 服务器
airflow webserver & \
airflow scheduler \
'                                               启动调度器
```

注意：如果你熟悉 Docker，你可能不建议在单个 Docker 容器中运行多个进程，如代码清单 2-10 所示。该命令是单个命令，是为了演示如何快速启动和运行。在生产环境中，应该在单独的容器中运行 Airflow Web 服务器、调度器和 metastore，详细说明请参阅第 10 章。

上面的命令将下载并运行 Airflow Docker 镜像 apache/airflow。运行后，可以通过浏览器访问 http://localhost:8080 来登录 Airflow 控制台，用户名和密码都是 admin。

2.3.3　使用 Airflow 图形界面

通过浏览器访问 http://localhost:8080，你将看到如图 2-6 所示的登录界面。

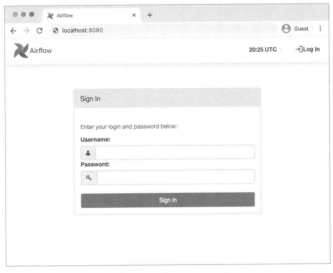

图 2-6　Airflow 登录界面

登录后可以查看 download_rocket_launches DAG，如图 2-7 所示。

这是你第一次接触 Airflow 的控制台。目前，唯一的 DAG 是 download_rocket_launches，这个 DAG 是你在之前的步骤中复制到 Airflow 的 DAG 工作目录中的。主视图中有很多信息，但让我们先看看 download_rocket_launches DAG。单击 DAG 名称将其打开并检查所谓的图状视图，如图 2-8 所示。

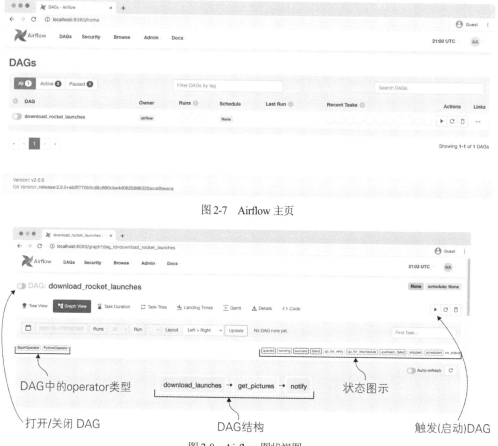

图 2-7　Airflow 主页

图 2-8　Airflow 图状视图

图 2-8 向我们展示了 Airflow 中 DAG 的结构。一旦将 DAG 的 Python 脚本放置在 Airflow 的 DAG 工作目录中，Airflow 将读取脚本并提取组成 DAG 的各种细节，并在图形界面中可视化它们。图状视图展示了 DAG 的结构，以及 DAG 中的所有任务之间的关系以及任务的状态。这可能是你在开发工作流时使用最多的界面。

状态图示通过不同的颜色表示任务当前的状态。接下来运行这个 DAG 看看会发生什么。首先，DAG 需要"开启"才能运行，单击图 2-8 中左上角 DAG 名称左侧的按钮，使其处于打开状态，然后单击图中右上部分的类似录音机上的"播放"按钮。

启动 DAG 后，它将开始运行，你将看到以颜色表示的工作流的当前状态(如图 2-9 所示)。由于我们在任务之间设置了依赖关系，因此后续任务只会在前一任务完成后才会开始运行。让我们检查通知任务的结果。在实际工作中，你可能想要发送电子邮件或 Slack 通知来获取提示信息。为简单起见，在我们的示例中仅仅打印下载图像的数量。接下来检查日志。

图 2-9　正在运行的 DAG 的图状视图

Airflow 将收集所有任务的日志信息，在图形界面中查看这些日志，从而在故障发生时，及时找到出现问题的原因。尝试单击已完成的通知任务，将看到一个带有多个选项的弹出窗口，如图 2-10 所示。

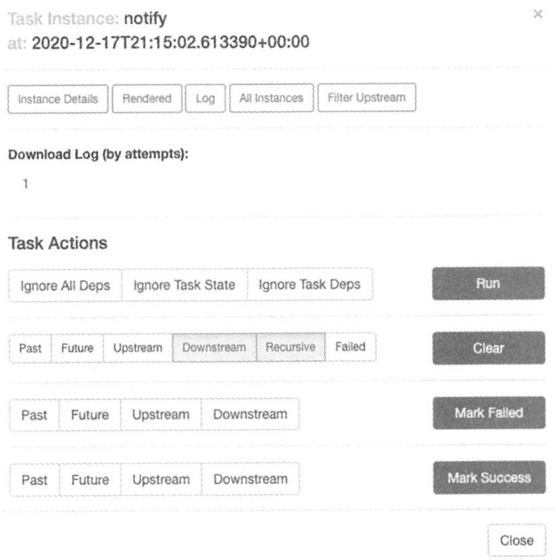

图 2-10　任务弹出窗口

单击顶部中间的 Log 按钮可以查看日志，将看到如图 2-11 所示的信息。默认情况下，日志非常详细，在这个日志中显示了下载的图像数量。最后，可以打开 /tmp/images 目录查看这些具体的图像。在 Docker 中运行时，此目录仅存在于 Docker 容器内，而不存在于你的主机系统中。因此，必须首先进入 Docker 容器，才能看到这些图像文件，不要尝

试在主机的/tmp 目录下寻找这些文件:

```
docker exec -it airflow /bin/bash
```

你将在容器中获得一个 Bash 终端,并可以在/tmp/images 中查看图像,如图 2-12 所示。

```
*** Reading local file: /opt/airflow/logs/download_rocket_launches/notify/2020-12-17T21:15:02.613390+00:00/1.log
[2020-12-17 21:15:30,917] {taskinstance.py:826} INFO - Dependencies all met for <TaskInstance: download_rocket_launches.notify 2020-12-17T2
[2020-12-17 21:15:30,923] {taskinstance.py:826} INFO - Dependencies all met for <TaskInstance: download_rocket_launches.notify 2020-12-17T2
[2020-12-17 21:15:30,923] {taskinstance.py:1017} INFO -
--------------------------------------------------------------------------------
[2020-12-17 21:15:30,923] {taskinstance.py:1018} INFO - Starting attempt 1 of 1
[2020-12-17 21:15:30,923] {taskinstance.py:1019} INFO -
--------------------------------------------------------------------------------
[2020-12-17 21:15:30,931] {taskinstance.py:1038} INFO - Executing <Task(BashOperator): notify> on 2020-12-17T21:15:02.613390+00:00
[2020-12-17 21:15:30,933] {standard_task_runner.py:51} INFO - Started process 1483 to run task
[2020-12-17 21:15:30,937] {standard_task_runner.py:75} INFO - Running: ['airflow', 'tasks', 'run', 'download_rocket_launches', 'notify', '2
[2020-12-17 21:15:30,938] {standard_task_runner.py:76} INFO - Job 6: Subtask notify
[2020-12-17 21:15:30,969] {logging_mixin.py:103} INFO - Running <TaskInstance: download_rocket_launches.notify 2020-12-17T21:15:02.613390+0
[2020-12-17 21:15:30,993] {taskinstance.py:1230} INFO - Exporting the following env vars:
AIRFLOW_CTX_DAG_OWNER=airflow
AIRFLOW_CTX_DAG_ID=download_rocket_launches
AIRFLOW_CTX_TASK_ID=notify
AIRFLOW_CTX_EXECUTION_DATE=2020-12-17T21:15:02.613390+00:00
AIRFLOW_CTX_DAG_RUN_ID=manual__2020-12-17T21:15:02.613390+00:00
[2020-12-17 21:15:30,994] {bash.py:135} INFO - Tmp dir root location:
 /tmp
[2020-12-17 21:15:30,994] {bash.py:158} INFO - Running command: echo "There are now $(ls /tmp/images/ | wc -l) images."
[2020-12-17 21:15:31,002] {bash.py:169} INFO - Output:
[2020-12-17 21:15:31,006] {bash.py:173} INFO - There are now 2 images.
[2020-12-17 21:15:31,006] {bash.py:177} INFO - Command exited with return code 0
[2020-12-17 21:15:31,021] {taskinstance.py:1135} INFO - Marking task as SUCCESS. dag_id=download_rocket_launches, task_id=notify, execution
[2020-12-17 21:15:31,037] {taskinstance.py:1195} INFO - 0 downstream tasks scheduled from follow-on schedule check
[2020-12-17 21:15:31,070] {local_task_job.py:118} INFO - Task exited with return code 0
```

图 2-11　在日志中显示的打印结果

图 2-12　在/tmp/images 中下载的图片

2.4 运行定时任务

火箭爱好者 John 对他在 Airflow 中启动并运行的一个工作流程表示十分满意，他可以不时触发它以收集最新的火箭图片。他可以在 Airflow 图形界面中看到他的工作流状态，这与他之前在命令行上运行脚本来获得图片相比已经是一个很大的改进。但是他仍然需要定期手动触发他的工作流程，其实这项工作可以自动完成。毕竟，没有人喜欢去做那些计算机擅长做的重复性任务。

在 Airflow 中，可以安排 DAG 以特定时间间隔运行，例如每小时、每天或每月一次。这是通过 DAG 的 schedule_interval 参数进行控制的(见代码清单 2-11)。

代码清单 2-11　设定每日运行 DAG

```
dag = DAG(
    dag_id="download_rocket_launches",
    start_date=airflow.utils.dates.days_ago(14),
    schedule_interval="@daily",
)
```

设定 Airflow 的定时任务，等效于 crontab 的 0 0 * * *(将在午夜执行)

将 schedule_interval 设置为@daily 会告诉 Airflow 将这个工作流每天运行一次，这样 John 就不必每天手动触发该工作流了。可以在 Airflow 的控制台中查看调度情况，如图 2-13 所示。

树状视图与之前的图状视图比较相似，但会显示随时间变化的执行状态信息。例如在图 2-14 中可以看到某个工作流的所有运行状态，以时间为序显示工作流每次运行是否成功，以及工作流中每个任务是否成功执行。

图 2-13　Airflow 的树状视图

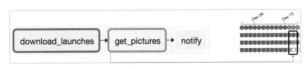

图 2-14　图状视图与树状视图的对应关系

图状视图清楚地显示了 DAG 的结构信息，而树状视图显示了特定 DAG 的所有运行状态，其中每一列表示某个时间点的单次运行情况。

当我们将 schedule_interval 设置为@daily 时，Airflow 知道它必须每天运行一次这个 DAG。如果详细查看 DAG 的代码(在 Airflow 图形界面中，选中特定的 DAG，然后在上方出现的按钮中选择 Code)，你会发现该 DAG 带有 start_date=airflow.utils.dates.days_ago(14)，这表示该 DAG 应该在 14 天之前启动，因为这个时间已经是过去时，所以当我们在代码中设定了 schedule_interval="@daily"之后，该 DAG 将立即执行。我们将在第 3 章详细介绍调度间隔的语义和配置它的各种方法。

2.5　处理失败的任务

到目前为止，我们在 Airflow 的界面中只看到了成功执行后的绿色状态灯，但如果出现故障，应该如何处理？在 Airflow 中出现故障的情况并不少见，很多原因都可能造成任务运行失败，比如：外部服务器关闭、网络连接失败或者磁盘损坏等。

例如，在某一时刻，我们在获取火箭照片的例子中遇到了网络故障。这将导致 Airflow 任务失败，我们可以在 Airflow 的图形界面中看到失败的任务，如图 2-15 所示。在图状视图中，失败的任务通过红色框标记出来；在树状视图中，失败的任务使用红色小块标记。

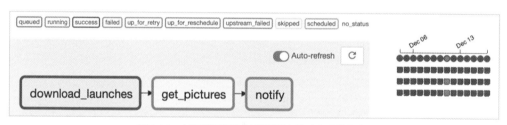

图 2-15　在图状视图和树状视图中显示失败的任务

由于无法从 Internet 获取图像，因此特定失败的任务将在图状视图和树状视图中以红色显示。后续的通知任务也不会运行，因为它依赖于 get_pictures 任务。此类任务在图状视图中以橙色显示，表示"upstream_failed"。默认情况下，如果某个任务执行失败，那么失败任务的所有后续任务都不会运行。

可以通过日志诊断故障，在本示例中，get_pictures 执行失败，可以在图状视图中单击这个失败的任务，在弹出的对话框中选择 log，将看到如图 2-16 所示的日志信息。

通过查看日志，可以找到问题的潜在原因：

```
urllib3.exceptions.NewConnectionError: <urllib3.connection.HTTPSConnection
    object at 0x7f37963ce3a0>: Failed to establish a new connection: [Errno
    -2] Name or service not known
```

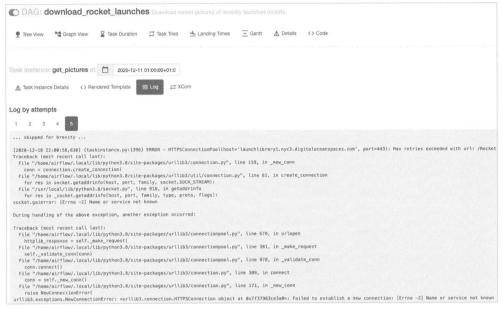

图 2-16　查看失败任务 get_pictures 的日志

这表明 urllib3(它是 Python 的 HTTP 客户端)正在尝试建立连接但连接失败,这可能是防火墙规则阻止了连接或者 Internet 网络中断。假设我们解决了问题(例如,重新设定防火墙规则,并确保 Internet 连接畅通),就可以重启任务。

注意: 当遇到任务执行失败时,如果打算重启该任务,不需要将整个工作流都重新启动,而只需要重启之前执行失败的任务,这是 Airflow 提供的一个非常优秀的功能。

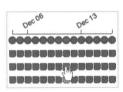

图 2-17　单击失败的任务并清除失败状态

如图 2-17 所示,单击失败的任务,然后单击弹出窗口中的清除按钮。它将显示你将要清除的任务,这意味着你将重置这些任务的状态,Airflow 将重新运行它们,如图 2-18 所示。

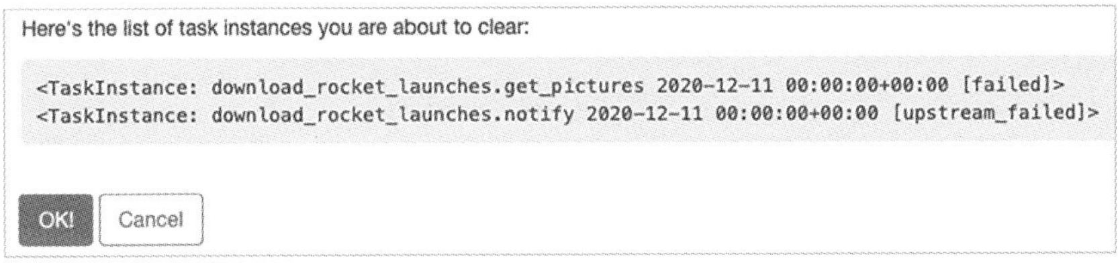

图 2-18　清除 get_pictures 及后续任务的状态

单击 OK 按钮，失败的任务及其后续任务将被清除，如图 2-19 所示。清除状态后，在树状视图中，这些任务将通过白色小块显示，表示该任务的状态为 no_status。

假设网络连接问题已解决，任务现在将成功运行并使整个树状视图中的该列变为绿色，如图 2-20 所示。

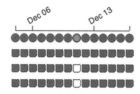

图 2-19　在树状视图中清除任务状态

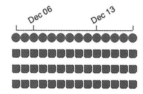

图 2-20　清除失败任务并解决网络连接问题后，该任务重新执行并成功结束

在任何软件中，失败的原因多种多样。在 Airflow 工作流中，有时可以接受失败的任务，有时则不会。关于如何处理失败的问题，我们将在第 4 章详细介绍。

清除失败的任务后，Airflow 会自动重新运行这些任务。如果一切顺利，John 现在将可以重新下载新的火箭图片。请注意，download_launches 任务中被调用的 URL 只是请求下一次火箭发射信息，这意味着如果在 John 处理失败任务期间已经有火箭发射，那么 John 将错过这个火箭图片的下载。关于在代码中合并 DAG 运行的 runtime 上下文将在第 4 章介绍。

2.6　本章小结

- 在 Airflow 中，工作流通过 DAG 表示。
- operator 代表一个工作单元。
- Airflow 包含一组 operator，用于一般和特定类型的工作，比如执行 Bash 或执行 Python 函数。
- 在 Airflow 的图形界面中，提供了可以查询 DAG 结构的图状视图，以及可以查看基于时间的运行情况的树状视图。
- 失败的任务可以在 DAG 中的任何地方重新启动。

第 3 章
Airflow 中的调度

本章主要内容
- 如何定期运行 DAG
- 通过动态 DAG 实现数据的增量处理
- 用回填技术加载及重新处理先前的数据集
- 创建可靠任务的最佳实践

在第 2 章中,我们探索了 Airflow 的图形界面,并展示了如何定义一个基本的 Airflow DAG,并使用调度器每天执行这个 DAG。在本章中,我们将更深入地探讨 Airflow 中调度的概念,并探索它如何允许你定期以增量方式处理数据。在本章中,我们将通过一个网站事件分析的示例讲解如何实现定时分析。在本章中还将介绍如何通过增量方法分析我们的数据,并介绍 Airflow 中有关执行日期相关的概念,从而提高分析效率。最后,将展示如何使用回填技术填补数据集中过去的空白数据,并讨论有关 Airflow 任务的一些重要属性。

3.1 示例:处理用户事件

为了理解 Airflow 的调度是如何工作的,首先考虑一个小例子。假设我们有一项服务,可以跟踪我们网站上的用户行为,并允许我们分析用户(通过 IP 地址识别用户)访问了哪些页面。出于营销目的,我们想知道用户访问了多少不同的页面,以及他们每次访问花费了多少时间。为了弄清这种行为是如何随时间变化的,我们希望每天计算这些统计数据,因为这可以让我们对用户的分析更加及时,并可以在任意时间范围内对用户的行为有充分的了解。

在实际工作中,由于第三方提供的用户行为跟踪服务往往只能保存近 30 天的数据,但我们的需求要求长期保存获得的用户行为历史数据,因此将使用 Airflow 帮助我们实现这一点。需要注意的是,由于用户行为数据往往很大,因此建议将这些数据存储在可靠性高且价格低廉的网络存储中,如 Amazon 的 S3 和 Google 的云存储都是不错的选择。

在本书中，为了简单起见，我们暂且将这些用户行为数据保存在本地。

在这个示例中，创建了一个本地运行的简单 API，它允许我们检索用户事件。例如，我们可以调用以下 API 来检索过去 30 天内可用事件的完整列表：

```
curl -o /tmp/events.json http://localhost:5000/events
```

这个调用将返回一个使用 JSON 格式编码的用户事件列表，可以通过分析它得到用户统计信息。

使用这个 API，可以将工作流分解为两个独立的任务：一个用于获取用户事件，另一个用于计算统计数据。数据本身可以使用 BashOperator 下载，正如我们在第 2 章中看到的那样。为了计算统计信息，可以使用 PythonOperator，它允许我们将数据加载到 Pandas DataFrame 中，并使用 groupby 和聚合函数分析事件。总之，这为我们提供了如代码清单 3-1 所示的 DAG。为了顺利运行这个示例，建议使用本书示例中所提供的 docker 环境。

代码清单 3-1　事件分析 DAG 的初始版本，未使用调度器(源码请见 dags/01_unscheduled.py)

```python
import datetime as dt
from pathlib import Path

import pandas as pd
from airflow import DAG
from airflow.operators.bash import BashOperator
from airflow.operators.python import PythonOperator

dag = DAG(
    dag_id="01_unscheduled",
    start_date=dt.datetime(2019, 1, 1),    ◁── 设定 DAG 的开始运行时间
    schedule_interval=None,                 ◁── 设定这个 DAG 是没有使用调度器的
)
fetch_events = BashOperator(
    task_id="fetch_events",
    bash_command=(
        "mkdir -p /data && "
        "curl -o /data/events.json "
        "https:/ /localhost:5000/events"    ◁── 从 API 中获取数据并将它存储在指定位置的 JSON 文件中
    ),
    dag=dag,
)

def _calculate_stats(input_path, output_path):
    """Calculates event statistics."""
    events = pd.read_json(input_path)
    stats = events.groupby(["date", "user"]).size().reset_index()
    Path(output_path).parent.mkdir(exist_ok=True)
    stats.to_csv(output_path, index=False)
                                            ◁── 对事件数据进行处理，从而获得所需的统计信息
                                            ◁── 确保文件输出目录是存在的，然后将结果以 CSV 的格式写出

calculate_stats = PythonOperator(
    task_id="calculate_stats",
    python_callable=_calculate_stats,
```

```
    op_kwargs={
        "input_path": "/data/events.json",
        "output_path": "/data/stats.csv",
    },
    dag=dag,
)
                                              ← 设定执行顺序
fetch_events >> calculate_stats   ◄
```

现在我们有了基本的 DAG,这个 DAG 如果要执行,需要通过手动的方式启动。我们的目标是让 Airflow 自动地定期执行这个 DAG,这样就可以按时得到最新的信息。

3.2 定期执行 DAG

正如我们在第 2 章看到的,在初始化 DAG 时,通过使用 schedule_interval 参数为它定义一个运行计划,从而让 Airflow 按计划运行 DAG。默认情况下,此参数的值为 None,这意味着 DAG 将不会使用调度器计划性运行,只有通过 Airflow 图形界面或者 API 等方式手动触发时,才会执行。

3.2.1 使用调度器计划性运行

在本章所使用的获取用户事件的示例中,我们希望每天都对数据统计计算,因此应该将 DAG 的运行计划设定为每日运行。因为这种每日运行的需求十分常见,所以 Airflow 定义了一个宏@daily,你可以直接将 schedule_interval 设定为@daily,它将在每日午夜零点运行这个 DAG(见代码清单 3-2)。

代码清单 3-2　定义每日运行的 DAG(源码请见 dags/02_daily_schedule.py)

```
dag = DAG(
    dag_id="02_daily_schedule",         ← 安排DAG每天午
    schedule_interval="@daily",            夜运行
    start_date=dt.datetime(2019, 1, 1),  ◄
    ...                                   ← 设定DAG开始运
)                                            行的时间
```

除了设定 DAG 运行的时间间隔之外,Airflow 还需要知道我们想在什么时候开始执行 DAG,这个时间由 start_date 参数设定。需要注意的是,第一次自动运行的时间是"开始时间+间隔"。

注意:Airflow 只有达到调度器所设定的时间,才会自动运行 DAG,例如你在 2019 年 1 月 1 日 13:00 创建了 DAG,并将运行的时间间隔设定为@daily,那么第一次 DAG 运行将发生在 2019 年 1 月 2 日 00:00:00。

参考图 3-1,针对代码清单 3-2 所示的 DAG,首次运行的时间将为 1 月 2 日零时。我们将在本章 3.4 节详细讨论这种行为背后的原因。

图 3-1 指定开始日期为 2019-01-01,并设定时间间隔为@daily 的 DAG。箭头指示执行 DAG 的时间点。如果没有指定的结束日期,DAG 将每天继续执行,直到 DAG 被关闭

在没有对 DAG 设定结束时间的情况下,理论上 Airflow 将一直按照计划持续执行 DAG。但如果你对项目的结束时间有明确的了解,那么可以通过 end_date 参数设定 DAG 的结束执行时间(见代码清单 3-3)。

代码清单 3-3　带有结束时间的 DAG(源码请见 dags/03_with_end_date.py)

```
dag = DAG(
    dag_id="03_with_end_date",
    schedule_interval="@daily",
    start_date=dt.datetime(year=2019, month=1, day=1),
    end_date=dt.datetime(year=2019, month=1, day=5),
)
```

这将产生如图 3-2 所示的执行时间表。需要注意,如果你在自己的环境中运行这段代码,请将结束时间设定为一个合理的时间,因为本书出版已经是 2020 年之后,所以如果不修改代码的话,你在运行该程序时必然会收到错误信息,导致任务执行失败。

图 3-2　指定了开始日期(2019-01-01)和结束日期(2019-01-05)的每日调度 DAG 执行时间表

3.2.2　基于 cron 的时间间隔

到目前为止,在我们的示例中所使用的时间间隔都是每日运行,但如果我们想每小时、每周或者更复杂一些,每周六的 23:45 来运行 DAG,应该如何设定呢?

为了支持更复杂的调度计划,Airflow 允许我们使用与 cron 相同的语法来定义时间间隔,cron 是类 UNIX 计算机操作系统中基于时间的作业调度程序。它的语法定义如下:

```
# ┌─────── 分钟(0 - 59)
# │ ┌───── 小时(0 - 23)
# │ │ ┌─── 日(1 - 31)
# │ │ │ ┌─ 月(1 - 12)
# │ │ │ │ ┌ 星期几(0-6 表示周日到周六,
# │ │ │ │ │         但在某些系统中 7 表示周日)
# * * * * *
```

在这种定义中,当时间/日期规格字段与当前系统时间/日期匹配时,将执行 cron 作业。可以使用星号(*)代替数字表示该条目不受限制,不关心该字段的值(比如 0****表示每小时,00***表示每天零时)。

尽管这种基于 cron 的表示看起来有些复杂,但它为我们定义时间间隔提供了相当大的灵活性。例如,可以使用以下 cron 表达式定义每小时、每天和每周的间隔:

- 0 * * * *——每小时(在整点运行)
- 0 0 * * *——每天(每天午夜零点运行)
- 0 0 * * 0—— 每周(每周日的午夜零点运行)

除了以上那些简单的定义,还可以定义更复杂的时间间隔,如下所示:

- 0 0 1 * *—— 每个月的第一天午夜零点运行
- 45 23 * * SAT——每周六 23:45 运行

此外,cron 表达式允许你使用逗号(,)定义值的列表,或使用短线(-)定义值范围。使用这种语法,可以在多个工作日或一天中的多个时间点运行作业:

- 0 0 * * MON,WED,FRI—— 每周一、三、五的午夜零点运行
- 0 0 * * MON-FRI—— 每个工作日的午夜零点运行
- 0 0,12 * * *——每天零点和 12:00 分别运行一次

Airflow 还支持多个预定义宏,这些宏涵盖了经常使用的时间间隔。例如我们之前已经看到的用于表示每日时间间隔的@daily,表 3-1 列出了其他常用的时间间隔宏。

表 3-1　在 Airflow 中经常使用的时间间隔宏

预定义宏	含义
@once	只执行一次
@hourly	每小时整点运行
@daily	每天午夜零点运行
@weekly	每周日午夜零点运行
@monthly	每月第一天的午夜零点运行
@yearly	每年一月一日午夜零点运行

尽管 cron 表达式功能强大,但是要想很好掌握它依旧需要一些时间。建议你在 Airflow 中使用自定义的 cron 表达式之前,仔细检查表达式内容。幸运的是,有在线工具可以帮助你生成、验证或解释 cron 表达式,比如 https://crontab.guru/就是一个非常优秀的网站,它可以解释 cron 表达式,告诉你这个表达式的具体含义。另外,建议你在程序代码中,针对 cron 表达式写入注释,这样方便别人及你自己在日后查看代码时,能够更好地理解程序中关于时间间隔的设定。

3.2.3 基于频率的时间间隔

cron 表达式的一个严重限制就是无法表示时间间隔,比如你有一个 DAG,希望每 3 天执行一次。也许你可能会说,可以这样设定:每个月的第 1 天、第 4 天、第 7 天……以此类推。但这种安排在月底将会出现问题,因为如果这个月有 31 天,那么会在 31 日以及下个月的 1 日运行,这并不能满足我们的每隔 3 天运行一次的需求。

cron 的这种限制源于 cron 表达式的性质,因为它是通过将当前时间与 cron 表达式进行匹配,如果可以匹配,那么将执行作业,否则不执行。这样做将带有表达式无状态的优点,意味着不必从上一个作业的运行时间推断下一个作业的运行时间,但是表达式无状态也将带来一些使用上的限制,比如我们刚刚提到的每 3 天运行一次。

如果我们真的想每 3 天运行一次 DAG,该怎么办?为了支持这种基于频率的调度,Airflow 还允许你根据相对时间间隔定义调度间隔。要使用这种基于频率的计划,可以将 timedelta 实例(来自标准库中的 datetime 模块)作为计划间隔(见代码清单 3-4)。

代码清单 3-4　定义基于频率的时间间隔(源码请见 dags/04_time_delta.py)

```
dag = DAG(
    dag_id="04_time_delta",
    schedule_interval=dt.timedelta(days=3),
    start_date=dt.datetime(year=2019, month=1, day=1),
    end_date=dt.datetime(year=2019, month=1, day=5),
)
```

timedelta 提供了使用基于频率的计划的能力

如代码清单 3-4 所示,通过这种设定,开始执行的时间为 2019 年 1 月 1 日,那么将在 2019 年 1 月 4 日、7 日、10 日等时间运行这个 DAG。有了这项技术,也可以通过 timedelta(minutes=10)让 DAG 每 10 分钟或通过 timedelta(hours=2)让 DAG 每两小时运行一次。

3.3 增量处理数据

尽管我们现在让 DAG 每天运行一次(假设我们坚持@daily 计划),但我们还没有完全实现我们的目标。一方面,我们的 DAG 每天都在下载和计算整个用户事件目录的统计数据,效率很低。此外,此过程仅下载过去 30 天的事件,这意味着我们不会获得更早的数据用于分析。

3.3.1 获取增量事件数据

解决这些问题的一种方法是将我们的 DAG 更改为增量加载数据,其中我们只加载每个时间间隔内相应日期的事件,并且只计算新加载的数据,如图 3-3 所示。

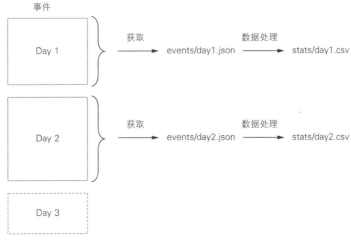

图3-3 获取并处理增量数据

这种增量方法比获取并处理整个数据集更高效，因为它显著减少了之前每次调度DAG之后所要处理的数据量。此外，由于我们现在每天都将数据存储在单独的文件中，因此也有机会随着时间的推移开始构建文件历史记录，这将远远超过我们所调用 API 只能提供 30 天数据的限制。

为了在我们的工作流中实现数据的增量处理，需要修改 DAG，从而可以下载特定日期的数据。幸运的是，我们可以通过包含开始和结束日期参数来调整 API 调用，从而获取当前日期的事件数据(这需要 API 的支持)：

```
curl -O http://localhost:5000/events?start_date=2019-01-01&end_date=2019-01-02
```

通过这些参数，指定了要获取的事件日期范围。请注意，在此示例中 start_date 是包含的，而 end_date 是不包含的，也就是说这个操作将获取发生在 2019-01-01 00:00:00 和 2019-01-01 23:59:59 之间的事件数据。

可以通过修改 bash 命令来包含两个日期，从而在 DAG 中实现数据的增量获取(见代码清单 3-5)。

代码清单 3-5 获取指定时间间隔的增量事件数据(源码请见 dags/05_query_with_dates.py)

```
fetch_events = BashOperator(
    task_id="fetch_events",
    bash_command=(
    "mkdir -p /data && "
    "curl -o /data/events.json "
        "http:/ /localhost:5000/events?"
        "start_date=2019-01-01&"
        "end_date=2019-01-02"
    ),
    dag=dag,
)
```

但是，要获取 2019-01-01 以外的其他日期数据，需要更改命令，从而使 DAG 可以获得正确的事件数据。幸运的是，Airflow 为我们提供了几个额外的参数，将在下一节详细讨论。

3.3.2 使用执行日期的动态时间参考

对于许多涉及基于时间的工作流，了解执行给定任务的时间间隔很重要。出于这个原因，Airflow 为任务提供了额外的参数，可用于确定正在执行任务的时间间隔(我们将在下一章详细介绍这些参数)。

其中最重要的参数是 execution_date，它表示执行 DAG 的日期和时间。需要注意的是，execution_date 不是日期而是时间戳，它表示按照 DAG 当前的执行计划，DAG 开始运行的时间。例如这个 DAG 在设定时 start_date 为 2019 年 1 月 1 日，而现在是 1 月 3 日 10:00 AM，DAG 设定的执行周期是@daily，那么当前 execution_date 得到的值是 1 月 3 日。next_execution_date 表示按照 DAG 当前的执行计划，下一次运行 DAG 的时间为 1 月 4 日零点，如图 3-4 所示。

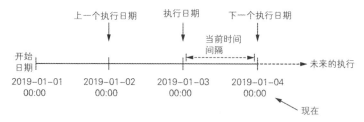

图 3-4　在 Airflow 中的执行日期

Airflow 还提供了一个 previous_execution_date 参数，它表示上一次执行时间。尽管我们不会在此处使用这个参数，当我们想将本次获取的数据与上一次获取的数据进行比较时，这个参数将发挥作用。

在 Airflow 中，可以通过在 operator 中引用它们来使用这些执行日期。例如，在 BashOperator 中，可以使用 Airflow 的模板功能在 Bash 命令中动态包含执行日期(见代码清单 3-6)。第 4 章将详细介绍模板功能。

代码清单 3-6　使用模板功能指定日期(源码请见 dags/06_templated_query.py)

```
fetch_events = BashOperator(
    task_id="fetch_events",
    bash_command=(
        "mkdir -p /data && "
        "curl -o /data/events.json "
        "http:/ /localhost:5000/events?"
        "start_date={{execution_date.strftime('%Y-%m-%d')}}"
        "&end_date={{next_execution_date.strftime('%Y-%m-%d')}}"
    ),
    dag=dag,
)
```

用 Jinja 模板插入格式化后的 execution_date

next_execution_date 指出按照当前 DAG 时间间隔设定的下一次执行日期

在这个示例中，语法{{variable_name}}是使用 Airflow 的 Jinja-based (http://jinja.pocoo.org) 模板语法来引用 Airflow 的特定参数的示例。在这里，我们使用此语法引用执行日期并使用 datetime.strftime 方法将它们格式化为所需的字符串格式(因为这两个执行日期都是 datetime 类型的对象)。

由于 execution_date 参数经常被当作日期字符串使用，因此 Airflow 还提供了几种常见日期格式的速记参数。例如，ds 和 ds_nodash 参数是 execution_date 的不同表示，格式分别为 YYYY-MM-DD 和 YYYYMMDD。类似地，next_ds、next_ds_nodash、prev_ds 和 prev_ds_nodash 分别为下一个和上一个执行日期提供速记符号(通过 https://airflow.readthedocs.io/ en/stable/macros-ref.html 可以查询所有相关的速记符号)。

使用这些速记符号，可以将代码清单 3-6 中关于日期的设定修改为代码清单 3-7 中的样子。

代码清单 3-7　在模板中使用速记符号表示时间(源码请见 dags/07_templated_query_ds.py)

```
fetch_events = BashOperator(
    task_id="fetch_events",
    bash_command=(
        "mkdir -p /data && "
        "curl -o /data/events.json "
        "http:/ /localhost:5000/events?"
        "start_date={{ds}}&"
        "end_date={{next_ds}}"
    ),
    dag=dag,
)
```

ds 表示使用 YYYY-MM-DD 格式的 execution_date

next_ds 与 next_execution_date 等效

这种使用速记符号表示的时间，更简洁，更容易阅读。但是，对于更复杂的日期或时间格式，可能仍需要使用更灵活的 strftime 方法。

3.3.3　对数据执行分区

我们现在已经可以通过 DAG 下载每天新增的数据，但是细心的读者应该会发现，现在每天执行的任务所生成的数据仅仅是前一天的数据，并没有汇总数据，也就没有实现我们想要的创建历史汇总记录的需求。

解决这个问题的一种方法是简单地将新事件附加到现有的 events.json 文件中，这将允许我们在单个 JSON 文件中构建所有的历史记录。然而，这种方法的一个缺点是当后续程序需要对数据进行部分调用时，不得不加载整个数据集，这样将降低数据处理的效率，并浪费资源。使用单个 JSON 文件的另外一个风险就是存在单点故障，如果该文件损坏或丢失，我们将面临丢失整个数据集的风险。

另外一种解决方法是每日获取数据，并生成以日期为文件名的文件，这样可以将数据集划分为每日批次，方便后续程序处理，也降低了丢失整个数据集的风险，见代码清单 3-8。

代码清单 3-8　将事件数据按日期存储为单个文件(源码请见 dags/08_templated_path.py)

```
fetch_events = BashOperator(
    task_id="fetch_events",
    bash_command=(
        "mkdir -p /data/events && "
        "curl -o /data/events/{{ds}}.json "      ◄── 使用模板,生成以日期为文件名
        "http:/ /localhost:5000/events?"              的 JSON 文件
        "start_date={{ds}}&"
        "end_date={{next_ds}}",
    dag=dag,
)
```

通过这种方式,2019 年 1 月 1 日的数据将被写入/data/events/2019-01-01.json 文件中。

这种将数据集划分为更小、更易于管理的小文件(或数据块)的做法是数据存储和处理系统中的常见策略,通常称为分区,将数据按照一定的策略划分为许多较小的数据集。当我们考虑本章示例 DAG 中的第二个任务(calculate_stats)时,按执行日期划分数据集的优势就变得明显,这样可以方便我们对每天的用户事件进行计算与统计。在我们之前的实现中,每天都在加载整个数据集,并对整个事件历史进行计算与统计,如代码清单 3-9 所示。

代码清单 3-9　在使用数据分区之前的事件统计(源码请见 dags/01_scheduled.py)

```
def _calculate_stats(input_path, output_path):
    """Calculates event statistics."""
    Path(output_path).parent.mkdir(exist_ok=True)
    events = pd.read_json(input_path)
    stats = events.groupby(["date", "user"]).size().reset_index()
    stats.to_csv(output_path, index=False)
calculate_stats = PythonOperator(
    task_id="calculate_stats",
    python_callable=_calculate_stats,
    op_kwargs={
        "input_path": "/data/events.json",
        "output_path": "/data/stats.csv",
    },
    dag=dag,
)
```

现在,可以使用模板,在调用 Python 函数时,动态给出所要处理的文件路径以及处理后输出文件的路径,这样可以让我们更灵活地对每个数据分区(例如我们只分析 2019 年 1 月 1 日的数据)中的用户事件数据进行计算和分析。具体操作如代码清单 3-10 所示。

代码清单 3-10　为获取的增量数据计算统计信息(源码请见 dags/08_templated_path.py)

```
def _calculate_stats(**context):     ◄── 将接收到的所有参数放入
    """Calculates event statistics."""      context 字典中
```

```python
    input_path = context["templates_dict"]["input_path"]
    output_path = context["templates_dict"]["output_path"]

    Path(output_path).parent.mkdir(exist_ok=True)

    events = pd.read_json(input_path)
    stats = events.groupby(["date", "user"]).size().reset_index()
    stats.to_csv(output_path, index=False)


calculate_stats = PythonOperator(
    task_id="calculate_stats",
    python_callable=_calculate_stats,
    templates_dict={
        "input_path": "/data/events/{{ds}}.json",
        "output_path": "/data/stats/{{ds}}.csv",
    },
    dag=dag,
)
```

← 读取传递过来的参数信息，包括输入路径和输出路径

← 在调用 Python 函数时，使用模板及动态参数将信息传递给 Python 函数

这样看起来有些复杂，但其实仅仅是使用了模板代码而已，这样可以让我们更加灵活地控制参数的值。在这个例子中，在通过 PythonOperator 调用 Python 函数时，我们将要传递的参数放入 templates_dict 这个字典中，然后在 Python 函数_calculate_stats 中，使用 context 接收传递过来的参数，并可以轻松解析出传递过来的 input_path 和 output_path 值。需要注意的是，在 Airflow 1.10.x 中，需要将额外的参数 provide_context=True 传递给 PythonOperator；否则，_calculate_stats 函数将不会接收 context 的值。

如果你觉得这些内容有些复杂，别担心，我们将在下一章详细讨论关于 context 的使用。在本章中，你只要知道通过对 DAG 代码做了如代码清单 3-10 的改动之后，每天 DAG 执行的时候，只对当日接受的增量数据做计算与统计即可。

3.4 理解 Airflow 的执行日期

执行日期是 Airflow 中重要的组成部分，让我们花一点时间确保我们完全理解这些日期是如何定义的。

通过固定时间间隔运行任务

通过前面的程序已经看到，可以使用 3 个参数控制 Airflow 中 DAG 的运行：开始日期、计划间隔和结束日期，其中结束日期为可选项。在实际的 DAG 调度工作中，Airflow 使用这 3 个参数将时间划分为一系列调度间隔，从给定的开始日期开始，并以结束日期(结束日期为可选项)结束，如图 3-5 所示。

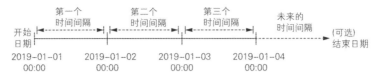

图 3-5　在 Airflow 中，时间以调度的时间间隔表示。假设使用@daily 时间间隔，开始日期为 2019 年 1 月 1 日，时间间隔如图所示

在这种基于时间间隔的时间表示中，一旦达到特定的时间，就会立即执行 DAG。例如，图 3-5 中的首次 DAG 运行将在 2019-01-01 23:59:59 之后尽快开始。同样，DAG 将在 2019-01-02 23:59:59 之后立即执行第二次 DAG，以此类推，直到到达结束日期为止，该结束日期是可选项，如果不给出结束日期，该 DAG 将一直执行下去，直到被停止或被删除为止。

使用这种基于时间间隔的方法的一个优点在于，它非常适合执行我们在前几节中看到的增量数据处理，因为我们确切地知道任务执行的时间间隔。例如，这与基于时间点的调度系统(例如 cron)形成鲜明对比，在该系统中，我们只关注执行任务的当前时间即可，后续的执行时间将由程序自己计算得出(如图 3-6 所示)，而在 cron 系统中，要通过复杂的计算来确定 DAG 具体执行的时间，而有些工作需求的运行时间是 cron 无法表达的。

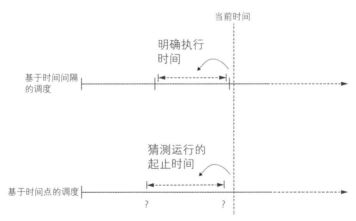

图 3-6　基于时间间隔的调度系统(例如 Airflow)与基于时间点的调度系统(例如 cron)进行对比。对于增量数据的处理，当到达指定的时间间隔所规定的运行时间，将立即执行 DAG。基于间隔的调度方法(例如 Airflow)明确地安排任务在每个间隔运行，同时为每个任务提供关于间隔开始和结束的准确信息。相比之下，基于时间点的调度方法仅在给定时间执行任务，由任务本身确定任务执行的增量间隔，在某些情况下无法满足工作需求

通过理解 Airflow 对时间的处理是围绕计划时间间隔构建的，将有助于了解如何在 Airflow 中定义执行日期。例如，假设我们有一个遵循每日计划间隔的 DAG，并设定开始时间为 2019-01-03。在 Airflow 中，这个任务将在 2019-01-04 00:00:00 运行，因为此时我们知道将不再接收 2019-01-03 的任何新数据。回想一下我们在上一节的任务中对执行日期的解释，你认为 execution_date 的值在这个时间间隔内应该是什么？

也许很多人认为 execution_date 应该是 2019-01-04，因为这确实是 DAG 实际执行的

时间。但如果你查看执行任务时 execution_date 变量的值，你会发现实际的执行日期是 2019-01-03。这是因为 Airflow 将 DAG 的"执行日期(execution_date)"定义为相应时间间隔的开始，而真正执行的时刻是"执行日期+时间间隔"。从概念上讲，执行日期是时间间隔计划的开始日期，而不是 DAG 实际执行的时刻。这个概念有些混乱，请结合上面的例子仔细理解。也可以自己动手做几个例子，加深对这个概念的理解。

将 Airflow 执行日期定义为相应计划间隔的开始，用于推导出特定的运行时间(如图 3-7 所示)。例如，在执行任务时，相应区间的开始和结束由 execution_date(区间的开始)和 next_execution 日期(下一个区间的开始)参数定义。类似地，可以使用 previous_execution_date 和 execution_date 参数推导出先前的时间间隔区间。

但是，在你的任务中使用 previous_execution_date 和 next_execution_date 参数时要注意的是，这些参数仅针对通过计划方式运行的 DAG 有效，如果你通过图形界面或者 API 手动启动 DAG，那么 Airflow 将无法提供 previous_execution_date 和 next_execution_date 的相关信息。

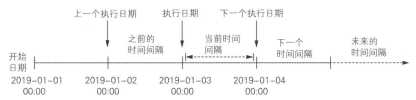

图 3-7 Airflow 中时间间隔与执行日期示意图。在 Airflow 中，DAG 的执行日期被定义为相应调度间隔的开始时间，而不是 DAG 具体的执行时间(通常是在时间间隔结束时运行，第一次运行的时间为"执行日期"+"时间间隔")。因此，execution_date 的值表示当前间隔的开始，而 previous_execution_date 和 next_execution_date 参数分别指向上一个和下一个时间间隔的开始。当前的时间间隔可以使用 execution_date 和 next_execution_date 的组合推导出来，这两个参数之间的时间段，就是当前时间间隔

3.5 使用回填技术填补过去的空白

细心的读者可能发现在本章前面的示例图中(比如图 3-4)，DAG 的开始时间是早于当前时间的，Airflow 支持这种设定，并可以通过这种特性让 DAG 对历史数据进行加载及处理，这个过程通常称为回填。比如现在是 2019 年 1 月 4 日，DAG 的开始时间是 2019 年 1 月 1 日，时间间隔设定为@daily，那么当 DAG 执行时，会采集过去的数据，比如生成 1 月 1 日到 1 月 2 日的数据，生成 1 月 2 日到 1 月 3 日的数据，以及 1 月 3 日到 1 月 4 日的数据。

执行"过去"的任务

在默认情况下，Airflow 将运行从 start_date 到现在，按照计划的时间间隔没有运行过的工作，就如我们刚刚举的例子那样。因此，将开始日期设定为过去的时间，并激活相应的 DAG 将会运行从开始日期到现在所有应该运行而没有运行的那些工作。这个行为由

DAG catchup 参数控制，可以通过将 catchup 设置为 false 来禁用，见代码清单 3-11。

代码清单 3-11　禁用 catchup 从而避免运行"过去"的任务(源码请见 dags/09_no_catchup.py)

```
dag = DAG(
    dag_id="09_no_catchup",
    schedule_interval="@daily",
    start_date=dt.datetime(year=2019, month=1, day=1),
    end_date=dt.datetime(year=2019, month=1, day=5),
    catchup=False,
)
```

通过这个设置，DAG 将只针对最近的调度间隔来执行任务，而不是执行所有发生在过去的间隔(如图 3-8 所示)。catchup 的默认值可以从 Airflow 配置文件(例如~/airflow/airflow.cfg)中通过设置 catchup_by_default 配置设置来控制。

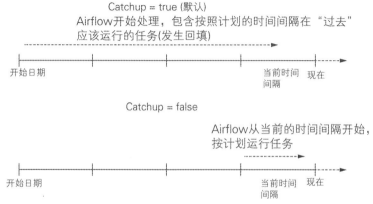

图 3-8　Airflow 的回填技术。默认情况下，Airflow 将从 state_date 所设定的时间开始，按照计划的时间间隔执行所有的任务，即便有些任务与现在的时间相比，发生在"过去"。可以通过将 DAG 的 catchup 参数设置为 false 来禁用此行为，在这种情况下，Airflow 将仅从当前间隔开始执行任务

虽然回填功能强大，但它受到源系统中数据可用性的限制。例如，在我们的示例用例中，可以将 DAG 的开始时间设定为很久之前，比如 40 天之前。但是由于我们所使用的 API 最多只能提供 30 天的历史数据，因此即便我们使用了回填功能，但由于受到 API 所能提供的数据限制，早期的数据也是无法取得的。

回填也可用于在我们对代码进行更改后重新处理数据。例如，假设我们对 calc_statistics 函数进行更改，从而添加新的统计信息。使用回填技术，可以清除过去运行的 calc_statistics 任务，通过使用新代码重新分析我们的历史数据。请注意，在这种情况下，我们不受数据源 30 天限制的限制，因为在之前的任务中，我们已经将历史数据下载并保存到本地。

3.6 任务设计的最佳实践

尽管可以通过回填技术,以及对任务重新运行来获取代码修改后的新运算结果,但我们应该精心设计所使用的任务,使其满足某些关键属性并生成正确的结果。在本节中,将深入探讨 Airflow 任务的两个最重要的属性:原子性和幂等性。

3.6.1 原子性

原子性这个概念在关系数据库中经常被使用到,一般表示在一个数据库事务中,所有的操作要么都成功,要么都失败。与此类似,在 Airflow 中,当我们设计任务时,应该做到在一个任务中的所有操作要么都成功,要么都失败,这样才能避免产生不一致的数据或者相关结果,如图 3-9 所示。

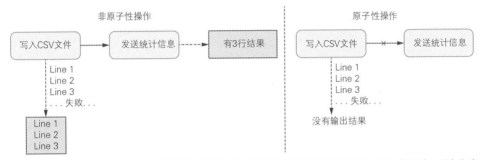

图 3-9　在 Airflow 中对任务进行原子性设计可以保证这个任务中的操作要么都成功,要么都取消,不会产生不完整的结果,从而避免错误发生

例如,我们对本章的示例 DAG 做一些修改,增加一个发送邮件的功能。在每次运行结束之后,将用户事件排行榜中前十名的统计信息通过邮件发送出去。这个功能很容易实现,只需要如代码清单 3-12 所示,增加一个邮件发送函数的调用即可。

代码清单 3-12　将两个工作合并在一个任务中,打破了原子性(源码请见 dags/10_non_atomic_send.py)

```
def _calculate_stats(**context):
    """Calculates event statistics."""
    input_path = context["templates_dict"]["input_path"]
    output_path = context["templates_dict"]["output_path"]

    events = pd.read_json(input_path)
    stats = events.groupby(["date", "user"]).size().reset_index()
    stats.to_csv(output_path, index=False)

    email_stats(stats, email="user@example.com")
```

在单个函数中完成两个任务,分别是写入 CSV 文件和发送电子邮件,这将破坏任务的原子性上面的做法打破了任务的原子性，这可能给我们的工作带来潜在的风险。按照上面的程序，正常情况下，先生成 CSV 文件，然后再将统计信息通过电子邮件发送出去。但如果遇到邮件拥堵，CSV 文件成功生成了，但是邮件没有发送出去。这个任务最终会被标记为失败，但其中一半的工作已经完成。当我们再次重启这个任务时，因为原来的位置已经存在上一次写好的 CSV 文件，将导致重新执行任务时，生成 CSV 文件的工作都无法执行。这是一个简单的例子，所以找到问题的原因比较容易，你只需要手动清除之前生成的 CSV 文件，然后重启任务即可。但如果是复杂的任务，则寻找问题的根本原因可能就是一件非常困难的事情。

为了避免上面所述的情况发生，我们建议你在设计任务时，使用原子性设计原则。比如上面的例子，你可以将生成 CSV 文件和发送电子邮件作为两个独立的任务，确保一个任务只完成一件事。如代码清单 3-13 所示。

代码清单 3-13　将多个工作拆分成独立的任务，保持任务的原子性(源码请见 dags/11_atomic_send.py)

```python
def _send_stats(email, **context):
    stats = pd.read_csv(context["templates_dict"]["stats_path"])
    email_stats(stats, email=email)          ← 将 email_stats 操作拆分成独立的
                                                任务，确保任务的原子性

send_stats = PythonOperator(
    task_id="send_stats",
    python_callable=_send_stats,
    op_kwargs={"email": "user@example.com"},
    templates_dict={"stats_path": "/data/stats/{{ds}}.csv"},
    dag=dag,
)

calculate_stats >> send_stats
```

这样，发送电子邮件失败不再影响 calculate_stats 任务的结果，而只会使 send_stats 失败，从而使两个任务都具有原子性。

那么是不是要将所有的操作都拆分为独立的任务才是最佳实践呢？也不一定，要具体情况具体分析。我们还是通过本章一直使用的用户事件统计的例子来说，如果在从 API 读取数据之前需要登录，我们的任务应该如何设计呢？

如果按照前面所说的一个操作要对应一个任务，那么必须将从 API 读取数据的操作分成两个任务，一个用于登录，另外一个用于在登录后获取数据。很显然，这两个任务之间存在很强的依赖关系，登录任务不成功，从 API 读取数据的任务一定也不能成功。对于这种存在极强依赖性的操作，将它们放在一个任务中才是一个正确的选择。

大多数 Airflow 的 operator 都已经被设计成满足原子性要求，这就是为什么许多 operator 包含执行紧密耦合操作的选项(如内部验证)。但对于像 Python 和 Bash 这样更灵活的 operator，需要你仔细考虑其中运行的具体操作，从而确保任务的原子性。

3.6.2 幂等性

在设计 Airflow 任务时，需要考虑的另一个重要的事情就是幂等性。幂等性指的是对一个任务多次执行得到的结果与只执行一次得到的结果是相同的，也就是说无论执行多少次，只要输入不发生改变，那么输出的结果也不会发生变化。

例如在本章示例中的 fetch_events 任务，它获取一天的事件数据并将其写入分区数据集中(以日期为文件名，生成 CSV 文件)，见代码清单 3-14。

代码清单 3-14　fetching events 的当前实现(源码请见 dags/08_templated_paths.py)

```
fetch_events = BashOperator(
    task_id="fetch_events",
    bash_command=(
        "mkdir -p /data/events && "
        "curl -o /data/events/{{ds}}.json "    ← 将读取出来的结果保存在特定文
        "http://localhost:5000/events?"          件中，文件名由模板给出
        "start_date={{ds}}&"
        "end_date={{next_ds}}"
    ),
    dag=dag,
)
```

假设在 API 可以提供数据的时间窗口内，在指定日期的情况下，重新运行这个任务，将覆盖 /data/events 文件夹中的现有 JSON 文件，并可以得到与之前运行该任务相同的结果。因此，这个获取事件任务的实现显然是幂等的。

为了说明什么是不幂等的任务，我们对上面的"获取事件"任务做一些修改。在修改之前，每次执行该任务都将覆盖原有的 JSON 文件，现在我们对程序做一些修改，将它修改为每次运行不覆盖原来的文件，而是在文件的尾部加上新的内容。如果我们尝试对这个修改后的任务执行 3 次，那么情况就如图 3-10 左侧所示，每次执行得到的结果都是不同的，所以这个任务就是不幂等的。

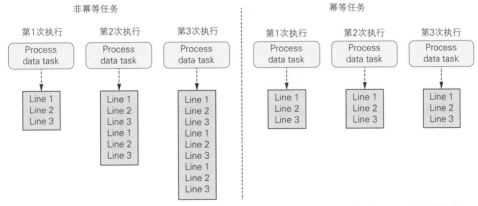

图 3-10　幂等任务无论执行多少次，结果不变。幂等性保证了一致性，并提供了处理失败的能力

通常，通过检查现有结果或确保之前的结果被重复执行的任务覆盖，可以使写数据的任务具有幂等性。在时间分区的数据集中，这是相对简单的，因为我们可以简单地覆盖相应的数据文件。类似地，对于数据库系统，可以使用 upsert 操作插入数据，这允许我们覆盖由以前的任务执行所写入的现有数据。

然而，在工作中，你应该仔细考虑任务的所有可能运行情况，并确保它们以幂等方式执行。

3.7　本章小结

- 通过使用时间间隔，可以让 DAG 定期执行。
- 任务是在时间间隔结束时执行的(如 start_date 为 1 月 1 日，时间间隔为@daily，那么首次执行时间是 1 月 2 日 00:00:00)。
- 时间间隔可以配置为 cron 模式，也可以配置为 timedelta 表达式。
- 通过使用模板动态设置变量，实现对数据的增量处理。
- 执行日期是指时间间隔的起始日期，而不是实际的执行时间。
- 通过回填技术，DAG 可以执行"过去"的任务。
- 等幂性确保任务在重新执行时，生成相同的结果。

第 4 章
使用 Airflow context 对任务进行模板化

本章主要内容
- 通过模板在运行时使用变量
- 使用 PythonOperator 及其他 operator 进行变量模板化
- 使用模板化变量进行调试
- 在外部系统上执行操作

在前面的章节中，我们介绍了 DAG 和 operator 如何协同工作，以及如何在 Airflow 中使用任务执行计划。在本章中，我们将深入了解什么是 operator、它们有哪些用途以及如何使用它们。我们还将通过示例说明如何将 operator 与 hook 一起使用，来实现与远程系统的通信，使用这项技术可以将数据加载到数据库、在远程环境中执行命令以及在 Airflow 之外执行指定的工作负载。

4.1 为 Airflow 准备数据

在本章中，我们依旧通过示例为你讲解，我们将使用一个虚拟股票市场预测工具：StockSense 的情绪分析工具，使用这个工具及几个 operator 预测股票的行情。我们知道维基百科是互联网上最大的公共信息资源之一。除了大家经常访问的 wiki 页面之外，还有好多公开信息可用，如在本章示例中使用的网页浏览计数。在我们的示例中，假设某个公司的综合浏览量上升，表示市场对该公司表现出积极的情绪，并且该公司的股票可能会上涨。相反，如果该公司的页面浏览量下降，这表示市场对该公司的兴趣减少，该公司的股票价格可能下降。

确定如何加载增量数据

Wikimedia 基金会(维基百科背后的组织)以机器可读格式提供自 2015 年以来的所有综合浏览量[1]。综合浏览量可以通过 gzip 格式下载,每页每小时汇总一次。每小时生成大约 50MB 的 gzip 文本文件,解压缩后的大小为 200~250MB。

无论何时处理何种类型的数据,我们都要考虑很多细节。在 Airflow 中处理数据也不例外,在创建 Airflow 数据管道之前,制订数据处理计划十分重要。这个数据处理计划包括你或者你的用户要对数据做怎样的操作?是否希望在未来的其他时间对数据做重新处理?数据的接收频率、数据量、数据格式以及数据来源等。当然最重要的是:要使用这些数据构建什么?当你知道以上这些问题的答案时,就可以进行数据管道创建操作。

首先下载某一小时的数据,并手工检查这些数据。为了开发数据管道,必须了解如何以增量方式加载数据,以及如何处理数据,如图 4-1 所示。

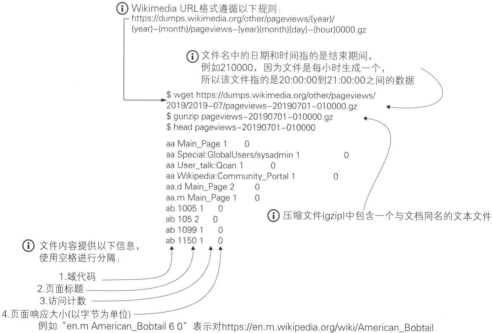

图 4-1 下载并解析 Wikimedia 浏览量数据

在这个示例中,我们了解到 URL 的格式是固定的,因此可以利用这种格式进行批量数据下载,具体的下载技术在第 3 章已经介绍过。那么先做一个实验,看看 2019 年 7 月

---

1 https://dumps.wikimedia.org/other/pageviews 。维基百科页面浏览量数据的结构和技术细节请访问:https://meta.wikimedia.org/wiki/Research:Page_view 和 https://wikitech.wikimedia.org/wiki/Analytics/Data_Lake/Traffic/Pageviews。

7日 10:00 到 11:00 出现次数最多的域代码是什么，如图 4-2 所示。

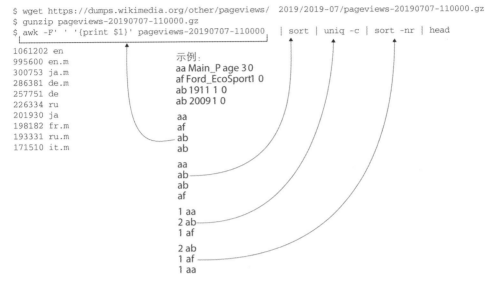

图 4-2 Wikimedia 页面访问数据的初步分析

4.2 任务 context 和 Jinja 模板

现在将上面介绍的内容整合起来，创建本章示例 DAG 的第一个版本，并获取 Wikipedia 浏览量计数。通过下载、提取和读取数据来开始我们的工作。在本示例中，选择了 5 家公司(亚马逊、苹果、Facebook、谷歌和微软)进行跟踪并验证假设，如图 4-3 所示。

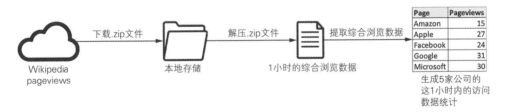

图 4-3 StockSense 的第 1 版工作流

首先下载每个时间间隔的.zip 文件，URL 由相应的日期和时间组成：

https://dumps.wikimedia.org/other/pageviews/{year}/{year}-{month}/pageviews-{year}{month}{day}-{hour}0000.gz

对于每个时间间隔，必须在 URL 中插入该特定间隔的日期和时间。在第 3 章中，我们简要介绍了调度以及如何在代码中使用执行日期来执行特定的时间间隔。让我们具体看看它是如何工作的。下载浏览量的方法有很多种，但是，让我们关注 BashOperator 和

PythonOperator 这两个我们比较熟悉的 operator。在运行时，对在 BashOperator 和 PythonOperator 中插入变量的方法可以推广到其他 operator 的使用中。

4.2.1 对 operator 使用参数模板

首先，使用 BashOperator 下载 Wikipedia 页面访问量数据，在 BashOperator 的 bash_command 参数中，需要在运行时使用动态变量插到下载用的 URL 中，这些动态变量是放在双花括号中的，如代码清单 4-1 所示。

代码清单 4-1　使用 BashOperator 下载 Wikipedia 页面访问量数据

```
import airflow.utils.dates
from airflow import DAG
from airflow.operators.bash import BashOperator

dag = DAG(
  dag_id="chapter4_stocksense_bashoperator",
  start_date=airflow.utils.dates.days_ago(3),
  schedule_interval="@hourly",
)

get_data = BashOperator(
  task_id="get_data",
  bash_command=(
    "curl -o /tmp/wikipageviews.gz "
    "https://dumps.wikimedia.org/other/pageviews/"
    "{{ execution_date.year }}/"                              ← 双花括号表示在运行
    "{{ execution_date.year }}-"                                 时插入的变量
    "{{ '{:02}'.format(execution_date.month) }}/"
    "pageviews-{{ execution_date.year }}"
    "{{ '{:02}'.format(execution_date.month) }}"
    "{{ '{:02}'.format(execution_date.day) }}-"               ← 可以提供任何 Python
    "{{ '{:02}'.format(execution_date.hour) }}0000.gz"           变量或表达式
  ),
  dag=dag,
)
```

正如第 3 章介绍的那样，execution_date 是在任务运行时非常有用的变量之一。双花括号表示一个 Jinja templated 字符串。Jinja 是一个模板引擎，它可以在运行时替换模板字符串中的变量以及表达式。这种模板功能在编程技术中很常见，也有着重要的作用，因为它可以使用动态变量生成字符串，对于很多编程语言来说都带来极大的方便。例如，如图 4-4 所示，在一个文本框中输入你的名字，然后在程序运行时输出"Hello 你的名字"。

图 4-4　并非所有变量在编写代码时都是预先知道的，例如，交互式表单中的元素

在程序编写时，我们不知道某个变量的具体值，因为这个变量的具体值是需要在程序运行时用户通过表单输入的。我们知道的是,用户输入的值将被赋值给一个 name 变量，然后可以使用模板化的字符串 "Hello {{ name }}!"，在运行时将用户输入的值替换模板字符串中的 name。

在 Airflow 中，你可以在运行时从任务 context 中获得许多变量。其中常见的就是 execution_date。Airflow 使用 Pendulum(https://pendulum.eustace.io)库来提供日期时间，而 execution_date 就是这样一个 Pendulum 日期时间对象。它是原生 Python datetime 的直接替代品，因此所有可以应用于 Python 的方法也可以应用于 Pendulum。就像可以使用 datetime.now().year 获取年份一样，也可以用 pendulum.now().year 得到相同的结果(见代码清单 4-2)。

代码清单 4-2　Pendulum 可以提供与 Python datetime 相同的结果

```
>>> from datetime import datetime
>>> import pendulum
>>> datetime.now().year
2020
>>> pendulum.now().year
2020
```

在获取 Wikipedia 页面浏览数据时，月份、日期和小时都是两位的，需要使用前导 0 来占位，比如小时 "7"，要用 "07" 表示。因此，在 Jinja 模板化字符串中，我们应用字符串格式进行填充：

```
{{ '{:02}'.format(execution_date.hour) }}
```

哪些参数可以被模板化？

重要的是要知道并非所有 operator 参数都可以使用模板。每个 operator 都有可用于动态变量的属性列表。在前面的例子中{{name}}并不是某个 operator 可用的动态变量属性，所以如果真在程序中使用{{name}}，那么打印出来的结果就是字符 "{{name}}"，而不会发生动态替换。那么 operator 的可用于动态变量的属性有哪些呢？这些属性是由 operator 的 template_fields 参数设置的。你可以在文档 https://airflow.apache.org/docs 中查看，选择你想了解的 operator，然后查询它的 template_fields 参数即可。

注意 template_fields 中的元素是类属性的名称。通常，提供给__init__的参数名称与类属性名称匹配，因此 template_fields 中列出的所有内容都会完全映射到__init__参数。但实际情况可能与我们想的不同，建议你查看文档来获取具体的信息。

4.2.2　模板中可用的变量及表达式

既然我们已经知道 operator 的一些参数可以被模板化，那么具体哪些变量可以进行模板化呢？在前面的很多示例中，我们都看到了 execution_date，其实还有更多的变量可以使用。在代码清单 4-3 中，在 PythonOperator 的帮助下，我们可以打印完整的任务 context

并检查它。

代码清单 4-3　打印任务 context

```
import airflow.utils.dates
from airflow import DAG
from airflow.operators.python import PythonOperator

dag = DAG(
    dag_id="chapter4_print_context",
    start_date=airflow.utils.dates.days_ago(3),
    schedule_interval="@daily",
)


def _print_context(**kwargs):
    print(kwargs)


print_context = PythonOperator(
    task_id="print_context",
    python_callable=_print_context,
    dag=dag,
)
```

运行这个任务将打印任务 context 中所有可用变量的字典(见代码清单 4-4)。

代码清单 4-4　给定执行日期的所有 context 变量

```
{
    'dag': <DAG: print_context>,
    'ds': '2019-07-04',
    'next_ds': '2019-07-04',
    'next_ds_nodash': '20190704',
    'prev_ds': '2019-07-03',
    'prev_ds_nodash': '20190703',
    ...
}
```

所有变量都在**kwargs 中捕获并传递给 print()函数。所有这些变量都在运行时可用。表 4-1 提供了所有可用的任务 context 变量。

表 4-1　所有任务 context 变量

Key	描述	示例
conf	提供对 Airflow 配置的访问	airflow.configuration.AirflowConfigParser object
dag	当前 DAG 对象	DAG object
dag_run	当前 DagRun 对象	DagRun object
ds	%Y-%m-%d 格式的 execution_date	"2019-01-01"
ds_nodash	%Y%m%d 格式的 execution_date	"20190101"
execution_date	任务时间间隔的开始时间	pendulum.datetime.DateTime object

(续表)

Key	描述	示例
inlets	task.inlets 的简写形式,用于跟踪输入数据源的数据沿袭性	[]
macros	airflow.macros 模块	macros module
next_ds	下一个时间间隔(等于当前时间间隔结束)的 execution_date，格式为 %Y-%m-%d	"2019-01-02"
next_ds_nodash	下一个时间间隔(等于当前时间间隔结束)的 execution_date，格式为%Y%m%d	"20190102"
next_execution_date	任务的下一个时间间隔的开始时间(等于当前时间间隔的结束)	pendulum.datetime.DateTime object
outlets	task.outlets 的简写，跟踪输出数据源的数据沿袭性	[]
params	用户提供的任务 context 变量	{}
prev_ds	格式为 %Y-%m-%d 的前一个时间间隔的 execution_date	"2018-12-31"
prev_ds_nodash	格式为%Y%m%d 的前一个时间间隔的 execution_date	"20181231"
prev_execution_date	任务的前一个时间间隔的开始时间	pendulum.datetime.DateTime object
prev_execution_date_success	上次成功完成相同任务的开始日期时间(仅限过去)	pendulum.datetime.DateTime objec
prev_start_date_success	上次成功运行同一任务(仅在过去)开始的日期和时间	pendulum.datetime.DateTime object
run_id	DagRun 的 run_id(通常由前缀 + 日期时间组成)	"manual__2019-01-01T00:00:00+00:00"
task	当前的 operator	PythonOperator object
task_instance	当前的 TaskInstance 对象	TaskInstance object
task_instance_key_str	当前任务实例的唯一标识符({dag_id}__{task_id}__{ds_nodash})	"dag_id__task_id__20190101"
templates_dict	用户提供的任务 context 变量	{}
test_mode	判断 Airflow 是否在测试模式下运行(配置属性)	False
ti	当前 TaskInstance 对象，同 task_instance	TaskInstance object
tomorrow_ds	ds 加一天	"2019-01-02"
tomorrow_ds_nodash	ds_nodash 加一天	"20190102"
ts	ISO8601 格式的 execution_date	"2019-01-01T00:00:00+00:00"

(续表)

Key	描述	示例
ts_nodash	%Y%m%dT%H%M%S 格式的 execution_date	"20190101T000000"
ts_nodash_with_tz	带有时区信息的 ts_nodash	"20190101T000000+0000"
var	用于处理 Airflow 变量的 Helpers 对象	{}
yesterday_ds	ds 减一天	"2018-12-31"
yesterday_ds_nodash	ds_nodash 减一天	"20181231"

注：上述数据使用 PythonOperator 打印，在 DAG 中手动执行，执行日期为 2019-01-01T00:00:00，时间间隔为@daily。

4.2.3 对 PythonOperator 使用模板

PythonOperator 是 4.2.1 节中显示的模板的一个例外情况。使用 BashOperator(以及 Airflow 中的所有其他 operator)，可以向 bash_command 参数(或其他 operator 中命名的任何参数)提供一个字符串，该字符串在运行时自动进行模板化。但 PythonOperator 与其他 operator 不同，因为它不接收 context 模板化的参数，而是在运行时通过 python_callable 参数调用 Python 函数。

请查看使用 BashOperator 下载 Wikipedia 浏览量数据的代码，如代码清单 4-1 所示，但现在使用 PythonOperator 实现。它们将得到相同的结果(见代码清单 4-5)。

代码清单 4-5　使用 PythonOperator 下载 Wikipedia 浏览量数据

```python
from urllib import request

import airflow
from airflow import DAG
from airflow.operators.python import PythonOperator

dag = DAG(
    dag_id="stocksense",
    start_date=airflow.utils.dates.days_ago(1),
    schedule_interval="@hourly",
)

def _get_data(execution_date):
    year, month, day, hour, *_ = execution_date.timetuple()
    url = (
        "https://dumps.wikimedia.org/other/pageviews/"
        f"{year}/{year}-{month:0>2}/"
        f"pageviews-{year}{month:0>2}{day:0>2}-{hour:0>2}0000.gz"
    )
    output_path = "/tmp/wikipageviews.gz"
    request.urlretrieve(url, output_path)

get_data = PythonOperator(
    task_id="get_data",
    python_callable=_get_data,
    dag=dag,
)
```

在 PythonOperator 中通过 python_callable 调用 Python 函数，而 BashOperator 则是通过一个 bash 命令完成相同的工作

函数是 Python 中重要的组成部分，我们为 PythonOperator 的 python_callable 参数提供了一个可被调用的对象(函数是一个可被调用的对象)[1]。在执行时，PythonOperator 将运行那个可被调用的对象，它可以是任何函数。由于它是一个函数，而不是像所有其他 operator 那样的字符串，因此函数内的代码无法自动进行模板化。但是，可以在给定的函数中提供和使用任务 context 变量，如图 4-5 所示。

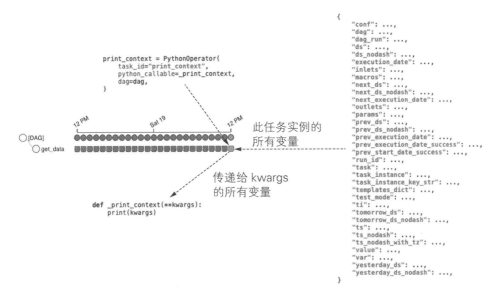

图 4-5　使用 PythonOperator 提供任务 context

Airflow 1 和 Airflow 2 中的 PythonOperator 及 provide_context

在 Airflow1 中，必须通过在 PythonOperator 中设定 provide_context=True 来显式提供任务 context 变量，它将所有(！)任务 context 变量传递给你的可调用对象：

```
PythonOperator(
    task_id="pass_context",
    python_callable=_pass_context,
    provide_context=True,
    dag=dag,
)
```

在 Airflow2 中，PythonOperator 通过从可调用参数名称来推断这些 context 变量，并确定必须将哪些 context 变量传递给可调用对象。因此不再需要设置 provide_context=True 了：

```
PythonOperator(
    task_id="pass_context",
    python_callable=_pass_context,
```

---

[1] 在 Python 中，任何实现__call__()的对象都被认为是可调用的(例如，函数/方法)。

```
    dag=dag,
)
```

为了保持向后兼容，Airflow2 中仍然支持 provide_context 参数。但是，可以在 Airflow 2 中运行时安全地将其移除。

Python 允许在函数中捕获关键字参数。这可以适用于很多情况，例如你不知道传递过来的参数的具体名称，而想直接在函数中使用这个参数。如代码清单 4-6 所示。

代码清单 4-6　存储在 kwargs 中的关键字参数

```
def _print_context(**kwargs):
    print(kwargs)
```

可以使用两个星号(**)捕获关键字参数，并将捕获的参数命名为 kwargs

为了日后方便自己和他人对 Airflow 的代码有更好的理解，建议你对这些捕获的参数选择合适且易于理解的名字，比如 context。如代码清单 4-7 所示。

代码清单 4-7　将 kwargs 重命名为 context，从而更清楚地表达该参数的含义

```
def _print_context(**context):
    print(context)

print_context = PythonOperator(
    task_id="print_context",
    python_callable=_print_context,
    dag=dag,
)
```

将这个参数命名为 context，表明这是 Airflow 中任务的 context

context 是由所有 context 变量组成的字典，它允许我们为任务运行的时间间隔赋予不同的行为，例如，打印当前时间间隔的开始和结束日期时间，见代码清单 4-8。

代码清单 4-8　打印时间间隔的开始与结束时间

```
def _print_context(**context):
    start = context["execution_date"]
    end = context["next_execution_date"]
    print(f"Start: {start}, end: {end}")


print_context = PythonOperator(
    task_id="print_context", python_callable=_print_context, dag=dag
)

# Prints e.g.:
# Start: 2019-07-13T14:00:00+00:00, end: 2019-07-13T15:00:00+00:00
```

从 context 提取 execution_date

现在我们已经看到了一些例子，接下来让我们仔细分析通过 PythonOperator 下载网页浏览数据的例子。在图 4-6 中，节选了代码清单 4-5 中的部分代码。

任务的context变量

从execution_date 中提取datetime组件

```
def _get_data(**context):
    year, month, day, hour, *_ = context["execution_date"].timetuple()
    url = (
        "https://dumps.wikimedia.org/other/pageviews/"
        f"{year}/{year}-{month:0>2}/pageviews-{year}{month:0>2}{day:0>2}-{hour:0>2}0000.gz"
    )
    output_path = "/tmp/wikipageviews.gz"
    request.urlretrieve(url, output_path)
```

使用datetime组件格式化URL

获取数据

图 4-6 由于 PythonOperator 接收的是一个函数而不是字符串参数，因此不能被 Jinja 模板化。在这个被调用的函数中，我们从 execution_date 中提取 datetime 组件来动态构造 URL

PythonOperator 调用的_get_data 函数带有一个参数：**context。正如我们之前介绍的，**context 将接收发送过来的所有关键字参数(**表示所有传递过来的参数)。不过，Python 中还有另一种方式可以接收关键字参数(见代码清单 4-9)。

代码清单 4-9 显式指出变量 execution_date

```
def _get_data(execution_date, **context):
    year, month, day, hour, *_ = execution_date.timetuple()
    # ...
```

这里显式指出从context中只接收名为 execution_date 的参数

底层发生的事情是调用_get_data 函数时，将所有 context 变量作为关键字参数，如代码清单 4-10 所示。

代码清单 4-10 所有的 context 变量作为关键字参数传递

```
_get_data(conf=..., dag=..., dag_run=..., execution_date=..., ...)
```

然后 Python 将检查函数签名(预期参数列表)中是否需要这个给定的参数，如图 4-7 所示。

```
_get_data(conf=..., dag=..., dag_run=..., execution_date=..., ...)
```

conf是否存在于签名(预期参数)中?

如果不在，则将它添加到**context中

```
def _get_data(execution_date, **context):
    year, month, day, hour, *_ = execution_date.timetuple()
    # ...
```

图 4-7 由 Python 判断每个关键字参数，是否要将它传递给函数中的特定参数。如图所示，只有名称匹配，才会将特定参数读取出来，并传递给函数中的特定参数。如果不匹配，就将这些关键字参数添加到**context 中

首先判断第一个参数 conf，发现这个参数与_get_data 的签名(预期参数)不匹配，因此将它添加到**context 中。后面的 dag 和 dag_run 与前面的 conf 一样，都不在预期参数列

表中，因此都被放入**context中。接下来是execution_date，它存在于预期参数列表中，因此它的值将被传递给_get_data()函数的execution_date参数，并可以在函数中使用，如图4-8所示。

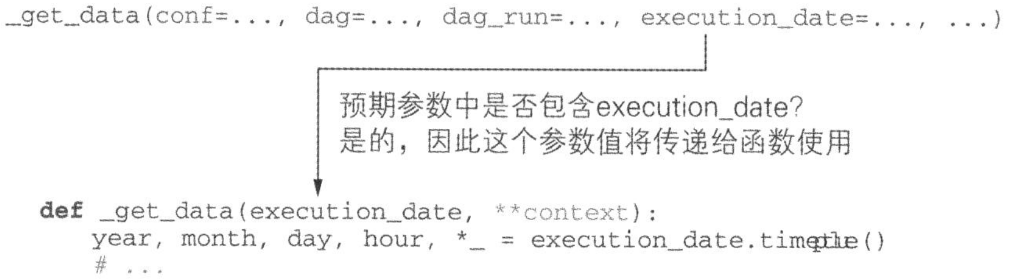

```
_get_data(conf=..., dag=..., dag_run=..., execution_date=..., ...)
```

预期参数中是否包含execution_date？
是的，因此这个参数值将传递给函数使用

```
def _get_data(execution_date, **context):
    year, month, day, hour, *_ = execution_date.timetuple()
    # ...
```

图4-8　_get_data 需要一个名为 execution_date 的参数。因为没有设置默认值，所以如果不提供 execution_date 将会报错

如图4-9所示，这个例子的最终结果是名为 execution_date 的关键字参数传递给函数的 execution_date 参数，并在函数中使用。其他关键字参数都被传递给**context，因为它们没有出现在预期参数列表中。

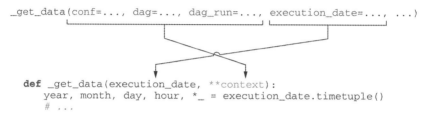

图4-9　只有名称匹配的关键字参数会传递给_get_data(). execution_date，而其他关键字参数都将放入**context

现在，可以直接使用 execution_date 变量，而不必从**context 的 context["execution_date"] 中提取它了。另外，这也会让你的代码变得更加简洁，并且诸如 linter 和类型提示之类的工具将受益于显式的参数定义。

4.2.4　为 PythonOperator 提供变量

现在我们已经掌握了任务 context 在 operator 中的工作原理以及 Python 如何处理关键字参数，想象一下我们想要从多个数据源下载数据。只需要复制_get_data()函数并稍作修改，就可以将它应用于其他的数据源。然而，PythonOperator 也支持为被调用的函数提供额外的参数。我们从让 output_path 变得动态可变开始，这样就可以为不同的任务配置不同的 output_path，而不必为了更改输出路径而复制整个函数。如图4-10所示。

```
def _get_data(output_path, **context):
    year, month, day, hour, *_ = context["execution_date"].timetuple()
    url = (
        "https://dumps.wikimedia.org/other/pageviews/"
        f"{year}/{year}-{month:0>2}/pageviews-{year}{month:0>2}{day:0>2}-{hour:0>2}0000.gz"
    )
    request.urlretrieve(url, output_path)
```

现在output_path可以通过参数进行配置

图 4-10　output_path 可以通过参数进行配置

可以通过两种方式提供 output_path 的值。第一种是通过参数：op_args(见代码清单 4-11)。

代码清单 4-11　PythonOperator 调用的函数提供用户定义的变量

```
get_data = PythonOperator(
    task_id="get_data",
    python_callable=_get_data,
    op_args=["/tmp/wikipageviews.gz"],
    dag=dag,
)
```

使用 op_args 为可调用对象提供额外的变量

在 operator 执行时，提供给 op_args 的列表中的每个值都会传递给被调用的函数(即，与直接调用函数的效果相同，相当于：_get_data("/tmp/wikipageviews.gz"))。

由于图 4-10 中的 output_path 是 _get_data 函数中的第一个参数，因此此在运行时它的值将被设置为/tmp/wikipageviews.gz(我们称这些为非关键字参数)。第二种方法是使用 op_kwargs 参数，如代码清单 4-12 所示。

代码清单 4-12　向被调用的函数提供用户定义的 kwargs

```
get_data = PythonOperator(
    task_id="get_data",
    python_callable=_get_data,
    op_kwargs={"output_path": "/tmp/wikipageviews.gz"},
    dag=dag,
)
```

通过字典的形式向被调用的函数提供关键字参数

与 op_args 类似，op_kwargs 中的所有值都传递给被调用的函数，但这次是作为关键字参数传递。对 _get_data 的等效调用是：

```
_get_data(output_path="/tmp/wikipageviews.gz")
```

请注意，这些值可以包含字符串，因此可以进行模板化。这意味着可以避免在被调用函数中提取 datetime 组件，而是将模板字符串传递给被调用的函数(见代码清单 4-13)。

代码清单 4-13　使用模板化字符串作为被调用函数的参数

```
def _get_data(year, month, day, hour, output_path, **_):
    url = (
        "https://dumps.wikimedia.org/other/pageviews/"
```

```
        f"{year}/{year}-{month:0>2}/"
        f"pageviews-{year}{month:0>2}{day:0>2}-{hour:0>2}0000.gz"
    )
    request.urlretrieve(url, output_path)

get_data = PythonOperator(
    task_id="get_data",
    python_callable=_get_data,
    op_kwargs={
        "year": "{{ execution_date.year }}",         ◄──── 将模板化的用户自定
        "month": "{{ execution_date.month }}",              义关键字参数传递给
        "day": "{{ execution_date.day }}",                  被调用的函数
        "hour": "{{ execution_date.hour }}",
        "output_path": "/tmp/wikipageviews.gz",
    },
    dag=dag,
)
```

4.2.5　检查模板化参数

在使用模板化参数时，可以通过 Airflow 用户界面调试它。可以在运行任务之后检查模板化的参数值，方法是在图状视图或者树状视图中单击执行的任务，在弹出的对话框中单击"Rendered Template"按钮，如图 4-11 所示。

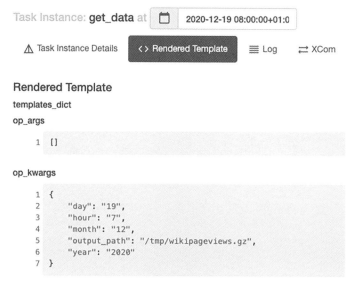

图 4-11　运行任务后检查模板化参数值

Rendered Template 视图显示给定 operator 的所有动态属性及其值。每个任务实例都可以通过此视图查看。任务必须由 Airflow 调度，然后才能查看相关的动态属性值，在开发过程中，这可能是不切实际的，因为有些情况，我们并不想真正去执行这个任务，只是想在执行之前了解模板将生成怎样的动态属性值。Airflow 命令行界面(CLI)允许我们为任

何给定的 datetime 显示模板化值。需要注意的是，在使用命令行工具时，需要给出正确的 dag_id，在代码清单 4-14 中，它的 dag_id 为 stocksense。

代码清单 4-14　为任何给定的执行日期显示模板化值

```
# airflow tasks render stocksense get_data 2019-07-19T00:00:00
# ----------------------------------------------------------
# property: templates_dict
# ----------------------------------------------------------
None

# ----------------------------------------------------------
# property: op_args
# ----------------------------------------------------------
[]

# ----------------------------------------------------------
# property: op_kwargs
# ----------------------------------------------------------
{'year': '2019', 'month': '7', 'day': '19', 'hour': '0', 'output_path':
    '/tmp/wikipageviews.gz'}
```

CLI 为我们提供了与 Airflow 图形界面中显示的完全相同的信息，而无须运行任务，这使得调试程序更加容易。使用 CLI 检查模板化参数可以使用如下命令：

```
airflow tasks render [dag id] [task id] [desired execution date]
```

你可以输入任何 datetime，Airflow CLI 将显示所有模板化属性，这种方法比在 Airflow 用户界面中查看这些模板化属性更加灵活，因为不用真正执行这些任务。使用 CLI 不会在 metastore 中注册任何内容，因此是一种更轻量和灵活的调试方法。

4.3　连接到其他系统

现在我们已经掌握了模板的工作原理，让我们通过每小时获取 Wikipedia 浏览量数据的例子继续讲解更复杂的 Airflow 使用。代码清单 4-15 中有两个 operator，分别用来将上一步下载的数据压缩文件解压，然后对解压文件解析，仅对所关心的几个企业进行信息统计，并将结果打印在 log 中。

代码清单 4-15　读取特定页面的浏览量

```
extract_gz = BashOperator(
    task_id="extract_gz",
    bash_command="gunzip --force /tmp/wikipageviews.gz",
    dag=dag,
)


def _fetch_pageviews(pagenames):
```

```python
        result = dict.fromkeys(pagenames, 0)
        with open(f"/tmp/wikipageviews", "r") as f:
            for line in f:
                domain_code, page_title, view_counts, _ = line.split(" ")
                if domain_code == "en" and page_title in pagenames:
                    result[page_title] = view_counts
    print(result)
    # Prints e.g. "{'Facebook': '778', 'Apple': '20', 'Google': '451',
    'Amazon': '9', 'Microsoft': '119'}"

fetch_pageviews = PythonOperator(
    task_id="fetch_pageviews",
    python_callable=_fetch_pageviews,
    op_kwargs={
        "pagenames": {
            "Google",
            "Amazon",
            "Apple",
            "Microsoft",
            "Facebook",
        }
    },
    dag=dag,
)
```

注释：
- 将上一步解压后的文件打开
- 提取文件中每一行的元素
- 对域进行过滤，只保留 "en"
- 检查 page_title 实在存在于 pagenames 中

上面程序运行之后，在 log 中会看到类似这样的打印结果：{'Apple': '31', 'Microsoft': '87', 'Amazon': '7', 'Facebook': '228', 'Google': '275'}。作为对这个程序的第一个改进，我们想将统计结果写入自己的数据库中，这样我们后续就可以通过 SQL 语句对这些统计信息进行查询与进一步加工，如图 4-12 所示。

图 4-12 提取浏览量信息之后，将这些信息写入 SQL 数据库中

我们将使用 Postgres 数据库存储每小时的页面浏览量信息。我们所使用的数据库中的数据表有 3 个字段，CREATE TABLE 语句如代码清单 4-16 所示。

代码清单 4-16 创建用于存储浏览量数据表的 CREATE TABLE 语句

```sql
CREATE TABLE pageview_counts (
    pagename VARCHAR(50) NOT NULL,
    pageviewcount INT NOT NULL,
    datetime TIMESTAMP NOT NULL
);
```

在这个数据表中，pagename 和 pageviewcount 字段分别保存维基百科页面的名称和该页面在特定时间(一小时)内的浏览量。datetime 字段保存计数的日期和时间，这相当于

Airflow 执行时间间隔的 execution_date。示例 INSERT 语句如代码清单 4-17 所示。

代码清单 4-17　将统计结果插入 pageview_counts 表的 INSERT 语句

```
INSERT INTO pageview_counts VALUES ('Google', 333, '2019-07-17T00:00:00');
```

目前，我们已经做到下载数据、提取我们所关心的数据，打印这些数据，并且我们也准备好了用于存储数据的 Postgres 数据表，现在要做的就是将当前的打印结果写入数据库。因此，需要另外创建一个任务来操作数据库，这就需要在原来的打印结果的任务和操作数据库的任务之间进行数据传递，Airflow 提供两种方法可以在任务之间进行数据传递：

- 通过 Airflow metastore 在任务之间写入和读取结果。这称为 XCom，我们将在第 5 章介绍。
- 将结果写入一个持久位置(比如磁盘或数据库)，实现任务之间的数据传递。

由于 Airflow 的任务彼此独立运行，有些时候根据你的设置，这些任务可能运行在不同的物理服务器上，因此无法通过内存共享的方式对数据进行共享与传递。如果想在任务之间传递数据，必须将这些数据保存在内存以外的其他固定位置，然后才可以被其他任务读取。

Airflow 提供了一种称为 XCom 的开箱即用机制，它允许在 Airflow metastore 中存储和读取任何可以被 pickle 处理的对象。pickle 是 Python 的序列化协议，序列化意味着将内存中的对象转换为可以存储在磁盘上的格式，以便稍后再次读取，这样就可以实现不同进程或者任务之间的数据传递与共享。默认情况下，所有从基本 Python 类型(例如，字符串、整数、字典、列表)构建的对象都可以被 pickle 序列化。

数据库连接和文件处理器是不可被 pickle 序列化的对象。使用 XCom 存储的 pickled 对象仅适用于较小的对象。由于 Airflow 的 metastore(通常是 MySQL 或 Postgres 数据库)的大小有限，并且 pickled 对象存储在 metastore 中的 blob 中，因此通常建议把 XCom 仅用于传输少量数据，例如像名称列表这样的少量字符串。

在任务之间传输数据的另外一种方法是将数据存储在 Airflow 之外，我们有许多种方法可以实现这一点，最常用的就是在磁盘上创建一个文件。在我们的示例中，我们获取了一些字符串和整数，它们本身并不占用空间。考虑到以后可能会添加更多页面，因此未来数据大小可能会增长，我们将提前考虑这些因素，并将结果保存在磁盘上，而不是使用 XCom。

在考虑如何存储中间数据时，必须知道这些数据将在何处以及如何再次被使用。在我们的例子中，由于目标数据库是 Postgres，我们将使用 PostgresOperator 插入数据。首先，必须安装一个额外的软件包，并在项目中导入 PostgresOperator 类：

```
pip install apache-airflow-providers-postgres
```

Airflow 2 提供的程序包

从 Airflow2 开始，大多数 operator 都是通过单独的 pip 包安装的。这避免了安装你可能不会使用的依赖项，同时保持核心 Airflow 包较小。所有额外的 pip 软件包都被命名为：

```
apache-airflow-providers-*
```

Airflow 中只保留了少数核心 Operator，例如 BashOperator 和 PythonOperator。请参阅 Airflow 文档以找到满足你需求的 apache-airflow-providers 软件包。

PostgresOperator 将提供你对数据库进行的所有查询操作，由于 PostgresOperator 不支持读取 CSV 文件并插入数据，因此通过代码清单 4-18 所示的程序，我们将获取的结果转换为由 INSERT 语句组成的 SQL 文件。

代码清单 4-18　为 PostgresOperator 提供 INSERT 语句

```python
def _fetch_pageviews(pagenames, execution_date, **_):
    result = dict.fromkeys(pagenames, 0)    # 将所有pageview的结果初始化为0
    with open("/tmp/wikipageviews", "r") as f:
        for line in f:
            domain_code, page_title, view_counts, _ = line.split(" ")
            if domain_code == "en" and page_title in pagenames:
                result[page_title] = view_counts    # 存储 pageview 的计数

    with open("/tmp/postgres_query.sql", "w") as f:
        for pagename, pageviewcount in result.items():    # 对于每一个结果，动态生成SQL语句
            f.write(
                "INSERT INTO pageview_counts VALUES ("
                f"'{pagename}', {pageviewcount}, '{execution_date}'"
                ");\n"
            )


fetch_pageviews = PythonOperator(
    task_id="fetch_pageviews",
    python_callable=_fetch_pageviews,
    op_kwargs={"pagenames": {"Google", "Amazon", "Apple", "Microsoft",
        "Facebook"}},
    dag=dag,
)
```

运行上面的任务之后，将生成包含统计数据的 SQL 文件(/tmp/postgres_query.sql)，该文件由多条 INSERT 语句组成。这个 SQL 文件内容如代码清单 4-19 所示，它将被用在代码清单 4-20 中，用于将数据插入数据库中。

代码清单 4-19　为 PostgresOperator 生成的多条 INSERT 语句

```
INSERT INTO pageview_counts VALUES ('Facebook', 275, '2019-07-18T02:00:00+00:00');
INSERT INTO pageview_counts VALUES ('Apple', 35, '2019-07-18T02:00:00+00:00');
INSERT INTO pageview_counts VALUES ('Microsoft', 136, '2019-07-18T02:00:00+00:00');
INSERT INTO pageview_counts VALUES ('Amazon', 17, '2019-07-18T02:00:00+00:00');
INSERT INTO pageview_counts VALUES ('Google', 399, '2019-07-18T02:00:00+00:00');
```

现在我们已经生成了包含 INSERT 语句的 SQL 文件，接下来要做的就是本示例的最

后一步，将数据插入数据库中。需要注意的是，postgres_conn_id 所对应的数据库连接应该事先创建好，否则会出现无法连接数据库的错误提示。关于创建数据库连接，将稍后为你介绍。

代码清单 4-20　调用 PostgresOperator

```
from airflow.providers.postgres.operators.postgres import PostgresOperator

dag = DAG(..., template_searchpath="/tmp")     ← 设定搜索 SQL 文件的路径

write_to_postgres = PostgresOperator(
    task_id="write_to_postgres",
    postgres_conn_id="my_postgres",    ← 设定用于连接数据库的标识符
    sql="postgres_query.sql",          ← 设定要执行的 SQL 文件
    dag=dag,
)
```

现在，完整的工作流图状视图如图 4-13 所示。

图 4-13　每小时获取 Wikipedia 页面访问数据并将统计结果写入 Postgres

PostgresOperator 只需要两个参数就可以完成对 Postgres 数据库的操作，而许多复杂的操作，比如建立与数据库的连接和操作完成后对数据库的关闭，都将由 Airflow 后台处理。如我们之前所述，postgres_conn_id 指向连接 Postgres 数据库的凭证标识符。Airflow 将这些凭证通过加密的方式保存在 metastore 中，当要创建数据库连接时，直接使用这些凭证。可以通过 Airflow 的 CLI 来创建这些数据库连接凭证(见代码清单 4-21)。

代码清单 4-21　通过 Airflow CLI 创建数据库连接凭证

```
airflow connections add \
--conn-type postgres \
--conn-host localhost \
--conn-login postgres \
--conn-password mysecretpassword \
my_postgres
```
← my_postgres 为数据库连接凭证标识符

当你在命令行创建完连接凭证之后，可以在 Airflow 的图形界面查看，在 Admin 菜单中选择 Connections 将看到如图 4-14 所示的数据库连接凭证标识符。也可以在这个界面中，通过单击左上角的加号来创建新的数据库连接标识符。

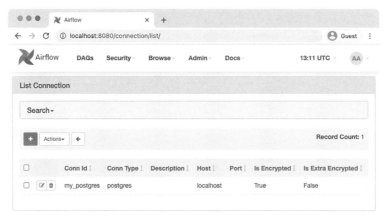

图 4-14 在 Airflow 图形界面中查询数据库连接

一旦 DAG 完成了若干次运行，在 Postgres 数据库中就可以看到相关结果：

```
"Amazon",12,"2019-07-17 00:00:00"
"Amazon",11,"2019-07-17 01:00:00"
"Amazon",19,"2019-07-17 02:00:00"
"Amazon",13,"2019-07-17 03:00:00"
"Amazon",12,"2019-07-17 04:00:00"
"Amazon",12,"2019-07-17 05:00:00"
"Amazon",11,"2019-07-17 06:00:00"
"Amazon",14,"2019-07-17 07:00:00"
"Amazon",15,"2019-07-17 08:00:00"
"Amazon",17,"2019-07-17 09:00:00"
```

在这最后一步有很多事情需要注意。DAG 有一个额外的参数：template_searchpath。除了字符串 INSERT INTO...，文件的内容也可以被模板化。可以通过向 operator 提供文件路径来读取和模板化具有特定扩展名的文件。在使用 PostgresOperator 的时候，参数 SQL 可以被模板化，因此可以将 SQL 文件的路径提供给这个 SQL 参数。任何以.sql 结尾的文件路径都将被读取，文件中的 SQL 语句将由 PostgresOperator 执行。同样，请参阅 operator 的文档并查看模板的_ext 字段，其中保存了 operator 可以模板化的文件扩展名。

注意：Jinja 要求你提供搜索可以被模板化的文件的路径。默认情况下，将只搜索 DAG 文件的路径。但由于我们将其存储在/tmp 中，因此 Jinja 无法找到它。需要为 Jinja 添加搜索路径，可以通过 DAG 上的 template_searchpath 参数进行设置(如本书配套程序 chapter04/dags/listing_4_20.py 所示，template_searchpath="/tmp")，Jinja 将遍历默认路径以及通过 template_searchpath 设定的其他搜索路径。

Postgres 是一个外部系统，Airflow 在其生态系统中的许多运营商的帮助下，支持连接到更多的外部系统。这确实意味着：连接到外部系统通常需要安装特定的依赖项，这将允许 Airflow 与外部系统连接和通信。这种策略也适用于 Postgres，我们必须安装 apache-airflow-providers-postgres，从而在我们的 Airflow 中安装额外的 Postgres 依赖项。依赖关系是所有编排系统的特征之一——为了与更多外部系统通信，不可避免地要安装更多的依赖包。

在运行 PostgresOperator 之后，Airflow 将完成一系列操作，如图 4-15 所示。PostgresOperator 将首先实例化一个 hook，来与 Postgres 通信。这个 hook 将完成创建数据库连接、执行 SQL 语句以及关闭数据库连接等操作。在这种情况下，operator 只是将用户的请求发送给 hook，其他工作将由 hook 完成。

注意：operator 用来决定要完成怎样的工作，而 hook 去具体实施这些工作。

在构建这种数据管道时，你只需要关心如何设置 operator，无须关心 hook。因为 hook 由 operator 在内部使用。

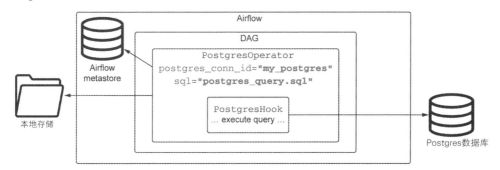

图 4-15　针对 Postgres 数据库运行 SQL 脚本将涉及多个组件。为 PostgresOperator 提供正确的设置，PostgresHook 将在后台完成具体工作

在多次运行该 DAG 之后，在 Postgres 数据库中将存储一些从 Wikipedia 浏览量中提取的记录。Airflow 现在每小时自动下载新的分时浏览量数据集，然后对它解压，并提取所需的计数，最后将这些数据写入 Postgres 数据库。有了这些数据，就可以进行"哪个页面在何时最受欢迎"的分析了(见代码清单 4-22)。

代码清单 4-22　使用 SQL 查询每个页面访问量最多的时间段

```
SELECT x.pagename, x.hr AS "hour", x.average AS "average pageviews"
FROM (
  SELECT
    pagename,
    date_part('hour', datetime) AS hr,
    AVG(pageviewcount) AS average,
    ROW_NUMBER() OVER (PARTITION BY pagename ORDER BY AVG(pageviewcount) DESC)
  FROM pageview_counts
  GROUP BY pagename, hr
) AS x
WHERE row_number=1;
```

表 4-2 展示了每个页面访问量最多的时间段以及具体访问量。

表 4-2 每个页面访问量最多的时间段分布

页面名称	访问时间	平均页面访问量
Amazon	18	20
Apple	16	66
Facebook	16	500
Google	20	761
Microsoft	21	181

通过这个查询，我们现在已经完成了预期的 Wikipedia 工作流程。通过这个工作流程可以每小时下载增量的页面浏览量数据，然后处理数据，并将处理结果写入 Postgres 数据库，从而可以完成后续的分析。Airflow 使用"时间间隔"在正确的时间，通过正确的顺序启动并执行任务，从而达成我们设定的目标。

4.4 本章小结

- operator 的某些参数可以被模板化。
- 通过模板化可以在运行时动态获得参数。
- 对于 PythonOperator 进行模板化的操作与其他 operator 不同，变量将被传递给指定的被调用的 Python 函数。
- 模板化参数的结果，可以通过 Airflow 图形界面查询，也可以通过 CLI 查询。
- operator 可以通过 hook 与其他外部系统通信。
- operator 决定了"要做什么"，而 hook 决定了"怎么做"。

第 5 章
定义任务之间的依赖关系

本章主要内容
- 了解如何在 Airflow 中定义任务依赖关系
- 了解如何使用触发器规则实现连接
- 为 DAG 和任务添加执行条件
- 了解触发器规则如何影响任务执行的基本概念
- 演示如何使用 XCom 在任务之间共享状态
- 了解如何通过 Airflow2 中的 Taskflow API 简化 Python-heavy DAG

在前面的章节中,我们看到了如何构建一个基本的 DAG,以及定义任务之间的简单依赖关系。在本章中,我们将进一步探讨如何在 Airflow 中定义任务的依赖关系,以及如何使用这些功能实现更复杂的模式,包括条件任务、分支和连接。在本章的最后,我们还将深入研究 XCom(它允许在 DAG 运行时在不同任务之间传递数据),并讨论使用这种方法的优缺点。我们还将展示如何使用 Airflow 2 新的 Taskflow API 简化大量使用 Python 任务和 XCom 的 DAG。

5.1 基本依赖关系

在讨论更复杂的任务依赖模式(如分支和条件任务)之前,让我们先花点时间检查一下我们在前几章中遇到的任务依赖的不同模式。这既包括线性任务链(任务通过线性的方式一个接着一个地执行),也包括扇出/扇入模式(涉及一个任务链接到多个下游任务,或者多个任务链接到一个下游任务)。我们将在接下来的几节中简要介绍这些模式的含义。

5.1.1 线性依赖关系

到目前为止,我们主要关注的是由单一线性任务链组成的 DAG 例子。例如,我们从第 2 章中获取火箭发射图片的 DAG(如图 5-1 所示)由 3 个任务组成一条任务链:一个用于下载发射元数据,一个用于下载图片,还有一个用于在整个过程完成时发送通知(见代码清单 5-1)。

代码清单 5-1　火箭发射图片 DAG 中的任务(源码请见 chapter02/dags/listing_2_10.py)

```
download_launches = BashOperator(...)
get_pictures = PythonOperator(...)
notify = BashOperator(...)
```

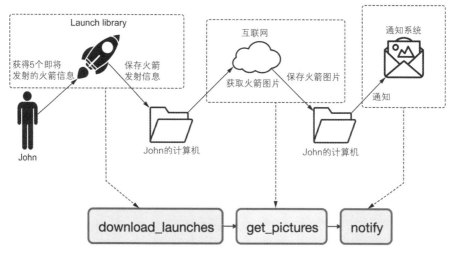

图 5-1　第 2 章(最初如图 2-3 所示)中获取火箭图片的 DAG 由 3 个任务组成:
下载元数据、获取图像和发送通知

在这种类型的 DAG 中,任务通过串行的方式执行,每个任务必须完成之后才能启动下一个任务的执行,因为前一个任务的结果将作为下一个任务的输入。正如我们所看到的,Airflow 允许我们通过使用合适的位移运算符来创建两个任务之间的这种线性依赖关系(见代码清单 5-2)。

代码清单 5-2　在任务之间添加依赖关系(源码请见 chapter02/dags/listing_2_10.py)

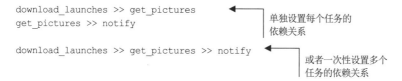

任务之间的依赖关系告诉 Airflow,只有上游的依赖项执行成功之后,才能开始执行下游的任务。在上面的示例中,这意味着 get_pictures 只能在 download_launches 成功执行之后才可以开始执行。同样,notify 只能在 get_pictures 任务成功完成之后才能启动。

显式指定任务依赖项的一个优点是它清楚地定义了任务之间的(隐式)排序。这使得 Airflow 仅在满足依赖关系时才调度任务(如图 5-2 所示),这比使用 Cron 一个接一个地调度单个任务并希望确保在新任务开始之前上游任务都已经完成的情况更加稳定。此外，任何运行错误都会通过 Airflow 传播到下游任务，从而有效地推迟它们的执行。这意味着在 download_launches 任务失败的情况下，Airflow 不会尝试执行下游的 get_pictures 任务，直到 download_launches 的问题得到解决。

5.1.2 扇入/扇出依赖

除了线性的任务依赖关系之外，Airflow 还提供任务之间更复杂的依赖关系。例如我们在第 1 章看到的雨伞的销售预测示例，在那个示例中，我们需要训练一个机器学习的模型，然后根据天气预报信息，使用这个机器学习模型来预测未来几周市场对雨伞的需求。

在雨伞销售预测的 DAG 中，首先要从两个不同的数据源分别获取天气数据和销售数据，然后将这两组数据合并在一起用来训练我们的预测模型。如图 5-2 所示，这个 DAG 从两组任务开始，分别获取天气数据(fetch_weather)和销售数据(fetch_sales)，然后再对获取的数据分别通过 clean_weather 和 clean_sales 清洗。数据清洗之后，将使用 join_datasets 任务合并两组数据，接下来使用合并后的数据集训练机器学习模型(train_model)，最后部署训练好的模型(deploy_model)。

图 5-2　第 1 章中雨伞销售预测示例的 DAG 概要

从依赖关系的角度查看这个 DAG，fetch_weather 和 clean_weather 任务之间存在线性依赖关系，因为我们需要从远程数据源获取数据，然后才能清洗数据。但是，由于天气数据的获取/清理与销售数据无关，因此天气和销售任务之间没有交叉依赖。这意味着我们可以按照代码清单 5-3 所示的方式定义任务之间的依赖关系。

代码清单 5-3　并行执行的线性依赖(源码请见 dags/01_start.py)

```
fetch_weather >> clean_weather
fetch_sales >> clean_sales
```

在两个 fetch 任务的左侧(上游)，我们还可以添加一个虚拟的启动任务来表示 DAG 的开始。在这种情况下，这个虚拟任务并不是必须存在的，但它有助于说明在 DAG 开始时发生的隐式扇出(扇出：由一个节点扩展出多个节点，看起来像扇子一样)，通过这个虚拟的启动任务，在 DAG 中启动了 fetch_weather 和 fetch_sales 任务。这种扇出依赖(将一个任务链接到多个下游任务)可以通过代码清单 5-4 所示的方式定义。

代码清单 5-4　添加扇出(一对多)依赖(源码请见 dags/01_start.py)

```
from airflow.operators.dummy import DummyOperator

start = DummyOperator(task_id="start")          ◀── 创建一个虚拟的启动任务
start >> [fetch_weather, fetch_sales]           ◀── 创建一个扇出(一对
                                                     多)依赖项
```

与并行执行的 fetch/clean 任务相反,在将来自天气预报及销售的两方面数据合并时,使用的是扇入技术(多对一,和扇出一样,只不过"扇子"的方向发生了改变)。因此,join_datasets 任务依赖于 clean_weather 和 clean_sales 任务,并且只有在这两个上游任务都成功完成后才能运行。在这种类型的结构中,其中一个任务依赖于多个上游任务,通常被称为扇入结构,这种结构由多个上游任务和一个下游任务组成。在 Airflow 中,扇入依赖项可以通过代码清单 5-5 所示的方式定义。

代码清单 5-5　添加扇入(多对一)依赖(源码请见 dags/01_start.py)

```
[clean_weather, clean_sales] >> join_datasets
```

在扇入的 join_datasets 任务之后,当前示例中 DAG 的其余部分是训练模型和部署模型,它们都是线性依赖的,如代码清单 5-6 所示。

代码清单 5-6　添加其他依赖项(源码请见 dags/01_start.py)

```
join_datasets >> train_model >> deploy_model
```

将以上依赖关系整合起来,将得到如图 5-3 所示的 DAG。

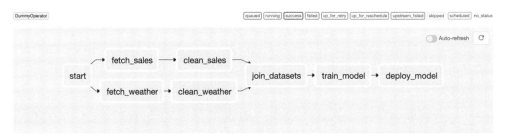

图 5-3　使用 Airflow 图状视图显示的雨伞销售预测 DAG。该 DAG 执行多项任务,包括获取并清理天气数据和销售数据,然后将它们合并成一个数据集,再使用该数据集训练机器学习模型并部署训练后的模型。请注意,销售和天气数据的处理发生在 DAG 的不同分支中,因为这些任务之间并没有直接的依赖关系

现在开始运行这个 DAG,你觉得会发生什么事情?哪些任务将先开始执行?哪些任务会并行执行,而哪些任务不会并行执行?

如你所料,当开始运行这个 DAG 时,如图 5-4 所示,Airflow 将首先执行启动任务。启动任务完成后,它将启动 fetch_sales 和 fetch_weather 任务,这两个任务将并行运行(假设你的 Airflow 配置了多个 worker)。fetch_sales 和 fetch_weather 相互独立,它们各自完成

之后，都会启动自己的下游任务 clean_sales 和 clean_weather。但只有当 clean_sales 和 clean_weather 都完成之后，才会启动 join_datasets 任务。接下来的机器学习模型训练和模型部署任务都将线性执行。

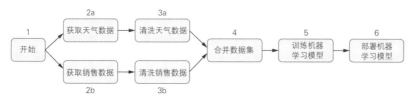

图 5-4 雨伞销售预测 DAG 中任务的执行顺序，数字表示任务运行的顺序。Airflow 从 start 任务开始执行，之后它可以并行运行销售数据和天气数据的 fetch 和 clean 任务。请注意，这意味着天气数据的获取与清洗和销售数据的获取与清洗是独立进行的，因为数据源反馈的速度可能存在差异，有可能出现 3b 在 2a 之前开始执行。

当两组数据都完成清理任务之后，DAG 的其余部分将线性执行

5.2 分支

我们接着分析之前的示例，之前的销售数据是来自单一系统的，现在因为公司内部调整，管理层决定要更换 ERP 系统，这意味着未来的销售数据将取自不同的数据源，并通过不同的数据格式获取。但这种数据来源的改变，不应该干扰到后续机器模型的训练与部署。同时，我们希望保持现有的数据管道对新旧系统都能够兼容，以便我们在未来的分析中，同时可以使用新系统提供的销售数据，也可以使用原有系统提供的历史销售数据。面对这种需求，应该如何解决呢？

5.2.1 在任务内部执行分支操作

一种解决方法是重写任务，我们以销售数据清洗任务为例。将启动任务所使用的 execution_date 作为判断依据，生成两个不同的独立代码路径。如果 execution_date 早于 ERP 系统切换时间，就使用原有的数据清洗函数处理数据；如果 execution_date 晚于 ERP 系统切换时间，就使用新的数据清洗函数处理数据，如代码清单 5-7 所示。

代码清单 5-7　在数据清洗任务中执行分支操作(源码请见 dags/02_branch_task.py)

```
def _clean_sales(**context):
    if context["execution_date"] < ERP_CHANGE_DATE:
        _clean_sales_old(**context)
    else
        _clean_sales_new(**context)

...

clean_sales_data = PythonOperator(
    task_id="clean_sales",
    python_callable=_clean_sales,
)
```

在这个例子中,因为新旧 ERP 系统提供的数据格式可能不同,通过_clean_sales_old 函数处理原有系统中提供的数据,使用_clean_sales_new 函数处理新 ERP 系统中提供的数据。只要保证处理后的数据格式统一,那么在这个 DAG 后续的任务就可以保持不变,不用担心同时使用新旧 ERP 系统对后续的机器学习模型训练和部署造成影响。

在代码清单 5-7 中,我们针对新旧系统的数据清洗做了介绍,使用同样的方法,我们可以处理从新旧系统中获取的数据。因为也许新旧系统提供数据的方式存在差异,所以我们对获取数据的任务也执行分支操作,这样就可以同时使用新旧 ERP 系统作为数据源,如代码清单 5-8 所示。

代码清单 5-8　对获取数据任务使用分支技术(源码请见 dags/02_branch_task.py)

```
def _fetch_sales(**context):
    if context["execution_date"] < ERP_CHANGE_DATE:
        _fetch_sales_old(**context)
    else:
        _fetch_sales_new(**context)
    ...
```

将上述两种变化结合起来,我们在销售数据的获取与清洗上,都采用了分支技术。这样就可以使 ERP 系统的变更不会对后续的与天气数据合并及其他任务造成影响。这种不会对后续操作产生影响的情况,有时也被称为对后续操作"透明"。

使用上述方法的优点在于,这将允许我们在 DAG 中具有更大的灵活性,不必对 DAG 的主体结构做很大的调整。但这种方法仅适用于每个分支中的处理情况比较相似的场景。比如上面的分支例子,针对新旧系统都是两个步骤,先获取数据,再清洗数据。但如果每个分支中的任务数量或者操作步骤存在较大的差异,如图 5-5 所示,那么最好将它们作为两组独立的任务处理。

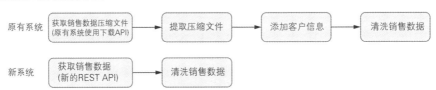

图 5-5　在两个 ERP 系统中使用不同的任务子集。如果每个子集中存在很多共性,
那么可以使用一个任务组并在内部使用分支技术。但如果两个流程之间存在很大差异,
如图 5-5 显示的这种情况,那么最好采用不同的方法

使用任务内分支技术有一个缺点,就是很难确定 DAG 运行期间,Airflow 正在使用哪个分支上的代码。因为分支是在任务内部发生的,在 Airflow 的用户界面的图状视图中,具有分支的任务在图中依旧显示为一个任务,不显示分支信息,如图 5-6 所示。你能确定当前使用的是任务中的哪个分支吗?这个看似简单的问题,很难通过这个图状视图解答,因为实际的分支细节隐藏在任务中。也许通过在任务中记录详细的日志可以解决这个问题,但正如你将在下面看到的,我们可以通过其他方法让 DAG 的分支看起来更加明确。

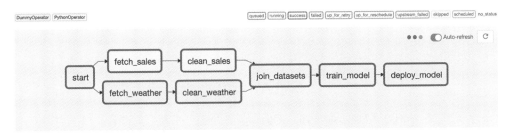

图 5-6 图中的 fetch_sales 和 clean_sales 任务都使用了分支技术，我们不能从图中分辨出到底使用了哪个分支。这意味着需要检查代码或日志才能确定具体使用了哪个分支

如果使用任务内分支，我们只能回退到使用通用的 Airflow operator(例如 PythonOperator)，并在其内部通过代码的方式实现分支。这将使我们无法使用更专业的 Airflow operator 所提供的丰富功能，这些功能可以让我们用最少的代码实现众多复杂的操作。例如，假设我们使用的数据源是 MySQL 数据库，那么我们就可以简单地使用 MysqlOperator 实现很多丰富的数据库操作，节省大量的代码编写时间，同时也增强了整个数据管道的稳定性。而如果只能使用 PythonOperator，那么只好通过 Python 编码的方式，将数据库操作写在 Python 函数中，这增加了编码的工作量，也增加了出错的机会。

幸运的是，在 Airflow 中处理分支的方法不只在任务中完成，可以将分支应用到 DAG 结果中，这比基于任务的方法更具灵活性，我们将在下一小节详细介绍。

5.2.2 在 DAG 中使用分支技术

针对前面提到的，在单个 DAG 中支持两个 ERP 系统作为数据源的另外一个解决方法是，创建两组不同的任务(每个 ERP 系统一组任务)，并允许 DAG 决定使用哪组任务读取数据，如图 5-7 所示。

构建这两组任务相对简单：可以简单地使用适当的 operator 为每个 ERP 系统分别创建相关任务(见代码清单 5-9)。

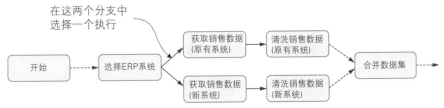

图 5-7 在 DAG 内部使用分支技术支持两个 ERP 系统，为两个系统应用不同的任务集合。Airflow 可以使用特定的分支任务(此处为"选择 ERP 系统")在这两个分支之间选择，该任务将告诉 Airflow 要执行哪一组下游任务

代码清单 5-9 添加额外的数据获取与数据清洗任务(源码请见 dags/03_branch_dag.py)

```
fetch_sales_old = PythonOperator(...)
clean_sales_old = PythonOperator(...)

fetch_sales_new = PythonOperator(...)
```

```
clean_sales_new = PythonOperator(...)

fetch_sales_old >> clean_sales_old
fetch_sales_new >> clean_sales_new
```

现在我们仍然需要将这些任务连接到 DAG 的其余部分,并确保 Airflow 知道它应该在什么时候执行。

幸运的是,Airflow 为 BranchPythonOperator 在下游任务集之间选择提供了内置支持。顾名思义,这个 operator 类似于 PythonOperator,并且它将可被调用的 Python 函数名作为其主要参数之一,见代码清单 5-10。

代码清单 5-10 使用 BranchPythonOperator 执行分支操作(源码请见 dags/03_branch_dag.py)

```
def _pick_erp_system(**context):
    ...

pick_erp_system = BranchPythonOperator(
    task_id="pick_erp_system",
    python_callable=_pick_erp_system,
)
```

但是,与 PythonOperator 相比,传递给 BranchPythonOperator 的 python_callable 参数是一个 Python 函数,该函数将返回下游任务的 ID 作为其计算的结果。返回的 ID 决定了将执行哪些下游任务。请注意,你还可以返回任务 ID 列表,在这种情况下,Airflow 将执行列表中所有的任务。

在代码清单 5-11 的示例中,我们可以让 _pick_erp_system 函数通过 DAG 的执行日期返回适当的 task_id,从而实现我们在两个 ERP 系统之间的选择。

代码清单 5-11 添加分支条件函数(源码请见 dags/03_branch_dag.py)

```
def _pick_erp_system(**context):
    if context["execution_date"] < ERP_SWITCH_DATE:
        return "fetch_sales_old"
    else:
        return "fetch_sales_new"

pick_erp_system = BranchPythonOperator(
    task_id="pick_erp_system",
    python_callable=_pick_erp_system,
)

pick_erp_system >> [fetch_sales_old, fetch_sales_new]
```

通过这种方式,Airflow 将在系统切换之前使用原有的 ERP 系统获取和清洗数据,在切换日期之后,使用新的 ERP 系统获取和清洗数据。现在,我们需要做的就是将这些任务与 DAG 的其余部分连接起来。

要将我们的分支任务连接到 DAG 的开始任务,可以在之前的开始任务和 pick_erp_system 任务之间添加一个依赖项,如代码清单 5-12 所示。

代码清单 5-12　将分支任务连接到开始任务(源码请见 dags/03_branch_dag.py)

```
start_task >> pick_erp_system
```

接下来要将两个数据清洗任务(clean_sales_old, clean_sales_new)连接到下游任务 join_datasets，也许你会觉得可以像之前那样，简单地将两个清洗任务放在中括号中，然后直接设定它们的下游任务，如代码清单 5-13 所示。

代码清单 5-13　连接分支任务与 join_datasets 任务(源码请见 dags/03_branch_ dag.py)

```
[clean_sales_old, clean_sales_new] >> join_datasets
```

但如果你真的这样做了，将导致 Airflow 直接在 DAG 中跳过 join_datasets 任务及其所有下游任务。

这是因为默认情况下，Airflow 要求所有的上游任务都完成之后，才能执行下游任务。如果使用[clean_sales_old, clean_sales_new] >> join_datasets，就要求 clean_sales_old 和 clean_sales_new 这两个任务同时完成，才能进行到 join_datasets 任务。这是不可能发生的，因为 DAG 在运行中，要么执行 clean_sales_old，要么执行 clean_sales_new，所以不可能完成这两个任务。因此，join_datasets 任务永远无法执行，将被 Airflow 直接跳过，如图 5-8 所示。

为了解决这个问题，我们应该使用 Airflow 中的触发规则来控制任务的执行，可以使用 trigger_rule 参数为单个任务的触发器规则，该参数可以传递给任何 operator。默认情况下，触发规则设置为 all_success，这意味着相应任务的所有上游任务都需要成功执行才能运行该任务，使用 BranchPythonOperator 时不会发生 all_success 的情况，因为它会在多个分支中选择一个来执行，这就解释了为什么 Airflow 跳过了 join_datasets 任务及其所有下游任务。

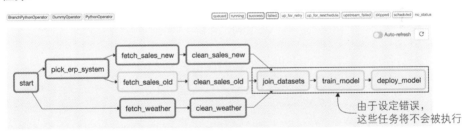

图 5-8　将 DAG 分支与错误的触发规则(本示例中为默认的 all_success)相结合，将导致下游任务直接被跳过。在这个例子中，分支中只能有一组任务满足执行条件，因此不符合默认的 all_success 触发规则，这将导致 join_datasets 及之后的任务都将被跳过，这显然不是我们想要的

为了解决这种问题，可以修改 join_datasets 的触发规则，使其可以被成功执行。实现此目的的一种方法是将触发规则更改为 none_failed，顾名思义，只要该任务的上游任务"没有失败"，那么这个任务将它的上游任务执行完毕时立即执行(见代码清单 5-14)。

代码清单 5-14　修正触发规则之后的 join_datasets 任务(源码请见 dags/03_branch_dag.py)

```
join_datasets = PythonOperator(
    ...,
    trigger_rule="none_failed",
)
```

这样，join_datasets 将在其所有上游任务(没有任何失败)执行完毕后立即开始执行，并允许执行其他后续任务，如图 5-9 所示。

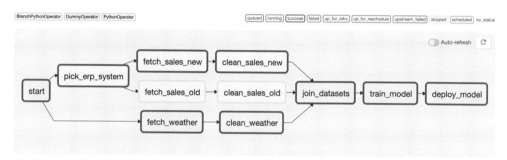

图 5-9　在雨伞销售预测 DAG 中，修改 join_datasets 任务的触发规则为 none_failed，这将允许它及其下游依赖任务在分支结束后正常运行

这种方法依旧存在缺点，因为如图 5-9 所示，现在有 3 条边进入 join_datasets 任务。这并没有真正反映流程的性质，其中我们本质上想要获取销售和天气数据(首先在两个 ERP 系统之间选择)，然后将这两个数据源输入 join_datasets 中，而不是现在的 3 个。出于这个原因，许多人选择通过在继续 DAG 之前添加一个连接不同分支的虚拟任务来使分支条件更加明确，如图 5-10 所示。

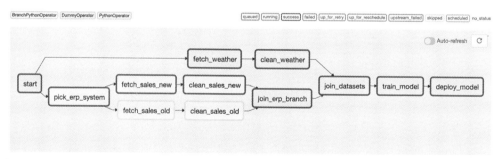

图 5-10　为了使分支结构更加清晰，可以在分支之后添加一个额外的连接任务(本例中的 join_erp_branch 任务)，在继续 DAG 的其余部分之前将分支的结果联系在一起。这个额外的任务有一个额外的好处，你不必为 DAG 中的其他任务更改任何触发规则，因为你可以在加入的任务上设置所需的触发规则。(请注意，这意味着你不再需要为 join_datasets 任务设置 none_failed 触发规则)

要将这样的虚拟任务添加到 DAG 中，可以使用 Airflow 提供的内置 DummyOperator (见代码清单 5-15)。

代码清单 5-15　通过添加虚拟的连接任务让 DAG 结构更加清晰

```
from airflow.operators.dummy import DummyOperator

join_branch = DummyOperator(
    task_id="join_erp_branch",
    trigger_rule="none_failed"
)

[clean_sales_old, clean_sales_new] >> join_branch
join_branch >> join_datasets
```

这一改变也意味着我们不再需要更改 join_datasets 任务的触发规则，使 DAG 分支比原来的更加独立。

5.3　带有条件的任务

Airflow 还为我们提供了其他的机制，可以根据特定条件跳过某些 DAG 中的特定任务。这将允许我们仅在某些数据集可用的情况下运行某些任务，或者满足其他自定义条件时才执行，比如下面要介绍的例子。

例如在本章图 5-3 所示的雨伞销售预测 DAG 中，最后运行的任务是部署模型。如果存在这种情况，程序员修改了数据清洗的代码，并希望使用回填技术将这些修改应用到整个数据集。你可以回想发生回填之后将会发生什么，这将导致 DAG 部署许多模型的旧实例，这当然不是我们想要的。我们想控制模型部署的任务在特定条件下运行。

5.3.1　在任务内部使用条件

我们可以修改 DAG，仅为最近的 DAG 部署模型，这将确保仅部署使用最新的数据集训练的模型。一种实施方案是使用 PythonOperator 实现部署控制，并在部署函数中明确检查 DAG 的执行日期，如代码清单 5-16 所示。

代码清单 5-16　在任务内部使用条件(源码请见 dags/05_condition_task.py)

```
def _deploy(**context):
    if context["execution_date"] == ...:
        deploy_model()

deploy = PythonOperator(
    task_id="deploy_model",
    python_callable=_deploy,
)
```

通过这种技术，虽然达到了我们预期的效果，但是和之前的通过 PythonOperator 实现的任务内分支一样存在某些缺点，比如使用 PythonOperator 之后，我们就不能使用其他更简洁、功能更强大的 operator，并且在 Airflow 的图形界面中，也不能清晰地表明 DAG

真正执行的业务逻辑，如图 5-11 所示。我们在任务内添加了条件，但在图状视图中根本没有体现。

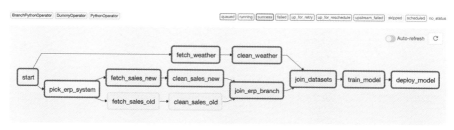

图 5-11 对雨伞销售预测 DAG 中的 deploy_model 任务使用条件，确保只针对最新一次运行来部署模型。因为条件被设置在任务内部，所以通过图状视图将无法查看模型的真实部署逻辑

5.3.2 对 DAG 使用条件

实现上面所要求的条件部署的另外一种解决方案是在 DAG 中新添加一个专门用于条件判断的任务。如果该条件任务可以执行，那么它的下游任务将被执行；如果该条件任务没能满足运行条件，它的下游任务自然也就都被跳过，不执行了。

对于刚才提到的只部署使用最新的数据集训练的模型，可以参考代码清单 5-17，通过 latest_only 任务判断是否要执行 deploy_model 任务。

代码清单 5-17 在 DAG 中使用条件判断(源码请见 dags/06_condition_dag.py)

```
def _latest_only(**context):
    ...

latest_only = PythonOperator(
    task_id="latest_only",
    python_callable=_latest_only,
    dag=dag,
)
latest_only >> deploy_model
```

通过上面的代码所得到的 DAG 视图如图 5-12 所示，在 train_model 任务上方出现新的 latest_only 任务，并且 deploy_model 是 latest_only 任务的下游任务。

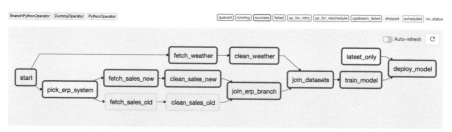

图 5-12 通过条件任务在 DAG 中实现对模型的条件部署，这使图状视图的逻辑比之前更加明确

接下来,我们将具体讲解_latest_only 函数，通过这个函数确保如果 execution_date 不

是最近的执行时间，则将跳过所有下游任务。为此，我们需要检查执行时间，并在需要时抛出 AirflowSkipException 异常。通过抛出这个异常，任务将指示 DAG 跳过该条件任务的所有下游任务，从而避免模型部署。

可以通过代码清单 5-18 所示的代码具体实现。

代码清单 5-18　通过_latest_only 函数实现条件任务(源码请见 dags/06_condition_dag.py)

```
from airflow.exceptions import AirflowSkipException

def _latest_only(**context):                                          ← 找到执行窗口的边界
    left_window = context["dag"].following_schedule(context["execution_date"])
    right_window = context["dag"].following_schedule(left_window)

    now = pendulum.utcnow()           ← 检查当前的时间是否在窗口内，如果
    if not left_window < now <= right_window:   不是，则抛出异常
        raise AirflowSkipException("Not the most recent run!")
```

可以通过在几个不同日期执行 DAG 来检测这种条件设定是否满足我们的预期，你将看到如图 5-13 所示的内容，可以看到部署任务除了最后一次成功执行，之前的部署任务都被跳过。

图 5-13　对雨伞销售预测 DAG 运行 3 次 latest_only 条件的结果。这个树状视图显示了部署任务仅在最近的执行窗口中运行，因为部署任务在之前的执行中都被跳过。这表明我们的条件任务设定达到了预期

这是如何实现的？本质上，当我们的条件任务 latest_only 抛出 AirflowSkipException 异常时，任务完成并被分配一个跳过(skipped)状态。接下来，Airflow 会查看所有下游任务的触发规则，以确定是否应该触发它们。在这种情况下，我们只有一个下游任务(部署任务)，它使用默认的触发规则 all_success，表示该任务只有在其所有上游任务都成功时才应该执行。在这种情况下，由于它的上游任务 latest_only 的状态是 skipped，不满足 all_success 的要求，因此这个部署任务将被跳过，不会执行。

相反，如果条件任务未引发 AirflowSkipException 异常，则它成功完成并获得成功(success)状态。因此，部署任务的所有上游任务(latest_only 和 train_model)状态均为 success，可以执行这个部署任务。

5.3.3 使用内置 operator

像我们刚才提到的示例，"最近一次运行"这种需求比较常见，因此 Airflow 提供了内置的 LatestOnlyOperator 类，来实现我们刚才通过编码完成的条件判断效果。使用 LatestOnlyOperator，可以实现相同效果的同时，消除自己编写复杂逻辑代码的困扰，让 DAG 更加简洁、稳定。如代码清单 5-19 所示，仅需一行代码(为了方便阅读，通过 3 行显示)即可实现。

代码清单 5-19　使用内置的 LatestOnlyOperator(源码请见 dags/07_condition_dag_op.py)

```
from airflow.operators.latest_only import LatestOnlyOperator

latest_only = LatestOnlyOperator(
    task_id="latest_only",
    dag=dag,
)

train_model >> latest_only >> deploy_model
```

当然，如果你的使用情况比较复杂，依旧可以使用 PythonOperator，因为 PythonOperator 提供了更大的灵活性。

5.4　触发条件详解

在前面的介绍中，我们已经看到 Airflow 如何让我们构建具有动态行为的 DAG，它允许我们将分支或条件语句直接编码到 DAG 中。这种行为主要是由 Airflow 的触发规则控制的(比如我们之前见到的 all_success 和 none_failed)，这些规则准确地确定了任务的执行时间。在前面的章节中，我们只是提到了触发规则，现在更加详细地探讨触发规则将帮助我们完成怎样的工作，以及如何使用它们。

要了解触发规则，首先必须清楚 Airflow 如何在 DAG 中执行任务。本质上，当 Airflow 执行 DAG 时，会不断检查你的每个任务，看它是否可以被执行。一旦任务被认为具备执行条件，它就会被调度器选中并安排执行。因此，只要 Airflow 有可用的执行资源(execution slot，执行槽)，就会执行任务。

那么 Airflow 是如何判断一个任务什么时候可以执行的呢？这就是触发规则的用武之地。

5.4.1 什么是触发规则

触发规则的本质是 Airflow 用于确定任务是否具备执行条件的函数，默认情况下 Airflow 中的触发规则都是 all_success，这意味着当前任务的所有上游任务都必须成功执行完毕才能运行这个任务。

让我们通过雨伞销售预测的 DAG 做详细说明，如图 5-4 所示。在这个 DAG 中，所有的触发规则都是默认的 all_success。如果开始执行这个 DAG，Airflow 将检查任务，并确定可以执行哪些任务(例如，哪些任务没有依赖项，但还没有成功执行)。

在这种情况下，只有启动任务(start)满足"没有任何依赖关系"的条件。因此，Airflow 将首先运行启动任务(start)来开始执行 DAG，如图 5-14(A)所示。一旦启动任务成功完成，fetch_weather 和 fetch_sales 任务就可以执行了，因为它们唯一的依赖项现在满足它们的触发规则(all_success)，如图 5-14(B)所示。通过遵循这种执行规则，Airflow 可以继续执行 DAG 中剩余的任务，直到执行完整个 DAG。

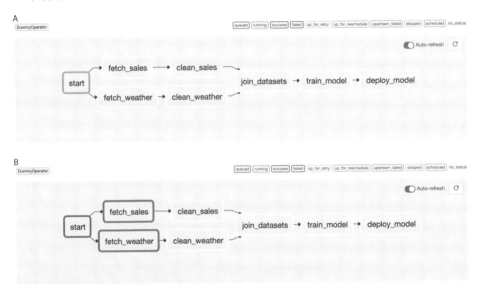

图 5-14 在如图 5-4 所示的雨伞销售预测 DAG 中，默认的触发规则是 all_success。上图 A：Airflow 最初能找到的唯一没有成功完成上游任务的就是 start 任务。因此 Airflow 通过执行这个 start 任务来启动 DAG。下图 B：一旦 start 任务执行完成，后续的 fetch_sales 和 fetch_weather 任务就具备执行条件，并等待 Airflow 去执行

5.4.2 失败的影响

之前我们描述的 DAG 运行场景都是理想的运行场景，DAG 中的任务可以成功执行，没有报错。但在实际工作中并不会总是这样，如果某个任务在执行过程中遇到错误，那么将会发生什么呢？

我们可以通过模拟在 DAG 中某个任务执行失败，来了解将会发生什么。例如，我们模拟 fetch_sales 任务执行失败，Airflow 将为这个任务分配一个 failed 状态，如图 5-15 所示。这意味着下游的 clean_sales 任务将无法执行，因为它需要 fetch_sales 成功之后才能执行。因此我们将鼠标放在 clean_sales 任务上之后，将看到它被分配了 upstream_failed 状态，表示由于上游任务执行失败导致该任务无法执行。

图 5-15 因为默认的触发规则都为 all_success，所以上游任务失败将阻止下游任务的执行。需要注意的是，Airflow 可以继续执行对失败任务没有依赖关系的其他任务，如 fetch_weather 和 clean_weather

这种上游任务的结果会影响到下游任务执行的行为通常称为传播，因为在这种情况下，上游任务故障将被传递到下游任务，导致下游任务无法执行。与任务故障类似，"跳过"任务的影响也将通过默认触发规则(all_success)向下游传播，导致下游的任务都将被跳过，不会被执行。

这种传播是 all_success 触发规则定义的直接结果，因为它要求其所有依赖项都要成功完成。因此，如果它遇到依赖项中存在跳过或失败的情况，它也只能将"失败"或"跳过"向下传播，导致后续任务的失败或被跳过。

5.4.3 其他触发规则

Airflow 还支持其他几种触发规则。在响应成功、失败或跳过的任务时，这些规则可以提供不同的处理方法。

例如，让我们回顾 5.2 节中两个 ERP 系统之间的分支模式。在这种情况下，我们必须调整分支任务的触发规则(通过 join_datasets 或 join_erp_branch 完成)以避免下游任务被跳过，因为如果使用默认触发规则 all_success，分支产生的 skipped 状态将向下游传播，导致分支之后的所有任务也被跳过。相比之下，使用 none_failed 触发规则将只检查所有上游任务是否都已完成并且没有失败。这意味着它同时接受成功和被跳过的任务，当所有上游任务都执行完成，它将可以执行，这将满足我们的需求与预期。请注意，就传播而言，这意味着该规则不会将"跳过"向下传递。但是，它仍然会传播"失败"状态，这意味着 fetch/clean 任务中的任何失败仍将阻止下游任务的执行。

类似地，可以使用其他触发规则来处理其他类型的情况。例如，触发规则 all_done 可用于定义在依赖项执行完毕后立即执行的任务，而不管其结果如何。例如，这可以用于执行环境清理代码(例如，关闭你的机器或清理资源)，无论发生什么，你都希望运行这些代码。另一类触发规则包括 one_failed 或 one_success 等规则，它们不必等待所有上游任务都完成才触发，而只需要一个上游任务满足其条件即可。因此，这些规则可用于发出任务早期失败的信号，或在一组任务中只要有一个任务成功完成就立即做出响应。

虽然我们不会在这里更深入地讨论触发规则，但希望你能够掌握触发规则在 Airflow 中的作用，以及如何使用它们将更复杂的行为引入 DAG 中。有关触发规则和一些潜在用例的完整概述，请参见表 5-1。

表 5-1 Airflow 支持的不同触发规则

触发规则	行为	用例
all_success(默认)	当所有上游任务成功之后才能触发动作	工作流的默认触发规则
all_failed	当所有上游任务都失败时触发	当你期待在一组任务中至少有一个能成功执行,而实际情况是它们都失败。在这种情况下,你将使用该规则启动错误处理代码去处理前面遇到的失败
all_done	所有该任务所依赖的上游任务都执行完成,而不管它们是否执行成功	用户环境清理,比如关闭计算机或者停止某些服务
one_failed	在该任务的上游任务中,只要出现一个任务失败,而不管其他任务是否已经执行完成,即刻启动该任务进行响应	这是一个"快速"触发器,因为只要发生一个错误就启动该任务的执行,一般用于对错误做出快速响应,比如提供提示信息或者执行回滚操作
one_success	只要上游任务中有一个成功,而不管其他任务是否都执行完成,即刻启动该任务响应	一旦获得一个结果,立即快速触发下游的计算或通知
none_failed	如果上游任务没有失败,全部执行完成,这些上游任务的状态可以是成功的,或者被跳过的	在 Airflow DAG 中加入条件分支,如 5.2 节所示
none_skipped	所有上游任务都执行完成,无论是成功执行还是执行失败,只要没有"被跳过"的状态即可	只要所有上游任务已执行完成,不管执行结果如何,立即触发任务
dummy	不管上游任务的状态如何,都执行该任务	一般用于测试

5.5 在任务之间共享数据

Airflow 允许你通过 XCom(交叉通信,"cross-communication"的缩写)在任务之间共享少量数据。XCom 的设计初衷是提供任务之间的信息交换,从而实现某种级别的共享状态。

5.5.1 使用 XCom 共享数据

为了弄清 XCom 是如何工作的,让我们回顾如图 5-3 所示的雨伞销售预测 DAG。设想一下,在这个 DAG 中,通过 train_model 任务训练模型,训练好的模型将随机生成一个标识符并注册到模型注册表中。为了部署这个模型,我们需要通过某种方式,将上一步随机生成的模型标识符传递给 deploy_model 任务,以便它知道要部署哪个具体的模型。

解决这个问题的一种方法是使用 XCom 在 train_model 任务和 deploy_model 任务之间共享模型标识符。在这种情况下,train_model 任务负责推送 XCom 值,它发布该值并使其可用于其他任务。我们可以使用 xcom_push 方法在任务中显式发布 XCom 值,该方法可用在 Airflow context 中的任务实例上(见代码清单 5-20)。

代码清单 5-20　使用 xcom_push 显式推送 XCom 值(源码请见 dags/09_xcoms.py)

```
def _train_model(**context):
    model_id = str(uuid.uuid4())
    context["task_instance"].xcom_push(key="model_id", value=model_id)

train_model = PythonOperator(
    task_id="train_model",
    python_callable=_train_model,
)
```

这个对 xcom_push 的调用会告诉 Airflow 将 model_id 值注册为对应任务(train_model)和对应 DAG 以及特定执行日期的 XCom 值。运行此任务后,如图 5-16 所示,可以在 Web 界面的"Admin>XComs"中查看这些已发布的 XCom 值,你可以看到 key、value、时间戳、执行日期、Task id 和 Dag id 等信息。

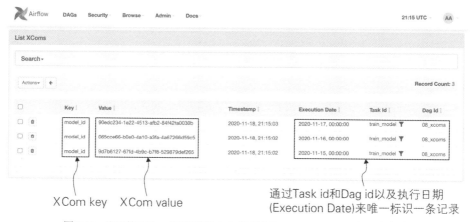

图 5-16　注册的 XCom 值概览(在 Web 界面中的 Admin>XComs 中可以看到)

可以使用 xcom_pull 方法检索其他任务中的 XCom 值,该方法与 xcom_push 功能相反,见代码清单 5-21。

代码清单 5-21　使用 xcom_pull 检索 XCom 值(源码请见 dags/09_xcoms.py)

```
def _deploy_model(**context):
    model_id = context["task_instance"].xcom_pull(
        task_ids="train_model", key="model_id"
    )
    print(f"Deploying model {model_id}")

deploy_model = PythonOperator(
    task_id="deploy_model",
    python_callable=_deploy_model,
)
```

这告诉 Airflow 从 train_model 任务中获取 key 为 model_id 的 XCom 值，该值与我们之前在 train_model 任务中推送的 model_id 匹配。请注意，xcom_pull 还允许你在获取 XCom 值时提供 dag_id 和 execution date。默认情况下，这些参数将被设置为当前 DAG 的 dag_id 和当前执行日期(execution date)，以便 xcom_pull 仅获取当前 DAG 在执行时发布的值(你可以指定其他值，以从其他 DAG 或其他执行日期获取值，但我们强烈建议你不要这样做，除非你有充分的理由)。

我们可以通过运行 DAG 来验证上面的设定是否有效，如果执行成功，你将看到如下所示的 deploy_model 任务结果。

```
[2020-07-29 20:23:03,581] {python.py:105} INFO - Exporting the following env
↪ vars:
AIRFLOW_CTX_DAG_ID=chapter5_09_xcoms
AIRFLOW_CTX_TASK_ID=deploy_model
AIRFLOW_CTX_EXECUTION_DATE=2020-07-28T00:00:00+00:00
AIRFLOW_CTX_DAG_RUN_ID=scheduled__2020-07-28T00:00:00+00:00
[2020-07-29 20:23:03,584] {logging_mixin.py:95} INFO - Deploying model
↪ f323fa68-8b47-4e21-a687-7a3d9b6e105c
[2020-07-29 20:23:03,584] {python.py:114} INFO - Done.
↪ Returned value was: None
```

你还可以在模板中引用 XCom 变量，见代码清单 5-22。

代码清单 5-22　在模板中使用 XCom 值(源码请见 dags/10_xcoms_template.py)

```python
def _deploy_model(templates_dict, **context):
    model_id = templates_dict["model_id"]
    print(f"Deploying model {model_id}")

deploy_model = PythonOperator(
    task_id="deploy_model",
    python_callable=_deploy_model,
    templates_dict={
        "model_id": "{{task_instance.xcom_pull(
        ↪ task_ids='train_model', key='model_id')}}"
    },
)
```

最后，某些 operator 还提供了自动推送 XCom 值的特性。例如，BashOperator 有一个选项 xcom_push，当设置为 true 时，它告诉 operator 将 bash 命令写入标准输出的最后一行作为 XCom 值。类似地，PythonOperator 将从 Python callable 返回的任何值发布为 XCom 值。这意味着你也可以按如下方式编写上面的示例，见代码清单 5-23。

代码清单 5-23　使用返回值推送 XComs(源码请见 dags/11_xcoms_return.py)

```python
def _train_model(**context):
    model_id = str(uuid.uuid4())
    return model_id
```

这是通过在默认的 key return_value 下注册 XCom 来实现的，如图 5-17 所示，可以在图形界面看到 key 为 return_value，这是默认 key。

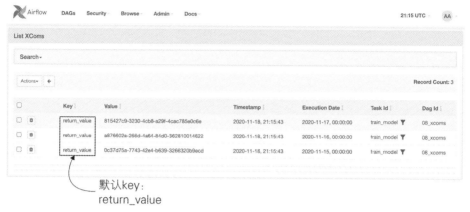

图 5-17　PythonOperator 将返回结果隐式发布为 XCom 值，key 为 return_value

5.5.2　XCom 的适用场景

尽管通过 XCom 在任务之间进行状态共享似乎非常有用，但 XCom 的使用也存在一些缺点。因为需要将数据在任务之间进行推送与接收，这将使任务之间产生隐式的依赖关系。与我们定义的显式依赖关系不同，这种隐式的依赖关系在 DAG 中不可见，Airflow 调度任务时也不将这种依赖关系考虑在内。因此如果使用 XCom，你一定要确保在传递数据时，任务之间保持正确的顺序及依赖关系。当在不同的 DAG 或执行日期之间共享 XCom 值时，这些隐藏的依赖关系将变得更加复杂，不建议你使用这种方法。

XCom 的使用有时也会破坏 operator 的原子性，比如，我们使用 operator 在一个任务中获取 API 令牌，然后通过 XCom 将令牌传递给下一个任务。在这种情况下，令牌可能在几小时之后失效，这将导致第二个任务的重复执行将失败。更好的方法是在第二个任务中获取令牌，这样 API 令牌的刷新和执行相关工作都可以一次完成，从而保持了任务的原子性。

最后，XCom 的一个技术限制是 Xcom 存储的任何值都需要支持序列化。这意味着某些 Python 类型，比如 lambda 或许多与多处理相关的类，通常不能存储在 XCom 中。此外，XCom 值的大小也将受到后端存储的限制。默认情况下，Xcom 存储在 Airflow metastore 中，并受以下大小限制。

- SQLite：存储为 BLOB 类型，最大为 2GB
- PostgreSQL：存储为 BYTEA 类型，最大为 1GB
- MySQL：存储为 BLOB 类型，最大为 64KB

虽然 XCom 的使用受到上述限制，但是只要使用得当，它依旧是一个强大的工具。只要在使用时多加注意，并清楚地记录它们在任务之间引入的依赖关系，以避免在未来出现意外时可以使用它在任务之间方便地传递数据。

5.5.3 使用自定义 XCom 后端存储

使用 Airflow metastore 存储 XCom 的一个限制是它通常不能很好地存储更大的数据量。这意味着通常使用 XCom 存储单个值或较小的结果，而不是较大的数据集。

为了使 XCom 更加灵活，Airflow2 引入了一个选项，用于为你的 Airflow 部署指定自定义 XCom 后端存储。此选项本质上允许你定义 Airflow 用于存储/检索 XCom 的自定义类。唯一的要求是该类继承自 BaseXCom 基类，并分别实现两个用于序列化和反序列化值的静态方法(见代码清单 5-24)。

代码清单 5-24　使用 Skeleton 作为自定义的 XCom 后端(源码请见 lib/custom_xcom_backend.py)

```python
from typing import Any
from airflow.models.xcom import BaseXCom

class CustomXComBackend(BaseXCom):

    @staticmethod
    def serialize_value(value: Any):
        ...

    @staticmethod
    def deserialize_value(result) -> Any:
        ...
```

在此自定义后端类中，只要在 operator 中推送 XCom 值，就会调用 serialize 方法，而在从后端提取 XCom 值时调用 deserialize 方法。一旦创建了所需的后端类，就可以在 Airflow 配置中使用 xcom_backend 参数配置 Airflow 了。

自定义 XCom 后端极大地扩展了存储 XCom 值的选项。例如，如果你想在相对便宜和可伸缩的云存储中存储较大的 XCom 值，则可以为云服务实现自定义后端，如 Azure Blob 存储、Amazon 的 S3 或 Google 的 GCS。随着 Airflow2 逐渐成熟，我们预计通用服务的后端将变得更加普遍，这意味着你不必为这些服务构建自己的后端。

5.6　使用 Taskflow API 连接 Python 任务

尽管 XCom 可以用于在 Python 任务之间共享数据，但使用起来可能很麻烦，尤其是在连接大量任务时。为了解决这个问题，Airflow2 添加了一个新的基于装饰器的 API 来定义 Python 任务及其依赖项，这个 API 称为 Taskflow API。尽管 Taskflow API 并非绝对完美，但如果你主要使用 PythonOperator，并将它们之间的数据作为 XCom 传递，那么它可以大大简化你的代码。

5.6.1 使用 Taskflow API 简化 Python 任务

为了弄清什么是 Taskflow API，让我们回顾训练和部署机器学习模型的任务。在我们之前的实现中，这些任务及其依赖关系定义如代码清单 5-25 所示。

代码清单 5-25　使用传统 API 定义模型训练/部署任务(源码请见 dags/09_xcoms.py)

```
def _train_model(**context):                                              ← 定义训练/
    model_id = str(uuid.uuid4())                                             部署函数
    context["task_instance"].xcom_push(key="model_id", value=model_id)    ← 使用
                                                                             XCom 共
def _deploy_model(**context):                                                享模型 ID
    model_id = context["task_instance"].xcom_pull(
        task_ids="train_model", key="model_id"
    )
    print(f"Deploying model {model_id}")

with DAG(...) as dag:
    ...

    train_model = PythonOperator(
        task_id="train_model",
        python_callable=_train_model,                                     ← 使用 PythonOperator
    )                                                                       创建 train/deploy 任务

    deploy_model = PythonOperator(
        task_id="deploy_model",
        python_callable=_deploy_model,
    )

    ...                                                                   ← 设置任务之间的
    join_datasets >> train_model >> deploy_model                             依赖关系
```

这种方法的一个缺点是，它首先需要定义一个函数(例如_train _model 和_deploy_model)，然后需要将其包装在 PythonOperator 中来创建 Airflow 任务。此外，为了在两个任务之间共享模型 ID，需要在函数中显式地使用 xcom_push 和 xcom_pull 来发送/接收模型的 ID 值。定义这个数据依赖关系很麻烦，若更改共享值的键，因为它在两个不同的位置被引用，所以很容易造成任务中断。

Taskflow API 旨在简化这种基于 PythonOperator 的任务定义方式，使 Python 函数更容易转换为任务，并在 DAG 定义中更明确使这些任务之间通过 XCom 共享的变量。为了了解它是如何工作的，让我们从将函数转换为使用 Taskflow API 调用开始。

首先，可以将 train_model 任务的定义更改为一个相对简单的 Python 函数，使用 Taskflow API 的 @task 装饰器进行装饰，如代码清单 5-26 所示。

代码清单 5-26　使用 Taskflow API 定义 train 任务(源码请见 dags/12_taskflow.py)

```
...
from airflow.decorators import task
...
```

```
with DAG(...) as dag:
    ...
    @task
    def train_model():
        model_id = str(uuid.uuid4())
        return model_id
```

这有效地告诉 Airflow 包装 train_model 函数，以便可以使用它通过 Taskflow API 定义 Python 任务。请注意，我们不再显式地将模型 ID 作为 XCom 推送，而是简单地从函数返回它即可，以便可以通过 Taskflow API 将它传递给下一个任务。

类似地，可以通过这种方法定义 deploy_model 任务(见代码清单 5-27)。

代码清单 5-27　使用 Taskflow API 定义 deploy 任务(源码请见 dags/12_taskflow.py)

```
@task
def deploy_model(model_id):
    print(f"Deploying model {model_id}")
```

在这里，模型 ID 也不再使用 xcom_pull 接收，而是简单地作为参数传递给 Python 函数。现在，剩下要做的唯一工作就是连接两个任务，可以使用看起来很像普通 Python 代码的语法来完成任务的连接(见代码清单 5-28)。

代码清单 5-28　定义 Taskflow 任务之间的依赖关系(源码请见 dags/12_taskflow.py)

```
model_id = train_model()
deploy_model(model_id)
```

这段代码生成了一个带有两个任务(train_model 和 deploy_model)的 DAG，以及两个任务之间的依赖关系。如图 5-18 所示。

图 5-18　包含 train/deploy 任务的 DAG 的子集，其中任务及其依赖关系通过 Taskflow API 定义

将新代码与我们之前的实现比较，基于 Taskflow 的方法提供了相同的结果，但 Taskflow 的代码更容易阅读，看起来更像普通的 Python 代码。但它是如何工作的呢？

实际上，当我们调用使用装饰器的 train_model 函数时，它会为 train_model 任务创建一个新的 operator 实例(如图 5-18 左上角显示的_PythonDecoratedOperator 所示)。从 train_model 函数的 return 语句中，Airflow 识别出该函数的返回值，该值将自动注册为从任务返回的 XCom。对于 deploy_model 任务，同样调用修饰函数来创建 operator 实例，但现在要读取来自 train_model 任务的 model_id。在这个过程中，我们告诉 Airflow，应该将 train_model 的 model_id 输出作为参数传递给使用装饰器的 deploy_model 函数。这样，

Airflow 就会意识到这两个任务之间存在依赖关系,并传递 XCom 值。

5.6.2 Taskflow API 的适用场景

Taskflow API 提供了一种定义 Python 任务及其依赖项的简单方法,它使用的语法更接近于常规的 Python 函数,而不是面向对象的 Operator API。Taskflow API 极大地简化了大量使用 PythonOperator 并使用 XCom 在结果任务之间传递数据的 DAG。Taskflow API 还通过确保在任务之间显式传递值,解决了之前提到的 XCom 传递信息造成的隐式依赖问题。

然而,Taskflow API 的一个缺点是,它的使用目前仅限于使用 PythonOperator 实现的 Python 任务。因此,涉及任何其他 Airflow operator 的任务都需要使用常规 API 来定义任务及其依赖关系。你可以混合使用这两种技术,但如果你不小心,得到的代码可能会令人困惑。例如,当将新的 train/deploy 任务组合回原始 DAG(如图 5-19 所示)时,我们需要在 join_datasets 任务和 model_id 引用之间定义一个依赖关系,但这并不直接显示在图中(见代码清单 5-29)。

图 5-19 将 Taskflow 风格的 train/deploy 任务组合回原始 DAG 中,在 DAG 中还包含其他非基于 PythonOperator 的 operator

代码清单 5-29　将 Taskflow 与其他 operator 组合使用(源码请见 dags/13_taskflow_full.py)

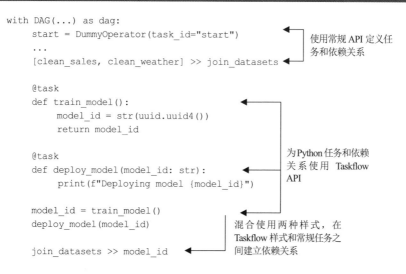

在 Taskflow 样式的任务之间传递的任何数据都将存储为 XCom。这意味着所有传递的值都受到 XCom 的技术限制(即，它们必须是可被序列化的)。此外，如前一节所讨论的，任务之间传递数据的大小也会受到 Airflow 使用的 XCom 后端的限制。

5.7 本章小结

- Airflow 的基本任务依赖关系可用于定义线性任务依赖关系，以及扇入/扇出结构的依赖关系。
- 可以使用 BranchPythonOperator 在 DAG 中定义分支结构，这将允许你根据特定条件使用多个执行路径。
- 通过条件任务，可以根据特定条件执行任务。
- 在 DAG 结构中显式使用分支/条件，将更清晰地显示 DAG 的结构，为后续的使用和调试带来诸多益处。
- Airflow 任务的触发执行是由触发规则控制的，通过这些触发规则，可以允许任务对不同情况做出响应。
- 可以使用 XCom 在任务之间共享状态。
- Taskflow API 可以帮助简化包含大量 Python 元素的 DAG。

第 II 部分

Airflow 深入学习

现在你已经掌握了 Airflow 的基础知识，并能够创建一些自己的数据管道，已经准备好学习一些更高级的技术。这些高级技术将允许你构建更复杂的应用场景，包括外部系统、定制组件等。

第 6 章将介绍不使用调度器(之前介绍过的"时间间隔")触发数据管道的执行，通过这种技术可以让数据管道对某些事件响应，比如当有新文件传入或者有来自 HTTP 服务调用时触发数据管道的执行。

第 7 章将介绍如何使用 Airflow 的内置功能在外部系统中运行任务。这是一个非常强大的功能，Airflow 将允许你构建管道，协调数据流跨多个不同的系统运行，如数据库、计算框架(如 Apache Spark)以及存储系统。

接下来，第 8 章将介绍如何创建自定义的 Airflow 组件，这将扩展 Airflow 的功能，实现那些无法由 Airflow 内置功能实现的工作。这个功能还用来创建在普通工作流中可以重用的组件。

为了提高数据管道的稳定性，第 9 章详细介绍了用于测试数据管道和自定义组件的不同策略。这是 Airflow 社区经常关注的主题，因此我们将花一些时间探索它。

最后，第 10 章将深入探讨使用基于容器的方法在管道中实现任务。我们将展示如何使用 Docker 和 Kubernetes 运行任务，并讨论使用容器执行任务的若干优缺点。

完成第 II 部分的学习之后，你已经是一名 Airflow 的高级用户，能够编写及测试复杂的数据管道，这些数据管道可能涉及自定义组件和容器的使用。当然，你可以根据自己的兴趣选择第 II 部分内容的学习，而不是这部分的所有章节。将精力花在你感兴趣的部分，也许会获得更高的学习效率。

第 6 章

触发工作流

本章主要内容
- 当传感器满足某些条件时执行数据流
- 为位于不同 DAG 中的任务设置依赖关系
- 通过 CLI 和 REST API 执行工作流

第 3 章讨论了如何根据时间间隔在 Airflow 中安排工作流。时间间隔可以通过简写字符串(如@daily)、timedelta 对象(如 timedelta(days=3))或 cron 字符串(如 "30 14***")给出。这些都是指示工作流在特定时间或特定间隔触发工作流的符号。Airflow 将计算出工作流在给定间隔的下一次运行时间,并在那个时间启动工作流。

在本章中,我们将探索触发工作流的其他方法。与基于时间的时间间隔相比,这通常是在执行某个操作后触发工作流,触发动作通常是外部事件。例如上传一个文件到共享驱动器,或者开发人员将他们的代码推送到存储库,也可能是在 Hive 中对表执行分区扩展操作,这都可能是启动工作流的原因。

6.1 带有传感器的轮询条件

启动工作流的一个常见场景是当新数据到来时,比如每天第三方公司在你公司所提供的共享存储上上传数据。假设我们正在开发一个很流行的优惠券应用程序,并且与多家商超品牌合作,每天将导出优惠券应用程序中的促销活动。目前,促销活动都通过人工完成:大多数商超聘请定价分析师,对诸多因素进行考量之后给出精准的促销活动策略。有些促销活动是提前几周策划的,而有些则是临时决定的。定价分析师通常会对竞争对手仔细分析,然后在深夜将促销信息发布在共享存储上。因此,每天数据到达共享存储的时间是不固定的,通常数据会在 16:00 到第二天凌晨 2:00 之间到达。当然,也可能是其他任何时间。

如图 6-1 所示,我们为这个工作流开发了初始的业务逻辑。

图 6-1　处理超市促销数据的初始逻辑

在此工作流程中，我们将超市(1~4)提供的数据复制到我们自己的原始存储中，因此我们始终可以重用这些数据。process_supermarket_{1,2,3,4}任务将对所有原始数据进行转换，并将结果存储在应用程序可以读取的数据库中。最后，create_metrics 任务会计算并汇总多个指标，这些指标可提供促销信息以供进一步分析。

由于各家商超提供的数据到达时间不同，因此这个工作流的时间表可能如图 6-2 所示。

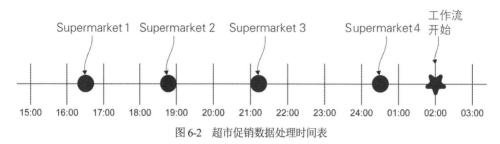

图 6-2　超市促销数据处理时间表

通过图 6-2，我们了解到超商提供数据的时间和工作流开始的时间。由于我们知道超商提供数据的时间最晚可能是凌晨 2:00，因此我们将数据处理的时间设定为凌晨 2:00，从而确保所有的商超数据已经到达共享存储。但这会导致大量的等待时间，比如 Supermarket 1 在 16:30 就提交了数据，但需要在第二天凌晨 2:00 才能处理数据，在提交数据到数据被处理的 9.5 小时内什么都不做，如图 6-3 所示。

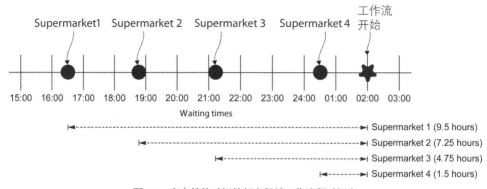

图 6-3　存在等待时间的超市促销工作流程时间表

在 Airflow 中解决此问题的一种方法是借助传感器，这是一种特殊类型的 operator。传感器不断轮询某些条件是否成立，如果成立，则返回成功值。如果条件不满足，传感器将等待并重试，直到条件为真或最终达到超时为止。

这个 FileSensor 将检查/data/supermarket1/data.csv 是否存在，如果文件存在，则返回 true。如果不存在，则返回 false，并且传感器将在给定的时间(默认为 60 秒)后重试(见代码清单 6-1)。

代码清单 6-1　使用 FileSensor 判断文件路径是否存在

```
from airflow.sensors.filesystem import FileSensor

wait_for_supermarket_1 = FileSensor(
  task_id="wait_for_supermarket_1",
  filepath="/data/supermarket1/data.csv",
)
```

operator(传感器也是 operator)和 DAG 都有可设定超时时间，传感器将继续检查条件，直到达到超时。我们可以在任务日志中检查传感器的输出结果，如下所示：

```
{file_sensor.py:60} INFO - Poking for file /data/supermarket1/data.csv
{file_sensor.py:60} INFO - Poking for file /data/supermarket1/data.csv
{file_sensor.py:60} INFO - Poking for file /data/supermarket1/data.csv
{file_sensor.py:60} INFO - Poking for file /data/supermarket1/data.csv
{file_sensor.py:60} INFO - Poking for file /data/supermarket1/data.csv
```

通过日志可以了解到，大约每分钟 Airflow 都会使用传感器去探测指定的文件是否存在(探测频率可以通过 poke_interval 参数设定)。Poking 指的是 Airflow 使用传感器进行状态检查。

在工作流中如果使用传感器，需要对工作流做一些修改。通过使用传感器，我们不再需要等到凌晨 2:00 再处理数据，而是当数据一旦到达就很快被处理(注意，并不完全是实时的，因为传感器是通过 poke_interval 参数设定，定期运行的)，应该将 DAG 的开始时间设置为数据到达的"边界时间"，比如我们预计 16:00 之后将有数据开始到达，那么我们就将 DAG 的开始时间设定为 16:00 即可，如图 6-4 所示。

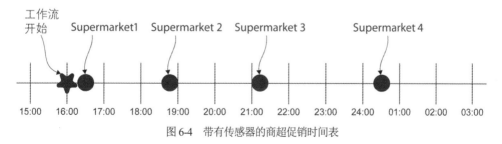

图 6-4　带有传感器的商超促销时间表

通过图 6-5 可以看到，DAG 将在开始处理每个商超的数据时添加一个 FileSensor 任务。

图 6-5　使用传感器的商超促销 DAG

通过图 6-5 可以看到，传感器被添加到 DAG 的开始位置，并通过程序代码 dag/figure_6_05.py 可以看到，这个 DAG 的 schedule_interval 被设置为每天 16:00 开始执行。于是从 16:00 开始，Airflow 将通过轮询的方式检查文件，如果文件已经到达，则将执行后续的任务。

通过图 6-5 可以看到商超 1 已经提交了数据，于是它的传感器状态为"成功"，并执行了下游的任务。这样就实现了数据到达之后就可以尽快被处理，而不必等到所有超商的数据都到达之后再统一处理。

6.1.1　轮询自定义条件

在工作中，有些数据集很大，因此将通过多个文件传输，比如 data .csv, data . 02.csv, data . 03.csv 等。Airflow 的文件传感器支持通配符对文件名进行匹配，比如 data-*.csv，这将匹配任何符合该通配符的文件。假设在上面的超商提交数据的例子中，某个超商的数据比较多，由多个数据文件组成。当第一个文件 data-01.csv 成功上传，而其他文件还在上传或者等待上传，但 FileSensor 发现已经有文件上传，于是马上返回 true，并开始执行下游的处理任务，这种情况并不是我们想看到的，因为数据在没有完成全部上传之前就开始了后续的处理任务。

为了解决上面的问题，我们与商超达成协议，在他们将所有的数据文件上传完毕之后，上传一个名为_SUCCESS 的文件，表示将今日数据全部上传完毕。Airflow 将检查满足文件名通配符 data-*.csv 的一个或多个数据文件以及一个名为_SUCCESS 的文件是否都存在。如果存在，则表示该商超已经完成数据上传。FileSensor 使用 globbing (https://en.wikipedia.org/wiki/Glob)来根据文件或目录名进行模式匹配。虽然通配符(类似于 regex，但在功能上有更多限制)可以通过更复杂的模式匹配多个模式，但这将大大降低代码的可读性，所以我们建议你使用 PythonSensor 实现对数据文件 data-*.csv 和_SUCCESS 的检查。

PythonSensor 与 PythonOperator 类似，将调用一个具体的函数或者方法来执行操作。但与 PythonOperator 不同的是，PythonSensor 调用的方法或者函数需要带有布尔型的返回值，true 表示满足条件，false 表示不满足。下面让我们将 PythonSensor 应用于之前描述的文件上传场景。

代码清单 6-2　使用 PythonSensor 实现自定义条件

```
from pathlib import Path

from airflow.sensors.python import PythonSensor

def _wait_for_supermarket(supermarket_id):
    supermarket_path = Path("/data/" + supermarket_id)
    data_files = supermarket_path.glob("data-*.csv")
    success_file = supermarket_path / "_SUCCESS"
    return data_files and success_file.exists()

wait_for_supermarket_1 = PythonSensor(
    task_id="wait_for_supermarket_1",
    python_callable=_wait_for_supermarket,
    op_kwargs={"supermarket_id": "supermarket1"},
    dag=dag,
)
```

初始化路径对象

通过通配符检测数据文件

检测_SUCCESS 文件

返回结果，数据文件和_SUCCESS 是否同时存在

PythonSensor 调用的函数返回布尔型值，true 或者 false。代码清单 6-2 中显示的 _wait_for_supermarket 函数检查两个条件，即数据和_SUCCESS 件是否都存在。如图 6-6 所示，在 Airflow 的图形界面中 PythonSensor 只是与其他 task 颜色不同而已，没有其他特别之处。

图 6-6　使用 PythonSensor 创建自定义条件的超市促销 DAG

6.1.2　传感器的异常情况

目前位置，我们看到的都是传感器运行成功的情况，如果有一天商超不提供数据，情况会怎样？默认情况下，传感器就像其他 operator 一样会出现失败，如图 6-7 所示。

这些传感器没能在最大的时间框架内完成任务

图 6-7　当传感器达到最大时间框架时，将返回失败

传感器可以接收 timeout 参数，这个参数指定了允许传感器运行的最大时间(以秒为单位)。如果在下一次 poke 开始时，该传感器运行的时间超过 timeout 所指定的值，那么传感器将失败，如下所示：

```
INFO - Poking callable: <function wait_for_supermarket at 0x7fb2aa1937a0>
INFO - Poking callable: <function wait_for_supermarket at 0x7fb2aa1937a0>
ERROR - Snap. Time is OUT.
Traceback (most recent call last):
  File "/usr/local/lib/python3.7/sitepackages/
    airflow/models/taskinstance.py", line 926, in _run_raw_task
  result = task_copy.execute(context=context)
  File "/usr/local/lib/python3.7/sitepackages/
    airflow/sensors/base_sensor_operator.py", line 116, in execute
  raise AirflowSensorTimeout('Snap. Time is OUT.')
airflow.exceptions.AirflowSensorTimeout: Snap. Time is OUT.
INFO - Marking task as FAILED.
```

在默认情况下，传感器的 timeout 时间为 7 天。如果 DAG 的 schedule_interval 设置为每天执行一次，这将导致让人困扰的雪球效应，这种情况在许多 DAG 中都很常见。如图 6-7 所示，DAG 每天运行一次，7 天后商超 2、3、4 将失败。由于每天都会添加新的 DAG 运行并启动相应日期的传感器，因此运行的任务越来越多。这会导致一个问题，因为 Airflow 在各个级别上能够处理和运行的任务数是有限的。

了解 Airflow 中各个级别上运行的任务存在最大数量的限制，这一点很重要。比如，要了解每个 DAG 可以运行的最大任务数、Airflow 全局范围内可以运行的最大任务数等。在图 6-8 中，我们可以看到 16 个正在运行的传感器任务。在 DAG 中可以通过 concurrency 参数设定允许同时运行的最大任务数(见代码清单 6-3)。

代码清单 6-3　在 DAG 中设定可以同时运行的最大任务数

```
dag = DAG(
    dag_id="couponing_app",
    start_date=datetime(2019, 1, 1),
    schedule_interval="0 0 * * *",
    concurrency=50,
)
```

这个 DAG 允许同时运行 50 个并发任务

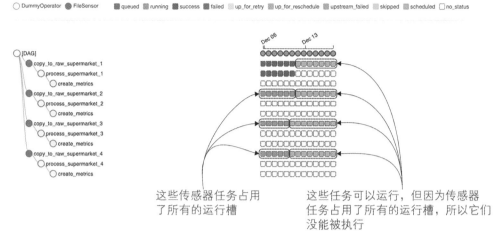

图 6-8 传感器死锁:所有运行的任务都是传感器任务,它们等待为 true 的条件出现,但这永远不会发生,因此后续启动的传感器任务将所有可用的运行槽都占满

在图 6-8 中,执行这个 DAG 时,所有的参数都使用默认值。因此每个 DAG 同时运行的任务为 16 个,于是产生了雪球效应,如下所示。

- 第 1 天:商超 1 执行成功,商超 2、3、4 正在轮询,占用 3 个任务。
- 第 2 天:商超 1 执行成功,商超 2、3、4 正在轮询,占用 6 个任务。
- 第 3 天:商超 1 执行成功,商超 2、3、4 正在轮询,占用 9 个任务。
- 第 4 天:商超 1 执行成功,商超 2、3、4 正在轮询,占用 12 个任务。
- 第 5 天:商超 1 执行成功,商超 2、3、4 正在轮询,占用 15 个任务。
- 第 6 天:商超 1 执行成功,商超 2、3、4 正在轮询,占用 16 个任务。两个新任务无法执行,其他尝试执行的任务也将被阻塞。

这种行为通常称为传感器死锁。在这个例子中,商超优惠券 DAG 中的运行任务数达到了最大限制,但此影响仅限于当前 DAG,其他 DAG 仍然可以运行。但是,一旦达到 Airflow 全局最大任务的限制,整个系统就会陷入停滞,这显然不是我们想看到的。这个问题可以通过多种方式解决。

传感器类采用参数模式,可以将其设置为 poke 或重新安排(自 Airflow 1.10.2 开始支持)。默认情况下,它设置为 poke,这将导致阻塞行为。这意味着只要传感器任务正在运行,它就会占用一个任务槽。偶尔,它会执行 poke 操作,然后什么都不做,但仍然占用一个任务槽。传感器重新调度模式在完成 poke 操作后释放槽,因此它只在实际工作时占用一个任务槽,如图 6-9 所示。

```
wait_for_supermarket1 = PythonSensor(
    task_id="wait_for_supermarket_1",
    python_callable=_wait_for_supermarket,
    op_kwargs={"supermarket_id": "supermarket1"},
    mode="reschedule",
    dag=dag,
)

mode="reschedule" applies a new state "up_for_reschedule"
```

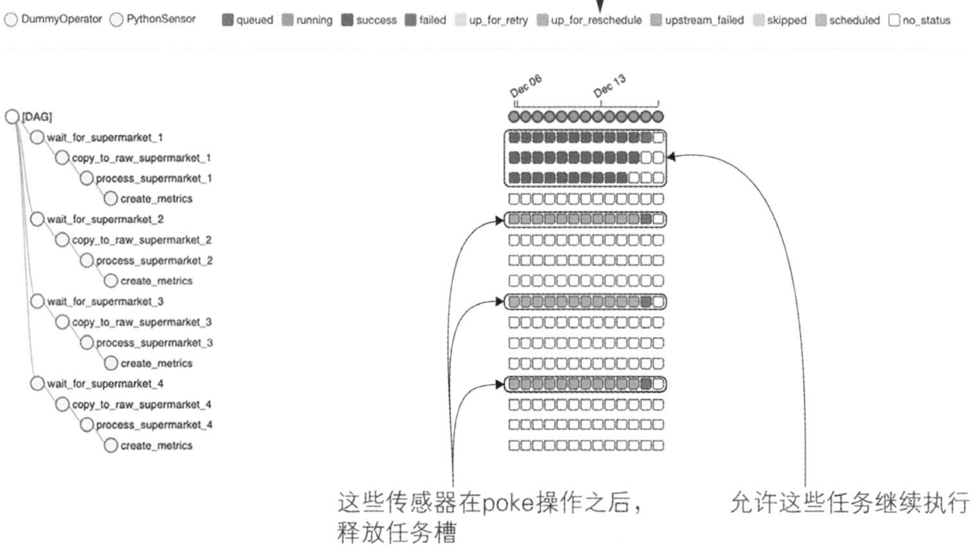

图 6-9 将传感器的 mode 设定为"reschedule"，这将使传感器在 poke 操作之后释放任务槽，允许其他任务继续执行

并发任务的数量也可以通过全局 Airflow 参数控制，我们将在 12.6 节介绍。在下一节中，将介绍如何将一个 DAG 分割成多个较小的 DAG，并使这些 DAG 相互触发。

6.2 触发其他 DAG

在某个时间点，我们的优惠券服务中会添加更多的商超，越来越多的人想深入了解商超的促销活动。在当前的 DAG 中 create_metrics 在所有商超都提交数据之后，每天只执行一次。具体时间取决于 process_supermarket_{1,2,3,4} 任务何时全部转为完成状态，如图 6-10 所示。

图 6-10　特定商超任务和 create_metrics 任务之间的不同执行逻辑表明在不同的 DAG 中可能存在分裂

我们收到了来自分析团队的一个请求：是否可以在数据处理后直接提供指标信息，而不是等待所有超商都提供完数据之后，再统一提供指标信息。有几种方法可以解决这个问题(取决于它执行的逻辑)。可以将 create_metrics 任务设置为每个 process_supermarket_* 任务的下游任务，如图 6-11 所示。

图 6-11　复制任务，避免等到所有商超数据到达之后再统一提供指标信息

假设 create_metrics 任务细分为多个任务，这使 DAG 结构更加复杂，并导致更多的重复任务，如图 6-12 所示。

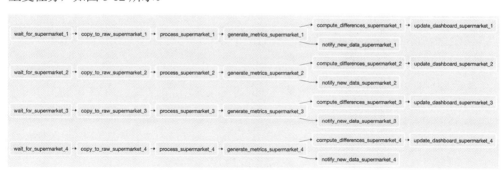

图 6-12　更多的逻辑再次表明了单个 DAG 存在的潜在分裂

规避重复任务的一个方法是将 DAG 分成多个更小的 DAG，每个 DAG 负责整个工作流的一部分。这样做的好处是可以让 DAG 1 多次调用 DAG 2，而不是一个单一的 DAG

带有多个重复的任务。这种情况是否可行取决于很多因素，比如工作流的复杂性。例如，如果你希望能够创建指标，并且不想等待其他商超都提交数据之后再一起生成指标值，同时希望你可以在任何时间手动触发它，那么将这种操作通过两个 DAG 来完成是一个不错的选择。

可以通过 TriggerDagRunOperator 实现对其他 DAG 的触发，可以通过它对工作流的每个部分执行解耦操作(见代码清单 6-4)。

代码清单 6-4　使用 TriggerDagRunOperator 触发其他 DAG

```
import airflow.utils.dates
from airflow import DAG
from airflow.operators.dummy import DummyOperator
from airflow.operators.trigger_dagrun import TriggerDagRunOperator

dag1 = DAG(
    dag_id="ingest_supermarket_data",
    start_date=airflow.utils.dates.days_ago(3),
    schedule_interval="0 16 * * *",
)

for supermarket_id in range(1, 5):
    # ...
    trigger_create_metrics_dag = TriggerDagRunOperator(
        task_id=f"trigger_create_metrics_dag_supermarket_{supermarket_id}",
        trigger_dag_id="create_metrics",        ◄──┐
        dag=dag1,                                   │  dag_id 应该保持一致
    )                                               │
                                                    │
dag2 = DAG(                                         │
    dag_id="create_metrics",                ◄──────┘
    start_date=airflow.utils.dates.days_ago(3),
    schedule_interval=None,           ◄── 如果仅是触发，则不需要
)                                         设定 schedule_interval
# ...
```

提供给 TriggerDagRunOperator 的 trigger_dag_id 参数的字符串必须与 DAG 的 dag_id 匹配才能触发。这样操作之后，我们现在有两个 DAG，一个用于从超市获取数据，另一个用于计算数据指标，如图 6-13 所示。

图 6-13　将 DAG 一分为二，并通过 TriggerDagRunOperator 让 DAG1 触发 DAG2。DAG2 中的逻辑只需定义一次，简化了图 6-12 所示的情况

从 Airflow 的图形界面看，调度 DAG、手动触发的 DAG 或自动触发的 DAG 之间几乎没有差别。树状视图中的两个小细节告诉你 DAG 是由计划按时执行的，还是被触发执

行的。首先，计划执行的 DAG 运行及其任务实例在 Airflow 图形界面中通过黑色边框标识，如图 6-14 所示。

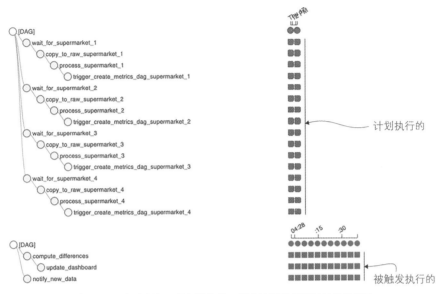

图 6-14　黑色边框标识计划执行的，没有边框的是通过触发执行的

其次，每个 DAG 运行都有一个 run_id。run_id 的值以下列值开头：
- scheduled__ 表示这个 DAG 是按照时间计划被启动的。
- backfill__ 表示这个 DAG 是被一个回填任务启动的。
- manual__ 表示这个 DAG 是被一个手动任务启动的。例如，通过单击 Trigger Dag 按钮，或者被 TriggerDagRunOperator 触发。

将鼠标悬停在 DAG 运行圈上时，会显示这个 DAG 的状态信息，其中包括 run_id 值。这将告诉我们这个 DAG 是如何开始运行的，如图 6-15 所示。

图 6-15　通过 run_id 识别 DAG 的启动原因

6.2.1 使用 TriggerDagRunOperator 执行回填操作

如果你更改了 process_* 任务中的某些逻辑并希望从那里重新运行 DAG，该怎么办？在单个 DAG 中，你可以清除 process_* 和相应下游任务的状态。但是，清除任务只会清除同一 DAG 内的任务。另一个 DAG 中 TriggerDagRunOperator 下游的任务不会被清除，因此请充分注意此行为。

清除 DAG 中的任务，包括 TriggerDagRunOperator，将触发新的 DAG 运行，而不是清除相应的先前触发的 DAG 运行，如图 6-16 所示。

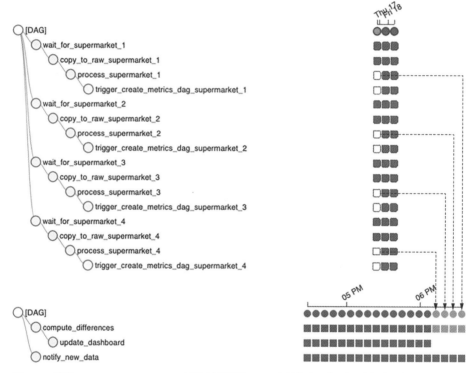

图 6-16 清除 TriggerDagRunOperators 不会触发清除 DAG 中的任务；相反，会创建新的 DAG 运行

6.2.2 轮询其他 DAG 的状态

只要从待触发的 DAG 到触发的 DAG 之间没有依赖关系，图 6-13 中的示例就可以工作。换句话说，第一个 DAG 可以在任何时候触发下游 DAG，而无须检查任何条件。

如果 DAG 变得非常复杂，为了使它更加清晰，可以将第一个 DAG 拆分为多个 DAG，并为每个相应的 DAG 执行对应的 TriggerDagRunOperator 任务，如图 6-17 中间所示。此外，一个 DAG 触发多个下游 DAG 是 TriggerDagRunOperator 的一种可能情况，如图 6-17 右侧所示。

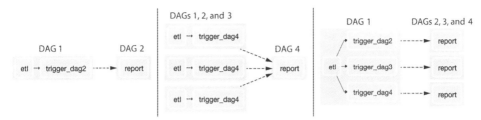

图 6-17 使用 TriggerDagRunOperator 可以实现各种 DAG 间的依赖关系

但是，如果在另一个 DAG 开始运行之前必须完成多个 DAG 的触发呢？例如，如果 DAG1、2 和 3 分别提取、转换和加载数据集，并且你只想在所有 3 个 DAG 都完成后再运行 DAG4 来计算一组聚合指标，该怎么办？Airflow 可以管理单个 DAG 中任务之间的依赖关系；但是，它没有提供 DAG 间依赖的机制，如图 6-18 所示，图中使用的 Airflow 插件通过扫描所有 DAG 以了解 TriggerDagRunOperator 和 ExternalTaskSensor 的使用情况，从而可视化 DAG 间的依赖关系。详情请参考 https://github.com/ms32035/airflow-dag-dependencies。

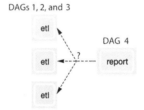

图 6-18 说明 DAG 之间的依赖关系，这是不能通过 TriggerDagRunOperator 解决的

对于这种情况，我们可以应用 ExternalTaskSensor，这是一个用于探测其他 DAG 中任务状态的传感器，如图 6-19 所示。通过这种方式，wait_for_etl_dag{1,2,3}任务充当一个代理，确保在最终执行报告任务之前，所有 3 个 DAG 都处于已完成状态。

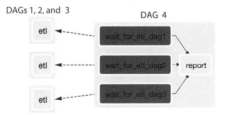

图 6-19 在某些情况下，例如确保 DAG 1、2 和 3 都已经是完成状态，必须使用 ExternalTaskSensor 而不是 TriggerDagRunOperator 将执行指向 DAG 4

ExternalTaskSensor 的工作方式是将其指向另一个 DAG 中的任务，从而检查其状态，如图 6-20 所示。

```
import airflow.utils.dates
from airflow import DAG
from airflow.operators.dummy import DummyOperator
from airflow.sensors.external_task import ExternalTaskSensor

dag1 = DAG(dag_id="ingest_supermarket_data", schedule_interval="0 16 * * *", ...)
dag2 = DAG(schedule_interval="0 16 * * *", ...)

DummyOperator(task_id="copy_to_raw", dag=dag1) >> DummyOperator(task_id="process_supermarket", dag=dag1)

wait = ExternalTaskSensor(
    task_id="wait_for_process_supermarket",
    external_dag_id="ingest_supermarket_data",
    external_task_id="process_supermarket",
    dag=dag2,
)
report = DummyOperator(task_id="report", dag=dag2)
wait >> report
```

图 6-20　ExternalTaskSensor 使用示例

因为从 DAG 1 到 DAG 2 没有事件连接，所以 DAG 2 会通过轮询的方式检查 DAG 1 中任务的状态，这种操作存在一些缺点。在 Airflow 的世界中，DAG 之间没有严格的关联。虽然在技术上可以查询底层 metastore(这是由 ExternalTaskSensor 完成的)，或从磁盘读取 DAG 脚本并推断其他工作流的执行细节，但它们在 Airflow 中没有任何耦合。如果使用 ExternalTaskSensor，则需要在 DAG 之间设定一些关联关系。默认行为是 ExternalTaskSensor 仅检查与自身执行日期完全相同的任务的成功状态。因此，如果 ExternalTaskSensor 以 2019-10-12T18:00:00 的执行日期运行，它将查询给定任务的 Airflow 元存储，执行日期也为 2019-10-12T18:00:00 的相关任务。现在假设两个 DAG 具有不同的调度间隔，那么这些将无法匹配，因此 ExternalTaskSensor 将永远找不到相应的任务，如图 6-21 所示。

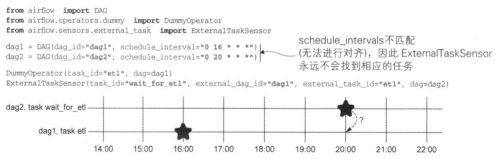

图 6-21　ExternalTaskSensor 按照自己的 schedule_interval 检查另一个 DAG 中任务的完成情况，如果时间间隔不对齐，则永远不会找到它

为了解决这个问题，我们将使用偏移量。通过偏移量，可以让 ExternalTaskSensor 与其他 DAG 对齐，从而搜索到正确的 DAG，并检查其中任务的执行状态。这个偏移量由 ExternalTaskSensor 上的 execution_delta 参数控制。在使用时，需要提供一个 timedelta 对

象，但需要注意的是，这个对象的使用与我们预想的执行方式相反。它不是在特定时间上加上一个时间段，而是减去一个时间段。换句话说，这个 timedelta 对象将从特定时间，向之前"回溯"，如图 6-22 所示。

```
from airflow import DAG
from airflow.operators.dummy import DummyOperator
from airflow.sensors.external_task import ExternalTaskSensor
dag1 = DAG(dag_id="dag1", schedule_interval="0 16 * * *")
dag2 = DAG(dag_id="dag2", schedule_interval="0 20 * * *")
DummyOperator(task_id="et1", dag=dag1)
ExternalTaskSensor(
    task_id="wait_for_et1",
    external_dag_id="dag1",
    external_task_id="et1",
    execution_delta=datetime.timedelta(hours=4),
    dag=dag2,
)
```

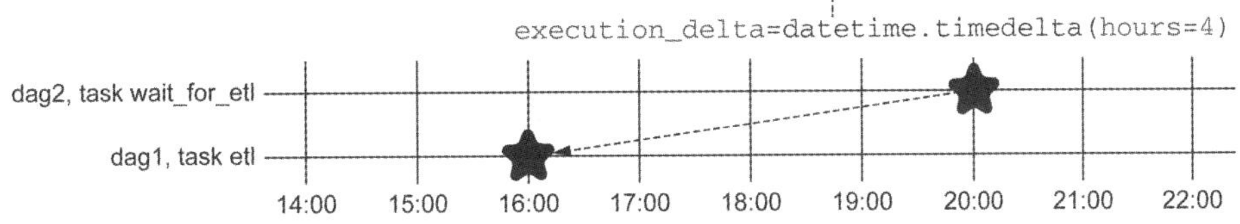

图 6-22 ExternalTaskSensor 通过 execution_delta 进行时间偏移调整，以匹配其他 DAG 的时间间隔

需要注意的是，当两个 DAG 的执行时间间隔差异较大时，ExternalTaskSensor 对任务状态的检查将变得非常复杂，例如 DAG1 是每天执行一次，而 DAG2 每 5 小时执行一次。为了让时间对齐，execution_delta 的设置将变得非常复杂。在这种情况下，应该为 execution_date_fn 参数提供一个通过函数计算得到的时间间隔列表，具体可以查看 Airflow 文档。

6.3 使用 REST/CLI 启动工作流

DAG 除了可以被其他 DAG 触发之外，还可以通过 REST API 或者 CLI 触发。如果想从 Airflow 外部启动工作流(比如，作为 CI/CD 管道的一部分)，那么使用 REST API 和 CLI 将十分有帮助。也可以使用 Lambda 函数调用 REST API，这样就可以实现 AWS S3 存储桶中当有数据随机到达时，立即启动 DAG 处理这些数据，而不必一直使用传感器的轮询操作。

也可以通过 Airflow CLI 命令启动 DAG，如代码清单 6-5 所示。

代码清单 6-5　使用 Airflow CLI 触发 DAG

```
airflow dags trigger dag1
```

```
[2019-10-06 14:48:54,297] {cli.py:238} INFO - Created <DagRun dag1 @ 2019-
    10-06 14:48:54+00:00: manual__2019-10-06T14:48:54+00:00, externally
    triggered: True>
```

通过上述命令触发 dag1,并且将执行日期设定为当前的日期和时间。DAG 的 run id 将以 manual__ 开头,表示这是一个手动触发或者从 Airflow 外部触发的 DAG。在通过 CLI 触发 DAG 时,可以提供其他配置参数(见代码清单 6-6)。

代码清单 6-6　触发带有附加配置的 DAG

```
airflow dags trigger -c '{"supermarket_id": 1}' dag1
airflow dags trigger --conf '{"supermarket_id": 1}' dag1
```

这种配置可通过任务 context 变量在触发 DAG 运行的所有任务中使用(见代码清单 6-7)。

代码清单 6-7　运行应用配置的 DAG

```
import airflow.utils.dates
from airflow import DAG
from airflow.operators.python import PythonOperator

dag = DAG(
    dag_id="print_dag_run_conf",
    start_date=airflow.utils.dates.days_ago(3),
    schedule_interval=None,
)

def print_conf(**context):
    print(context["dag_run"].conf)          ◀── 在任务 context 中可以
                                                 访问触发 DAG 时提
                                                 供的配置

process = PythonOperator(
    task_id="process",
    python_callable=print_conf,
    dag=dag,
)
```

上述程序将打印提供给 DAG 运行的 conf,它可以在整个任务中作为变量被使用,结果如下所示:

```
{cli.py:516} INFO - Running <TaskInstance: print_dag_run_conf.process 2019-
    10-15T20:01:57+00:00 [running]> on host ebd4ad13bf98
{logging_mixin.py:95} INFO - {'supermarket': 1}
{python_operator.py:114} INFO - Done. Returned value was: None
{logging_mixin.py:95} INFO - [2019-10-15 20:03:09,149]
    {local_task_job.py:105} INFO - Task exited with return code 0
```

因此,假设你要运行多个 DAG,但这些 DAG 只有某些变量是不同的,那么使用 DAG 运行配置就会简单很多,因为它允许你将变量插入数据管道中,如图 6-23 所示。但需要注意的是,代码清单 6-8 中的 DAG 没有设定调度间隔,所以它只能在被触发时运行。如果 DAG 中的逻辑依赖于 DAG 运行配置,那么将无法按计划运行,因为它不提供任何 DAG 运行配置。

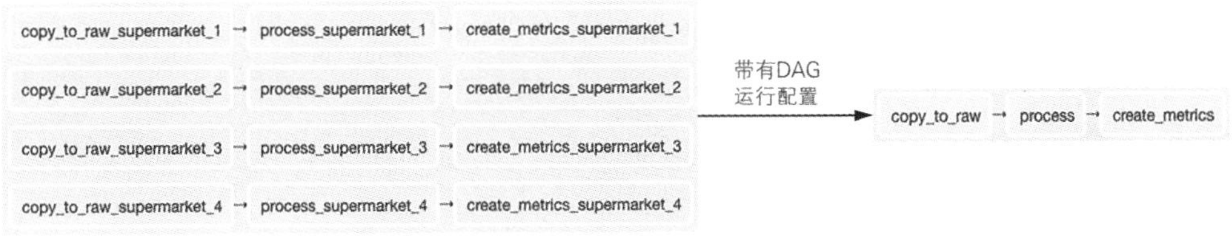

图 6-23 通过在运行时提供运行配置来简化 DAG

同样，REST API 也可以达到相同的效果(例如，如果你无法访问 CLI，但可以通过 HTTP 访问你的 Airflow 实例)，如代码清单 6-8 所示。

代码清单 6-8 使用 Airflow REST API 触发 DAG

```
# URL is /api/v1
curl \
-u admin:admin \         ◄──── 通过明文发送用户名和密码是不安全
-X POST \                      的，关于其他身份验证方法，请参考
"http:/ /localhost:8080/api/v1/dags/print_dag_run_conf/dagRuns" \
-H "Content-Type: application/json" \         Airflow API 身份验证文档
-d '{"conf": {}}'        ◄──── endpoint 需要提供一些数据，即使没有
{                              具体信息，也要通过这种方式提供空白
  "conf": {},                  的配置信息
  "dag_id": "print_dag_run_conf",
  "dag_run_id": "manual__2020-12-19T18:31:39.097040+00:00",
  "end_date": null,
  "execution_date": "2020-12-19T18:31:39.097040+00:00",
  "external_trigger": true,
  "start_date": "2020-12-19T18:31:39.102408+00:00",
  "state": "running"
}


curl \
-u admin:admin \
-X POST \
"http:/ /localhost:8080/api/v1/dags/print_dag_run_conf/dagRuns" \
-H "Content-Type: application/json" \
-d '{"conf": {"supermarket": 1}}'
{
  "conf": {
    "supermarket": 1
  },
  "dag_id": "listing_6_08",
  "dag_run_id": "manual__2020-12-19T18:33:58.142200+00:00",
  "end_date": null,
  "execution_date": "2020-12-19T18:33:58.142200+00:00",
  "external_trigger": true,
  "start_date": "2020-12-19T18:33:58.153941+00:00",
  "state": "running"
}
```

通过这种技术，可以方便地从 Airflow 外部(例如从 CI/CD 系统)触发 DAG。

6.4 本章小结

- 传感器是一种特殊类型的 operator，它不断轮询给定条件是否为真。
- Airflow 为各种系统和应用场景提供了一系列传感器，也可以使用 PythonSensor 创建灵活的自定义条件。
- TriggerDagRunOperator 可以从一个 DAG 触发另一个 DAG，而 ExternalTaskSensor 可以轮询另一个 DAG 中的状态。
- 可以使用 REST API 和/或 CLI 从 Airflow 外部触发 DAG。

# 第 7 章

与外部系统通信

本章主要内容
- 使用 Airflow operator 在 Airflow 之外的系统上执行操作
- 用于特定外部系统的 operator
- 在 Airflow 中通过 operator 执行 A-to-B 操作
- 使用 airflow tasks test 测试外部系统任务

在之前的章节中，介绍了有关编写 Airflow 代码的相关知识，并介绍了许多使用常用的 operator，比如 BashOperator 和 PythonOperator 的示例。虽然这些通用的 operator 可以执行任意代码，从而可以运行任何工作负载，但 Airflow 为某些具体的应用场景提供专用的 operator，比如当在 Postgres 数据库上运行查询时，可以使用专用的 PostgresOperator，这类 operator 只适用于特定的场景，比如查询。使用这种专用的 operator 将简化我们的编码工作，以 PostgresOperator 为例，只要将查询语句交给它，它将在内部处理相关的查询逻辑，而不必像使用 PythonOperator 那样去自己编写查询逻辑，从而提高编程效率的同时，减少错误的发生。

本章所说的"外部"，指的是除 Airflow 和运行 Airflow 的机器以外的任何技术。例如，它可以是 Microsoft Azure Blob 存储、Apache Spark 集群或 Google BigQuery 数据仓库等。

为了弄清何时以及如何使用这些外部 operator，在本章中，我们将通过两个 DAG 介绍，这两个 DAG 都将连接到外部系统，并在这些外部系统之间进行数据的移动与转换。我们将介绍对于这些外部系统和示例，哪些选项是被 Airflow 支持的，哪些不被支持[1]。

在 7.1 节中，我们在 AWS 上开发了一个机器学习模型，使用了 AWS S3 存储桶和 AWS SageMaker，这是一种用于开发和部署机器学习模型的解决方案。接下来，在 7.2 节中，将通过一个存有 Airbnb 在阿姆斯特丹的住宿地点信息的 Postgres 数据库，来介绍如何在各个系统之间移动数据。这些数据来自 Inside Airbnb(http://insideairbnb.com)，这是一个由

---

[1] operator 在不断的研发过程中，本章写于 2020 年，你在阅读本书时，也许会有很多新的 operator 产生，而在本书中没有介绍。

Airbnb 管理的网站并对外提供公共数据，这些数据包括房源、评论等信息。我们将以每天一次的频率，将数据从 Postgres 数据库下载到 AWS S3 的存储桶中，然后在 Docker 容器中运行 Pandas 任务，从而确定价格波动，最后将结果再传回 AWS 的 S3 存储桶中。

7.1 连接到云服务

如今，大部分软件都是运行在云端的，这些云服务通常可以通过 API 控制，API 是用于与云服务通信的接口。API 通常以 Python 安装包的形式提供一个客户端，例如 AWS 的客户端名为 boto3(https://github.com/boto/boto3)，GCP 的客户端名为 Cloud SDK (https://cloud.google.com/sdk)，Azure 的客户端名为 Azure SDK(https://docs.microsoft.com/azure/python)。这些客户端提供了很多方便的功能。我们可以这样认为，你只需要输入请求所需的详细信息，客户端将处理请求并完成内部响应。

在 Airflow 中，对于程序员来说，接口就是一个 operator。operator 是一组方便编程的类，你只需要通过它向云服务发出所需的信息，operator 在内部处理具体的技术实现。一般情况下，云服务商在内部使用 Cloud SDK 发送请求，并在 Cloud SDK 周围提供一个外围层，为程序员提供特性功能，如图 7-1 所示。

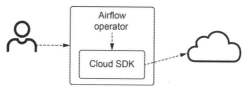

图 7-1　Airflow operator 将给定的参数转换为 Cloud SDK 上的操作

7.1.1　安装额外的依赖软件包

apache-airflow 的 Python 软件包中包含一些基本的 operator，但不包含用于与特定云服务连接的组件。如果想使用云服务，可以安装表 7-1 所示的软件包。

表 7-1　Airflow 的云服务软件安装包

云服务	pip install 命令
AWS	pip install apache-airflow-providers-amazon
GCP	pip install apache-airflow-providers-google
Azure	pip install apache-airflow-providers-microsoft-azure

如果你需要使用其他额外的服务，也可以通过上述的 pip install 命令来安装相应的软件包。例如，打算使用 PostgresOperator 所需的 operator 及相应依赖项，请安装 apache-airflow-providers-postgres。有关所有可用的附加软件包完整列表，请参阅 Airflow 文档 (https://airflow.apache.org/docs)。

让我们了解一个在 AWS 上执行操作的 operator 示例，以 S3CopyObjectOperator 为例。这个 operator 可以将对象从一个 S3 存储桶复制到另外一个 S3 存储桶。使用时，可以配置许多参数，在本节中将省略那些不相关的参数(见代码清单 7-1)。

代码清单 7-1　S3CopyObjectOperator 只需要提供必要的信息即可

```
from airflow.providers.amazon.aws.operators.s3_copy_object import
    S3CopyObjectOperator

S3CopyObjectOperator(
    task_id="...",
    source_bucket_name="databucket",         ← 设置源存储桶
    source_bucket_key="/data/{{ ds }}.json", ← 被复制对象的名称
    dest_bucket_name="backupbucket",         ← 目标存储桶
    dest_bucket_key="/data/{{ ds }}-backup.json", ← 目标名称
)
```

通过这个 operator 可以将 S3 上的对象复制到不同的位置，并且将这种操作简化为类似填空题一样的简单操作,而不必深入了解 AWS 的 boto3 客户端的详细使用方法(如果你研究这个 operator 的具体实现，会发现它在内部调用 boto3 中的 copy_object()方法)。

7.1.2　开发一个机器学习模型

让我们分析一个更复杂的示例，并通过开发手写数字分类器的数据管道来了解 AWS 的 operator 如何工作。该模型将使用 MNIST(http://yann.lecun.com/exdb/mnist)训练数据集，该数据集包含大约 70 000 个手写的 0~9 数字，如图 7-2 所示。

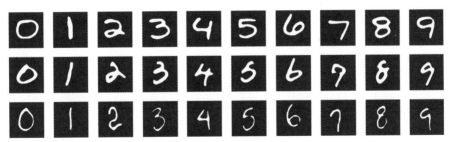

图 7-2　MNIST 数据集中的手写数字示例

在模型训练完成之后，就可以使用这个模型识别数据集以外的手写数字，如图 7-3 所示。

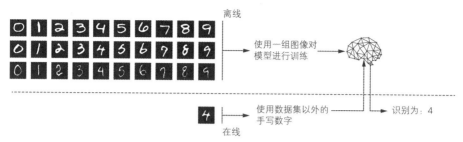

图7-3 机器学习模型的训练与应用,训练后的模型可以对训练集以外的图像进行分类(识别)

这个示例分为两部分:离线部分和在线部分。在离线部分,采用大量的手写数字训练模型,并生成训练结果(一组模型参数),当有新的训练数据到达时,可以定期执行模型训练任务。在线部分,当模型训练完成之后,可以将训练集以外的手写数字传入模型,并让模型立即给出预测结果,这个预测的操作应该是立即执行的,因为用户希望得到实时预测结果。

Airflow 工作流通常负责模型的离线部分。训练模型包括数据加载、将其预处理为适合模型的格式然后训练模型,这个过程可能会很复杂。此外,定期重新训练模型非常适合 Airflow 的批处理应用场景。在线部分通常是一个 API,例如 REST API 或带有 REST API 调用的 HTML 页面。这样的 API 通常只部署一次或作为 CI/CD 管道的一部分。由于在工作中,你几乎不会遇到需要每周重新部署 API 的情况,因此这通常不是 Airflow 工作流程的一部分。

为了训练手写数字识别模型,我们开发了一个 Airflow 管道,这个管道将使用 AWS SageMaker,它是一项促进机器学习模型开发和部署的 AWS 服务。在管道中,首先将训练数据从网络公共位置复制到我们自己的 S3 存储桶中。接下来,将数据转换为模型可识别的格式,然后使用 AWS SageMaker 训练模型,最后部署模型,并识别给定的手写数字。这个管道如图 7-4 所示。

图7-4 创建手写数字分类器的逻辑步骤

上述管道可以只运行一次,SageMaker 模型也可以只部署一次。Airflow 的优势在于能够在新数据到来,或模型更改的情况下,安排这类管道在需要时重新全部或部分运行。如果原始数据不断更新,Airflow 管道将定期重新加载原始数据,然后使用新数据训练模型,最后重新部署模型。此外,数据科学家可以根据自己的喜好调整模型,Airflow 管道可以自动重新部署模型,而不必手动触发任何操作。

Airflow 有多种 operator 来对应 AWS 所提供的多种云服务。由于 AWS 的服务在不断变化,因此 Airflow 对应的 operator 也将不断变化,目前看来,AWS 的大多数云服务在

Airflow 中都有相应的 operator 提供支持。Airflow 中支持 AWS 云服务的 operator 使用 apache-airflow-providers-amazon 软件包安装。

让我们看看这个数据管道，如图 7-5 所示。

图 7-5　在 Airflow DAG 中实现的逻辑步骤

尽管只有 4 个任务，但在 AWS SageMaker 上需要配置的任务相当多，因此 DAG 代码很长(见代码清单 7-2)。不过不用担心，我们将在后续章节中详细介绍。

代码清单 7-2　用于训练和部署手写数字分类器的 DAG

```
import gzip
import io
import pickle

import airflow.utils.dates
from airflow import DAG
from airflow.operators.python import PythonOperator
from airflow.providers.amazon.aws.hooks.s3 import S3Hook
from airflow.providers.amazon.aws.operators.s3_copy_object import
    S3CopyObjectOperator
from airflow.providers.amazon.aws.operators.sagemaker_endpoint import
    SageMakerEndpointOperator
from airflow.providers.amazon.aws.operators.sagemaker_training import
    SageMakerTrainingOperator
from sagemaker.amazon.common import write_numpy_to_dense_tensor

dag = DAG(
    dag_id="chapter7_aws_handwritten_digits_classifier",
    schedule_interval=None,
    start_date=airflow.utils.dates.days_ago(3),
)

download_mnist_data = S3CopyObjectOperator(      ◁── 通过 S3CopyObjectOperator 在两
    task_id="download_mnist_data",                    个 S3 位置之间复制对象
    source_bucket_name="sagemaker-sample-data-eu-west-1",
    source_bucket_key="algorithms/kmeans/mnist/mnist.pkl.gz",
    dest_bucket_name="[your-bucket]",
    dest_bucket_key="mnist.pkl.gz",
    dag=dag,
)
                                      有时你想要的功能没有对应的 operator，因此
                                      需要自己编写代码来实现它
def _extract_mnist_data():        ◁──
    s3hook = S3Hook()             ◁── 可以使用 S3Hook 对 S3 进
                                        行操作
    # Download S3 dataset into memory
    mnist_buffer = io.BytesIO()
```

```python
    mnist_obj = s3hook.get_key(          # 下载 S3 对象
        bucket_name="[your-bucket]",
        key="mnist.pkl.gz",
    )
    mnist_obj.download_fileobj(mnist_buffer)

    # Unpack gzip file, extract dataset, convert, upload back to S3
    mnist_buffer.seek(0)
    with gzip.GzipFile(fileobj=mnist_buffer, mode="rb") as f:
        train_set, _, _ = pickle.loads(f.read(), encoding="latin1")
        output_buffer = io.BytesIO()
        write_numpy_to_dense_tensor(
            file=output_buffer,
            array=train_set[0],
            labels=train_set[1],
        )

        output_buffer.seek(0)
        s3hook.load_file_obj(              # 将提取的数据
            output_buffer,                  # 上传到 S3
            key="mnist_data",
            bucket_name="[your-bucket]",
            replace=True,
        )
                                            # 有时你想要的功能没有对应的 operator,
                                            # 因此需要自己编写代码来实现它, 并通过
                                            # PythonOperator 调用
extract_mnist_data = PythonOperator(
    task_id="extract_mnist_data",
    python_callable=_extract_mnist_data,
    dag=dag,
)
                                            # SageMakerTrainingOperator 创建
                                            # 一个 SageMaker 训练作业
sagemaker_train_model = SageMakerTrainingOperator(
    task_id="sagemaker_train_model",
    config={
        "TrainingJobName": "mnistclassifier-{{ execution_date.strftime('%Y-
%m-%d-%H-%M-%S') }}",
        "AlgorithmSpecification": {        # config 是一个保存训
            "TrainingImage": "438346466558.dkr.ecr.eu-west-  # 练作业配置的 JSON
1.amazonaws.com/kmeans:1",
            "TrainingInputMode": "File",
        },
        "HyperParameters": {"k": "10", "feature_dim": "784"},
        "InputDataConfig": [
            {
                "ChannelName": "train",
                "DataSource": {
                    "S3DataSource": {
                        "S3DataType": "S3Prefix",
                        "S3Uri": "s3://[your-bucket]/mnist_data",
                        "S3DataDistributionType": "FullyReplicated",
                    }
                },
            }
        ],
```

```
        "OutputDataConfig": {"S3OutputPath": "s3://[your-bucket]/
   mnistclassifier-output"},
        "ResourceConfig": {
            "InstanceType": "ml.c4.xlarge",
            "InstanceCount": 1,
            "VolumeSizeInGB": 10,
        },
        "RoleArn": "arn:aws:iam::297623009465:role/service-role/
   AmazonSageMaker-ExecutionRole-20180905T153196",
        "StoppingCondition": {"MaxRuntimeInSeconds": 24 * 60 * 60},
    },
    wait_for_completion=True,        ┐
    print_log=True,                  │  operator 可以轻松地等待训练
    check_interval=10,               │  作业完成并在训练时打印
    dag=dag,                         ┘  CloudWatch 日志
)
sagemaker_deploy_model = SageMakerEndpointOperator(  ◄──
    task_id="sagemaker_deploy_model",                      通过 SageMakerEndpointOperator
    wait_for_completion=True,                              对训练完成的模型进行部署,并提
    config={                                               供 HTTP endpoint 访问
        "Model": {
            "ModelName": "mnistclassifier-{{ execution_date.strftime('%Y-
    %m-%d-%H-%M-%S') }}",
            "PrimaryContainer": {
                "Image": "438346466558.dkr.ecr.eu-west-1.amazonaws.com/
    kmeans:1",
                "ModelDataUrl": (
                    "s3://[your-bucket]/mnistclassifier-output/"
                    "mnistclassifier-{{ execution_date.strftime('%Y-%m-%d-
    %H-%M-%S') }}/"
                    "output/model.tar.gz"
                ),  # this will link the model and the training job
            },
            "ExecutionRoleArn": "arn:aws:iam::297623009465:role/servicerole/
   AmazonSageMaker-ExecutionRole-20180905T153196",
        },
        "EndpointConfig": {
            "EndpointConfigName": "mnistclassifier-{{
    execution_date.strftime('%Y-%m-%d-%H-%M-%S') }}",
            "ProductionVariants": [
                {
                    "InitialInstanceCount": 1,
                    "InstanceType": "ml.t2.medium",
                    "ModelName": "mnistclassifier",
                    "VariantName": "AllTraffic",
                }
            ],
        },
        "Endpoint": {
            "EndpointConfigName": "mnistclassifier-{{
    execution_date.strftime('%Y-%m-%d-%H-%M-%S') }}",
            "EndpointName": "mnistclassifier",
        },
    },
    dag=dag,
```

```
)
```
→ download_mnist_data >> extract_mnist_data >> sagemaker_train_model >>
  sagemaker_deploy_model

在与外部服务集成的过程中,复杂性往往不在 Airflow,而是在于确保数据管道中各个组件能够正确集成。因为 SageMaker 涉及的配置相当多,所以让我们对任务逐个分解。

代码清单 7-3　在两个 S3 存储桶中复制数据

```
download_mnist_data = S3CopyObjectOperator(
    task_id="download_mnist_data",
    source_bucket_name="sagemaker-sample-data-eu-west-1",
    source_bucket_key="algorithms/kmeans/mnist/mnist.pkl.gz",
    dest_bucket_name="[your-bucket]",
    dest_bucket_key="mnist.pkl.gz",
    dag=dag,
)
```

当 DAG 初始化之后,第一个任务将 MNIST 数据集从公共 S3 存储桶复制到我们自己的存储桶中,这样会方便我们处理后续数据(见代码清单 7-3)。使用 S3CopyObjectOperator 时,只要提供源和目标的存储桶名称和对象名称即可,它将为你复制所选对象。那么,在开发过程中,我们如何在完成整个数据管道创建之前,先验证对象的复制工作是否可以正常运行?

7.1.3　在本地开发外部系统程序

对于 AWS,如果可以使用访问密钥从开发环境访问云端资源,那么可以在本地运行 Airflow 任务。借助 Airflow 的 CLI 命令测试任务,可以在给定的执行日期运行单个任务。由于 download_mnist_data 任务不使用执行日期,因此提供什么值并不重要。但是,假设 dest_bucket_key 被指定为 mnist-{{ds}}.pkl.gz,我们就必须仔细考虑我们测试的执行日期,可以在命令行中完成如代码清单 7-4 所示的内容。

代码清单 7-4　为测试 AWS operator 设定本地环境

```
# Add secrets in ~/.aws/credentials:
  # [myaws]
  # aws_access_key_id=AKIAEXAMPLE123456789
  # aws_secret_access_key=supersecretaccesskeydonotshare!123456789

export AWS_PROFILE=myaws
export AWS_DEFAULT_REGION=eu-west-1          ◁── 初始化本地 Airflow
export AIRFLOW_HOME=[your project dir]            metastore
airflow db init
airflow tasks test chapter7_aws_handwritten_digits_classifier
    download_mnist_data 2020-01-01    ◁── 运行单个任务
```

这将运行任务 download_mnist_data 并显示日志(见代码清单 7-5)。

代码清单 7-5　使用 airflow tasks test 手动验证任务

```
$ airflow tasks test chapter7_aws_handwritten_digits_classifier
  download_mnist_data 2019-01-01

INFO - Using executor SequentialExecutor
INFO - Filling up the DagBag from .../dags
INFO - Dependencies all met for <TaskInstance:
  chapter7_aws_handwritten_digits_classifier.download_mnist_data 2019-01-
  01T00:00:00+00:00 [None]>
---------------------------------------------------------------------------
INFO - Starting attempt 1 of 1
---------------------------------------------------------------------------
INFO - Executing <Task(PythonOperator): download_mnist_data> on 2019-01-
  01T00:00:00+00:00
INFO - Found credentials in shared credentials file: ~/.aws/credentials
INFO - Done. Returned value was: None
INFO - Marking task as SUCCESS.dag_id=chapter7_aws_handwritten_digits
  _classifier, task_id=download_mnist_data, execution_date=20190101T000000,
  start_date=20200208T110436, end_date=20200208T110541
```

运行之后，你会发现数据已经成功复制到我们自己的 S3 存储桶中，如图 7-6 所示。

	Name ▾	Last modified ▾	Size ▾	Storage class ▾
☐	mnist.pkl.gz	Feb 8, 2020 10:02:15 AM GMT+0100	15.4 MB	Standard

图 7-6　在本地运行 airflow tasks test 之后，发现数据已经被成功复制到我们自己的 AWS S3 存储桶中

上面的操作是如何发生的？我们配置了 AWS 凭证从而允许我们从本地机器访问 AWS 云端资源。虽然这是特定于 AWS 的，但类似的身份验证方法也适用于 GCP 和 Azure。Airflow operator 内部使用的 AWS boto3 客户端通过执行 Airflow 任务的机器上的凭证登录。在代码清单 7-4 中，设置了 AWS_PROFILE 环境变量，boto3 客户端使用该环境变量进行身份验证。在此之后，我们设置另一个环境变量：AIRFLOW_HOME。这是 Airflow 将存储日志等信息的位置。Airflow 将在这个目录中检索/dags 目录，如果你的 dags 目录放在其他位置，可以通过环境变量 AIRFLOW__CORE__DAGS_FOLDER 设置。

接下来，运行 airflow db init。在执行此操作之前，请确保你没有设置 AIRFLOW__CORE__SQL_ALCHEMY_CONN(指向用于存储所有状态的数据库 URI)，或者将其设置为专门用于测试目的的数据库 URI。如果没有设置 AIRFLOW__CORE__SQL_ALCHEMY_CONN，airflow db init 在 AIRFLOW_HOME 内初始化一个本地的 SQLite 数据库(这是一种不需要配置的通过单个文件存储数据的数据库，这个数据库将在 AIRFLOW_HOME 指定的目录中生成，文件名为 airflow.db，可以使用 DBeaver 打开它并查看其中的内容)。airflow tasks test 可以用于运行和验证单个任务，而不会在数据库中记录任何状态。但是其他操作需要一个用于存储日志的数据库，所以必须通过 airflow db init

初始化一个数据库。

完成这些之后,可以通过命令行运行任务: airflow tasks test chapter7_aws_handwritten_digits_classifier extract_mnist_data 2020-01-01。

在我们将文件复制到自己的 S3 存储桶之后,需要将这些数据转换为 SageMakerKMeans 模型所需的格式,即 RecordIO 格式(见代码清单 7-6)。(Mime 类型 application/x-recordio-protobuf 的文档位于:https://docs.aws.amazon.com/sagemaker/latest/dg/cdf-inference.html)

代码清单7-6　为了方便SageMaker KMeans 模型使用,将MNIST 数据转换为RecordIO 格式

```python
import gzip
import io
import pickle

from airflow.operators.python import PythonOperator
from airflow.providers.amazon.aws.hooks.s3 import S3Hook
from sagemaker.amazon.common import write_numpy_to_dense_tensor


def _extract_mnist_data():              # 对S3Hook 进行初始化,从
    s3hook = S3Hook()                   # 而可以与 S3 通信

    # Download S3 dataset into memory
    mnist_buffer = io.BytesIO()
    mnist_obj = s3hook.get_key(         # 将数据下载到内存二
        bucket_name="your-bucket",      # 进制流中
        key="mnist.pkl.gz",
    )
    mnist_obj.download_fileobj(mnist_buffer)
                                        # 解压并解析文件
    # Unpack gzip file, extract dataset, convert, upload back to S3
    mnist_buffer.seek(0)
    with gzip.GzipFile(fileobj=mnist_buffer, mode="rb") as f:
        train_set, _, _ = pickle.loads(f.read(), encoding="latin1")
        output_buffer = io.BytesIO()
        write_numpy_to_dense_tensor(
            file=output_buffer,         # 将 Numpy 数组转换
            array=train_set[0],         # 为RecordIO 记录
            labels=train_set[1],
        )
        output_buffer.seek(0)
        s3hook.load_file_obj(
            output_buffer,              # 将结果上传到S3
            key="mnist_data",
            bucket_name="your-bucket",
            replace=True,
        )
```

```
extract_mnist_data = PythonOperator(
    task_id="extract_mnist_data",
    python_callable=_extract_mnist_data,
    dag=dag,
)
```

Airflow 本身是一个通用的编排框架，带有许多优秀的特性值得去学习。然而，在数据领域工作往往需要时间和经验将多种技术融合在一起。你永远不会单独使用 Airflow 这一种技术。通常，你要连接到其他系统。虽然 Airflow 可以触发与外部系统相关的任务，但开发数据管道的困难通常在 Airflow 之外，以及这些外部系统之间的通信。虽然本书仅关注 Airflow，但从实际工作角度出发，我们也会使用其他数据处理工具，从而让你对数据管道的开发有一个更清楚的认识。

对于上面提到的示例，Airflow 中没有用于下载数据、提取数据、转换结果并将结果回传到 S3 的功能，因此我们必须通过编码的方式自己实现这些功能。我们将创建一个函数，通过该函数将数据下载到内存中的二进制流中(io.BytesIO)，这样可以确保数据仅在内存中处理，而不会被保存在文件系统中，并且任务完成之后不会留下任何残余文件。由于 MNIST 数据集很小，只有 15MB，因此可以运行在任何计算机上。但是，对于较大的数据集，还是需要仔细规划数据处理的方式，可以将数据保存在磁盘上，并以批量处理的形式处理这些数据。

可以通过下面的命令在本地运行或测试这个任务。

```
airflow tasks test chapter7_aws_handwritten_digits_classifier extract_mnist_data
    2020-01-01
```

一旦任务执行完毕，在 S3 存储桶中可以看到如图 7-7 所示的内容。

Name	Last modified	Size	Storage class
mnist.pkl.gz	Feb 8, 2020 10:02:15 AM GMT+0100	15.4 MB	Standard
mnist_data	Feb 8, 2020 10:55:17 AM GMT+0100	151.8 MB	Standard

图 7-7　压缩并被打包的文件被转换为可被处理的特定格式

接下来要运行的任务是对 SageMaker 模型的训练与部署(见代码清单 7-7)。SageMaker operator 使用 config 作为参数，这个参数需要针对 SageMaker 进行详细的配置。在本书中，我们将不对这些内容详细讨论，我们将关注于其他要点。

代码清单 7-7　训练 AWS SageMaker 模型

```
sagemaker_train_model = SageMakerTrainingOperator(
    task_id="sagemaker_train_model",
    config={
        "TrainingJobName": "mnistclassifier-{{ execution_date.strftime('%Y-
    %m-%d-%H-%M-%S') }}",
        ...
    },
```

```
wait_for_completion=True,
print_log=True,
check_interval=10,
dag=dag,
)
```

config 中的很多细节都特定于 SageMaker，可以通过查阅 SageMaker 的文档获取更多信息。这里有两个适用于所有外部系统的经验值得借鉴。

首先，在 AWS 账户及区域(region)中，TrainingJobName 被要求是唯一的。使用相同的 TrainingJobName 运行此 operator 两次将返回错误。假设我们为 TrainingJobName 提供了一个固定值 mnistclassifier，那么第二次运行它会导致失败，如下所示：

```
botocore.errorfactory.ResourceInUse: An error occurred (ResourceInUse) when
calling the CreateTrainingJob operation: Training job names must be unique
within an AWS account and region, and a training job with this name already
exists (arn:aws:sagemaker:eu-west-1:[account]:training-job/mnistclassifier)
```

config 参数可以被模板化，因此，如果你计划定期重新训练模型，则必须为其提供唯一的 TrainingJobName，我们可以使用 execution_date 作为名称，对其进行模板化。通过这种方式，在确保我们的任务是幂等的同时，也可以保证训练任务不会因为名称冲突而执行失败。

其次，需要注意参数 wait_for_completion 和 check_interval。如果将 wait_for_completion 设置为 false，那么该命令将简单地触发而不做其他监控工作(这也是 boto3 客户端的工作方)：AWS 将启动训练任务，但我们永远不知道该训练任务是否成功完成。因此，建议使用 wait_for_completion=True 的方式，这也是默认的方式，这将让 SageMaker operator 等待任务的完成。operator 将每隔几秒轮询一下，检查任务是否仍在运行中。这可以保证我们们的任务在执行完成后，去启动其他任务，如图 7-8 所示。如果你有下游任务需要执行，并且需要保证数据管道按照正确的顺序执行，我们建议你将 wait_for_completion 设定为 True。

图 7-8　只有在 AWS 中成功完成任务后，SageMaker operator 才会显示为成功

一旦整个数据管道运行完成，我们就成功地部署了一个 SageMaker 模型，然后可以通过 endpoint 提供外界访问，如图 7-9 所示。

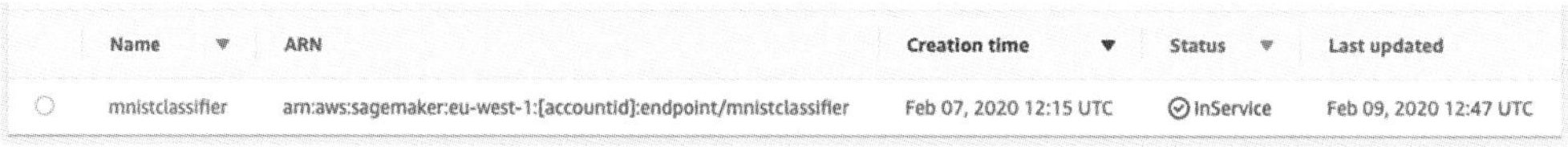

图 7-9　在 SageMaker 模型菜单中，可以看到模型已部署且 endpoint 正在运行

但是，在 AWS 中，SageMaker endpoint 不会向外界公开。它可以通过 AWS API 访问，但不能通过例如全球可访问的 HTTP endpoint 访问。为了让我们的数据管道可以满足需求，我们希望可以通过一个接口或者 API 提供手写数字的识别。在 AWS 中，为了使其服

务可以被互联网上的用户访问,可以通过一个 lambda(https://aws.amazon.com/ lambda)触发 SageMaker endpoint,并通过 API gateway (https://aws.amazon.com/apigateway)创建 HTTP endpoint,将请求转发给 Lambda,那么为什么不将这些集成到我们的数据管道中呢,如图 7-10 所示。

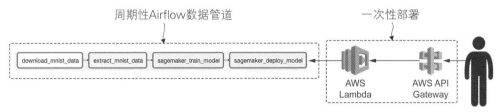

图 7-10　在手写数字识别的示例中,包含 Airflow 以外的更多组件

不将 Lambda 和 API 网关放入 Airflow 的原因是,它们是一次性部署的,而不是需要定期执行的。因此它们更适合作为 CI/CD 管道的一部分部署。为了获得更好的效果,API 可以用 Chalice 实现[1],如代码清单 7-8 所示。

代码清单 7-8　使用 AWS Chalice 的面向用户的 API 示例

```
import json
from io import BytesIO

import boto3
import numpy as np
from PIL import Image
from chalice import Chalice, Response
from sagemaker.amazon.common import numpy_to_record_serializer

app = Chalice(app_name="number-classifier")


@app.route("/", methods=["POST"], content_types=["image/jpeg"])
def predict():
    """
    Provide this endpoint an image in jpeg format.
    The image should be equal in size to the training images (28x28).
    """
    img = Image.open(BytesIO(app.current_request.raw_body)).convert("L")   ◀── 将输入图像转换为灰度,并保存在 numpy 数组中
    img_arr = np.array(img, dtype=np.float32)
    runtime = boto3.Session().client(
        service_name="sagemaker-runtime",
        region_name="eu-west-1",
    )
    response = runtime.invoke_endpoint(   ◀── 调用由 Airflow DAG 部署的 SageMaker endpoint
        EndpointName="mnistclassifier",
        ContentType="application/x-recordio-protobuf",
        Body=numpy_to_record_serializer()(img_arr.flatten()),
```

---

[1] Chalice(https://github.com/aws/chalice)是一个类似于 Flask 的 Python 框架,用于开发 API 并在 AWS 中自动生成底层 API 网关和 lambda 资源。

```
)
result = json.loads(response["Body"].read().decode("utf-8"))   ◄── SageMaker 的结果
return Response(                                                    以字节形式返回
    result,
    status_code=200,
    headers={"Content-Type": "application/json"},
)
```

现在，API 拥有一个 endpoint，它接受 JPEG 图像(见代码清单 7-9)。

代码清单 7-9 通过将手写图像提交给 API 对其进行识别

```
curl --request POST \
 --url http:/ /localhost:8000/ \
 --header 'content-type: image/jpeg' \
 --data-binary @'/path/to/image.jpeg'
```

如果模型训练成功，那么结果将如图 7-11 所示。

```
{
  "predictions": [
    {
      "distance_to_cluster": 2284.0478515625,
      "closest_cluster": 2.0
    }
  ]
}
```

图 7-11 使用 API 进行输入和输出的示例。一个现实中的产品，应该提供一个友好的访问界面，用于上传图片以及显示识别的结果

API 将给定的图像转换为 RecordIO 格式，就像之前训练 SageMaker 模型一样。然后将 RecordIO 对象转发到由 Airflow 管道部署的 SageMaker endpoint，最后返回给定图像的预测结果。

7.2 在系统之间移动数据

Airflow 的一个典型应用就是定期执行 ETL 任务，每天从指定位置获取数据，然后也许在其他位置清洗和转换这些数据。这样的工作通常用于分析目的，其中数据从生产数据库导出并存储在其他位置以供后续处理。在生产系统中，往往不保存历史数据，因此通常会将数据定期导出，以供日后使用。历史数据的存储将快速增加你的存储需求，而且往往需要通过分布式处理的方式处理所有这些数据。本节将探讨如何使用 Airflow 编排此类任务。

我们创建了一个带有示例代码的 GitHub 存储库以配合本书。它包含一个 Docker Compose 文件，用于部署和运行下面的示例。我们将提取 Airbnb 列表数据，并在带有 Pandas 的 Docker 容器中处理这些数据。在大规模数据处理作业中，Docker 容器可由 Spark 作业代替，它将工作分配到多台机器上运行。在 Docker Compose 文件中包含以下内容：

- 一个 Postgres 容器，其中包含 Airbnb 的阿姆斯特丹房源信息。

- 一个 AWS S3-API 兼容容器。由于没有 AWS S3-in-Docker，因此我们创建了一个 MinIO 容器(AWS S3 API 兼容对象存储)用来读取/写入数据。
- 一个 Airflow 容器。

具体的工作流程如图 7-12 所示。

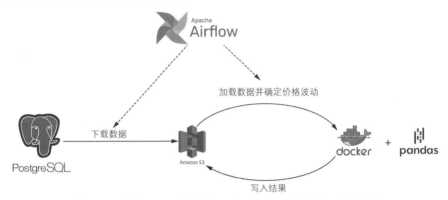

图 7-12　通过 Airflow 管理任务，从而实现在不同系统间移动数据

Airflow 充当"蜘蛛网中的蜘蛛"，启动和管理作业，并确保所有作业都以正确的顺序成功完成，否则会使管道执行失败。

Postgres 容器是一个定制的 Postgres 映像，其中包含一个带有 Inside Airbnb 数据的数据库，可在 Docker Hub 上作为 airflowbook/insideairbnb 使用。该数据库包含一个名为 listings 的表，其中包含 2015 年 4 月至 2019 年 12 月期间在 Airbnb 上列出的阿姆斯特丹房源记录，如图 7-13 所示。

图 7-13　Inside Airbnb 数据库的表结构示例

让我们首先查询数据库，并将查询结果导入 S3 中。然后使用 Pandas 读取和处理 S3

中的数据。

Airflow中的一个常见任务是在两个系统之间进行数据传输，也可能需要在两个系统之间进行数据转换。例如查询MySQL数据库并将结果存储在Google Cloud Storage上，或者将数据从SFTP服务器复制到AWS S3上的数据湖中。也可能是调用HTTP REST API并将结果保存在指定位置，这些操作都有一个共同点，即在两个系统中，一个用于输入，一个用于输出。

在Airflow生态系统中，由于存在以上需求，因此这类A-to-B的operator得到了很好的发展。对于上面提到的情况，可以使用Airflow中的MySqlToGoogleCloudStorage-Operator、SFTPToS3Operator和SimpleHttpOperator完成相应的工作。虽然Airflow中提供了许多operator可以帮助我们完成许多工作，但是截至本书撰写时，还没有"Postgres-query-to-AWS-S3"这样的operator出现，那我们应该如何处理呢？

7.2.1 实现PostgresToS3Operator

首先，我们可以了解其他类似operator的工作方式并开发我们自己的PostgresToS3Operator。让我们研究一个与我们的用例密切相关的operator，airflow.providers.amazon.aws.transfers.mongo_to_s3中的MongoToS3Operator(使用前需要先安装apache-airflow-providers-amazon)。此operator在MongoDB数据库上运行查询并将结果存储在AWS S3存储桶中。让我们研究它，并找出如何用Postgres替换MongoDB。execute()方法实现如代码清单7-10所示。

代码清单7-10　MongoToS3Operator的实现

```
def execute(self, context):
    s3_conn = S3Hook(self.s3_conn_id)          ◀── 实例化一个S3Hook

    results = MongoHook(self.mongo_conn_id).find(   ◀── 实例化一个MongoHook，
        mongo_collection=self.mongo_collection,          并通过它进行数据查询
        query=self.mongo_query,
        mongo_db=self.mongo_db
    )
    docs_str = self._stringify(self.transform(results))  ◀── 对结果进行转换

    # Load Into S3
    s3_conn.load_string(                        ◀── 在S3Hook上调用load_string()
        string_data=docs_str,                        以写入转换后的结果
        key=self.s3_key,
        bucket_name=self.s3_bucket,
        replace=self.replace
    )
```

需要注意的是，此operator不使用Airflow机器上的任何文件系统，而是将所有结果保存在内存中。大致过程如下：

```
MongoDB →Airflow in operator memory →AWS S3.
```

由于此 operator 将中间结果保存在内存中，因此在运行非常大的查询时，请认真考虑这种操作对内存的影响，因为非常大的结果可能会耗尽 Airflow 机器上的可用内存。现在，我们已经了解 MongoToS3Operator 是如何实现的。接下来，看看另一个 A-to-B operator，S3ToSFTPOperator(见代码清单 7-11)。

代码清单 7-11　S3ToSFTPOperator 的实现

```
def execute(self, context):
    ssh_hook = SSHHook(ssh_conn_id=self.sftp_conn_id)
    s3_hook = S3Hook(self.s3_conn_id)

    s3_client = s3_hook.get_conn()
    sftp_client = ssh_hook.get_conn().open_sftp()

    with NamedTemporaryFile("w") as f:
        s3_client.download_file(self.s3_bucket, self.s3_key, f.name)
        sftp_client.put(f.name, self.sftp_path)
```

NamedTemporaryFile 用于临时下载文件，该文件将在 context 退出后被删除

这个 operator 实例化了两个 hook：SSHHook(SFTP 是基于 SSH 的 FTP)和 S3Hook。然而，在这个 operator 中，中间结果被写入一个 NamedTemporaryFile 中，它是 Airflow 实例的本地文件系统上的一个临时位置。在这种情况下，我们不会将整个结果保存在内存中，但必须确保有足够可用的磁盘空间。

两个 operator 有两个共同的 hook：一个用于与系统 A 通信，另一个用于与系统 B 通信。但是，如何在系统 A 和系统 B 之间检索和传输数据是不同的，具体取决于实现特定 operator 的方法。在 Postgres 的情况下，可以通过对数据库游标进行迭代来获取和上传结果，具体的实现细节将不在本书中讨论。为了方便起见，我们假设中间结果满足 Airflow 实例的资源边界。

PostgresToS3Operator 的最小实现如代码清单 7-12 所示。

代码清单 7-12　PostgresToS3Operator 的实现示例

```
def execute(self, context):
    postgres_hook = PostgresHook(postgres_conn_id=self._postgres_conn_id)
    s3_hook = S3Hook(aws_conn_id=self._s3_conn_id)

    results = postgres_hook.get_records(self._query)
    s3_hook.load_string(
        string_data=str(results),
        bucket_name=self._s3_bucket,
        key=self._s3_key,
    )
```

从 PostgreSQL 数据库中获取记录

将记录上传到 S3 对象存储中

让我们查看这段代码。两个 hook 的初始化都很简单，首先初始化它们，将用户给出的连接 ID 名称提供出去。虽然不是必须使用关键字参数，但你可能会注意到 S3Hook 接收参数 aws_conn_id(而不是你可能期望的 s3_conn_id)。在开发这种 operator 以及使用相关 hook 的时候，需要深入研究源代码并仔细阅读相关技术文档，从而了解可以使用的参数以及相关细节信息。在 S3Hook 中，它继承自 AwsHook，并继承了几个方法和属性，例

如 aws_conn_id。

PostgresHook 是 DbApiHook 的一个子类。通过这种方法，它继承了几个方法，例如 get_records()，它执行给定的查询并返回结果。返回类型是一个"序列的序列"(更准确地说是一个 tuples 列表，正如 PEP 249 中所指定的，Python 数据库 API 规范)。然后我们将结果字符串化，并调用 load_string()，它将编码数据写入 AWS S3 上的给定存储桶/密钥 (bucket/key)。你可能认为这不太实用，你是对的。尽管这是在 Postgres 上运行查询并将结果写入 AWS S3 的最小流程，但 tuples 列表是字符串化的，没有数据处理框架能够将其解释为普通文件格式，例如 CSV 或 JSON，如图 7-14 所示。

图7-14 将数据从 Postgres 数据库导出到字符串化的 tuples

开发数据管道的棘手部分通常不是使用 Airflow 编排任务，而是确保正确配置各种作业的所有琐碎细节，并像拼图一样将它们组合起来。所以，让我们将结果写入 CSV，这将允许 Apache Pandas 和 Spark 等数据处理框架轻松地处理输出的结果数据。

为了将数据上传到 S3，S3Hook 提供了多种便捷的方法。对于类文件(file-like)的对象(具有读写文件操作方法的内存对象)，可以使用 load_file_obj()(见代码清单 7-13)。

代码清单 7-13 将 Postgres 查询结果在内存中转换为 CSV 并上传至 S3

```
def execute(self, context):
    postgres_hook = PostgresHook(postgres_conn_id=self._postgres_conn_id)
    s3_hook = S3Hook(aws_conn_id=self._s3_conn_id)

    results = postgres_hook.get_records(self.query)

    data_buffer = io.StringIO()
    csv_writer = csv.writer(data_buffer, lineterminator=os.linesep)
    csv_writer.writerows(results)
    data_buffer_binary = io.BytesIO(data_buffer.getvalue().encode())
    s3_hook.load_file_obj(
        file_obj=data_buffer_binary,
        bucket_name=self._s3_bucket,
        key=self._s3_key,
        replace=True,
    )
```

- 为了方便起见，首先创建一个字符串缓冲区，它类似于内存中的一个文件，可以在其中写入字符串。写完后，将它转换成二进制
- 它需要一个二进制模式的类文件(file-like)对象
- 通过替换已经存在的文件来确保幂等性

缓冲区位于内存中，这很方便，因为内存在处理后不会在文件系统上留下任何残余文件。但是，必须意识到 Postgres 查询的输出必须适合存储在内存中。在这保持幂等性的关键是设置 replace=True。这可确保覆盖现有文件。例如，可以在代码更改后重新运行我们的数据管道，但如果文件已经存在，那么数据管道将在没有设定 replace=True 的情况下失败。

通过这几行额外的代码，现在可以在 S3 上存储 CSV 文件。让我们看看具体如何实

现(见代码清单 7-14)。

代码清单 7-14　运行 PostgresToS3Operator

```
download_from_postgres = PostgresToS3Operator(
  task_id="download_from_postgres",
  postgres_conn_id="inside_airbnb",
  query="SELECT * FROM listings WHERE download_date={{ ds }}",
  s3_conn_id="s3",
  s3_bucket="inside_airbnb",
  s3_key="listing-{{ ds }}.csv",
  dag=dag,
)
```

有了这段代码，我们现在有了一个方便的 operator，它使查询 Postgres 并将结果写入 S3 上的 CSV 变得非常简单。

7.2.2　将繁重的任务"外包"出去

在 Airflow 社区中一个常见的讨论是，不仅将 Airflow 视为一个任务编排系统，还将它视为一个任务执行系统，因为许多 DAG 是使用 BashOperator 和 PythonOperator 编写的，它们与 Airflow 在同一个 Python 运行库中执行工作。但也有反对者认为，Airflow 只是一个任务触发系统，不应该在 Airflow 内部执行具体的实际工作。相反，所有工作都应该卸载到用于处理数据的系统上，比如 Apache Spark。

假设我们要运行一项非常繁重的任务，如果将它运行在 Airflow 所在的机器，这个任务可能需要占用该机器所有的资源。在这种情况下，最好将任务转移到别处运行，使用 Airflow 启动任务，并等待任务完成。这种做法将任务编排和任务执行进行严格的分离，可以通过 Airflow 启动任务并等待任务完成，但是数据处理的工作交给专门的数据处理框架来完成，比如 Spark。

在 Spark 中，有很多方法可以启动一个任务。

- 使用 SparkSubmitOperator——这需要 Airflow 所在机器上存在 spark-submit 二进制文件和 YARN 客户端配置才能找到 Spark 实例。
- 使用 SSHOperator——这需要使用 SSH 访问 Spark 实例，但不需要在 Airflow 实例上配置 Spark 客户端。
- 使用 SimpleHTTPOperator——这需要使用 Livy(Apache Spark 的 REST API)来访问 Spark。

在 Airflow 中，使用任何 operator 的关键在于仔细阅读技术文档，确定需要提供哪些参数。让我们通过下面的程序了解 DockerOperator 的使用。如代码清单 7-15 所示，在这个示例中，通过 DockerOperator 启动 Docker，然后使用 Pandas 处理 Inside Airbnb 数据。

代码清单 7-15　使用 DockerOperator 运行 Docker 容器

```
crunch_numbers = DockerOperator(
    task_id="crunch_numbers",
    image="airflowbook/numbercruncher",
    api_version="auto",
    auto_remove=True,              ◀── 完成后删除容器
    docker_url="unix://var/run/docker.sock",
    network_mode="host",           ◀── 要通过 http://localhost 连接到主机上
    environment={                       的其他服务，必须使用主机网络模式
        "S3_ENDPOINT": "localhost:9000",    共享主机网络名称空间
        "S3_ACCESS_KEY": "[insert access key]",
        "S3_SECRET_KEY": "[insert secret key]",
    },
    dag=dag,
)
```

DockerOperator 包装 Python Docker 客户端，并给出一系列参数，启用 Docker 容器。在代码清单 7-15 中，docker_url 被设置为一个 UNIX 套接字，这需要 Docker 在本地机器上运行。它启动了 Docker 映像 airflowbook/numbercruncher，其中包括一个 Pandas 脚本，从 S3 加载 Inside Airbnb 数据，然后处理数据，并将结果写回 S3(见代码清单 7-16)。

代码清单 7-16　numbercruncher 脚本的示例结果

```
[
  {
    "id": 5530273,
    "download_date_min": 1428192000000,
    "download_date_max": 1441238400000,
    "oldest_price": 48,
    "latest_price": 350,
    "price_diff_per_day": 2
  },
  {
    "id": 5411434,
    "download_date_min": 1428192000000,
    "download_date_max": 1441238400000,
    "oldest_price": 48,
    "latest_price": 250,
    "price_diff_per_day": 1.3377483444
  },
  ...
]
```

Airflow 管理容器的启动、获取日志，并在需要时最终移除容器。关键是要确保不会留下任何状态，以便你的任务可以幂等地运行并且不会留下任何残余部分。

7.3 本章小结

- 外部系统的 operator 通过调用给定系统的客户端来提供相关功能。
- 有时这些 operator 只是将参数传递给 Python 客户端。
- 另外一些时候，它们可以提供额外的功能，例如 SageMakerTrainingOperator，它不断轮询 AWS 并阻塞直到完成。
- 如果可以从本地机器访问外部服务，可以使用 CLI 命令 airflow tasks test 测试任务。

第 8 章

创建自定义组件

> **本章主要内容**
> - 通过自定义组件使你的 DAG 更加模块化并更加简洁
> - 设计和实现自定义 hook
> - 设计和实现自定义 operator
> - 设计和实现自定义传感器(sensor)
> - 将自定义组件作为基本 Python 库发布

Airflow 的一个强大功能是它可以轻松扩展并协调许多不同类型系统的作业。我们已经在前面的章节中看到了其中的一些功能,可以使用 S3CopyObjectOperator 在 Amazon 的 SageMaker 服务上执行用于训练机器学习模型的作业。当然,也可以使用 Airflow 对 AWS 中的 ECS(弹性容器服务)集群使用 ECSOperator,以及通过 PostgresOperator 对 Postgres 数据库执行查询,还有其他许多功能强大的 operator 供你使用。

但有些时候,你可能需要在 Airflow 不支持的系统上执行任务,或者你可能有一个可以使用 PythonOperator 实现但需要大量样板代码的任务,这使其他人无法轻松实现在不同的 DAG 中重用你的代码。对于这些情况,你应该怎么做?

幸运的是,Airflow 允许你轻松创建新的 operator 来实现你的自定义操作。这使你能够在其他不受支持的系统上运行作业,或者只是让某些常见的操作可以运行在多个 DAG 上。事实上,这正是 Airflow 中许多 operator 的实现方法:有人需要在某个系统上运行作业,就可为他创建一个 operator。

在本章中,我们将向你展示如何构建自己的 operator,并在 DAG 中使用它们。我们还将探索如何将自定义组件打包到 Python 包中,使其易于安装并在其他环境中重复使用。

8.1 从 PythonOperator 开始

在构建任何自定义组件之前,让我们尝试使用熟悉的 PythonOperator 解决问题。在本章中,我们将创建一个电影推荐系统,该系统将根据我们的观看历史推荐新电影。然而,作为一个初步的试点项目，我们决定专注于简单地获取我们的数据，这涉及用户在过去对一组给定电影的评分，在后续的任务中，可以根据他们的评分推荐他们可能喜欢的电影。

我们将从 API 获得电影评分数据，可以通过这个 API 获取特定时间段内的用户评分。我们可以每天获取新的评分，并使用这些数据来训练我们的推荐模型。对于本章所使用的示例，我们希望通过 Airflow 可以每日执行数据导入并创建最受欢迎电影的排名。该排名将用于下游任务的热门电影推荐，如图 8-1 所示。

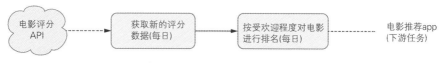

图 8-1　为电影推荐项目构建一个简单的试点 MVP

8.1.1　模拟电影评分 API

为了模拟电影评分 API，我们使用来自 25M MovieLens 数据集(https://grouplens.org/datasets/movielens/)的数据，这是一个免费公开的数据集，其中包含 162 000 名用户对 62 000 部电影的 2 500 万个评分。由于数据集是通过文本文件提供的，因此我们使用 Flask 构建了一个小型 REST API(API 的代码保存在本书随附的代码库中)，它通过不同的 endpoint 提供评分数据。

为了使用 API，我们提供了一个较小的 Docker Compose 文件来创建多个容器：一个用于 REST API，另外两个用于运行 Airflow。可以使用以下命令启动两个容器：

```
$ cd chapter08
$ docker-compose up
```

当两个容器都启动完毕之后，可以通过 http://localhost:5000 访问电影评分 API。在浏览器中，将看到如图 8-2 所示的欢迎界面。

图 8-2　电影评分 API 的欢迎界面

在本章的示例中，我们主要对电影评分感兴趣，这些评分由 API 的/ratings endpoint 提供，可以通过 http://localhost:5000/ratings 访问该 endpoint。你将看到如图 8-3 所示的登录界面，登录所需的用户名和口令都是 airflow。

图 8-3　电影评分 API 的登录界面

在输入用户名和口令之后,将看到如图 8-4 所示的初始化评分列表。这些数据是通过 JSON 格式返回的。在返回的 JSON 中,首先看到的是第一行的 limit:100 和 offset:0,这是限制结果的内容和数量。后面跟着的就是具体的电影评分信息,在 JSON 的最后是 total:100000,这表示可查询记录的总数。

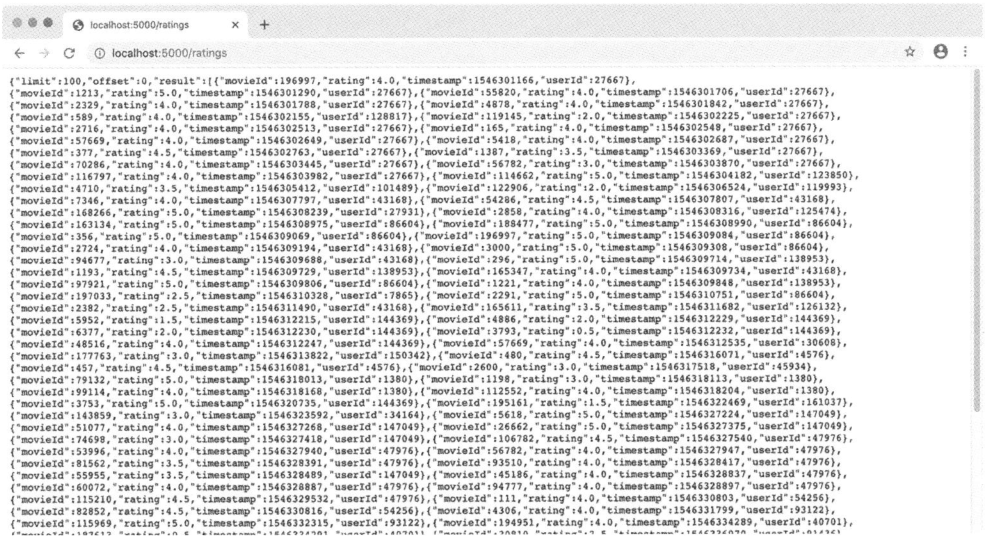

图 8-4　电影评分 API 返回的评分数据

如果想对数据分页显示,可以使用 API 的 offset 参数,这个参数表示记录开始位置的偏移量。例如,想获取下一组的 100 条记录,那么就将 offset 设定为 100,如下所示:

```
http://localhost:5000/ratings?offset=100
```

也可以通过 limit 参数限制返回结果的记录数,如下所示:

```
http://localhost:5000/ratings?limit=1000
```

默认情况下,ratings endpoint 返回 API 中可用的所有评分信息。要获取特定时间段的评分,可以使用 start_date 和 end_date 参数在给定的开始/结束日期之间选择评分(注意:

该 API 只能回溯 30 天的记录，因此请确保给定正确的起止时间)：

```
http://localhost:5000/ratings?start_date=2019-01-01&end_date=2019-01-02
```

使用上面介绍的过滤记录的功能，使我们可以通过 API 获取每天的增量数据，而不必每次都加载整个数据集。

8.1.2　从 API 获取评分数据

我们已经掌握了 MovieLens API 的基础知识，现在看看如何通过编程的方式从 API 获取数据，以便稍后通过 Airflow 自动执行这个获取数据的任务。

为了从 Python 访问我们的 API，可以使用 requests 库(https://requests.readthedocs.io/en/master/)，这是一个流行且易于使用的库，用于在 Python 中执行 HTTP 请求。为了开始在我们的 API 上触发请求，首先需要使用 Session 类创建一个请求会话：

```
import requests
session = requests.Session()
```

这个会话允许使用它的 get 方法从我们的 API 获取评分信息，该方法将在我们的 API 上执行 GET HTTP 请求：

```
response = session.get("http://localhost:5000/ratings")
```

get 方法还允许我们在查询时传递额外的参数，例如开始日期和结束日期，如下所示：

```
response = session.get(
  "http:/ /localhost:5000/ratings",
  params={
      "start_date": "2019-01-01",
      "end_date": "2019-01-02",
  },
)
```

get 调用将返回一个 response 对象，用来保存返回的结果。可以对这个 response 对象使用 raise_for_status 方法来判断查询是否执行成功。如果查询返回意外状态代码，则会抛出异常。可以使用 content 属性访问查询结果，或者在本例中使用 json 方法(因为我们知道 API 返回 JSON 结果)：

```
response.raise_for_status()
response.json()
```

如果执行上述查询，应该看到请求失败的结果。因为我们没有在请求中包含任何身份认证信息，而我们的 API 是需要认证的，并且使用基本的 HTTP 身份认证。为了解决这个问题，可在 session 中添加认证信息，如下所示：

```
movielens_user = "airflow"
movielens_password = "airflow"

session.auth = (movielens_user, movielens_password)
```

通过上述代码，将确保在 session 请求中包含所需的认证信息。

将此功能封装在_get_session函数中，该函数将使用身份验证设置会话，这样就不必在代码的其他部分担心认证问题。我们还将让这个函数返回API的基本URL，以便在程序的其他地方方便地使用它(见代码清单8-1)。

代码清单 8-1　构建 API HTTP 会话的函数

```
def _get_session():
    """Builds a requests Session for the Movielens API."""

    session = requests.Session()           ◀── 创建请求会话
    session.auth = ("airflow", "airflow")  ◀── 为session配置基本HTTP身
                                              份验证信息
    base_url = "http:/ /localhost:5000"

    return session, base_url    ◀── 将session与API的基本URL
                                    一起返回，这样我们可以知
                                    道从何处进行API访问
```

为了提高可配置性，还可以使用环境变量指定用户名、口令以及URL的不同部分(见代码清单8-2)。

代码清单 8-2　让_get_session 更具配置性(源码请见 dags/01_python.py)

```
                                               从可选的环境变量中检索API配置
                                               的详细信息
MOVIELENS_HOST = os.environ.get("MOVIELENS_HOST", "movielens")  ◀──
MOVIELENS_SCHEMA = os.environ.get("MOVIELENS_SCHEMA", "http")
MOVIELENS_PORT = os.environ.get("MOVIELENS_PORT", "5000")
                                               从环境变量中读取 username 和
MOVIELENS_USER = os.environ["MOVIELENS_USER"]  ◀── password
MOVIELENS_PASSWORD = os.environ["MOVIELENS_PASSWORD"]

def _get_session():
    """Builds a requests Session for the Movielens API."""

    session = requests.Session()
    session.auth = (MOVIELENS_USER, MOVIELENS_PASSWORD)

    base_url = f"{MOVIELENS_SCHEMA}://{MOVIELENS_HOST}:{MOVIELENS_PORT}"

    return session, base_url                   通过从环境变量获取的信息构
                                               建session 和基本的 URL
session, base_url = _get_session()
```

通过这种方式，可以通过环境变量让脚本更具可配置性，从而提高脚本的灵活性。

现在已经为我们的请求会话建立了一个基本的设置，接下来要为API实现分页功能(见代码清单8-3)。

一种方法是用代码包装我们对session.get的调用，这些代码将检查API响应并不断请求新页面，直到将所有评分记录都遍历完。

代码清单 8-3　处理分页的辅助函数(源码请见 dags/01_python.py)

```python
def _get_with_pagination(session, url, params, batch_size=100):
    """
    Fetches records using a GET request with given URL/params,
    taking pagination into account.
    """
    offset = 0                                          # 用户跟踪分页状态的参数
    total = None
    while total is None or offset < total:              # 持续循环，直到将所有的记录都遍历到。请注意，None 检查是针对第一次循环的，因为在第一次循环之后，记录总数是未知的
        response = session.get(
            url,
            params={                                    # 从给定的偏移量开始获取新页面
                **params,
                **{"offset": offset, "limit": batch_size}
            }
        )
        response.raise_for_status()                     # 检查结果状态并对 JSON 结果进行解析
        response_json = response.json()
                                                        # 将检索到的所有记录返回给调用者
        yield from response_json["result"]

        offset += batch_size
        total = response_json["total"]                  # 更新当前的偏移量和记录总数
```

通过 yield from 返回结果，该函数返回了单个评分记录的 generator，这意味着我们不必再担心结果页面(这种实现的另一个优点是它是惰性的：它只会在当前页面中的记录用完时才获取新页面)。

现在我们缺少一个将上述功能联系在一起的函数，希望通过函数能够使用给定的开始日期和结束日期访问 ratings endpoint，并返回查询结果(见代码清单 8-4)。

代码清单 8-4　尝试将功能集中在_get_ratings 中(源码请见 dags/01_python.py)

```python
                                                        # 获取请求会话(带身份验证)以及API的基本URL
def _get_ratings(start_date, end_date, batch_size=100):
    session, base_url = _get_session()
                                                        # 使用分页功能获取一组记录
    yield from _get_with_pagination(
        session=session,
        url=base_url + "/ratings",                      # 确保我们使用 ratings endpoint
        params="start_date": start_date, "end_date": end_date},  # 获取给定开始/结束日期之间的记录
        batch_size=batch_size,                          # 设定页面记录数
    )
                                                        # _get_ratings 函数的使用示例
ratings = _get_ratings(session, base_url + "/ratings")
next(ratings)                                           # 获取单行记录
list(ratings)                                           # 或者获取整批记录
```

上述程序为我们提供了一个简洁的获取评分的函数，下面可以在 DAG 中使用这个函数。

8.1.3 构建具体的 DAG

我们已经有了_get_ratings 函数，现在可以使用 PythonOperator 调用它来获取每个调度间隔的评分信息。一旦有了评分信息，就可以将结果转储到一个 JSON 文件中，并按日期分区，以便可以在需要时轻松地重新获取这些信息。

可以通过编写一个小型包装函数来实现这个功能，该函数负责提供开始/结束日期并将评分信息写入输出函数(见代码清单 8-5)。

代码清单 8-5　使用_get_ratings 函数 (源码请见 dags/01_python.py)

```python
def _fetch_ratings(templates_dict, batch_size=1000, **_):      ← 使用日志记录提供一些关于函
    logger = logging.getLogger(__name__)                          数运行状态的信息

    start_date = templates_dict["start_date"]      ← 提取开始/结束日
    end_date = templates_dict["end_date"]             期和输出路径
    output_path = templates_dict["output_path"]

    logger.info(f"Fetching ratings for {start_date} to {end_date}")
    ratings = list(
        _get_ratings(                    ← 使用_get_ratings 函数
            start_date=start_date,          获取评分记录
            end_date=end_date,
            batch_size=batch_size,
        )
    )
    logger.info(f"Fetched {len(ratings)} ratings")

    logger.info(f"Writing ratings to {output_path}")   ← 如果输出目录不存
                                                          在，则创建它
    output_dir = os.path.dirname(output_path)
    os.makedirs(output_dir, exist_ok=True)
                                             ← 将输出数据写入
    with open(output_path, "w") as file_:       JSON
        json.dump(ratings, fp=file_)

fetch_ratings = PythonOperator(      ← 使用 PythonOperator
    task_id="fetch_ratings",            创建任务
    python_callable=_fetch_ratings,
    templates_dict={
        "start_date": "{{ds}}",
        "end_date": "{{next_ds}}",
        "output_path": "/data/python/ratings/{{ds}}.json",
    },
)
```

请注意，start_date/end_date/output_path 参数是通过 templates_dict 传递的，这允许我们在其值中引用 context 变量，例如执行日期(见代码清单 8-6)。

在获取评分后，将进行下一个步骤 rank_movies，用来生成电影排名。在这个步骤中，使用 PythonOperator 调用 rank_movies_by_rating 函数，该函数按电影的平均评分对电影进行排名，并过滤评分的下限(见代码清单 8-7)。

代码清单 8-6　电影排名的辅助函数(源码请见 dags/custom/ranking.py)

```python
import pandas as pd

def rank_movies_by_rating(ratings, min_ratings=2):
    ranking = (
        ratings.groupby("movieId")          # 计算平均评分和评分
        .agg(                                # 记录总数
            avg_rating=pd.NamedAgg(column="rating", aggfunc="mean"),
            num_ratings=pd.NamedAgg(column="userId", aggfunc="nunique"),
        )                                    # 将低于最小评分
                                             # 的记录过滤掉
        .loc[lambda df: df["num_ratings"] > min_ratings]
        .sort_values(["avg_rating", "num_ratings"], ascending=False)
    )                                        # 按平均评分排序
    return ranking
```

代码清单 8-7　添加 rank_movies 任务(源码请见 dags/01_python.py)

```python
def _rank_movies(templates_dict, min_ratings=2, **_):
    input_path = templates_dict["input_path"]      # 从给定(模板化)输入
    output_path = templates_dict["output_path"]    # 路径读取评分数据
                                                    # 使用辅助函数
    ratings = pd.read_json(input_path)              # 对电影进行
    ranking = rank_movies_by_rating(ratings, min_ratings=min_ratings)  # 排名

    output_dir = os.path.dirname(output_path)
    os.makedirs(output_dir, exist_ok=True)          # 如果输出目录不存在,则
                                                    # 创建它
    ranking.to_csv(output_path, index=True)         # 将排名电影写入 CSV

rank_movies = PythonOperator(
    task_id="rank_movies",
    python_callable=_rank_movies,                   # 在 PythonOperator 中使
    templates_dict={                                # 用 _rank_movies 函数
        "input_path": "/data/python/ratings/{{ds}}.json",
        "output_path": "/data/python/rankings/{{ds}}.csv",
    },
)
                                                    # 设定 fetch 和 rank 任务的
fetch_ratings >> rank_movies                        # 依赖关系
```

现在 DAG 中包含两个步骤：首先是获取评分信息，然后是对电影进行排名。对这个 DAG 设定每日运行，这样就可以获得当天最受欢迎的电影排名。当然，更好的方法是将历史数据也考虑进去，但我们必须从某个地方开始这个工作，对吗？

8.2 创建自定义 hook

如你所见，需要付出一些努力并通过一些代码才能真正开始从 API 获取评分信息并将其用于电影排名。有趣的是，我们的大部分代码都涉及与 API 的交互，其中必须获取 API 地址和身份验证详细信息，设置与 API 交互的会话，并包含处理 API 详细信息的额外功能，例如分页。

处理与 API 交互复杂性的一种方法是将所有这些代码封装到一个可重用的 Airflow hook 中。通过这种方法，可以将所有特定于 API 的代码保存在一起，并在 DAG 的不同地方简单地重用这些 hook，这使我们能够减少许多工作量(见代码清单 8-8)。

代码清单 8-8 使用 MovielensHook 获取评分

Hook 还允许我们利用 Airflow 所提供的功能，通过数据库和用户界面管理连接凭证，这意味着不必手动向 DAG 提供 API 凭证。在接下来的几节中，我们将探索如何编写自定义 hook 并着手为我们的电影 API 构建 hook。

8.2.1 设定自定义 hook

在 Airflow 中，所有 hook 都是作为抽象类 BaseHook 的子类创建的(见代码清单 8-9)。

代码清单 8-9 自定义 hook 的框架

```
from airflow.hooks.base_hook import BaseHook

class MovielensHook(BaseHook):
    ...
```

要开始构建 hook，需要定义一个 __init__ 方法，该方法指定 hook 使用的连接(如果适用的话)以及 hook 可能需要的任何其他额外参数。在这种情况下，希望 hook 从特定连接中获取其连接所需的详细信息，但不需要任何额外的参数(见代码清单 8-10)。

代码清单 8-10 开始创建 MovielensHook 类(源码请见 dags/custom/hooks.py)

```
from airflow.hooks.base_hook import BaseHook

class MovielensHook(BaseHook):

    def __init__(self, conn_id):
```
通过参数 conn_id 告知 hook 要使用哪个连接

```
        super().__init__()  ←④
        self._conn_id = conn_id  ←
                          不要忘记存储你的连
                          接 ID
```

④ 调用 BaseHook 类的构造函数(在 Airflow 1 中，BaseHook 类的构造函数需要传递一个源参数。通常可以只传递 source=None，因为你不会在任何地方使用它)

大多数 Airflow hook 都应该定义一个 get_conn 方法，该方法负责建立与外部系统的连接。在我们的例子中，这意味着我们可以重用大部分之前定义的_get_session 函数，它已经为我们提供了一个用于电影 API 的预配置会话。这意味着 get_conn 的简单实现可能如代码清单 8-11 所示。

代码清单 8-11　get_conn 方法的初始实现

```
class MovielensHook(BaseHook):
    ...

    def get_conn(self):
        session = requests.Session()
        session.auth = (MOVIELENS_USER, MOVIELENS_PASSWORD)

        schema = MOVIELENS_SCHEMA
        host = MOVIELENS_HOST
        port = MOVIELENS_PORT

        base_url = f"{schema}://{host}:{port}"

        return session, base_url
```

然而，我们更愿意从 Airflow 凭证存储中获取它们，而不是硬编码凭证，这样更安全且更易于管理。为此，首先需要将连接添加到 Airflow metastore，可以通过使用 Airflow Web 图形界面，打开 Admin | Connections，单击 Create，添加新连接来完成这项工作。

在如图 8-5 所示的创建连接页面中，需要填写 API 的连接详细信息。在这种情况下，创建一个连接，名为 movielens。稍后在代码中使用此 ID 引用这个连接。在连接类型下，选择 HTTP。在主机下，在 Docker Compose 设置中引用 API 的主机名，即 movielens。接下来，可以(可选)指明我们将用于连接(HTTP)的模式并添加所需的登录凭证(用户名：airflow，密码：airflow)。最后，需要为 API 配置可用端口，即 Docker Compose 设置中的端口 5000(正如我们之前手动访问 API 时看到的那样)。

图 8-5　在 Airflow Web 用户界面中添加电影 API 连接

现在我们已经创建了所需连接，接下来需要修改 get_conn 以从 metastore 获取连接详细信息。为此，BaseHook 类提供了一个名为 get_connection 的便捷方法，该方法可以从 metastore 中检索给定连接 ID 的连接详细信息：

```
config = self.get_connection(self._conn_id)
```

此连接配置对象具有映射到我们在创建连接时填写的详细信息。因此，可以使用配置对象确定 API 的主机、端口以及用户名和密码。首先，我们像以前一样使用 schema、host 和 port 字段来确定我们的 API URL：

```
schema = config.schema or self.DEFAULT_SCHEMA
host = config.host or self.DEFAULT_HOST
port = config.port or self.DEFAULT_PORT

base_url = f"{schema}://{host}:{port}/"
```

请注意，我们在类中定义了默认值(类似于我们之前定义的常量)，以防在连接中未指定这些字段。如果你想要求在连接中必须指定它们，可以抛出异常而不是提供默认值。

现在已经从 metastore 获得了基本 URL，我们只需要在会话中配置身份验证详细信息即可：

```
if config.login:
    session.auth = (config.login, config.password)
```

这为我们提供了以下 get_conn 的新实现(见代码清单 8-12)。

代码清单 8-12　让 get_conn 更具配置性(源码请见 dags/custom/hooks.py)

```python
class MovielensHook(BaseHook):
    DEFAULT_HOST = "movielens"          # 设置连接的默认值，为方便起
    DEFAULT_SCHEMA = "http"             # 见，将它们作为存储的类变量
    DEFAULT_PORT = 5000

    def __init__(self, conn_id):
        super().__init__()
        self._conn_id = conn_id

    def get_conn(self):
        config = self.get_connection(self._conn_id)    # 使用给定的 ID
                                                       # 获取连接配置

        schema = config.schema or self.DEFAULT_SCHEMA
        host = config.host or self.DEFAULT_HOST        # 使用连接配置和默
        port = config.port or self.DEFAULT_PORT        # 认值构建基本 URL

        base_url = f"{schema}://{host}:{port}"

        session = requests.Session()

        if config.login:                               # 使用连接配置中的用户
            session.auth = (config.login, config.password)  # 名/密码创建请求会话

        return session, base_url     # 返回请求会话和
                                     # 基本 URL
```

这种实现的一个缺点是每次调用 get_conn 都会导致调用 Airflow metastore，因为 get_conn 需要从数据库中获取凭证。可以通过在实例上缓存 session 和 base_url 作为受保护的变量来避免这种情况发生。

代码清单 8-13　为 API 会话添加缓存 (源码请见 dags/custom/hooks.py)

```python
class MovielensHook(BaseHook):

    def __init__(self, conn_id, retry=3):
        ...
        self._session = None       ┐ 通过两个额外的实例变量来缓存 session
        self._base_url = None      ┘ 和基本 URL
    def get_conn(self):
        """
        Returns the connection used by the hook for querying data.
        Should in principle not be used directly.
        """
                                           # 在创建之前检查我们是否
        if self._session is None:          # 已经有一个活动会话
            config = self.get_connection(self._conn_id)
                ...
            self._base_url = f"{schema}://{config.host}:{port}"

            self._session = requests.Session()
```

```
        ...
        return self._session, self._base_url
```

在这种情况下,第一次调用 get_conn 时,self._session 是 None,所以我们将从 metastore 获取连接详细信息并设置基本 URL 和 session。通过将这些对象存储在_session 和_base_url 实例变量中,可以确保这些对象被缓存以供后续调用。因此,第二次调用 get_conn 将看到 self._session 不再是 None 并将返回缓存的 session 和基本 URL(见代码清单 8-13)。

注意:就个人而言,我们不喜欢直接在 hook 外部使用 get_conn 方法,即使它是公开的,因为该方法公开了 hook 如何访问外部系统的内部细节,破坏了封装性。当你想更改这些内部细节时,这会给你带来很大的麻烦,因为你的代码将与内部连接类型强耦合。这也是 Airflow 代码库中的一个问题,例如,对于 HdfsHook,hook 的实现仅与 Python2.7 的 snakebite 库紧密耦合。

现在已经完成了 get_conn 的实现,能够建立到 API 的经过身份验证的连接。这意味着终于可以开始在 hook 中构建一些有用的方法,然后可以使用它们通过 API 做一些有用的事情。

为了获取评分数据,可以重用之前实现中的代码,该代码从 API 的/ratings endpoint 检索评分数据,并使用 get_with_pagination 函数处理分页。与之前版本的主要区别在于,现在在分页函数中使用 get_conn 获取 API 会话(见代码清单 8-14)。

代码清单 8-14　添加 get_ratings 方法(源码请见 dags/custom/hooks.py)

```
class MovielensHook(BaseHook):                        将被 hook 的用户调
    ...                                               用的公共方法
    def get_ratings(self, start_date=None, end_date=None, batch_size=100):
        """
        Fetches ratings between the given start/end date.
        Parameters
        ----------
        start_date : str
            Start date to start fetching ratings from (inclusive). Expected
            format is YYYY-MM-DD (equal to Airflow"s ds formats).
        end_date : str
            End date to fetching ratings up to (exclusive). Expected
            format is YYYY-MM-DD (equal to Airflow"s ds formats).
        batch_size : int
            Size of the batches (pages) to fetch from the API. Larger values
            mean less requests, but more data transferred per request.
        """
        yield from self._get_with_pagination(
            endpoint="/ratings",
            params={"start_date": start_date, "end_date": end_date},
            batch_size=batch_size,
        )                                 处理分页的内部辅助方法(与
                                          以前的实现方法相同)
    def _get_with_pagination(self, endpoint, params, batch_size=100):
        """
```

```
        Fetches records using a get request with given url/params,
        taking pagination into account.
        """

        session, base_url = self.get_conn()

        offset = 0
        total = None
        while total is None or offset < total:
          response = session.get(
            url, params={
              **params,
              **{"offset": offset, "limit": batch_size}
            }
          )
          response.raise_for_status()
          response_json = response.json()

          yield from response_json["result"]

          offset += batch_size
          total = response_json["total"]
```

总而言之，这为我们提供了一个基本的 Airflow hook，用于处理与 MovieLens API 的连接。通过向 hook 添加额外的方法，可以轻松地添加额外的功能(不仅是获取评分数据)。

尽管构建一个 hook 似乎需要做很多工作，但大部分工作是将我们之前编写的函数转移到一个单一的、整合的 hook 类中。使用我们创建的 hook 的一个优点是它在单个类中很好地封装了 MovieLens API 逻辑，可以很容易地在不同的 DAG 中被调用。

8.2.2 使用 MovielensHook 构建 DAG

现在我们有了 hook，可以开始使用它获取 DAG 中的评分信息。然而，首先需要将我们的 hook 类保存在某个地方，以便可以将它导入 DAG 中。一种方法是在与 DAG 文件夹(将在本章后面展示另一种基于包的方法)相同的目录中创建一个 package，并将我们的 hook 保存在这个 package 中的 hooks.py 模块中(见代码清单 8-15)。

代码清单 8-15　带有自定义包的 DAG 目录结构

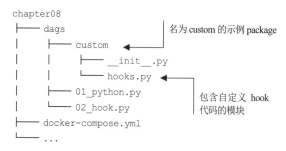

一旦我们有了这个 package，就可以从新的自定义 package 中导入我们的 hook，其中

包含我们的自定义 hook 代码，如下所示：

```
from custom.hooks import MovielensHook
```

导入 hook 后，获取评分变得非常简单。只需要使用正确的连接 ID 实例化 hook，然后使用所需的开始和结束日期调用 hook 的 get_ratings 方法(见代码清单 8-16)。

代码清单 8-16　使用我们的 MovielensHook 获取评分

```
hook = MovielensHook(conn_id=conn_id)
ratings = hook.get_ratings(
    start_date=start_date,
    end_date=end_date,
    batch_size=batch_size
)
```

这会返回一个评分记录生成器，然后将其写入 JSON 文件。

要在我们的 DAG 中使用 hook，仍然需要将此代码包装在 PythonOperator 中，它负责为给定的 DAG 运行提供正确的开始和结束日期，并将评分数据写入所需的输出文件中。为此，可以使用我们为初始 DAG 定义的相同 _fetch_ratings 函数，将调用更改为 _get_ratings，从而可以调用我们的 hook(见代码清单 8-17)。

代码清单 8-17　在 DAG 中使用 MovielensHook(源码请见 dags/02_hook.py)

```
def _fetch_ratings(conn_id, templates_dict, batch_size=1000, **_):
    logger = logging.getLogger(__name__)

    start_date = templates_dict["start_date"]
    end_date = templates_dict["end_date"]
    output_path = templates_dict["output_path"]

    logger.info(f"Fetching ratings for {start_date} to {end_date}")
    hook = MovielensHook(conn_id=conn_id)          ◁── 使用适当的连接 ID
    ratings = list(                                      创建 MovielensHook
      hook.get_ratings(                                  的实例
          start_date=start_date, end_date=end_date, batch_size=batch_size
      )                                            ◁── 使用 hook 从 API
    )                                                   获取评级
    logger.info(f"Fetched {len(ratings)} ratings")

    logger.info(f"Writing ratings to {output_path}")

    output_dir = os.path.dirname(output_path)
    os.makedirs(output_dir, exist_ok=True)         ◁── 与之前一样，将获取
                                                        的评分数据写出
    with open(output_path, "w") as file_:
        json.dump(ratings, fp=file_)


PythonOperator(
  task_id="fetch_ratings",
  python_callable=_fetch_ratings,
```

```
    op_kwargs={"conn_id": "movielens"},     ◀──┐
    templates_dict={                            │ 指定要使用的
        "start_date": "{{ds}}",                 │ 连接
        "end_date": "{{next_ds}}",
        "output_path": "/data/custom_hook/{{ds}}.json",
    },
)
```

请注意，我们将参数 conn_id 添加到 fetch_ratings 中，通过它指定用于 hook 的连接。因此，我们在从 PythonOperator 调用 _fetch_ratings 时也需要包含这个参数。

这为我们提供了与以前相同的行为，但具有更简单和更精简的 DAG 文件，因为围绕 MovieLens API 的大部分复杂操作都交给 MovielensHook 去处理。

8.3 构建自定义 operator

尽管构建 MovielensHook 允许我们将很多复杂性从 DAG 转移到 hook 中去处理，但我们仍然需要编写大量样板代码来定义开始和结束日期，并将评分数据写入输出文件。这意味着，如果我们想在多个 DAG 中重用此功能，仍然需要大量的重复编码和额外的工作。

幸运的是，Airflow 还允许我们构建自定义 operator，这些 operator 可用于以最少的样板代码执行重复性任务。在这种情况下，可以使用此功能构建 MovielensFetchRatingsOperator，这将允许我们使用专门的 operator 类获取电影评分数据。

8.3.1 创建自定义 operator

在 Airflow 中，所有 operator 都是 BaseOperator 类的子类(见代码清单 8-18)。

代码清单 8-18　自定义 operator 的基本框架

```
        from airflow.models import BaseOperator
        from airflow.utils.decorators import apply_defaults
                                                          确保将默认 DAG 参数传递给我
   ┌──▶ class MyCustomOperator(BaseOperator):             们的 operator 装饰器
   │        @apply_defaults
   │        def __init__(self, conn_id, **kwargs):  ◀──┐
继承自         super.__init__(self, **kwargs)              将所有额外的关键字参数传递
BaseOperator 类  self._conn_id = conn_id                   给 BaseOperator 的构造函数
            ...
```

任何你的 operator 特定参数(例如本示例中的 conn_id)都可以在 __init__ 构造方法中明确指定。当然，如何使用这些参数取决于你。operator 特定的参数因不同的 operator 而不同，但通常包括连接 ID(对于涉及远程系统的 operator)和操作所需的所有详细信息(例如开始和结束日期、查询语句等)。

BaseOperator 类还采用大量(大部分是可选的)通用参数来定义 operator 的基本行为。通用参数通常包括 operator 为任务创建的 task_id，还有许多其他参数，例如影响结果任

务调度的 retries 和 retry_delay。为了避免显式列出所有这些通用参数，我们使用 Python 的**kwargs 语法将这些通用参数转发给 BaseOperator 类的__init__。

回想本书早期的 DAG，你可能还记得 Airflow 还提供了将某些参数定义为整个 DAG 的默认参数的选项。这是使用 DAG 对象本身的 default_args 参数来实现的(见代码清单 8-19)。

代码清单 8-19　对 operator 使用默认参数

```
default_args = {
    "retries": 1,
    "retry_delay": timedelta(minutes=5),
}

with DAG(
    ...
    default_args=default_args
) as dag:
    MyCustomOperator(
        ...
    )
```

为了确保将这些默认参数应用于你的自定义 operator，Airflow 提供了 apply_defaults 装饰器，该装饰器应用于自定义 operator 的__init__方法(如我们的初始示例所示)。实际上，这意味着在创建自定义 operator 时，应该始终包含 apply_defaults 装饰器；否则，你的自定义 operator 将无法在 Airflow 中使用这些默认参数。

现在我们有了基本的自定义 operator 类，仍然需要通过实现 execute 方法来定义 operator 实际执行的操作。当 operator 作为 DAG 运行的一部分实际执行时，Airflow 将主要调用这个 execute 方法(见代码清单 8-20)。

代码清单 8-20　operator 的 execute 方法

```
class MyCustomOperator(BaseOperator):
    ...
    def execute(self, context):          ◁── 执行自定义 operator
        ...                                    时调用的主要方法
```

如你所见，execute 方法采用单个参数 context，它是一个包含所有 Airflow context 变量的字典。然后，该方法可以继续执行 operator 设计的任何其他功能，并可以从 Airflow context 中读取诸如执行日期等变量。

8.3.2　创建用于获取评分数据的 operator

现在我们了解了构建 operator 的基础知识，让我们看看如何开始构建一个用于获取评分数据的自定义 operator。具体思路是，这个 operator 通过给定的开始和结束日期从 MovieLens API 中获取评分数据，并将这些数据写入一个 JSON 文件中，类似于我们在之前的 DAG 中的_fetch_ratings 函数完成的功能。

首先可以在其__init__方法中填写 operator 所需的参数，其中包括开始和结束日期、要使用的连接以及要生成 JSON 文件的输出路径(见代码清单 8-21)。

代码清单 8-21　开始创建自定义 operator(源码请见 dags/custom/operators.py)

```
class MovielensFetchRatingsOperator(BaseOperator):
    """
    Operator that fetches ratings from the Movielens API.

    Parameters
    ----------
    conn_id : str
      ID of the connection to use to connect to the Movielens
      API. Connection is expected to include authentication
      details (login/password) and the host that is serving the API.
    output_path : str
       Path to write the fetched ratings to.
    start_date : str
      (Templated) start date to start fetching ratings from (inclusive).
      Expected format is YYYY-MM-DD (equal to Airflow"s ds formats).
    end_date : str
      (Templated) end date to fetching ratings up to (exclusive).
      Expected format is YYYY-MM-DD (equal to Airflow"s ds formats).
    """

    @apply_defaults
    def __init__(
      self, conn_id, output_path, start_date, end_date, **kwargs,
    ):
        super(MovielensFetchRatingsOperator, self).__init__(**kwargs)

        self._conn_id = conn_id
        self._output_path = output_path
        self._start_date = start_date
        self._end_date = end_date
```

接下来，必须实现 operator 的主体，它会获取评分数据并将它们输出到 JSON 文件中。为此，可以将之前的_fetch_ratings 中的代码稍作修改，放入 operator 的 execute 方法中(见代码清单 8-22)。

代码清单 8-22　添加 execute 方法(源码请见 dags/custom/operators.py)

```
class MovielensFetchRatingsOperator(BaseOperator):
    ...

    def execute(self, context):
        hook = MovielensHook(self._conn_id)    ← 创建一个 MovielensHook 的实例

        try:
            self.log.info(
                f"Fetching ratings for {self._start_date} to {self._end_date}"
            )
```

```
            ratings = list(
              hook.get_ratings(
                start_date=self._start_date,      使用 hook 获取
                end_date=self._end_date,          评分数据
              )
            )
            self.log.info(f"Fetched {len(ratings)} ratings")
        finally:
            hook.close()    ◀──────  关闭 hook 并释放所有使用过的资源

        self.log.info(f"Writing ratings to {self._output_path}")

        output_dir = os.path.dirname(self._output_path)  ◀──  如果输出目录不存
        os.makedirs(output_dir, exist_ok=True)               在，则创建它
        with open(self._output_path, "w") as file_:  ◀─────
            json.dump(ratings, fp=file_)
                                                        将结果写出
```

如你所见，将代码移植到自定义 operator 只需对代码进行相对较少的更改即可。与 _fetch_ratings 函数类似，此 execute 方法首先创建 MovielensHook 实例，并使用这个 hook 获取给定开始和结束日期之间的评分数据。一个区别是代码现在从 self 获取参数，从而确保使用实例化 operator 时传递过来的值。我们还将日志调用修改为使用 BaseOperator 类提供的记录器，可以通过 self.log 属性设置。最后，添加了一些异常处理以确保我们的 hook 始终可以正确关闭，即使对 get_ratings 的调用出现失败的情况。这样，我们不会因为忘记关闭 API 会话而浪费任何资源，这在使用 hook 的代码中是一种推荐的做法。

使用这个 operator 相对简单，因为可以简单地实例化 operator，并将其包含在我们的 DAG 中(见代码清单 8-23)。

代码清单 8-23　使用 MovielensFetchRatingsOperator

```
fetch_ratings = MovielensFetchRatingsOperator(
    task_id="fetch_ratings",
    conn_id="movielens",
    start_date="2020-01-01",
    end_date="2020-01-02",
    output_path="/data/2020-01-01.json"
)
```

这种实现的一个缺点是将获取评分信息的日期通过硬性编码的方式写入代码中，这将降低代码的灵活性。

幸运的是，Airflow 还允许我们对某些 operator 变量模板化，这意味着它们可以引用 context 变量，例如执行日期。为了允许特定的实例变量被模板化，需要告诉 Airflow 使用 templates_field 类变量对它们模板化(见代码清单 8-24)。

代码清单 8-24　添加 template fields(源码请见 dags/custom/operators.py)

```
class MovielensFetchRatingsOperator(BaseOperator):
    ...
```

```
    template_fields = ("_start_date", "_end_date", "_output_path")  ◄──┐
    ...                                                                │ 告诉 Airflow 在我们
                                                                       │ 的 operator 上模板化
    @apply_defaults                                                    │ 这些实例变量
    def __init__(                                                      │
        self,
        conn_id,
        output_path,
        start_date="{{ds}}",
        end_date="{{next_ds}}",
        **kwargs,
    ):
        super(MovielensFetchRatingsOperator, self).__init__(**kwargs)

        self._conn_id = conn_id
        self._output_path = output_path
        self._start_date = start_date
        self._end_date = end_date
```

这将明确地告诉 Airflow，变量_start_date、_end_date 和_output_path(在__init__ 中创建)可用于模板化。这意味着如果在这些字符串参数中使用任何 Jinja 模板，Airflow 将确保在调用 execute 方法之前对这些值模板化。因此，现在可以使用带有模板化参数的 operator，如代码清单 8-25 所示。

代码清单 8-25　在 operator 中使用模板(源码请见 dags/03_operator.py)

```
from custom.operators import MovielensFetchRatingsOperator

fetch_ratings = MovielensFetchRatingsOperator(
    task_id="fetch_ratings",
    conn_id="movielens",
    start_date="{{ds}}",
    end_date="{{next_ds}}",
    output_path="/data/custom_operator/{{ds}}.json"
)
```

通过上面的代码，开始日期(ds)和结束日期(next_ds)都可以动态取得，并且也可以确保生成的 JSON 文件名中包含特定的日期信息(ds)，从而在后续的处理中，方便识别 JSON 文件。

8.4　创建自定义传感器

在前面的内容中，我们介绍了许多关于 operator 的内容，你可能想知道构建自定义传感器需要如何来完成。如果你在前面的章节中跳过关于传感器的内容，那么我们在这里做简单的介绍。传感器是一种特殊类型的 operator，可以作为运行任何下游任务之前的执行判断条件。例如，在使用下游任务分析数据之前，你可能希望通过传感器检查源系统中是否存在某些文件或数据。

关于如何创建自定义传感器，传感器和 operator 十分相似，只是传感器继承自

BaseSensorOperator 类而不是 BaseOperator 类而已(见代码清单 8-26)。

代码清单 8-26　自定义传感器的框架

```python
from airflow.sensors.base import BaseSensorOperator

class MyCustomSensor(BaseSensorOperator):
    ...
```

传感器其实是一种特殊的 operator，因为它继承自 BaseSensorOperator。BaseSensorOperator 为传感器提供了基本的功能，并要求传感器实现特殊的 poke 方法而不是 execute 方法(见代码清单 8-27)。

代码清单 8-27　传感器的 poke 方法

```python
class MyCustomSensor(BaseSensorOperator):

    def poke(self, context):
        ...
```

poke 方法与 execute 方法相似，因为它采用包含 Airflow context 的单个参数。但是，与 execute 方法不同的是，poke 需要返回一个布尔值，指示传感器条件是否为真。如果结果为真，则传感器将允许下游任务开始执行。如果结果为假，传感器会休眠几秒钟，然后再次检查条件。此过程重复进行，直到结果为真或传感器超时。

尽管 Airflow 有许多内置传感器，但你可以创建自己的传感器来满足更多条件判断的需求。例如，在我们的示例中，我们可能想要创建一个传感器，在继续执行 DAG 之前，首先检查给定日期的评分数据是否可用。

在开始创建我们自己的 MovielensRatingsSensor 时，首先需要定义自定义传感器类的 __init__ 方法，它应该接受一个连接 ID 以及一个开始日期和结束日期，它指定了我们要获取评分数据的日期范围。如代码清单 8-28 所示：

代码清单 8-28　开始创建自定义传感器类(源码请见 dags/custom/sensors.py)

```python
from airflow.sensors.base import BaseSensorOperator
from airflow.utils.decorators import apply_defaults

class MovielensRatingsSensor(BaseSensorOperator):
    """
    Sensor that waits for the Movielens API to have
    ratings for a time period.

    start_date : str
        (Templated) start date of the time period to check for (inclusive).
        Expected format is YYYY-MM-DD (equal to Airflow"s ds formats).
    end_date : str
        (Templated) end date of the time period to check for (exclusive).
        Expected format is YYYY-MM-DD (equal to Airflow"s ds formats).
    """
```

```
template_fields = ("_start_date", "_end_date")   ◀──────┐  由于传感器是一种特殊类型
                                                         │  的 operator，因此可以使用与
@apply_defaults                                          │  operator 相同的基本设置
def __init__(self, conn_id, start_date="{{ds}}",  ◀─────┘
             end_date="{{next_ds}}", **kwargs):
    super().__init__(**kwargs)
    self._conn_id = conn_id
    self._start_date = start_date
    self._end_date = end_date
```

指定构造函数之后，唯一需要实现的就是 poke 方法(见代码清单 8-29)。在这个方法中，可以通过简单地请求给定开始和结束日期之间的评分，来检查是否有特定日期范围的评分数据存在。如果有数据存在，则返回 true。请注意，在判断时不需要获取所有评分记录，而只需要证明特定时间范围内至少有一条记录即可。

使用我们之前创建的 MovielensHook，实现这个算法非常简单。首先，实例化 hook，然后调用 get_ratings 获取记录。由于我们只对查看是否至少有一条记录感兴趣，因此可以尝试在 get_ratings 返回的生成器上使用 next。如果生成器为空，它将抛出 StopIteration 异常。因此，可以使用 try/except 检测异常。如果没有引发异常，则返回 True；如果引发了异常，则返回 False，表示没有记录。

代码清单 8-29　实现 poke 方法(源码请见 dags/custom/sensors.py)

```
class MovielensRatingsSensor(BaseSensorOperator):
    def poke(self, context):
        hook = MovielensHook(self._conn_id)

        try:                          ◀────┐  尝试从 hook 中获取一条记录(使
            next(                          │  用 next 获取第一条记录)
                hook.get_ratings(
                    start_date=self._start_date,
                    end_date=self._end_date,
                    batch_size=1
                )
            )
            self.log.info(                                             ┐ 如果成功，表示我
                f"Found ratings for {self._start_date} to {self._end_date}"  │ 们至少有一条记
            )                                                          │ 录，因此返回 true
            return True               ◀────┐                          ┘
        except StopIteration:              │
            self.log.info(                 │                           ┐ 如果失败，并抛出 StopIteration
                f"Didn't find any ratings for {self._start_date}"      │ 异常，表示记录是空的，因此返
                f"to {self._end_date}, waiting..."                     │ 回 false
            )                                                          ┘
            return False              ◀────┘
        finally:
            hook.close()              ◀────┐ 确保关闭 hook，从而释
                                            │ 放相关资源
```

请注意，因为我们重用了 MovielensHook 使得这段代码相对较短和简洁，这展示了使用 hook 类的隐藏与 MovieLens API 交互的具体细节的强大功能。

现在这个自定义传感器可以用于 DAG 中检查获取评分数据操作，并决定是否执行下游任务(见代码清单 8-30)。

代码清单 8-30　在 DAG 中使用自定义传感器(源码请见 dags/04_sensor.py)

```
...
from custom.operators import MovielensFetchRatingsOperator
from custom.sensors import MovielensRatingsSensor

with DAG(
    dag_id="04_sensor",
    description="Fetches ratings with a custom sensor.",
    start_date=airflow_utils.dates.days_ago(7),
    schedule_interval="@daily",
) as dag:
    wait_for_ratings = MovielensRatingsSensor(        ← 用于等待数据到达的传感器
        task_id="wait_for_ratings",
        conn_id="movielens",
        start_date="{{ds}}",
        end_date="{{next_ds}}",
    )

    fetch_ratings = MovielensFetchRatingsOperator(    ← 用于获取评分数据的 operator
        task_id="fetch_ratings",
        conn_id="movielens",
        start_date="{{ds}}",
        end_date="{{next_ds}}",
        output_path="/data/custom_sensor/{{ds}}.json"
    )

    ...

    wait_for_ratings >> fetch_ratings >> rank_movies
```

8.5　将你的组件打包

到目前为止，示例 DAG 中所使用的自定义组件都放在 DAG 目录中的子包里面，从而使它们可以被导入 DAG 中。但如果你想在其他项目中使用这些自定义组件，或者希望与其他人共享这些自定义组件，那么就需要使用其他方法来解决。

其中一个好方法是将代码放入 Python 包中，虽然需要一些额外的设置，但这将为你提供将你的自定义组件安装到 Airflow 中的其他益处，就像我们安装的其他 Python 软件包一样。此外，将代码与 DAG 分离将允许你为自定义代码设置合适的 CI/CD 流程，并使其更容易与他人共享或协作。

8.5.1 引导 Python 包

遗憾的是，在 Python 中打包可能是一个复杂的话题。在这种情况下，我们将专注于 Python 打包的最基本示例，将介绍使用 setuptools 创建一个简单的 Python 包(关于 Python 打包和不同打包方法的更深入讨论超出了本书的范围，可在许多 Python 书籍和在线文章中找到更详细的内容)。使用这种方法，我们将创建一个名为 airflow_movielens 的小型 Python 包，并将 hook、operator 以及前面几节中编写的传感器类放入其中。

在创建我们的 Python 包之前，首先需要为这个包创建一个目录，如下所示：

```
$ mkdir -p airflow-movielens
$ cd airflow-movielens
```

接下来，将创建包的基础结构并将代码放入其中，首先需要在 airflow-movielens 目录中创建一个 src 子目录，并在这个 src 目录中创建一个 airflow_movielens 目录(这个目录与我们的包名称一致)。同时，还需要在 src/airflow_movielens 目录中创建一个 __init__.py 文件(从技术上讲，PEP420 不再需要 __init__.py 文件，但我们希望能够继承传统)：

```
$ mkdir -p src/airflow_movielens
$ touch src/airflow_movielens/__init__.py
```

现在需要在 airflow_movielens 目录中创建 3 个 Python 文件：hooks.py、sensors.py 和 operators.py，然后将我们自定义的 hook、传感器以及 operator 代码复制到相应文件中。现在包的结构应该如下所示：

```
$ tree airflow-movielens/
airflow-movielens/
└── src
    └── airflow_movielens
        ├── __init__.py
        ├── hooks.py
        ├── operators.py
        └── sensors.py
```

现在我们已经有了包的基础结构，将它变成一个包，需要创建一个 setup.py 文件，通过这个文件告诉 setuptools 如何安装它。基本的 setup.py 文件中的内容如代码清单 8-31 所示。

代码清单 8-31　setup.py 文件示例(源码请见 package/airflow-movielens/setup.py)

```
#!/usr/bin/env python
import setuptools
requirements = ["apache-airflow", "requests"]
```

我们的包所依赖的 Python 包列表

```
                       我们包的名称、版本和描述
                    ┌──────────────────┐
                    setuptools.setup(
                        name="airflow_movielens",
                        version="0.1.0",
                        description="Hooks, sensors and operators for the Movielens API.",
 作者详细              author="Anonymous",
 信息(元数 ┤            author_email="anonymous@example.com",
 据)                   install_requires=requirements,
                        packages=setuptools.find_packages("src"),       通知 setuptools 有关我们的
                        package_dir={"": "src"},                         依赖项
                        url="https://github.com/example-repo/airflow_movielens",
                        license="MIT license",                          包的主页
                    )                          代码许可
 告诉 setuptools 在哪里寻找我
 们包的 Python 文件
```

该文件最重要的部分是对 setuptools.setup 的调用，它为 setuptools 提供了有关我们包的详细元数据。本次调用中最重要的属性如下：

- name ——定义包的名称(安装时的名称)
- version ——包的版本号
- install_requires ——包所需的依赖项列表
- packages/package_dir ——告诉 setuptools 安装时要包含哪些包，以及在哪里查找这些包。在这种情况下，我们为 Python 包使用 src 目录布局。(有关基于 src 与非基于 src 的布局的更多详细信息，请参阅此博客：https://blog.ionelmc.ro/2014/05/25/python-packaging/#the-structure)

此外，setuptools 允许你包含许多可选参数来描述你的包(有关可以传递给 setuptools.setup 的参数完整参考，请参阅 setuptools 文档)，包括以下内容：

- author ——包作者的名字
- author_email ——作者的联系方式
- description ——包的简要描述(通常为一行)。可以通过使用 long_description 参数给出更长的描述
- url ——在哪里可以在线找到这个包
- license ——发布包代码所依据的软件许可(如果有的话)

通过上面的 setup.py 文件，告诉 setuptools 这个包的依赖项包括 apache-airflow 和 requests，并且我们的包应该被称为 airflow_movielens，版本为 0.1，它应该包括来自 airflow_movielens 包中的 src 目录内的文件，同时包括一些关于我们自己包的描述、许可证等额外信息。

当编辑完 setup.py 之后，现在包的结构应该如下所示：

```
$ tree airflow-movielens
airflow-movielens
├── setup.py
└── src
    └── airflow_movielens
        ├── __init__.py
```

```
├── hooks.py
├── operators.py
└── sensors.py
```

这意味着我们现在有一个基本的 airflow_movielens Python 包的设置，可以在下一节中尝试安装它。

当然，更复杂的包通常会包括测试、文档等，我们不在这里讨论。如果你想查看 Python 打包的更多设置，有很多在线模板可供参考(例如，https://github.com/audreyr/cookiecutter-pypackage)，它们为开发 Python 包提供了很多有用的信息。

8.5.2 安装你的 Python 包

我们刚才已经创建了一个简单的 Python 包，现在尝试将这个包安装到我们的 Python 环境中。可以通过 pip 在当前 Python 环境中尝试安装：

```
$ python -m pip install ./airflow-movielens
Looking in indexes: https://pypi.org/simple
Processing ./airflow-movielens
Collecting apache-airflow
...
Successfully installed ... airflow-movielens-0.1.0 ...
```

当通过 pip 安装 Python 包及其依赖项之后，可以启动 Python 并尝试导入 Python 包，从而检测这个包是否已经被成功安装。

```
$ python
Python 3.7.3 | packaged by conda-forge | (default, Jul 1 2019, 14:38:56)
[Clang 4.0.1 (tags/RELEASE_401/final)] :: Anaconda, Inc. on darwin
Type "help", "copyright", "credits" or "license" for more information.
>>> from airflow_movielens.hooks import MovielensHook
>>> MovielensHook
<class 'airflow_movielens.hooks.MovielensHook'>
```

通过上面的操作已经将你自己的包安装到 Python 环境中。将它安装到 Airflow 的 Python 环境中与之相同，你需要确保你的 Python 包及其依赖项已经成功安装到 Airflow 所使用的环境中，具体指的是 Airflow 的调度器、Web 服务器及 worker 所在的环境。

可以通过直接从 GitHub 存储库安装来实现包的发布，如下所示：

```
$ python -m pip install git+https://github.com/...
```

或者通过使用 pip 包提要来安装，例如 PyPI(或私人提要)：

```
$ python -m pip install airflow_movielens
```

或者通过从基于文件的位置安装(正如我们最初在这里所做的那样)。在这种情况下，需要确保 Airflow 环境可以访问你要安装包的目录。

8.6 本章小结

- 可以通过构建适合你特定应用场景的自定义组件来扩展 Airflow 的内置功能。根据我们的经验，自定义 operator 的两个最佳应用场景如下：
    - 在 Airflow 本身不支持的系统上运行任务(例如，新的云服务、数据库等)。
    - 为常用操作提供 operator、传感器和 hook，以便你团队中的人员可以轻松地跨 DAG 实施这些操作。

当然，这不是自定义组件的全部用途，可能还有许多其他情况需要你构建自己的组件。

- 自定义 hook 允许你与不支持 Airflow 的系统交互。
- 可以创建自定义 operator 来执行适用你的工作流，但内置 operator 未提供的任务。
- 自定义传感器允许你构建用于等待(外部)事件的组件。
- 可以将自定义 operator、hook、传感器创建成 Python 库来发布并重复使用。
- 自定义 operator、hook、传感器要求你在使用它们之前将它们及其依赖项安装在你的 Airflow 环境中。如果你无权在 Airflow 环境中安装软件或者你的环境与要安装的软件包存在冲突，这可能会很棘手。
- 有些人更喜欢使用通用 operator，例如通过内置的 DockerOperator 和 KubernetesPodOperator 执行他们的任务。这种方法的一个优点是你可以保持 Airflow 安装的简洁性，因为 Airflow 只用来协调容器化作业，你可以将特定任务的所有依赖项保留在容器中。我们将在以后的章节中进一步关注这种方法。

第 *9* 章

测 试

本章主要内容
- 在 CI/CD 管道中测试 Airflow 任务
- 用 pytest 构造一个测试项目
- 模拟 DAG 运行以测试应用模板的任务
- 使用 mocking 模拟外部系统事件
- 使用容器测试外部系统中的行为

在之前的章节中，我们专注于开发 Airflow 的各个部分。那么在将其部署到生产系统之前，如何确保你编写的代码是有效的？测试是软件开发的一个重要组成部分，我们不能在部署之前不经过测试，因为这样无法保障所开发的软件能够按照预期正常运行。

本章将深入讨论测试 Airflow 的技术，这通常被认为是一个棘手的主题，因为 Airflow 是一个与许多外部系统通信的编排系统，它启动和停止那些与业务逻辑相关的任务，而 Airflow 本身则通常不处理任何业务逻辑。

9.1 开始测试

可以在各个级别上测试，比如测试某个单一功能，这被称作单元测试，通过单元测试可以了解该测试单元是否满足之前设计的功能需求。如果想对多个功能或者说是多个单元进行测试，那么可以使用集成测试技术。通常，比集成测试规模更大的是验收测试，通过验收测试可以评估你开发的软件是否满足业务需求。在本章中，我们将主要介绍单元测试和集成测试。

在本章中，我们演示了使用 pytest(https://pytest.org)编写的各种代码片段。虽然 Python 有一个名为 unittest 的内置测试框架，但 pytest 是最流行的第三方测试框架之一，提供了丰富的功能，如 fixtures，我们将在本章使用它。在本章的学习中，不需要你之前对 pytest 有所了解。

由于本书的配套代码位于 GitHub 中，因此将演示使用与 GitHub 集成的 CI/CD 系统

"GitHub Actions"(https://github.com/features/actions)运行测试的 CI/CD 管道。借助 GitHub Actions 示例中的思想和代码,你应该能够让 CI/CD 管道在任何系统中运行。包括所有流行的 CI/CD 系统,如 GitLab、Bitbucket、CircleCI、TravisCI 等,这些系统都通过在项目的根目录中以 YAML 格式定义管道,我们也将在 GitHub Actions 的示例中采用这样的做法。

9.1.1 所有 DAG 的完整性测试

在 Airflow 中,测试的第一步通常是 DAG 完整性测试,该术语在一篇题为"Data's Inferno: 7 Circles of Data Testing Hell with Airflow"(http://mng.bz/1rOn)的博客文章中广为人知。这样的测试验证所有 DAG 的完整性(即 DAG 的正确性,例如,验证 DAG 中是否不存在循环;DAG 中的任务 ID 是否唯一等)。DAG 完整性测试通常会过滤简单的错误。比如通过 for 循环生成任务时经常会出错,使用了固定的任务 ID,而不是动态设置的任务 ID,这将导致生成的每个任务都有相同的 ID。在加载 DAG 时,Airflow 也会自行执行此类检查,如果发现错误,则会显示出来,如图 9-1 所示。为了不在 DAG 部署时出现低级错误,一个明智的做法是在测试套件中对 DAG 进行完整性测试。

```
Broken DAG: [/root/airflow/dags/dag_cycle.py] Cycle detected in DAG. Faulty task: t3 to t1
```

图 9-1 Airflow 显示 DAG 循环错误

代码清单 9-1 所示的 DAG 将在 Airflow 用户界面中显示错误,因为在 t1>t2>t3>返回 t1 之间存在循环。这违反了 DAG 应该具有有限开始和结束节点的属性。

代码清单 9-1 DAG 中存在循环的示例,将返回一个错误

```
t1 = DummyOperator(task_id="t1", dag=dag)
t2 = DummyOperator(task_id="t2", dag=dag)
t3 = DummyOperator(task_id="t3", dag=dag)

t1 >> t2 >> t3 >> t1
```

现在让我们在 DAG 完整性测试中捕获这个错误。首先,需要安装 pytest(见代码清单 9-2)。

代码清单 9-2 安装 pytest

```
pip install pytest

Collecting pytest
................
Installing collected packages: pytest
Successfully installed pytest-5.2.2
```

这提供了一个 pytest CLI 实用程序。要查看所有可用选项,可以运行 pytest --help。

目前，你不必了解所有选项，知道如何使用 pytest[file/directory](该目录包含测试文件)运行测试就已足够。下面我们创建一个用于测试的文件。根据要求，在项目的根目录下创建一个 tests 文件夹，该文件夹中包含项目的完整结构(pytest 将此结构称为"应用程序代码之外的测试"。pytest 支持的另一个结构是将测试文件直接存储在你的应用程序代码旁边，它被称为"作为应用程序代码的一部分的测试")，如果你的项目如图 9-2 所示，那么添加了 tests 目录后，它应该如图 9-3 所示。

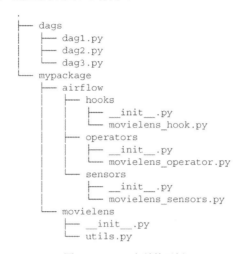

图 9-2 Python 包结构示例

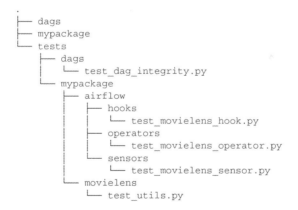

图 9-3 在图 9-2 的基础上，添加测试目录之后的总体目录结构

注意，所有测试文件可以通过名称识别它对应哪个源文件，测试文件都使用 test_ 为前缀。如果有其他类型的测试，或者测试其他文件，可以通过创建多个文件夹来管理它们，但是这些测试文件的名称都需要以 test_开头。pytest 将扫描给定的目录，并搜索以 test_ 为前缀或以 _test 为后缀的文件(如果你想支持名为 check_* 的测试文件，则可以在 pytest 中，配置发现设置)。另外，请注意，tests/目录中没有 __init__.py 文件，因为目录不是模块，测试能够相互独立运行，而不必相互导入。pytest 扫描目录和文件并自动发现测试

文件。

下面创建一个名为 tests/dags/test_dag_integrity.py 的文件(见代码清单 9-3)。

代码清单 9-3　DAG 完整性测试

```python
import glob
import importlib.util
import os

import pytest
from airflow.models import DAG

DAG_PATH = os.path.join(
    os.path.dirname(__file__), "..", "..", "dags/**/*.py"
)
DAG_FILES = glob.glob(DAG_PATH, recursive=True)
@pytest.mark.parametrize("dag_file", DAG_FILES)
def test_dag_integrity(dag_file):
    module_name, _ = os.path.splitext(dag_file)
    module_path = os.path.join(DAG_PATH, dag_file)
    mod_spec = importlib.util.spec_from_file_location(module_name,
        module_path)
    module = importlib.util.module_from_spec(mod_spec)
    mod_spec.loader.exec_module(module)

    dag_objects = [var for var in vars(module).values() if isinstance(var,
        DAG)]

    assert dag_objects

    for dag in dag_objects:
        dag.test_cycle()
```

在这里，我们看到一个名为 test_dag_integrity 的函数，它执行具体测试。该代码乍一看有点晦涩，所以要对它详细讲解。还记得之前解释过的文件夹结构吗？有一个 dags 文件夹，其中包含所有 DAG 文件，以及 tests/dags/test_dag_integrity.py 中的文件 test_dag_integrity.py。这个 DAG 完整性测试指向一个包含所有 DAG 文件的文件夹，然后在其中递归搜索*.py 文件，如图 9-4 所示。

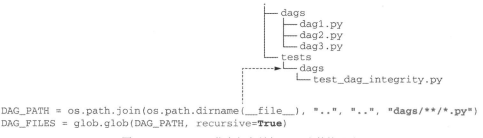

图 9-4　DAG_PATH 指向包含所有 DAG 文件的目录

dirname()函数将返回 test_dag_integrity.py 文件所在的目录，然后我们向上浏览两个目录，首先是 tests/，其次是 root，然后我们从那里搜索与模式 dags/**/*.py 匹配的任何内容。
"**"将进行递归搜索，因此也会找到 DAG 文件，例如 dags/dir1/dir2/dir3/mydag.py。最后，变量 DAG_FILES 保存在 dags 路径中找到的以.py 结尾的文件列表。接下来，装饰器 @pytest.mark.parametrize 为每个找到的 Python 文件运行测试，如图 9-5 所示。

```
@pytest.mark.parametrize("dag_file", DAG_FILES)
def test_dag_integrity(dag_file):
```
对 DAG_FILES 中的
每个元素运行测试

图 9-5 通过参数化对每个 dag_file 中的文件运行测试

测试的第一部分也许有点晦涩，我们不做详细介绍。就像普通的 Python 程序一样，这部分内容只是要加载和执行，并从中提取 DAG 对象，如代码清单 9-4 所示。

代码清单 9-4　DAG 完整性测试尝试实例化找到的每个 DAG 对象

```
module_name, _ = os.path.splitext(dag_file)
module_path = os.path.join(DAG_PATH, dag_file)
mod_spec = importlib.util.spec_from_file_location(module_name, module_path)    加载文件
module = importlib.util.module_from_spec(mod_spec)
mod_spec.loader.exec_module(module)

dag_objects = [var for var in vars(module).values() if isinstance(var, DAG)]
```
在文件中找到的 DAG 类的
所有对象

现在已经从文件中提取了 DAG 对象，可以对其进行某些检查。在代码中，我们进行了两项检查。首先是一个断言：断言 dag_objects，检查是否在文件中找到了 DAG 对象。添加此断言将验证/dags 中找到的所有 Python 文件，判断它们是否至少包含一个 DAG 对象。例如，存储在/dags 中的脚本实用程序函数，其中没有实例化 DAG 对象，因此返回失败。检查哪些目录由你决定，但让一个目录仅包含 DAG 文件，而没有其他任何内容，确实提供了明确的职责分离。

第二个检查(针对 dag_objects 中的 dag：dag.test_cycle())验证 DAG 对象中是否没有循环。这是有原因的，因为在 Airflow 1.10.0 之前，DAG 会在每次结构变化时检查循环。随着越来越多的任务被添加，这种检查对计算的压力越来越大。对于有大量任务的 DAG 来说，这变成了一种负担，因为对于每一个新任务都会执行一次 DAG 循环检查，导致读取时间过长。因此，DAG 循环检查只在 DAG 被 Airflow 解析并缓存时执行(进入一个称为 DagBag 的结构)，这样循环检查在解析完整的 DAG 后只执行一次，减少了读取时间。因此，对于 t1>>t2>>t1 这种情况，只有 Airflow 真正运行 DAG 时才会发现这种循环错误。为了避免在生产环境中出现这种错误，我们应该在测试阶段，对每个 DAG 显式调用 test_cycle()来完成循环检查。

上面是两个检查的示例，当然，你也可以根据自己的需要添加新的检查。比如，你想让每个 DAG 名称都使用 import 或者 export 作为前缀，那么你可以检查 dag_id，如下所示：

```
assert dag.dag_id.startswith(("import", "export"))
```

现在让我们运行 DAG 完整性测试。在命令行中运行 pytest(可以使用 pytest tests/提示 pytest 在哪里搜索，从而避免扫描其他目录)，见代码清单 9-5。

代码清单 9-5   pytest 运行结果

```
$ pytest tests/
========================== test session starts ==========================
....
collected 1 item

tests/dags/test_dag_integrity.py F
[100%]


============================ FAILURES ============================
_____ test_dag_integrity[..../dag_cycle.py] _____

dag_file = '..../dag_cycle.py'

    @pytest.mark.parametrize("dag_file", DAG_FILES)
    def test_dag_integrity(dag_file):
        """Import DAG files and check for DAG."""
        module_name, _ = os.path.splitext(dag_file)
        module_path = os.path.join(DAG_PATH, dag_file)
        mod_spec = importlib.util.spec_from_file_location(module_name,
    module_path)
        module = importlib.util.module_from_spec(mod_spec)
        mod_spec.loader.exec_module(module)

        dag_objects = [
            var for var in vars(module).values() if isinstance(var, DAG)
        ]

        assert dag_objects

        for dag in dag_objects:
            # Test cycles
>           dag.test_cycle()

tests/dags/test_dag_integrity.py:29:
_ _ _ _ _ _ _ _ _ _ _ _ _ _ _ _ _ _ _ _ _ _ _ _ _ _ _ _ _ _ _ _ _ _ _
.../site-packages/airflow/models/dag.py:1427: in test_cycle
    self._test_cycle_helper(visit_map, task_id)
.../site-packages/airflow/models/dag.py:1449: in _test_cycle_helper
    self._test_cycle_helper(visit_map, descendant_id)
.../site-packages/airflow/models/dag.py:1449: in _test_cycle_helper
    self._test_cycle_helper(visit_map, descendant_id)
_ _ _ _ _ _ _ _ _ _ _ _ _ _ _ _ _ _ _ _ _ _ _ _ _ _ _ _ _ _ _ _ _ _ _

self = <DAG: chapter8_dag_cycle>, visit_map = defaultdict(<class 'int'>,
    {'t1': 1, 't2': 1, 't3': 1}), task_id = 't3'

    def _test_cycle_helper(self, visit_map, task_id):
```

```
    """
    Checks if a cycle exists from the input task using DFS traversal
    ...

    task = self.task_dict[task_id]
    for descendant_id in task.get_direct_relative_ids():
    if visit_map[descendant_id] == DagBag.CYCLE_IN_PROGRESS:
        msg = "Cycle detected in DAG. Faulty task: {0} to
{1}".format(
            task_id, descendant_id)
>           raise AirflowDagCycleException(msg)
E           airflow.exceptions.AirflowDagCycleException: Cycle
    detected in DAG. Faulty task: t3 to t1

..../airflow/models/dag.py:1447: AirflowDagCycleException
========================= 1 failed in 0.21s =========================
```

测试的结果比较长,但通常你可以在结果的顶部和底部找到答案。在结果的顶部,显示了哪些测试出现失败,在底部显示了测试失败的原因(见代码清单9-6)。

代码清单 9-6　解释代码清单 9-5 中失败的原因

```
airflow.exceptions.AirflowDagCycleException: Cycle detected in DAG.
Faulty task: t3 to t1
```

这个示例向我们展示了从 t1 到 t3 再到 t1 检测到一个循环。在实例化 DAG 和 operator 之后,会立即执行其他几项检查。假设你正在使用 BashOperator 但忘记添加必需的 bash_command 参数,DAG 完整性测试将评估脚本中的所有语句,并在评估 BashOperator 时显示失败(见代码清单9-7)。

代码清单 9-7　BashOperator 的实例化错误

```
BashOperator(task_id="this_should_fail", dag=dag)
```

DAG 完整性测试将遇到异常并失败(见代码清单9-8)。

代码清单 9-8　在代码清单 9-7 中错误实例化引发的异常

```
airflow.exceptions.AirflowException: Argument ['bash_command'] is required
```

当 DAG 完整性测试就绪后,我们就可以在 CI/CD 管道中自动运行它。

9.1.2　设置 CI/CD 管道

CI/CD 管道是在你更改代码存储库时运行预定义脚本的系统。持续集成(CI)表示检查和验证更改的代码,以确保它符合编码标准并满足测试套件的要求。例如,在推送代码时,可以检查 Flake8 (http://flake8.pycqa.org)、Pylint (https://www.pylint.org) 和 Black (https://github.com/psf/black),并运行一系列测试。持续部署(CD)表示将代码自动部署到生产系统中,完全自动化,不需要人为参与。使用 CI/CD 管道的目标是在不需要手工验证和部署的情况下最大化编码效率。

有各种各样的 CI/CD 系统。在本章中，我们将介绍 GitHub Actions (https://github.com/features/actions)。它所提供的思路也适合其他 CI/CD 系统。使用大多数 CI/CD 系统时，应该从定义管道的 YAML 配置文件开始：在更改代码时执行的一系列步骤。每个步骤都应该成功完成，这样才能使管道顺利运行。在 Git 存储库中，可以执行诸如"只有在管道成功的情况下才合并到 master"的规则。

管道定义通常位于项目的根目录中，GitHub Actions 需要将 YAML 文件保存在.github/workflows 目录中。使用 GitHub Actions，YAML 的名称无关紧要，因此我们可以创建一个名为 airflow-tests.yaml 的文件，其中包含如代码清单 9-9 所示的内容。

代码清单 9-9　在 Airflow 项目中使用 GitHub Actions 管道

```yaml
name: Python static checks and tests

on: [push]

jobs:
  testing:
    runs-on: ubuntu-18.04
    steps:
      - uses: actions/checkout@v1
      - name: Setup Python
        uses: actions/setup-python@v1
        with:
          python-version: 3.6.9
          architecture: x64

      - name: Install Flake8
        run: pip install flake8
      - name: Run Flake8
        run: flake8

      - name: Install Pylint
        run: pip install pylint
      - name: Run Pylint
        run: find . -name "*.py" | xargs pylint --output-format=colorized

      - name: Install Black
        run: pip install black
      - name: Run Black
        run: find . -name "*.py" | xargs black --check

      - name: Install dependencies
        run: pip install apache-airflow pytest

      - name: Test DAG integrity
        run: pytest tests/
```

在这个 YAML 文件中显示的关键字是 GitHub Actions 独有的，但所使用的思路也适用于其他 CI/CD 系统。需要注意的是 GitHub Actions 中 steps 下定义的任务。每一步都运行一段代码。例如，Flake8 执行静态代码分析，如果遇到任何问题，例如未使用的导入，就会失败。在第 2 行，我们声明：[push]，它告诉 GitHub 在每次收到推送时运行完整的CI/CD 管道。在完全自动化的 CD 系统中，它将包含特定分支上的步骤过滤器，例如 master，如果管道在该分支上成功，才能运行该步骤并部署代码。

9.1.3 编写单元测试

既然我们已经启动并运行了 CI/CD 管道，它最初会检查项目中所有 DAG 的有效性，现在是时候更深入地研究 Airflow 代码并开始对各个部分进行单元测试了。

让我们回顾在第 8 章演示的自定义组件，可以通过几个测试来验证他们的有效性。俗话说，"永远不要相信用户输入"，所以我们希望确保代码在用户输入有效和无效信息的情况下都能正常工作。以第 8 章中的 MovielensHook 为例，它包含一个方法 get_ratings()。该方法接收多个参数，其中之一是 batch_size，它控制从 API 请求的批次大小。你可以想象有效的输入是任何正数(当然，可能存在上限)。但如果用户输入负数(例如-3)怎么办？也许 API 可以正常处理无效的批量大小并返回 HTTP 错误，例如 400 或 422，但是 MovielensHook 如何响应呢？明智的选择可能是在发送请求之前，处理输入的值；或者在 API 返回错误时，进行相关的错误处理。这就是我们想通过检查来实现的。

让我们继续第 8 章的工作，实现一个 MovielensPopularityOperator，这是一个返回两个给定日期之间最受欢迎的 N 部电影的 operator(见代码清单 9-10)。

代码清单 9-10　示例：MovielensPopularityOperator

```
class MovielensPopularityOperator(BaseOperator):
    def __init__(
        self,
        conn_id,
        start_date,
        end_date,
        min_ratings=4,
        top_n=5,
        **kwargs,
    ):
        super().__init__(**kwargs)
        self._conn_id = conn_id
        self._start_date = start_date
        self._end_date = end_date
        self._min_ratings = min_ratings
        self._top_n = top_n
    def execute(self, context):
        with MovielensHook(self._conn_id) as hook:
            ratings = hook.get_ratings(         ◀──── 获得原始的评分
                start_date=self._start_date,
                end_date=self._end_date,
            )
            rating_sums = defaultdict(Counter)  ◀──── 根据 movie_id 对每部
            for rating in ratings:                    电影进行评分汇总
```

```
                    rating_sums[rating["movieId"]].update(count=1,
rating=rating["rating"])

        averages = {
            movie_id: (rating_counter["rating"] /
rating_counter["count"], rating_counter["count"])
            for movie_id, rating_counter in rating_sums.items()
            if rating_counter["count"] >= self._min_ratings
        }

        return sorted(averages.items(), key=lambda x: x[1],
reverse=True)[: self._top_n]
```

通过 min_ratings 进行过滤，并根据 movie_id 计算每部电影的平均评分

返回按平均评分和评分数量排序的 top_n 结果

我们如何测试这个 MovielensPopularityOperator 的正确性？首先，可以通过简单地使用给定值运行 operator，并检查结果是否符合预期。为此，需要通过几个 pytest 组件来运行这个 operator、在活动的 Airflow 系统外部及内部实施单元测试。这允许我们在不同的情况下运行 operator 并验证它是否正确。

9.1.4 pytest 项目结构

使用 pytest，测试脚本需要以 test_为前缀。就像目录结构一样，我们也模拟了文件名，因此对于 movielens_operator.py 中代码的测试将存储在名为 test_movielens_ operator.py 的文件中。在这个文件中，通过调用一个我们创建的函数进行测试(见代码清单 9-11)。

代码清单 9-11　用于测试 BashOperator 的测试函数示例

```
def test_example():
    task = BashOperator(
        task_id="test",
        bash_command="echo 'hello!'",
        xcom_push=True,
    )
    result = task.execute(context={})
    assert result == "hello!"
```

在这个例子中，实例化 BashOperator，并调用 execute()函数，给定一个空的 context(空字典)。当 Airflow 运行你的 operator 时，前后会发生几件事，例如呈现模板化变量、设置任务实例 context，并将其提供给 operator(见代码清单 9-12)。在这个测试中，没有在实时设置中运行，而是直接调用 execute()方法。这是你可以调用从而运行 operator 的最低级别的函数，也是每个 operator 实现其功能的主要方法。因为我们不需要任何任务实例 context 来运行 BashOperator，所以为其提供了一个空的 context。如果测试依赖于处理任务实例 context 中的某些内容，可以用所需的键和值填充它[1]。

现在，让我们运行这个测试。

---

[1] xcom_push=True 参数以字符串形式返回 Bash_command 中的标准输出，在此测试中使用它验证 Bash_command。在实时 Airflow 设置中，operator 返回的任何对象都会被自动推送到 XCom。

代码清单 9-12　运行代码清单 9-11 中的测试的输出

```
$ pytest tests/dags/chapter9/custom/test_operators.py::test_example
======================= test session starts =======================
platform darwin -- Python 3.6.7, pytest-5.2.2, py-1.8.0, pluggy-0.13.0
rootdir: .../data-pipelines-with-apache-airflow
collected 1 item

tests/dags/chapter9/custom/test_operators.py .
```

代码清单 9-13　运行 MovielensPopularityOperator 的测试函数示例

```python
def test_movielenspopularityoperator():
    task = MovielensPopularityOperator(
        task_id="test_id",
        start_date="2015-01-01",
        end_date="2015-01-03",
        top_n=5,
    )
    result = task.execute(context={})
    assert len(result) == 5
```

我们首先看到的是红色的文本，告诉我们 operator 缺少必需的参数(见代码清单 9-14)。

代码清单 9-14　运行代码清单 9-13 所得到的输出结果

```
➥ $ pytest tests/dags/chapter9/custom/test_operators.py::test
    _movielenspopularityoperator
======================= test session starts =======================
platform darwin -- Python 3.6.7, pytest-5.2.2, py-1.8.0, pluggy-0.13.0
rootdir: /.../data-pipelines-with-apache-airflow
collected 1 item

tests/dags/chapter9/custom/test_operators.py F
[100%]

============================ FAILURES =============================
_____ test_movielenspopularityoperator _____

mocker = <pytest_mock.plugin.MockFixture object at 0x10fb2ea90>

    def test_movielenspopularityoperator(mocker: MockFixture):
        task = MovielensPopularityOperator(
➥ >         task_id="test_id", start_date="2015-01-01", end_date="2015-01-03", top_n=5
        )
➥ E       TypeError: __init__() missing 1 required positional argument:
    'conn_id'

tests/dags/chapter9/custom/test_operators.py:30: TypeError
======================= 1 failed in 0.10s =========================
```

我们已经看到上面测试输出了失败的结果，因为缺少必需的 conn_id 参数，它指向 metastore 中的连接 ID。但是你如何在测试中为这个参数提供数据？测试应该相互隔离，它们不应该影响其他测试的结果，因此在测试之间共享数据库并不是理想的解决方法。在这种情况下，mocking 就派上用场了。

mocking 可以"伪造"某些操作或对象。例如，通过告诉 Python 返回某个值，而不是对在测试期间可能不存在的数据库进行实际操作，这使你不必连接到外部系统即可开发并运行测试。它需要深入了解你正在测试的所有内容的内部结构，因此有时需要你深入研究第三方代码。

pytest 具有一套配套的插件(不是 pytest 官方提供的)，方便 mocking 等组件的使用。为此，可以安装 pytest-mock Python 包：

```
pip install pytest-mock
```

pytest-mock 是一个 Python 包，它为内置的 mock 包提供了一个非常方便的包装器。要使用它，请将名为 mocker[1] 的参数传递给你的测试函数，这是使用 pytest-mock 包中内容的入口点(见代码清单 9-15)。

代码清单 9-15　在测试中模拟对象

```python
def test_movielenspopularityoperator(mocker):
    mocker.patch.object(
        MovielensHook,
        "get_connection",
        return_value=Connection(
            conn_id="test",
            login="airflow",
            password="airflow",
        ),
    )
    task = MovielensPopularityOperator(
        task_id="test_id",
        conn_id="test",
        start_date="2015-01-01",
        end_date="2015-01-03",
        top_n=5,
    )
    result = task.execute(context=None)
    assert len(result) == 5
```

使用这段代码，MovielensHook 上的 get_connection()调用是 monkey-patched 的(在运行时替换其功能，从而返回给定的对象，而不是查询 Airflow 的 metastore)，并且在运行测试时执行 MovielensHook.get_connection()不会失败，因为在测试期间没有调用不存在的数据库，而是返回预定义的、预期的连接对象(见代码清单 9-16)。

1　如果你想输入自己的参数，mocker 是 pytest_mock.MockFixture 类型。

代码清单 9-16 在测试中替换外部系统的调用

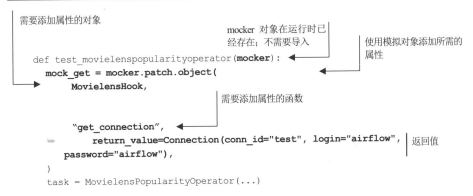

这个例子展示了如何在测试时通过返回一个预定义的 Connection 对象来替代对外部系统(Airflow metastore)的调用。如果你想要验证测试中实际进行的调用,该怎么办?可以将补丁对象赋值给一个变量,该变量包含调用补丁对象时收集的几个属性。假设我们希望确保 get_connection()方法只被调用一次,并且提供给 get_connection()的 conn_id 参数与提供给 MovielensPopularityOperator 的值相同,可以参考代码清单 9-17 的代码。

代码清单 9-17 验证模拟函数的行为

```
mock_get = mocker.patch.object(
    MovielensHook,
    "get_connection",
    return_value=Connection(...),
)
task = MovielensPopularityOperator(..., conn_id="testconn")
task.execute(...)
assert mock_get.call_count == 1
mock_get.assert_called_with("testconn")
```

将 mock 赋值给变量以捕获其行为

断言它只被调用过一次

断言使用我们预期的 conn_id 调用了它

将 mock.patch.object 的返回值赋给名为 mock_get 的变量将捕获对 mock 对象的所有调用,并使我们有可能验证给定的输入、调用数量等。在此示例中,断言 call_count 是否可以验证 MovielensPopularityOperator 不会在实时设置中意外多次调用 Airflow metastore。此外,由于我们向 MovielensPopularityOperator 提供了 conn_id=testconn,因此希望从 Airflow metastore 请求这个 conn_id,使用 assert_called_with()验证这个 conn_id[1]。mock_get 对象拥有更多要验证的属性。例如,断言对象是否被调用[任意次数]。如图 9-6 所示。

---

1 这两个断言有一个方便的方法,名为 assert_called_once_with()。

```
  ▼ ≡ mock_get = {MagicMock} <MagicMock name='get_connection' id='4543875000'>
    ▶ ≡ call_args = {_Call} call('testconn')
    ▶ ≡ call_args_list = {_CallList} [call('testconn')]
      01 call_count = {int} 1
      01 called = {bool} True
    ▶ ≡ method_calls = {_CallList} []
    ▶ ≡ mock_calls = {_CallList} [call('testconn'), call.__str__()]
    ▶ ≡ return_value = {Connection} test
      01 side_effect = {NoneType} None
```

图 9-6 mock_get 包含多个可用于验证行为的属性。(屏幕截图是使用 PyCharm 中的 Python 调试器获取的)

在 Python 中使用模拟技术的最大陷阱之一就是模拟不正确的对象。在示例代码中，模拟了 get_connection()方法。这个方法在 MovielensHook 上被调用，它继承自 BaseHook (airflow.hooks.base 包)。于是 get_connection()方法在 BaseHook 上被定义。直观地说，你可能因此会模拟 BaseHook.get_connection()。然而，这是不正确的。

在 Python 中模拟的正确方法是模拟调用它的位置，而不是定义它的位置[1]。让我们用代码说明这一点(见代码清单 9-18)。

代码清单 9-18 在 Python 中模拟时，请注意正确的导入位置

```python
from airflowbook.operators.movielens_operator import (     ◁── 必须从调用它的
    MovielensPopularityOperator,                                地方导入要模拟
    MovielensHook,                                              的方法
)


def test_movielenspopularityoperator(mocker):
    mock_get = mocker.patch.object(
        MovielensHook,
        "get_connection",                                   ◁── 在 MovielensPopularityOperator 代码中
        return_value=Connection(...),                            调用 MovielensHook.get_connection()
    )
    task = MovielensPopularityOperator(...)
```

9.1.5 使用磁盘上的文件测试

假设一个 operator，它读取一个包含 JSON 列表的文件并将它们写入 CSV 格式，如图 9-7 所示。

```
[
  {"name": "bob", "age": 41, "sex": "M"},          name,age,sex
  {"name": "alice", "age": 24, "sex": "F"},        bob,41,M
  {"name": "carol", "age": 60, "sex": "F"}         alice,24,F
]                                                  carol,60,F
```

图 9-7 将 JSON 格式转换为 CSV 格式

---

[1] 这在 Python 文档 https://docs.python.org/3/library/unittest.mock.html#where-to-patch 中有解释。在 http://alexmarandon.com/articles/python_mock_gotchas 中也有展示。

这个操作的 operator 如代码清单 9-19 所示。

代码清单 9-19　操作本地磁盘的 operator 示例

```python
class JsonToCsvOperator(BaseOperator):
    def __init__(self, input_path, output_path, **kwargs):
        super().__init__(**kwargs)
        self._input_path = input_path
        self._output_path = output_path

    def execute(self, context):
        with open(self._input_path, "r") as json_file:
            data = json.load(json_file)

        columns = {key for row in data for key in row.keys()}

        with open(self._output_path, mode="w") as csv_file:
            writer = csv.DictWriter(csv_file, fieldnames=columns)
            writer.writeheader()
            writer.writerows(data)
```

这个 JsonToCsvOperator 接收两个输入参数：输入 JSON 路径和输出 CSV 路径。为了测试这个 operator，可以在测试目录中存储一个静态文件作为测试的输入，但是在哪里存储输出文件呢？

在 Python 中，有 tempfile 模块用于有关临时存储的任务。它不会在你的文件系统上留下任何残余文件，目录及其内容将在使用后被删除。pytest 为名为 tmp_dir(提供 os.path 对象)和 tmp_path(提供 pathlib 对象)的模块提供了一个方便的访问点。让我们看一个使用 tmp_path 的例子(见代码清单 9-20)。

代码清单 9-20　使用临时路径测试

```python
import csv
import json
from pathlib import Path

from airflowbook.operators.json_to_csv_operator import JsonToCsvOperator

                                                                        # 使用 tmp_path 夹具
def test_json_to_csv_operator(tmp_path: Path):
    input_path = tmp_path / "input.json"            # 定义路径
    output_path = tmp_path / "output.csv"

    input_data = [
        {"name": "bob", "age": "41", "sex": "M"},
        {"name": "alice", "age": "24", "sex": "F"},   # 保存输入文件
        {"name": "carol", "age": "60", "sex": "F"},
    ]
    with open(input_path, "w") as f:
        f.write(json.dumps(input_data))
```

```
operator = JsonToCsvOperator(
    task_id="test",
    input_path=input_path,
    output_path=output_path,
)
```
operator.execute(context={}) ← 执行 JsonToCsvOperator

```
with open(output_path, "r") as f:
    reader = csv.DictReader(f)
    result = [dict(row) for row in reader]
```
读取输出文件

assert result == input_data ← 断言内容

测试后，tmp_path 及其内容将被删除

测试开始时，会创建一个临时目录。tmp_path 参数实际上是指一个函数，每次测试时调用并运行该函数。在 pytest 中，这些被称为夹具(fixture)(https://docs.pytest.org/en/stable/fixture.html)。虽然 fixture 与 unittest 的 setUp()和 tearDown()方法有一些相似之处，但它们具有更大的灵活性，因为 fixture 可以混合和匹配(例如，一个 fixture 可以为类中的所有测试初始化一个临时目录，而另一个 fixture 只针对单个测试进行初始化。如果你有兴趣了解如何在测试之间共享 fixture，请查阅"pytest scope")。fixture 的默认范围是单个测试功能。可以通过打印路径并运行不同的测试，甚至两次相同的测试来看到这一点：

```
print(tmp_path.as_posix())
```

这将分别打印：

- /private/var/folders/n3/g5l6d1j10gxfsdkphhgkgn4w0000gn/T/pytest-of-basharenslak/pytest-19/test_json_to_csv_operator0
- /private/var/folders/n3/g5l6d1j10gxfsdkphhgkgn4w0000gn/T/pytest-of-basharenslak/pytest-20/test_json_to_csv_operator0

还有其他 fixture 可以使用，pytestfixture 具有许多本书未演示的功能。如果你想了解所有 pytest 的功能，那么可以参考帮助文档来获取更多资讯。

9.2 在测试中使用 DAG 和任务 context

一些 operator 需要更多 context 信息(例如，变量模板)或使用任务实例 context 来执行。我们不能像在前面的例子中那样简单地运行 operator.execute(context={})，因为我们没有为 operator 提供任务 context，而代码的执行需要 context。

在这些情况下，我们希望在更真实的场景中运行 operator，就好像 Airflow 要在实时系统中实际运行任务，从而创建任务实例 context、模板化所有变量等。图 9-8 显示了在 Airflow 中执行任务时的执行步骤(在 TaskInstance 中，_run_raw_task())。

第 9 章 测 试 187

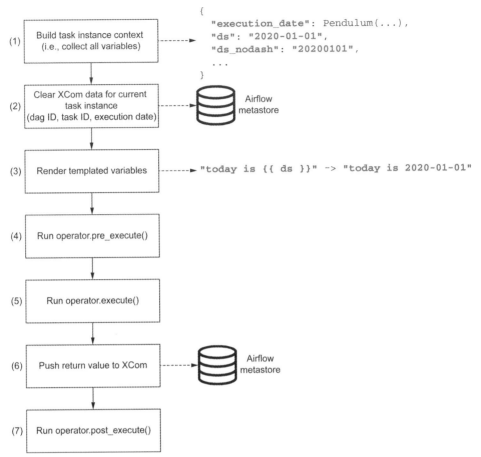

图9-8 运行 operator 涉及几个步骤。在 9.1 节，我们只测试了第(5)步，
并在需要时手动向 operator.execute()提供运行时任务 context

如你所见，步骤(5)是迄今为止在示例中运行的唯一步骤(代码清单9-15、代码清单9-17
和代码清单 9-20)。如果运行实时 Airflow 系统，则在执行 operator 时会执行更多步骤，我
们需要执行其中一些步骤来测试，例如，对模板正确性的测试。

假设我们实现了一个根据给定日期提取电影评分的 operator，用户可以通过模板化变
量提供信息(见代码清单 9-21)。

代码清单 9-21　operator 使用模板化变量的示例

```
class MovielensDownloadOperator(BaseOperator):
    template_fields = ("_start_date", "_end_date", "_output_path")

    def __init__(
        self,
        conn_id,
        start_date,
        end_date,
```

```
        output_path,
        **kwargs,
):
    super().__init__(**kwargs)
    self._conn_id = conn_id
    self._start_date = start_date
    self._end_date = end_date
    self._output_path = output_path

def execute(self, context):
    with MovielensHook(self._conn_id) as hook:
        ratings = hook.get_ratings(
            start_date=self._start_date,
            end_date=self._end_date,
        )

    with open(self._output_path, "w") as f:
        f.write(json.dumps(ratings))
```

这个 operator 是不可测试的,就像前面的例子一样,因为它可能需要任务实例 context 来执行。例如,将/output/{{ds}}.json 提供给 output_path 参数,并且在使用 operator.execute (context={})测试时,ds 变量不可用。

为此,我们将调用 Airflow 本身用于启动任务的实际方法,即 operator.run() (BaseOperator 类上的方法)。要使用它,必须将 operator 分配给 DAG。虽然前面的示例可以按原样运行,而不必为测试目的创建 DAG,但为了使用 run(),需要向 operator 提供一个 DAG,因为当 Airflow 运行任务时,它会对 DAG 对象进行几次引用(例如,在构建任务实例 context 时)。

可以在测试中定义一个 DAG,如代码清单 9-22 所示。

代码清单 9-22　用于测试的,带有默认参数的 DAG

```
dag = DAG(
    "test_dag",
    default_args={
        "owner": "airflow",
        "start_date": datetime.datetime(2019, 1, 1),
    },
    schedule_interval="@daily",
)
```

我们提供给测试 DAG 的值无关紧要,但会在断言 operator 的结果时引用这些值。接下来,可以定义我们的任务并运行它(见代码清单 9-23)。

代码清单 9-23　使用 DAG 进行测试来呈现模板化的变量

```
def test_movielens_operator(tmp_path, mocker):
    mocker.patch.object(
        MovielensHook,
        "get_connection",
        return_value=Connection(
            conn_id="test", login="airflow", password="airflow"
```

```
    ),
)

dag = DAG(
    "test_dag",
    default_args={
        "owner": "airflow",
        "start_date": datetime.datetime(2019, 1, 1),
    },
    schedule_interval="@daily",
)

task = MovielensDownloadOperator(
    task_id="test",
    conn_id="testconn",
    start_date="{{ prev_ds }}",
    end_date="{{ ds }}",
    output_path=str(tmp_path / "{{ ds }}.json"),
    dag=dag,
)

task.run(
    start_date=dag.default_args["start_date"],
    end_date=dag.default_args["start_date"],
)
```

如果你按照我们现在定义的运行测试，可能会遇到类似代码清单 9-24 所示的错误。

代码清单 9-24　第一次运行包含 DAG 的测试

```
.../site-packages/sqlalchemy/engine/default.py:580: OperationalError

The above exception was the direct cause of the following exception:

> task.run(start_date=dag.default_args["start_date"],
    end_date=dag.default_args["start_date"])

...
cursor = <sqlite3.Cursor object at 0x1110fae30>
  statement = 'SELECT task_instance.try_number AS task_instance_try_number,
    task_instance.task_id AS task_instance_task_id, task_ins...\nWHERE
    task_instance.dag_id = ? AND task_instance.task_id = ? AND
    task_instance.execution_date = ?\n LIMIT ? OFFSET ?'
parameters = ('test_dag', 'test', '2015-01-01 00:00:00.000000', 1, 0)
...

    def do_execute(self, cursor, statement, parameters, context=None):
>       cursor.execute(statement, parameters)
E       sqlalchemy.exc.OperationalError: (sqlite3.OperationalError) no such
 column: task_instance.max_tries
E [SQL: SELECT task_instance.try_number AS task_instance_try_number,
  task_instance.task_id AS task_instance_task_id, task_instance.dag_id AS
  task_instance_dag_id, task_instance.execution_date AS
  task_instance_execution_date, task_instance.start_date AS
  task_instance_start_date, task_instance.end_date AS task_instance_end_date,
```

```
          task_instance.duration AS task_instance_duration, task_instance.state AS
          task_instance_state, task_instance.max_tries AS task_instance_max_tries,
          task_instance.hostname AS task_instance_hostname, task_instance.unixname AS
          task_instance_unixname, task_instance.job_id AS task_instance_job_id,
          task_instance.pool AS task_instance_pool, task_instance.queue AS
          task_instance_queue, task_instance.priority_weight AS
          task_instance_priority_weight, task_instance.operator AS
          task_instance_operator, task_instance.queued_dttm AS
          task_instance_queued_dttm, task_instance.pid AS task_instance_pid,
          task_instance.executor_config AS task_instance_executor_config
E     FROM task_instance
E     WHERE task_instance.dag_id = ? AND task_instance.task_id = ? AND
       task_instance.execution_date = ?
E     LIMIT ? OFFSET ?]
E     [parameters: ('test_dag', 'test', '2015-01-01 00:00:00.000000', 1, 0)]
E     (Background on this error at: http://sqlalche.me/e/e3q8)
```

从错误消息中可以看出，Airflow metastore 中存在问题。为了运行任务，Airflow 会在数据库中查询几条信息，例如具有相同执行日期的先前任务实例。但是，如果你没有在环境变量 AIRFLOW_HOM 所指定的路径(一般为~/airflow)运行 airflow db init，来初始化 metastore 或者没有将 Airflow 配置到正在运行的数据库作为元数据存储，那么它将没有数据库可供读取或写入。因此在测试时，我们也需要一个 metastore。有几种方法可以在测试期间处理 metastore。

首先，假设可以在查询连接凭证时模拟每个数据库调用，如前所示。虽然这是可能的，但非常麻烦。更实用的方法是运行一个真实的 metastore 来让 Airflow 在运行测试时查询。

为此，可以运行 airflow db init，它会初始化数据库。不需要任何配置，数据库将是一个 SQLite 数据库，存储在~/airflow/airflow.db 中。如果你设置 AIRFLOW_HOME 环境变量，Airflow 会将数据库存储在该给定目录中。确保在运行测试时提供相同的 AIRFLOW_HOME 值，以便 Airflow 可以找到你的 metastore(为了确保你的测试与其他任务相隔离，使用运行在 Docker 容器中的被初始化为空的 Airflow 数据库是一个很好的选择)。

现在，一旦你为 Airflow 设置了一个可用于查询的 metastore，就可以运行测试并看到它可以执行成功。此外，现在可以看到在测试期间向 Airflow metastore 写入了一行数据，如图 9-9 所示(通过 DBeaver 查看，它是一款免费的 SQLite 数据库浏览器)。

	task_id	dag_id	execution_date	start_date	end_date	duration	state	try_number
1	test	test_dag	2019-01-01 00:00:00.000000	2019-12-22 21:52:13.111447	2019-12-22 21:52:13.283970	0.172523	success	1

图 9-9　调用 task.run()会在数据库中生成运行任务的详细信息

在这个测试中有两点需要指出。如果你在一个 DAG 中运行多个测试，那么可以使用 pytest 重用它。我们已经介绍了 pytest fixture，并且这些 fixture 可以使用名为 conftest.py 的文件在(子)目录中的多个文件中重复使用。该文件可以包含一个用于实例化 DAG 的 fixture (见代码清单 9-25)。

代码清单 9-25　示例：pytest fixture 在整个测试中重用 DAG

```python
import datetime

import pytest
from airflow.models import DAG
@pytest.fixture
def test_dag():
    return DAG(
        "test_dag",
        default_args={
            "owner": "airflow",
            "start_date": datetime.datetime(2019, 1, 1),
        },
        schedule_interval="@daily",
    )
```

现在，每个需要 DAG 对象的测试都可以通过将 test_dag 作为参数添加到测试中，来简单地实例化它，这个测试在开始时执行 test_dag()函数(见代码清单 9-26)。

代码清单 9-26　通过在测试中包含 fixture 来创建所需的对象

```python
def test_movielens_operator(tmp_path, mocker, test_dag):
    mocker.patch.object(
        MovielensHook,
        "get_connection",
        return_value=Connection(
            conn_id="test",
            login="airflow",
            password="airflow",
        ),
    )

    task = MovielensDownloadOperator(
        task_id="test",
        conn_id="testconn",
        start_date="{{ prev_ds }}",
        end_date="{{ ds }}",
        output_path=str(tmp_path / "{{ ds }}.json"),
        dag=test_dag,
    )

    task.run(
        start_date=dag.default_args["start_date"],
        end_date=dag.default_args["start_date"],
    )
```

task.run()是 BaseOperator 类的一个方法。run()通过给定的两个日期以及 DAG 的 schedule_interval 来计算在给定的两个日期之间运行的任务实例。由于我们提供了相同的两个日期(DAG 的开始日期)，因此将只执行一个任务实例。

使用外部系统

假设我们使用一个连接到数据库的 operator，例如 MovielensToPostgresOperator，它读取 MovieLens 评分并将结果写入 Postgres 数据库。这是一个很常见的用例，当数据源只提供请求时的数据，而不能提供历史数据时，人们希望建立数据源的历史记录。例如，如果你今天查询 MovieLens API，John 昨天给《复仇者联盟》评分为四星，但今天将其评分更改为五星，API 将只返回他的五星评级。通过 Airflow 可以每天获取一次数据，并将获取的数据以及获取的时间保存在一起。

这种操作的 operator 可能如代码清单 9-27 所示。

代码清单 9-27　示例：连接 PostgreSQL 数据库的 operator

```python
from airflow.hooks.postgres_hook import PostgresHook
from airflow.models import BaseOperator

from airflowbook.hooks.movielens_hook import MovielensHook

class MovielensToPostgresOperator(BaseOperator):
    template_fields = ("_start_date", "_end_date", "_insert_query")

    def __init__(
        self,
        movielens_conn_id,
        start_date,
        end_date,
        postgres_conn_id,
        insert_query,
        **kwargs,
    ):
        super().__init__(**kwargs)
        self._movielens_conn_id = movielens_conn_id
        self._start_date = start_date
        self._end_date = end_date
        self._postgres_conn_id = postgres_conn_id
        self._insert_query = insert_query

    def execute(self, context):
        with MovielensHook(self._movielens_conn_id) as movielens_hook:
            ratings = list(movielens_hook.get_ratings(
                start_date=self._start_date,
                end_date=self._end_date),
            )

        postgres_hook = PostgresHook(
            postgres_conn_id=self._postgres_conn_id
        )
        insert_queries = [
            self._insert_query.format(",".join([str(_[1]) for _ in sorted(rating.items())]))
            for rating in ratings
        ]
```

```
postgres_hook.run(insert_queries)
```

让我们详细介绍 execute()方法。它通过获取数据并将结果转换为 Postgres 语句来连接 MovieLens API 和 Postgres 数据库,如图 9-10 所示。

使用 MovielensHook 获取给定 start_date 和 end_date 之间的所有评分数据
创建PostgresHook用来与Postgres通信

```
def execute(self, context):
    with MovielensHook(self._movielens_conn_id) as movielens_hook:
        ratings = list(movielens_hook.get_ratings(start_date=self._start_date, end_date=self._end_date))
    postgres_hook = PostgresHook(postgres_conn_id=self._postgres_conn_id)
    insert_queries = [
        self._insert_query.format(",".join([str(_[1]) for _ in sorted(rating.items())]))
        for rating in ratings
    ]
    postgres_hook.run(insert_queries)
```

创建插入语句列表。评分以字典列表的形式返回:
`{'movieId': 51935, 'userId': 21127, 'rating': 4.5, 'timestamp': 1419984001}`

对于每个评分,我们完成如下操作:

1. 按关键字排序以获得确定性结果:
```
sorted(ratings[0].items())
[('movieId', 51935), ('rating', 4.5), ('timestamp', 1419984001), ('userId', 21127)]
```

2. 创建值列表,.join()转换为字符串
```
[str(_[1]) for _ in sorted(ratings[0].items())]
['51935', '4.5', '1419984001', '21127']
```

3. 将所有的值通过逗号进行连接,形成字符串
```
",".join([str(_[1]) for _ in sorted(rating.items())])
'51935,4.5,1419984001,21127'
```

4. 将结果提供给insert_query.format(...)
```
self._insert_query.format(",".join([str(_[1]) for _ in sorted(rating.items())]))
'INSERT INTO movielens (movieId,rating,ratingTimestamp,userId,...) VALUES (51935,4.5,1419984001,21127, ...)'
```

图 9-10　将 JSON 数据转换为 Postgres 查询的详细步骤

假设我们不能从笔记本电脑访问生产用的 Postgres 数据库,那么如何测试它呢?幸运的是,可以使用 Docker 提供的本地 Postgres 数据库进行测试。有几个 Python 包提供了方便的函数,用于在 pytest 测试中控制 Docker 容器。对于下面的示例,将使用 pytest-docker-tools (https://github.com/Jc2k/pytest-docker-tools)。这个包提供了一组方便的辅助函数,可以用它创建一个 Docker 容器来进行测试。

我们不会详细介绍这个包的所有细节,但将演示如何创建一个示例 Postgres 容器来保存从 MovieLens 获取的结果。如果 operator 工作正常,那么在测试结束时应该将结果写入容器中的 Postgres 数据库。使用 Docker 容器进行测试允许我们使用 hook 的实际方法,而不必模拟调用,以尽可能真实地测试。

首先,使用 pip install pytest_docker_tools 在你的环境中安装 pytest-docker-tools。这为我们提供了一些辅助函数,如 fetch 和 container。首先,我们将获取容器(见代码清单 9-28)。

代码清单 9-28　获取一个 Docker 映像,从而使用 pytest_docker_tools 测试

```python
from pytest_docker_tools import fetch

postgres_image = fetch(repository="postgres:11.1-alpine")
```

fetch 函数在它运行的机器上触发 docker pull(因此需要安装 Docker)并返回所需映像。

注意 fetch 函数本身是一个 pytest fixture，这意味着我们不能直接调用它，而必须将它作为参数提供给测试(见代码清单 9-29)。

代码清单 9-29 在带有 pytest_docker_tools fixture 的测试中使用 Docker 映像

```
from pytest_docker_tools import fetch

postgres_image = fetch(repository="postgres:11.1-alpine")

def test_call_fixture(postgres_image):
    print(postgres_image.id)
```

运行这个测试，将得到如下结果：

```
Fetching postgres:11.1-alpine
PASSED                           [100%]
sha256:b43856647ab572f271decd1f8de88b590e157bfd816599362fe162e8f37fb1ec
```

现在可以使用这个映像 ID 配置和启动 Postgres 容器(见代码清单 9-30)。

代码清单 9-30 使用 pytest_docker_tools fixture 启动 Docker 容器进行测试

```
from pytest_docker_tools import container

postgres_container = container(
    image="{postgres_image.id}",
    ports={"5432/tcp": None},
)

def test_call_fixture(postgres_container):
  print(
      f"Running Postgres container named {postgres_container.name} "
      f"on port {postgres_container.ports['5432/tcp'][0]}."
  )
```

pytest_docker_tools 中的 container 函数也是一个 fixture，因此也只能通过将其作为测试的参数提供。它需要配置几个参数来启动容器。在这种情况下，参数是从 fetch() fixture 返回的映像 ID 和要公开的端口。就像在命令行上运行 Docker 容器一样，我们也可以配置环境变量、卷以及其他参数。

端口配置需要解释一下。你通常将容器端口映射到主机系统上的同一端口(即 docker run -p 5432:5432 postgres)。用于测试的容器一般都较小，并且我们也不希望 Docker 与主机系统上正在运行的任何服务发生端口冲突。

为 ports 关键字参数提供一个字典，其中键是容器端口，值映射到主机系统的端口，并将值保留为 None，将主机端口映射到主机上的随机开放端口(就像运行 docker run -P)。将 fixture 提供给测试，将执行这个 fixture(即运行容器)，然后 pytest-docker-tools 在内部将主机系统上分配的端口映射到 fixture 本身的 ports 属性。postgres_container.ports ['5432/tcp'][0]将主机上分配的端口号提供给我们，然后可以在测试中使用它连接。

为了尽可能地模拟真实的数据库，需要设置用户名和密码，并用要查询的 schema 和数据来初始化它。可以将两者提供给容器 fixture(见代码清单 9-31)。

代码清单 9-31　初始化 Postgres 容器，以便测试真实数据库

```
postgres_image = fetch(repository="postgres:11.1-alpine")
postgres = container(
    image="{postgres_image.id}",
    environment={
        "POSTGRES_USER": "testuser",
        "POSTGRES_PASSWORD": "testpass",
    },
    ports={"5432/tcp": None},
    volumes={
        os.path.join(os.path.dirname(__file__), "postgres-init.sql"): {
            "bind": "/docker-entrypoint-initdb.d/postgres-init.sql"
        }
    },
)
```

可以通过 postgres -init.sql 初始化数据库结构并填充数据(见代码清单 9-32)。

代码清单 9-32　为测试数据库初始化 schema

```
SET SCHEMA 'public';
CREATE TABLE movielens (
    movieId integer,
    rating float,
    ratingTimestamp integer,
    userId integer,
    scrapeTime timestamp
);
```

在容器 fixture 中，通过环境变量提供了 Postgres 的用户名和密码。这是 Postgres Docker 映像的一个特性，它允许我们通过环境变量配置多个设置。如果想了解所有的可用环境变量，可以参考 Postgres Docker 映像文档。Docker 映像的另一个特性是能够通过在目录 /docker-entrypoint-initdb.d 中放置扩展名为*.sql、*.sql.gz 或*.sh 的文件来使用启动脚本初始化容器。这些脚本将在容器启动时执行，在启动实际的 Postgres 服务之前，可以使用这些脚本初始化我们的测试容器，从而稍后可以使用我们所需的表。

在代码清单 9-31 中，将一个名为 postgres-init.sql 的文件挂载到容器中，并使用关键字 volumes 挂载到容器 fixture 中：

```
volumes={
    os.path.join(os.path.dirname(__file__), "postgres-init.sql"): {
        "bind": "/docker-entrypoint-initdb.d/postgres-init.sql"
    }
}
```

我们为它提供了一个字典，通过字典的键显示主机系统上的(绝对)位置。在这种情况下，我们在与测试脚本相同的目录中保存了一个名为 postgres-init.sql 的文件，因此 os.path.join (os.path.dirname(__file__),"postgres-init.sql")会提供给我们它的绝对路径。上述字典的值也

是一个字典，这个字典的键表示挂载类型(绑定)，值是容器内的位置，应该是
/docker-entrypoint-initdb.d 中用于容器启动时运行的*.sql 脚本。

将所有这些放在一个脚本中，我们最终可以测试真实的 Postgres 数据库(见代码清单 9-33)。

代码清单 9-33　使用 Docker 容器完成外部系统测试

```
import os

import pytest
from airflow.models import Connection
from pytest_docker_tools import fetch, container

from airflowbook.operators.movielens_operator import MovielensHook,
  MovielensToPostgresOperator, PostgresHook

postgres_image = fetch(repository="postgres:11.1-alpine")
postgres = container(
  image="{postgres_image.id}",
  environment={
      "POSTGRES_USER": "testuser",
      "POSTGRES_PASSWORD": "testpass",
  },
  ports={"5432/tcp": None},
  volumes={
      os.path.join(os.path.dirname(__file__), "postgres-init.sql"): {
          "bind": "/docker-entrypoint-initdb.d/postgres-init.sql"
      }
  },
)

def test_movielens_to_postgres_operator(mocker, test_dag, postgres):
  mocker.patch.object(
    MovielensHook,
    "get_connection",
    return_value=Connection(
      conn_id="test",
      login="airflow",
      password="airflow",
    ),
  )
  mocker.patch.object(
    PostgresHook,
    "get_connection",
    return_value=Connection(
      conn_id="postgres",
      conn_type="postgres",
      host="localhost",
      login="testuser",
      password="testpass",
      port=postgres.ports["5432/tcp"][0],
```

```
    ),
)

task = MovielensToPostgresOperator(
    task_id="test",
    movielens_conn_id="movielens_id",
    start_date="{{ prev_ds }}",
    end_date="{{ ds }}",
    postgres_conn_id="postgres_id",
    insert_query=(
        "INSERT INTO movielens
    (movieId,rating,ratingTimestamp,userId,scrapeTime) "
        "VALUES ({0}, '{{ macros.datetime.now() }}')"
    ),
    dag=test_dag,
)

pg_hook = PostgresHook()

row_count = pg_hook.get_first("SELECT COUNT(*) FROM movielens")[0]
assert row_count == 0

task.run(
    start_date=test_dag.default_args["start_date"],
    end_date=test_dag.default_args["start_date"],
)

row_count = pg_hook.get_first("SELECT COUNT(*) FROM movielens")[0]
assert row_count > 0
```

由于需要初始化容器，以及我们需要完成连接模拟，因此完整的测试结果有点冗长。我们实例化了一个 PostgresHook(它使用与 MovielensToPostgresOperator 中相同的模拟 get_connection()，从而连接到 DockerPostgres 容器)。首先断言行数是否为零，运行 operator，然后测试是否有数据被插入。

在测试逻辑之外，会发生什么？在测试启动期间，pytest 会找出哪些测试使用了 fixture，并且只有在给定 fixture 被使用时才会执行，如图 9-11 所示。

在 pytest 决定启动容器 fixture 时，它将获取、运行并初始化容器。这需要几秒钟的时间，因此测试套件中会有几秒钟的延迟。测试完成后，fixture 终止。pytest-docker-tools 在 Python Docker 客户端周围放置了一个小型包装器，提供了一些在测试中使用的构造和 fixture。

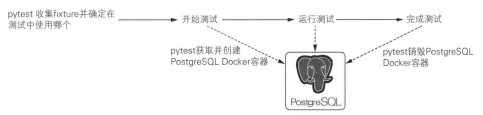

图 9-11　使用 pytest-docker-tools 运行测试的过程。在测试运行期间，使用 Docker 容器可以实现对真实系统的测试。Docker 容器的生命周期由 pytest-docker-tools 管理

9.3 使用测试进行开发

测试不仅有助于验证代码的正确性，测试在开发过程中也很有帮助，因为测试允许你运行一小段代码而不必运行整个系统。让我们看看测试是如何在开发工作流程时帮助我们。接下来将展示一些 PyCharm 的屏幕截图，但任何现代 IDE 都允许我们设置断点并调试。

让我们回到 9.1.3 节中介绍的 MovielensPopularityOperator。在 execute()方法中，它运行了一系列语句，我们想知道它的中途状态。使用 PyCharm，可以通过放置一个断点并运行一个测试来实现这一点，对代码进行断点设置，如图 9-12 所示。

```
class MovielensPopularityOperator(BaseOperator):
    def __init__(self, conn_id, start_date, end_date, min_ratings=4, top_n=5, **kwargs):
        super().__init__(**kwargs)
        self._conn_id = conn_id
        self._start_date = start_date
        self._end_date = end_date
        self._min_ratings = min_ratings
        self._top_n = top_n

    def execute(self, context):
        with MovielensHook(self._conn_id) as hook:
            ratings = hook.get_ratings(start_date=self._start_date, end_date=self._end_date)

            rating_sums = defaultdict(Counter)
            for rating in ratings:
                rating_sums[rating["movieId"]].update(count=1, rating=rating["rating"])

            averages = {
                movie_id: (rating_counter["rating"] / rating_counter["count"], rating_counter["count"])
                for movie_id, rating_counter in rating_sums.items()
                if rating_counter["count"] >= self._min_ratings
            }
            return sorted(averages.items(), key=lambda x: x[1], reverse=True)[: self._top_n]
```

在边框上单击，可以设置断点。
调试器将在到达这个断点时暂停运行

图 9-12 在 IDE 中设置断点，该截图使用的是 PyCharm，但任何 IDE 都允许你设置断点并调试

现在运行 test_movielenspopularityoperator 测试并在调试模式下启动它，如图 9-13 所示。

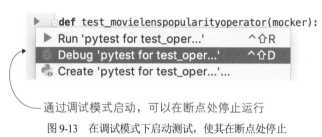

通过调试模式启动，可以在断点处停止运行

图 9-13 在调试模式下启动测试，使其在断点处停止

一旦测试到达你设置断点的代码行，你就可以检查变量的当前状态，也可以在那里执行代码。例如，可以在 execute()方法中途检查任务实例 context，如图 9-14 所示。

```
▼ ≡ context = {dict: 36} {'conf': <airflow.configuration.AirflowConfigParser object at 0x112896438>, 'dag': <D
  ▶ ≡ 'conf' = {AirflowConfigParser: 28} <airflow.configuration.AirflowConfigParser object at 0x112896438>
  ▶ ≡ 'dag' = {DAG} <DAG: test_dag>
    🔟 'ds' = {str} '2015-01-01'
    🔟 'next_ds' = {str} '2015-01-02'
    🔟 'next_ds_nodash' = {str} '20150102'
    🔟 'prev_ds' = {str} '2014-12-31'
    🔟 'prev_ds_nodash' = {str} '20141231'
    🔟 'ds_nodash' = {str} '20150101'
    🔟 'ts' = {str} '2015-01-01T00:00:00+00:00'
    🔟 'ts_nodash' = {str} '20150101T000000'
    🔟 'ts_nodash_with_tz' = {str} '20150101T000000+0000'
    🔟 'yesterday_ds' = {str} '2014-12-31'
    🔟 'yesterday_ds_nodash' = {str} '20141231'
    🔟 'tomorrow_ds' = {str} '2015-01-02'
    🔟 'tomorrow_ds_nodash' = {str} '20150102'
    🔟 'END_DATE' = {str} '2015-01-01'
    🔟 'end_date' = {str} '2015-01-01'
    🔟 'dag_run' = {NoneType} None
    🔟 'run_id' = {NoneType} None
  ▶ ≡ 'execution_date' = {Pendulum} 2015-01-01T00:00:00+00:00
  ▶ ≡ 'prev_execution_date' = {Pendulum} 2014-12-31T00:00:00+00:00
  ▶ ≡ 'prev_execution_date_success' = {datetime} 2014-12-31 00:00:00+00:00
    🔟 'prev_start_date_success' = {NoneType} None
  ▶ ≡ 'next_execution_date' = {Pendulum} 2015-01-02T00:00:00+00:00
```

图 9-14 通过调试允许我们在设置的断点处检查程序的状态。在这里，我们检查 context 的值

有时你的代码在本地运行正常，但在生产环境运行时返回错误。我们如何在生产环境中调试呢？你可以使用远程调试的方法，但这超出了本书的范围。它允许你将本地 PyCharm(或其他 IDE)调试器连接到远程运行的 Python 进程。(可以搜索"PyCharm 远程调试"了解更多信息。)

另一种选择是如果由于某种原因你不能使用专业的调试器，则可以使用命令行调试器(为此，需要访问远程机器上的命令行)。Python 有一个名为 pdb(Python Debugger)的内置调试器。它的工作原理是在要调试的位置添加如代码清单 9-34 所示的代码(在 Python3.7 和 PEP553 中，引入了一种新的设置断点的方法，只需要调用 breakpoint()即可)。

代码清单 9-34　在代码中设置断点

```
import pdb; pdb.set_trace()
```

现在，可以从命令行启动代码，方法是使用 pytest 运行测试或使用 CLI 在 DAG 中启动 Airflow 任务，方法是运行如下代码：

```
airflow tasks test [dagid] [taskid] [execution date]
```

例子如下：

```
airflow tasks test movielens_download fetch_data 2019-01-01T12:00:00
```

airflow tasks test 运行任务而不会在 metastore 中写入任何记录。它对于在生产环境中

运行和测试单个任务很有用。一旦到达 pdb 断点，就可以执行代码并使用某些键来控制调试器，例如 n 用于执行语句并转到下一行，l 用于显示周围的行，如图 9-15 所示。你可以在网络上搜索 "pdb cheat sheet" 来获取完整的命令列表。

```
                                                  pdb 暂停的语句
                                                   "l" 检查周围的代码行
                                                   显示要执行的下一行
>>>>>>>>>>>>>>>>>>>>>>>>>>>>>>>>>>>>> PDB  set_trace >>>>>>>>>>>>>>>>>>>>>>>>>>>>>>>>>>> >>>>
> /src/airflowbook/operators/movielens_operator.py( 70)execute()
-> postgres_hook = PostgresHook(postgres_conn_id=se lf._postgres_conn_id)
(Pdb) l
65 with MovielensHook(self._movielens_conn_id) as m ovielens_hook:
66     ratings = list(movielens_hook.get_ratings(start_ date=self._start_date, end_date=self._end_date))
67
68     import pdb; pdb.set_trace()
69
70 -> postgres_hook = PostgresHook(postgres_conn_id =self._postgres_conn_id)
71     insert_queries = [
72         self._insert_query.format(",".join([str(_[1] ) fo r _ in sorted(rating.items())]))
73         for rating in ratings
74     ]
75     postgres_hook.run(insert_queries)
(Pdb) len(ratings)
3103
(Pdb) n
> /src/airflowbook/operators/movielens_operator.py( 72)execute()
-> self._insert_query.format(",".join([str(_[1]) for r _ in sorted(rating.items())]))
```

通过打印长度来检查变量 ratings 是否含有值

执行这一行，并转到下一行

图 9-15　使用 PDB 在命令行中调试

测试完整的 DAG

到目前为止，我们已经了解如何测试单个 operator 的各种技术：使用和不使用任务实例 context 进行测试、使用本地文件系统的 operator 以及在 Docker 的帮助下使用外部系统的 operator。但所有这些都集中在测试单个 operator 上。工作流开发的一个重要因素是确保所有构建块能够很好地组合在一起。虽然从逻辑的角度来看，某个 operator 可能是正确运行的，但它可能会对数据进行错误的转换，从而导致后续 operator 失败。我们如何确保 DAG 中的所有 operator 都按预期协同工作呢？

遗憾的是，这不是一个容易回答的问题。由于各种原因，并非总是能够模拟真实环境。例如，对于 DTAP(development, test, acceptance, production：开发、测试、验收、生产)分离的系统，由于隐私法规或数据的大小，通常无法在开发环境中创建与生产环境一致的副本。假设生产环境拥有 PB 级的数据，那么在所有 4 种环境(开发、测试、验收、生产)中保持数据同步是不切实际的。因此，人们一直在创建尽可能真实的生产环境，我们可以用它开发和验证软件。对于 Airflow，这也不例外，我们已经看到了解决这个问题的几种方法。在 9.4 节和 9.5 节简要描述了两种方法。

9.4 使用 Whirl 模拟生产环境

可以通过 Whirl (https://github.com/godatadriven/whirl)这个项目重新创建生产环境。它的思路是在 Docker 容器中模拟生产环境的所有组件，并使用 Docker Compose 管理所有这些组件。Whirl 带有一个 CLI 实用程序，可以轻松控制这些环境。虽然 Docker 是一个很好的开发工具，但一个缺点是：并不是所有的东西都可以作为 Docker 映像使用。例如，Google Cloud Storage 就没有可用的 Docker 映像。

9.5 创建 DTAP 环境

使用 Docker 在本地模拟你的生产环境，或使用诸如 Whirl 的工具并不总是可行的。原因之一是安全问题(例如，有时无法将本地 Docker 与生产 DAG 中使用的 FTP 服务器连接，因为 FTP 服务器可能使用 IP 名单控制)。

企业的安全管理员更容易接受的一种方法是设置隔离的 DTAP 环境。已经成型并运行良好的开发、测试、验收、生产四个环境有时设置和管理起来非常麻烦，因此在人员很少的较小项目中，有时只使用生产和开发两个环境。每个环境都可以有特定的要求，例如开发和测试环境中的虚拟数据。这类 DTAP 的实施通常与特定项目及其基础硬件环境有关，我们不在本书讨论。

在 Airflow 项目中，推荐的做法是在每个环境的 GitHub 存储库中创建一个专用分支：开发环境 > development branch，生产环境 > production/main 等。这样你就可以在本地分支中开发。然后，首先合并到开发分支，并在开发环境上运行 DAG。一旦对结果感到满意，就可以将更改合并到下一个分支，比如 main，并在相应的环境中运行工作流。

9.6 本章小结

- 通过 DAG 完整性测试可以发现 DAG 中的低级错误。
- 可以通过单元测试验证单个 operator 的正确性。
- pytest 和插件为测试提供了几个有用的构造，例如管理临时路径以及在测试期间管理 Docker 容器的插件。
- 不使用任务实例 context 的 operator 可以简单地使用 execute()来运行。
- 使用任务实例 context 的 operator 必须与 DAG 一起运行。
- 对于集成测试，必须尽可能模拟生产环境。

第 *10* 章
在容器中运行任务

本章主要内容
- 了解管理 Airflow 部署所面临的挑战
- 了解如何使用容器化方法来简化 Airflow 部署
- 在 Docker 中运行 Airflow 容器化任务
- 在开发容器化 DAG 中建立工作流的高级概述

在前几章中，我们使用不同的 Airflow operator 实现了若干个 DAG，每个 operator 专门用于执行特定类型的任务。在本章中，我们将讨论同时使用多个不同 operator 的一些缺点，特别是着眼于创建易于构建、部署和维护的 Airflow DAG。鉴于这些问题，我们将研究如何通过 Airflow 在使用 Docker 和 Kubernetes 的容器中运行任务，以及这种容器化方法所带来的好处。

10.1 同时使用多个不同 operator 所面临的挑战

operator 可以说是 Airflow 的强大功能之一，因为它们提供了极大的灵活性，可以跨许多不同类型的系统协调任务运行。但由于其固有的复杂性，导致同时使用许多不同的 operator 创建和管理 DAG 非常具有挑战性。

为了了解其中的原因，请参考图 10-1 所示的 DAG，它是基于我们在第 8 章中使用的电影推荐示例。在这个 DAG 中包含 3 个不同的任务：首先从我们的电影 API 中获取电影推荐信息，然后根据获取的推荐信息对电影进行排名，最后推送这些电影到 MySQL 数据库以供下游任务进一步使用。请注意，这个相对简单的 DAG 已经使用了 3 种不同的 operator：用于访问 API 的 HttpOperator(或某些其他 API operator)、用于执行 Python 推荐函数的 PythonOperator 和用于存储结果的 MySQLOperator。

图 10-1 电影推荐 DAG 的示例。DAG 首先获取电影推荐信息，然后使用它们对电影进行排名，最后将结果保存在数据库中。这些步骤中，每个步骤都使用了不同的 operator，这将增加 DAG 开发或维护的复杂性

10.1.1 operator 接口和实现

在上述任务中，每个任务都使用不同的 operator 的缺点在于，这要求我们熟悉每个 operator 的接口和内部工作原理，这样才能有效地使用它们。此外，如果我们在任何 operator 当中遇到错误(遗憾的是，这时有发生，尤其是对那些使用率较低的 Airflow operator)，将需要花费大量时间和资源来追踪潜在问题，并修复它们。虽然对于这个小例子来说，遇到问题时，似乎很容易处理，但想象一下，在 Airflow 的项目中使用了许多不同的 DAG，这些 DAG 又使用了大量不同的 operator。在这种情况下，同时使用如此大量的 operator，并需要确保它们都能正常运行，确实是一件让人头痛的事情。

10.1.2 复杂且相互冲突的依赖关系

同时使用多个 operator 的另一个挑战是，每个 operator 通常都需要自己的一组依赖项(来自 Python 或其他环境)。例如，HttpOperator 依赖 Python 库 requests 来执行 HTTP 请求，而 MySQLOperator 依赖 Python 和系统级依赖项来与 MySQL 通信。类似地，PythonOperator 调用的推荐器代码可能有自己的大量依赖项(如果涉及机器学习技术，则需要 pandas、scikit-learn 等依赖项)。

由于 Airflow 的设置方式要求，所有这些依赖项都需要安装在运行 Airflow 调度器的环境中，同时也要安装你打算使用的 operator。当使用许多不同的 operator 时，这需要安装许多依赖项(可以通过查看 Airflow 的 setup.py 文件，即可了解支持所有 Airflow operator 所涉及的依赖项的绝对数量)，这将导致潜在的冲突(如图 10-2 所示)，以及设置和维护这些环境的极大复杂性(更不用说安装这么多不同软件的潜在安全风险)。依赖项冲突，在 Python 中是一个一直存在的让人头疼的问题，因为 Python 不提供在一个环境中同时安装某个包的不同版本，而有些 Python 组件的运行需要某个包的特定版本，而同一项目中的另外一个 Python 组件，则需要那个包的另外版本，这就产生了依赖项冲突。

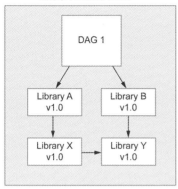
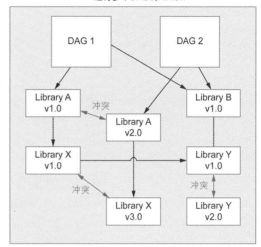

图 10-2 Airflow 中，任务或 DAG 之间复杂且相互冲突的依赖关系。当 DAG 依赖于相同(或相关)包的不同版本时，在单个环境中运行多个 DAG 可能会导致冲突。Python 不支持在同一环境中同时安装同一包的多个版本。这意味着包(如右图所示)中的任何冲突都需要通过重写 DAG(或其依赖项)以使用相同的包版本来解决

10.1.3 转向通用 operator

由于在使用和维护许多不同的 operator 及其依赖项方面存在诸多挑战，因此一些人认为最好专注于使用单个通用的 operator 来运行 Airflow 任务。这种方法的一个好处是我们只需要熟悉一种 operator 即可，这也意味着之前在 Airflow 中使用许多不同的 DAG 变得更容易理解，因为它们只包含一种类型的任务。此外，如果每个人都使用相同的 operator 运行他们的任务，我们就不太可能在这个频繁使用的 operator 中遇到错误。最后，只有一种 operator 意味着我们只需要安装并维护一组 Airflow 依赖项即可。

但是我们在哪里可以找到这样一个能够同时运行许多不同任务，而不需要为每个任务安装和管理依赖项的通用 operator 呢？答案就是使用容器。

10.2 容器

容器在最近一直被业界广泛关注并大量使用，它允许应用程序轻松打包所需的依赖项，并轻松地统一部署在不同的环境中。在讨论如何在 Airflow 中使用容器之前，我们将首先简要介绍容器，以便你能够更好地理解后面的内容(关于完整的介绍，建议阅读关于基于容器的虚拟化和相关技术的书籍，如 Docker/Kubernetes)。如果你已经熟悉 Docker 和容器背后的概念，请直接跳转到 10.3 节。

10.2.1 什么是容器

从历史上看，开发软件应用程序的最大挑战之一是它们的部署(即确保你的应用程序可以在目标机器上正确并稳定地运行)。这通常涉及处理和考虑许多不同的因素，包括操作系统之间的差异、安装各种不同的依赖项和软件库、使用不同的硬件等。

管理这种复杂性的一种方法是使用虚拟化技术，其中将应用程序安装到运行在客户端操作系统主机上的虚拟机(VM)中，如图 10-3 所示。使用这种方法，应用程序只能看到 VM 的操作系统，这意味着我们只需要确保虚拟操作系统满足我们的应用程序需求即可，而不用修改主机操作系统。因此，为了部署我们的应用程序，可以简单地将我们的应用程序与所有必需的依赖项安装到虚拟操作系统中，然后可以将其发送给我们的客户。

VM 的缺点之一是它们非常笨重，因为它们需要在主机操作系统上运行整个操作系统。此外，每个新的 VM 都将运行自己的客户操作系统，这意味着在一台计算机上的多个 VM 中运行多个应用程序需要使用大量资源。

这种需要大量资源的限制促进了基于容器的虚拟化的发展，这是一种比 VM 简洁的解决方案，如图 10-3 所示。与 VM 相比，基于容器的虚拟化方法使用主机操作系统中的内核级功能来虚拟化应用程序。这意味着容器可以通过与 VM 相同的方式隔离应用程序及其依赖项，但不需要每个应用程序运行自己的操作系统，它们可以简单地利用主机操作系统的这些功能。

图 10-3　虚拟机(VM)和容器之间的比较。与虚拟机相比，容器更加轻量化，因为它们不需要为每个应用程序运行完整的 Guest 操作系统

容器和主机操作系统之间的交互通常由称为容器引擎的服务管理，该服务提供用于管理和运行不同应用程序容器及其映像的 API。这个服务通常还提供命令行工具，帮助用户构建容器并与其交互。最著名的容器引擎就是 Docker，由于 Docker 易于使用并有着庞大的技术社区，多年来受到了广泛的欢迎。

10.2.2 运行第一个 Docker 容器

为了探索创建和运行容器的具体方法，让我们尝试使用 Docker 构建一个小型容器。这将帮助你对使用容器和所涉及的开发工作流程有所了解。在开始之前，请确保你已安装了 Docker。可在 https://www.docker.com/get-started 上找到安装 Docker Desktop 的说明。安装并运行 Docker 后，可在终端中使用代码清单 10-1 所示的命令运行我们的第一个容器。

代码清单 10-1 运行 Docker 容器

```
$ docker run debian:buster-slim echo Hello, world!
```

运行这个命令，应该会得到如下输出：

```
Unable to find image 'debian:buster-slim' locally
latest: Pulling from library/debian
...
Digest: sha256:76c15066d7db315b42dc247b6d439779d2c6466f
➥ 7dc2a47c2728220e288fc680
Status: Downloaded newer image for debian:buster-slim
Hello, world!
```

当我们运行上面的命令后，将会发生什么？简而言之，Docker 为我们执行了如下步骤：

(1) Docker 客户端与 Docker 守护进程(运行在本地计算机上的容器服务)联系。

(2) Docker 守护进程从 Docker hub 注册表(用于存储 Docker 映像的在线服务)中提取了一个 Debian Docker 映像，其中包含基本的 Debian 二进制文件和库。

(3) Docker 守护进程使用该映像创建了一个新容器。

(4) 在容器内执行我们的命令 echo Hello, world。

(5) Docker 守护进程将命令的输出结果，通过流式传输发送到 Docker 客户端，并在终端上显示它。

这意味着能够在本地机器上的 Ubuntu 容器内执行命令 echo Hello, world，这将独立于我们的主机操作系统。

同样，可以使用代码清单 10-2 所示的命令在 Python 中运行命令。

代码清单 10-2 在 Python 容器内运行命令

```
$ docker run python:3.8 python -c 'import sys; print(sys.version)'
```

通过上面的命令可以在 Python 容器中运行 Python 命令，需要注意的是，我们在上面的命令中指定了 Python 的版本为 3.8，这样能够确保使用 Python 3.8 的映像来执行 Python 代码。

10.2.3 创建 Docker 映像

尽管运行现有映像非常简单，但如果我们想在映像中包含我们自己的应用程序并通过 Docker 运行它，应该怎么做呢？ 让我们用一个小例子说明这个过程。

在此示例中，我们有一个小脚本(fetch_weather.py)，它从 wttr.in API(http://wttr.in)获取天气预报，并将 API 的输出结果写入输出文件。这个脚本有几个依赖项，我们希望将整个内容打包为 Docker 映像，以便最终用户可以直接运行而不必安装相关依赖包。

可以通过创建 Dockerfile 来创建 Docker 映像，Dockerfile 本质上是一个文本文件，用来向 Docker 描述如何创建映像。Dockerfile 的基本结构如代码清单 10-3 所示。

代码清单 10-3　用于从 wttr API 获取天气信息的 Dockerfile

Dockerfile 的每一行本质上都是一条指令，告诉 Docker 在创建映像时执行特定任务。大多数 Dockerfile 都以 FROM 指令开头，该指令告诉 Docker 使用哪个基础映像作为起点。剩下的指令(COPY、ADD、ENV 等)告诉 Docker 如何向包含应用程序及其依赖项的基础映像添加额外的组件。

要使用此 Dockerfile 实际创建映像，可以使用代码清单 10-4 所示的 docker build 命令。

代码清单 10-4　使用 Dockerfile 构建 Docker 映像

```
$ docker build --tag manning-airflow/wttr-example .
```

这将告诉 Docker 使用当前路径(命令最后的那个圆点表示当前路径)创建 Docker 映像。然后 Docker 将在这个路径中查找 Dockerfile，并搜索包含在 ADD/COPY 语句中的所有文件(例如我们的脚本和安装包需求文件等)。--tag 参数将告诉 Docker 为要创建的映像使用什么名称(在本例中为 manning-airflow/wttr-example)。

运行这条 build 命令，将得到类似下方的输出结果：

```
Sending build context to Docker daemon 5.12kB
Step 1/7 : FROM python:3.8-slim
 ---> 9935a3c58eae
Step 2/7 : COPY requirements.txt /tmp/requirements.txt
 ---> 598f16e2f9f6
Step 3/7 : RUN pip install -r /tmp/requirements.txt
 ---> Running in c86b8e396c98
Collecting click
...
Removing intermediate container c86b8e396c98
 ---> 102aae5e3412
Step 4/7 : COPY scripts/fetch_weather.py /usr/local/bin/fetch-weather
```

```
  ---> 7380766da370
Step 5/7 : RUN chmod +x /usr/local/bin/fetch-weather
  ---> Running in 7d5bf4d184b5
Removing intermediate container 7d5bf4d184b5
  ---> cae6f678e8f8
Step 6/7 : ENTRYPOINT [ "/usr/local/bin/fetch-weather" ]
  ---> Running in 785fe602e3fa
Removing intermediate container 785fe602e3fa
  ---> 3a0b247507af
Step 7/7 : CMD [ "--help" ]
  ---> Running in bad0ef960f30
Removing intermediate container bad0ef960f30
  ---> ffabdb642077
Successfully built ffabdb642077
Successfully tagged wttr-example:latest
```

这基本上显示了 Docker 创建映像所涉及的整个构建过程，从 Python 基础映像(步骤 1)开始，直到我们的最终 CMD 指令(步骤 7)，并使用我们给定的名称来命名创建的映像。

如果想测试刚创建的映像，可以通过代码清单 10-5 所示的命令完成。

代码清单 10-5　在 Docker 容器中运行 wttr 映像

```
$ docker run manning-airflow/wttr-example:latest
```

这将使用我们在容器内的脚本打印如下帮助信息：

```
Usage: fetch-weather [OPTIONS] CITY

    CLI application for fetching weather forecasts from wttr.in.

Options:
  --output_path FILE Optional file to write output to.
  --help             Show this message and exit.
```

现在我们有了容器映像，可以开始使用它从 wttr API 中获取天气预报信息。

10.2.4　使用卷持久化数据

可以运行上一节中创建的 wttr-example 映像，通过使用代码清单 10-6 所示的 Docker 命令获取阿姆斯特丹的天气信息。

代码清单 10-6　运行 wttr 容器以获取特定城市的天气信息

```
$ docker run wttr-example:latest Amsterdam
```

如果一切运行正常，会在终端打印一些阿姆斯特丹的天气预报，以及一些精美的图表，如图 10-4 所示。

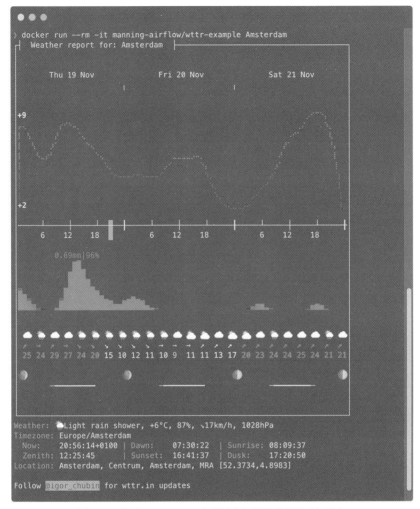

图 10-4 使用 wttr-example 容器输出阿姆斯特丹的天气信息

为了建立天气预报的历史记录，我们想将预报的输出结果写入文件中，以供日后参考分析。幸运的是，在 CLI 脚本中可以使用 --output_path 参数指定输出文件的位置，从而将天气预报结果写入指定文件，而不是在控制台显示出来。

但如果你使用本地文件路径运行上面的命令，会发现文件并没有写入你指定的位置，如下所示：

```
$ docker run wttr-example:latest Amsterdam --output_path amsterdam.json
$ ls amsterdam.json
ls: amsterdam.json: No such file or directory
```

这是因为容器所使用的环境是和主机环境相互隔离的，这意味着容器的文件系统与主机的文件系统是相互分离的。

如果想让容器中文件被共享访问，那么容器必须在你指定的文件系统具有访问权限，通常可以将 Docker 中的文件存储在互联网存储(比如 Amazon 的 S3)或者本地网络文件系统中，那么就需要容器对这些资源有访问权限。也可以将本地文件系统中的文件或者文件夹挂载到容器中，以便容器可以访问它们。

要将文件或文件夹挂载到容器中，需要向 docker run 提供一个 --volume 参数。该参数指定要挂载的文件或文件夹，以及它们对应容器内的路径(见代码清单 10-7)。

代码清单 10-7　运行容器时挂载卷

```
$ docker run --volume `pwd`/data:/data wttr-example ...
```

将当前路径下的 data 目录挂载到容器中的 /data

通过上面的命令，可以将本地当前路径下的 data 目录映射(挂载)到容器中的 /data 路径，这样我们就可以将天气预报的结果写入容器中的 /data，并在容器外访问了(见代码清单 10-8)。

代码清单 10-8　将 wttr 容器的输出结果持久化

```
$ docker run --rm --volume `pwd`/data:/data \
  wttr-example Amsterdam --output_path /data/amsterdam.json
```

将阿姆斯特丹和 --output_path 所指定的输出路径传递给容器

当容器运行完成，可以在指定路径检查是否有文本文件生成，从而判断容器是否可以正常运行，并达到预期。具体操作如下所示：

```
$ ls data/amsterdam.json
data/amsterdam.json
```

当容器运行完成之后，可以使用以下命令检查是否有容器还在后台运行：

```
$ docker ps
```

可以使用 Docker stop 命令停止所有正在运行的容器，也可以使用从 docker ps 得到的容器 ID 来停止指定的容器，如下所示：

```
$ docker stop <container_id>
```

停止的 docker 容器被后台挂起，以便你稍后再次启动它们。如果不再需要某个容器，可以使用 docker 的 rm 命令将容器完全删除：

```
$ docker rm <container_id>
```

注意，通过 Docker 的 ps 命令查询容器信息的时候，默认情况下，停止的容器将不显示。如果你想将所有的容器都列出来，包括那些被停止的容器，可以在命令中添加 -a 标记，如下所示：

```
$ docker ps -a
```

10.3 容器与 Airflow

通过上面的介绍，你应该对什么是容器，以及如何使用容器有了基本的了解，现在让我们回到 Airflow 的主体中来。在本节中，我们将深入讨论如何在 Airflow 中使用容器，以及在 Airflow 中使用容器的潜在收益。

10.3.1 容器中的任务

Airflow 允许你使用容器运行任务。实际上，这意味着可以使用基于容器的 operator(例如 DockerOperator 和 KubernetesPodOperators)来定义任务。这些 operator 将在执行时开始运行容器，并等待容器运行结束(类似于执行 docker run)。

每个任务的执行结果取决于执行的命令和容器映像内的软件。例如，电影推荐 DAG(如图 10-1 所示)。在原始示例中，使用 3 个 operator 执行 3 个不同的任务，即获取评分(使用 HttpOperator)、对电影进行排名(使用 PythonOperator)以及发布结果(使用基于 MySQL 的 operator)。如果使用如图 10-5 所示的基于 Docker 的方法，则可以使用 DockerOperator 替换刚才提到的不同任务,并使用它在具有适当依赖项的 3 个不同 Docker 容器中执行命令。

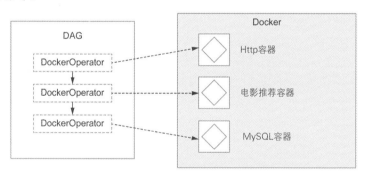

图 10-5　图 10-1 中的电影推荐 DAG 的 Docker 版本

10.3.2 为什么使用容器

当然，这种基于容器的方法确实需要为每个任务构建映像(尽管有时你能在相关或相似的任务之间共享相同的映像)。因此，你可能想知道为什么要创建这么多 Docker 映像并去维护它们，而不是通过脚本或者某些 Python 函数直接实现所有的内容？

轻松管理依赖关系

使用(Docker)容器的最大优势之一是它们提供了一种更简单的方法来管理依赖项。通过为不同的任务创建不同的映像，可以将每个任务所需的确切依赖项安装到它们各自的映像中。任务在这些映像中独立运行，不再需要处理任务之间的依赖关系冲突(如图 10-6 所示)。作为额外的优势，不必在 Airflow workers 环境中安装任何任务的依赖项(仅在各个任务对应的 Docker 中安装所需依赖项即可),因为任务不再直接在 Airflow 工作环境中运行。

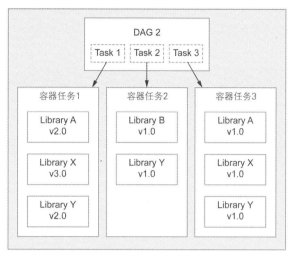

图 10-6 使用容器管理不同任务的依赖关系

执行不同任务的统一方法

使用容器执行任务的另一个优点是每个容器化任务都具有相同的接口,因为它们实际上都是由同一个 operator(例如 DockerOperator)执行的相同操作(运行容器)。唯一的区别是所涉及的映像不同,同时,它们的配置和执行的命令可能略有不同。这种一致性使开发 DAG 变得更加容易,因为你只需要学习一个 operator 即可。而且,如果出现任何与 operator 相关的问题,只需要调试和修复这个 operator 中的问题,而不必去了解其他的问题领域。

增强可测试性

最后,使用容器映像的另一个好处是它们可以与运行它们的 Airflow DAG 分开开发和维护。这意味着每个映像都可以有自己的开发生命周期,并且可以使用专用的测试套件(例如,在模拟数据上运行),以验证映像中的软件是否符合我们的预期。在容器中测试,使得这种测试比使用 PythonOperator 更容易,例如,PythonOperator 通常涉及与 DAG 本身紧密耦合的任务,因此很难测试与 Airflow 编排层相分离的功能。

10.4 在 Docker 中运行任务

现在,是时候在我们的电影推荐 DAG 中使用容器技术了。在本节中,我们将深入探讨如何使用 Docker 在容器中运行现有的 DAG。

10.4.1 使用 DockerOperator

使用 Airflow 在容器中运行任务的最简单方法是使用 DockerOperator,它位于

apache-airflow-providers-docker(对于 Airflow 1.10.x,可以使用 apache-airflow-backport-providers-docker backport 包安装 DockerOperator)提供程序包中。正如 operator 的名称所暗示的那样,DockerOperator 允许你使用 Docker 在容器中运行任务。operator 的基本 API 如代码清单 10-9 所示。

代码清单 10-9　DockerOperator 的使用示例

```
rank_movies = DockerOperator(
    task_id="rank_movies",
    image="manning-airflow/movielens-ranking",   ← 告诉 DockerOperator 使用哪个映像
    command=[
        "rank_movies.py",
        "--input_path",                           ← 设定要在容器中运行的命令
        "/data/ratings/{{ds}}.json",
        "--output_path",
        "/data/rankings/{{ds}}.csv",
    ],
    volumes=["/tmp/airflow/data:/data"],          ← 定义在容器内挂载哪些卷
)                                                    (格式为: host_path : container_path)
```

DockerOperator 的运行原理是,它执行等效于 docker run 的命令(如上一节所示)来运行具有特定参数的指定容器映像,并等待容器完成其工作。在这种情况下,我们告诉 Airflow 在 manning-airflow/movielens-ranking 的 Docker 映像中运行 rank_movies.py 脚本,并使用一些额外的参数来指示脚本应该在哪里读取或写入其数据。请注意,我们还提供了一个额外的 volumes 参数,用于将 data 目录挂载到容器中,以便可以向容器提供输入数据,并在任务完成后保存结果。

当这个 operator 实际执行时会发生什么?本质上,发生的情况应该如图 10-7 所示。首先,Airflow 告诉 Worker 通过调度它来执行任务(图中(1)所示)。接下来,DockerOperator 使用适当的参数在 Worker 机器上执行 docker run 命令(图中(2)所示)。然后,如果需要,Docker 守护程序从注册表中获取所需的 Docker 映像(图中(3)所示)。最后,Docker 创建一个运行映像的容器(图中(4)所示),并将本地卷挂载到容器中(图中(5)所示)。命令一旦完成,容器就会终止,DockerOperator 会在 Airflow worker 中检索结果。

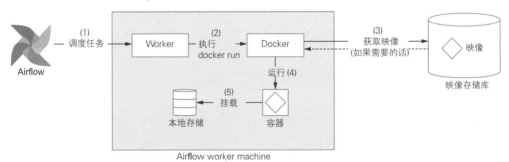

图 10-7　使用 DockerOperator 执行任务时发生的情况的示意图。映像存储库存储 Docker 映像的集合。这可以是私有存储库(包含我们自己的映像),也可以是像 DockerHub 这样的公共存储库(在获取映像时默认使用)。获取映像时,映像会在本地缓存,因此你只需要执行一次(除非映像发生更新)

10.4.2 为任务创建容器映像

在可以使用 DockerOperator 运行任务之前，需要为各种任务创建所有所需的 Docker 映像。要为所有给定任务创建映像，需要准确知道执行任务需要哪些软件(和相应的依赖项)。清楚这一点后，就可以开始创建 Dockerfile(连同所有支持文件)，并使用 docker build 实际创建所需的映像。

例如，让我们回想如图 10-1 所示的电影推荐 DAG 中的第一个任务：获取评分的任务。这个任务需要联系外部 API，从而获取给定日期范围内用户的电影评分，以便我们可以将这些评分当作下一个任务中推荐模型的输入数据。

为了能够在容器内执行这个过程，首先需要将在第 8 章中编写的用于获取评分的代码转换为一个可以在容器内顺利运行的脚本。创建这个脚本的第一步是使用一个小型 scaffold 在 Python 中创建一个 CLI 脚本，然后可以用所需的功能填充它。使用流行的 click Python 库(当然，也可以使用内置的 argparse 库，但我们更喜欢使用 click 库来构建 CLI 应用程序的 API，因为它更简洁)，这样的 scaffold 类似于代码清单 10-10 所示的内容。

代码清单 10-10　基于 click 库的 Python CLI 脚本框架

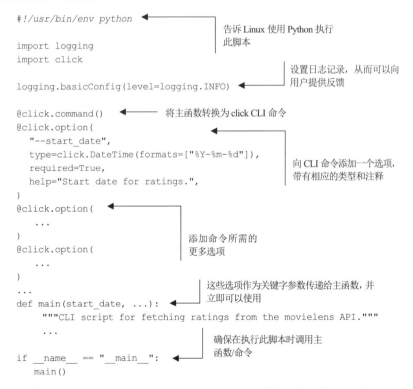

在这个 scaffold 中，我们定义了一个 main 函数，它在脚本运行时被执行，因此可以实现评分获取功能。我们还使用 click.command 装饰器将主函数转换为 click CLI 命令，

它将负责解析命令行中的所有参数,并向用户提供必要的反馈。click.option 装饰器用于告诉 click 库 CLI 应该接收哪些参数,以及期望的值类型。这样做的好处是 click 还会为我们处理解析和验证参数,因此我们不必自己通过代码实现这些功能。

利用 scaffold,还可以使用第 8 章中的相同逻辑来填充 main 函数(代码改编自第 8 章的基于 PythonOperator 的示例),如代码清单 10-11 所示。

代码清单 10-11 评分脚本(源码请见 docker/images/movielens-fetch/scripts/fetch_ratings.py)

```python
...
from pathlib import Path

@click.command()                          # 为 click 定义不同的 CLI 参数。为
@click.option(...)                        # 简洁起见,此处省略具体内容,
...                                       # 代码示例中提供了完整的实现
def main(start_date, end_date, output_path,
         host, user, password, batch_size):
    """CLI script for fetching ratings from the movielens API."""
                                          # 按要求使用正确的认证信
    session = requests.Session()          # 息设定会话来执行 HTTP
    session.auth = (user, password)       # 请求

    logging.info("Fetching ratings from %s (user: %s)", host, user)
    ratings = list(                       # 使用日志记录,向
        _get_ratings(                     # 用户提供反馈
            session=session,
            host=host,                    # 使用我们的 _get_ratings 函
            start_date=start_date,        # 数(为简洁起见,此处省略),
            end_date=end_date,            # 使用提供的 session 获取评
            batch_size=batch_size,        # 分数据
        )
    )
    logging.info("Retrieved %d ratings!", len(ratings))

    output_path = Path(output_path)
                                          # 确保输出目录存在
    output_dir = output_path.parent
    output_dir.mkdir(parents=True, exist_ok=True)
                                          # 将结果以 JSON 形
    logging.info("Writing to %s", output_path)    # 式写入目录中
    with output_path.open("w") as file_:
        json.dump(ratings, file_)
```

简而言之,此代码首先设置请求会话,从而执行 HTTP 请求,然后使用_get_ratings 函数从 API 检索特定时间段内的评分数据。此函数的返回结果是一个记录列表,然后以 JSON 格式写入输出路径。我们还在中间使用了一些日志语句来向用户提供反馈。

现在我们有了脚本,可以开始创建 Docker 映像了。为此,需要创建一个 Dockerfile,为脚本安装依赖项(click 和 requests),将脚本复制到映像中,并确保该脚本在环境变量 PATH 中(这样就可以通过 fetch-ratings 命令运行脚本,而不必指定脚本的完整路径)。Dockerfile 的内容将类似代码清单 10-12 所示。

代码清单10-12 嵌入评分脚本(源码请见 docker/images/movielens-fetch/Dockerfile)

```
FROM python:3.8-slim
RUN pip install click==7.1.1 requests==2.23.0    ← 安装所需的依赖项
COPY scripts/fetch_ratings.py /usr/bin/local/fetch-ratings    ← 复制fetch_ratings脚
RUN chmod +x /usr/bin/local/fetch-ratings                        本，并修改文件属
ENV PATH="/usr/local/bin:${PATH}"    ← 确保脚本位于环境变量 PATH    性，使其可被执行
                                       中，这样就不必指定脚本的全
                                       路径名即可执行该脚本
```

请注意，在上面代码中，假设 fetch_ratings.py 脚本是放在 Dockerfile 所在路径下的 scripts 目录中，我们的依赖项是通过直接在 Dockerfile 中指定它们来安装的，也可以创建一个 requirements.txt 文件，并在运行 pip 之前，将它复制到映像中(见代码清单 10-13)。

代码清单10-13 使用 requirements.txt 文件(源码请见 docker/images/movielens-fetch-reqs/Dockerfile)

```
COPY requirements.txt /tmp/requirements.txt
RUN pip install -r /tmp/requirements.txt
```

有了这个 Dockerfile，我们终于可以创建图像来获取评分信息：

```
$ docker build -t manning-airflow/movielens-fetch .
```

为了测试所创建的映像，可以尝试使用 docker run 执行它：

```
$ docker run --rm manning-airflow/movielens-fetch fetch-ratings --help
```

这个命令会通过脚本打印帮助信息，输出结果如下所示：

```
Usage: fetch-ratings [OPTIONS]

    CLI script for fetching movie ratings from the movielens API.

Options:
  --start_date [%Y-%m-%d]   Start date for ratings. [required]
  --end_date [%Y-%m-%d]     End date for ratings. [required]
  --output_path FILE        Output file path. [required]
  --host TEXT               Movielens API URL.
  --user TEXT               Movielens API user. [required]
  --password TEXT           Movielens API password. [required]
  --batch_size INTEGER      Batch size for retrieving records.
  --help                    Show this message and exit.
```

这意味着现在已经成功创建第一个任务的容器映像。也可以使用类似的方法为其他任务创建不同的映像。由于有些任务存在相同的代码，你可能还希望能够创建在任务之间共享的映像，通过这些共享映像，使用不同的参数或者脚本来完成不同的工作，具体如何使用，将由你决定。

10.4.3 使用 Docker 任务创建 DAG

现在我们已经了解如何为任务创建 Docker 映像，接下来就可以开始创建 DAG 来运行 Docker 任务。创建一个基于 Docker 的 DAG 的过程相对简单：只需要用 DockerOperators 替换我们现有的任务，并确保每个 DockerOperator 使用正确的参数运行它的任务即可。还需要考虑如何在任务之间交换数据，因为 Docker 容器的文件系统在任务持续时间之后将被删除。

从获取评分开始，DAG 的第一部分只是一个 DockerOperator，它调用我们在上一节中构建的 manning-airflow/movielens-fetch 容器内的 fetch-ratings 脚本(见代码清单 10-14)。

代码清单 10-14　运行 fetch 容器(源码请见 docker/dags/01_docker.py)

```python
import datetime as dt

from airflow import DAG
from airflow.providers.docker.operators.docker import DockerOperator

with DAG(
    dag_id="01_docker",
    description="Fetches ratings from the Movielens API using Docker.",
    start_date=dt.datetime(2019, 1, 1),
    end_date=dt.datetime(2019, 1, 3),
    schedule_interval="@daily",
) as dag:
    Fetch
ratings = DockerOperator(
        task_id="fetch_ratings",
        image="manning-airflow/movielens-fetch",          # 告诉 DockerOperator 使用
        command=[                                          # movielens-fetch 映像
            "fetch-ratings",
            "--start_date",                                # 使用所需参数在容器中
            "{{ds}}",                                      # 运行 fetch-ratings 脚本
            "--end_date",
            "{{next_ds}}",
            "--output_path",
            "/data/ratings/{{ds}}.json",
            "--user",
            os.environ["MOVIELENS_USER"],                  # 为我们的 API 提供主机
            "--password",                                  # 及身份验证详细信息
            os.environ["MOVIELENS_PASSWORD"],
            "--host",
            os.environ["MOVIELENS_HOST"],
        ],
        volumes=["/tmp/airflow/data:/data"],               # 挂载一个卷来存储数据。请注意，此
        network_mode="airflow",                            # 主机路径位于 Docker 主机上，而不
)                                                          # 是 Airflow 容器上
                                                           # 确保容器连接到 Airflow Docker 网络，以便它可以访
                                                           # 问 API(确保它们在同一网络上运行)
```

使用 operator 运行容器时，确保包含告诉 operator 如何连接到 MovieLens API(主机、用户、密码)的参数、获取评分的日期范围(开始日期和结束日期)的参数以及将检索到的

结果写入的位置参数(output_path)。

我们还告诉 Docker 将一个主机文件系统路径挂载到容器的/data 下，这样就可以在容器外部将获取的评分信息保存起来。此外，告诉 Docker 在名为 Airflow 的特定(Docker)网络上运行容器，如果你使用 docker-compose 模板运行 Airflow，那么 MovieLensAPI 容器将在该网络上运行(我们不会在这里更深入地研究 Docker 网络，如果你在 Internet 上访问 API，则不需要配置网络。如果你对 Docker 的网络配置感兴趣，可以在许多有关 Docker 的书籍及在线文档中了解相关信息)。

对于电影排名 DAG 中的第二个任务，可以按照类似的方法为该任务构建一个 Docker 容器，然后使用 DockerOperator 运行该容器(见代码清单 10-15)。

代码清单 10-15　将排名任务添加到 DAG(源码请见 docker/dags/01_docker.py)

```
rank_movies = DockerOperator(                    使用 movielens 排名
    task_id="rank_movies",                       映像
    image="manning-airflow/movielens-ranking",
    command=[
        "rank-movies",                           使用所需的输入/输出路径
        "--input_path",                          调用 rank-movies 脚本
        "/data/ratings/{{ds}}.json",
        "--output_path",
        "/data/rankings/{{ds}}.csv",
    ],
    volumes=["/tmp/airflow/data:/data"],
)
fetch_ratings >> rank_movies
```

在此还可以看到使用 DockerOperator 的一大优势：即使这些任务完成不同的工作，运行任务的界面是相同的(除了传递给容器的命令参数)。因此，这个任务在 manning-airflow/movielens-ranking 映像中运行 rank-movies 命令，确保将数据读取和写入与前一个任务相同的主机存储路径。这将允许排名任务读取 fetch_ratings 任务的输出结果，并将排名后的电影信息保存在相同的目录中。

现在我们已经有了 DAG 中的前两个任务(我们把将推荐结果加载到数据库中的第三个任务留作练习)。可以尝试在 Airflow 中运行它。为此，请打开 Airflow Web 用户界面并激活 DAG。等待它完成运行后，应该会看到过去几天的若干次成功运行，如图 10-8 所示。

图 10-8　在 Airflow 用户界面中查看基于 Docker 的 DAG

可以通过单击任务来检查运行结果，然后单击查看日志来打开日志。对于 fetch_ratings 任务，这会显示类似于代码清单 10-16 所示的日志内容，可以在其中看到 DockerOperator 启动了映像并记录了来自容器的输出日志。

代码清单 10-16 fetch_ratings 任务的日志输出

```
[2020-04-13 11:32:56,780] {docker.py:194} INFO -
Starting docker container from image manning-airflow/movielens-fetch
 [2020-04-13 11:32:58,214] {docker.py:244} INFO -
INFO:root:Fetching ratings from http://movielens:5000 (user: airflow)
 [2020-04-13 11:33:01,977] {docker.py:244} INFO -
INFO:root:Retrieved 3299 ratings!
 [2020-04-13 11:33:01,979] {docker.py:244} INFO -
INFO:root:Writing to /data/ratings/2020-04-12.json
```

还可以通过查看输出文件来检查 DAG 的运行情况，在我们的示例中，这些文件被写入 Docker 主机上的/tmp/airflow/data 目录中(见代码清单 10-17)。

代码清单 10-17 DAG 中电影评分的输出结果

```
$ head /tmp/airflow/data/rankings/*.csv | head
==> /tmp/airflow/data/rankings/2020-04-10.csv <==
movieId,avg_rating,num_ratings
912,4.833333333333333,6
38159,4.833333333333333,3
48516,4.833333333333333,3
4979,4.75,4
7153,4.75,4
```

10.4.4 基于 Docker 的工作流

如你所见，使用 Docker 容器构建 DAG 的工作流程与我们用于其他 DAG 的方法略有不同。基于 Docker 的方法的最大不同在于，首先需要为不同的任务创建 Docker 容器。因此，整个工作流程通常由 7 个步骤组成，如图 10-9 所示。

(1) 开发人员为所需的映像创建 Dockerfile，用于安装所需的软件以及依赖项。然后，开发人员(或 CI/CD 进程)告诉 Docker 使用 Dockerfile 构建映像。

(2) Docker 守护进程在开发机器(或 CI/CD 环境中的计算机)上构建相应的映像。

(3) Docker 守护进程将构建的映像推送到容器注册表以公开映像，从而供下游程序进一步使用。

(4) 开发人员使用 DockerOperators 引用构建的映像来创建 DAG。

(5) DAG 激活后，Airflow 开始运行 DAG，并调度 DockerOperator 任务。

(6) Airflow worker 获取 DockerOperator 任务，并从容器注册表中提取所需的映像。

(7) 对于每个任务，Airflow worker 使用 Docker 守护进程运行具有特定映像和参数的容器。

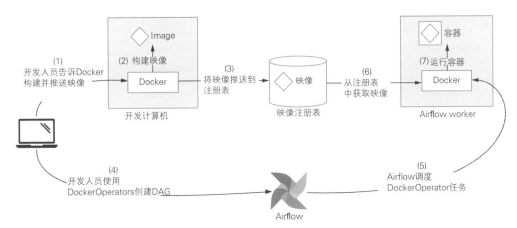

图10-9 在 Airflow 中处理 Docker 映像的常见工作流程

使用这种方法的一个好处是，它有效地将用于运行任务的软件的开发与整个 DAG 的开发分离开来，该软件现在存储在 Docker 映像中。这将允许映像的开发有独立的生命周期，并允许你独立于 DAG 测试映像。

10.5 在 Kubernetes 中运行任务

尽管 Docker 提供了一种在单台计算机上运行容器化任务的便捷方法，但它并不能帮助你在多台计算机上编排和分配任务，从而限制了该方法的可扩展性。Docker 的这种局限性导致了 Kubernetes 等容器编排系统的产生，这些系统有助于跨计算机集群扩展容器化应用程序。在本节中，我们将展示如何在 Kubernetes 上运行容器化任务，并说明在 Docker 上使用 Kubernetes 的一些优点和缺点。

10.5.1 Kubernetes 介绍

由于 Kubernetes 本身就是一个内容非常丰富的主体，因此在这里不会对它详细介绍，我们将提供关于 Kubernetes 的概要介绍。如果要全面了解 Kubernetes，建议阅读有关该主题的相关书籍，例如 Marko Lukša 撰写的 *Kubernetes in Action*(Manning，2018)。

Kubernetes 是一个开源的容器编排平台，专注于容器化应用程序的部署、扩展和管理。与常见的 Docker 相比，Kubernetes 通过管理跨多个工作节点的部署来帮助你扩展容器的应用，同时在将容器调度到节点上时，还考虑了诸如所需资源(CPU 和内存)、存储和特殊硬件需求(如 GPU 访问)。

如图 10-10 所示，Kubernetes 本质上由两个组件组成：Kubernetes master 节点(或控制面板)以及工作节点。Kubernetes master 负责运行许多不同的组件，包括 API 服务器、调度器和其他负责管理部署、存储等服务。Kubernetes API 服务器被 kubectl(Kubernetes 的主 CLI 接口)或 Kubernetes Python SDK 等客户端用于查询 Kubernetes，并运行命令以启动部署。这使得 Kubernetes master 节点成为管理 Kubernetes 集群上的容器化应用程序的主要联系点。

Kubernetes 工作节点负责运行调度器分配给它们的容器应用程序。在 Kubernetes 中，这些应用程序被称为 Pod，它可以包含一个或多个需要在一台机器上一起运行的容器。现在，你只需要知道 Pod 是 Kubernetes 中最小的工作单元。在 Airflow 中，每个任务都将作为单个 Pod 内的容器来运行。

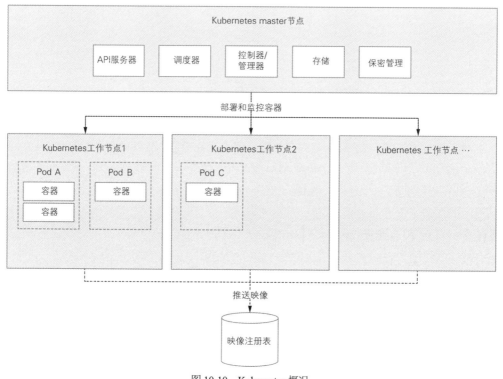

图 10-10　Kubernetes 概况

Kubernetes 还提供了用于管理保密信息和存储的内置功能。比如，可以从 Kubernetes master 节点请求存储卷，并将其挂载为容器的持久性存储。因此，这些存储卷的功能类似于我们在上一节中看到的 Docker 卷挂载，但由 Kubernetes 管理。这意味着我们不必担心存储来自哪里(当然，除非你负责操作集群)，而可以简单地请求和使用这些存储卷。

10.5.2　设置 Kubernetes

在我们深入调整 DAG 以在 Kubernetes 中运行之前，让我们从设置 Kubernetes 中所需资源开始。首先，确保你可以访问 Kubernetes 集群，并在本地安装 kubectl 客户端。获得访问权限的最简单方法是在本地安装一个客户端，例如，使用 Docker for Mac/Windows 或 Mini-kube，或者如果使用云环境，可以根据云供应商的要求设置。

正确设置 Kubernetes 后，可以通过运行下列代码来验证它是否正常运行。

```
$ kubectl cluster-info.
```

当使用 Docker for Mac 时，上面的命令将得到类似下方的输出结果：

```
Kubernetes master is running at https:/ /kubernetes.docker.internal:6443
KubeDNS is running at https:/ /kubernetes.docker.internal:6443/api/v1/
     namespaces/kube-system/services/kube-dns:dns/proxy
```

如果 Kubernetes 集群已启动并正在运行，可以继续创建一些资源。首先，需要创建一个 Kubernetes 名称空间，其中包含所有与 Airflow 相关的资源和任务 pod(见代码清单 10-18)。

代码清单 10-18　创建 Kubernetes 名称空间

```
$ kubectl create namespace airflow
namespace/airflow created
```

接下来，将为 Airflow DAG 创建一些存储资源，这将允许我们存储任务的结果。这些资源使用 Kubernetes 的 YAML 语法定义，如代码清单 10-19 所示。

代码清单 10-19　通过 YAML 规范定义存储(源码请见 kubernetes/resources/data-volume.yml)

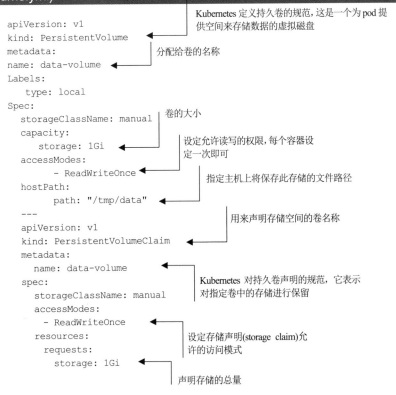

本质上，该规范定义了两种用于存储的资源。第一个是 Kubernetes 卷，第二个是存

储声明(storage claim)，它实际上告诉 Kubernetes 我们需要一些存储用于容器。Airflow 运行的任何 Kubernetes pod 都可以使用此声明来存储数据(我们将在下一节看到)。

使用这个 YAML，可以创建所需的存储资源(见代码清单 10-20)。

代码清单 10-20　使用 kubectl 部署存储资源

```
$ kubectl --namespace airflow apply -f resources/data-volume.yml
persistentvolumeclaim/data-volume created
persistentvolume/data-volume created
```

现在还需要创建我们的 MovieLens API 的部署，将使用 DAG 查询。代码清单 10-21 所示的 YAML 允许我们为 MovieLens API 创建部署和服务资源，它告诉 Kubernetes 如何开始运行 API 服务。

代码清单 10-21　API 的 YAML 规范(源码请见 kubernetes/resources/api.yml)

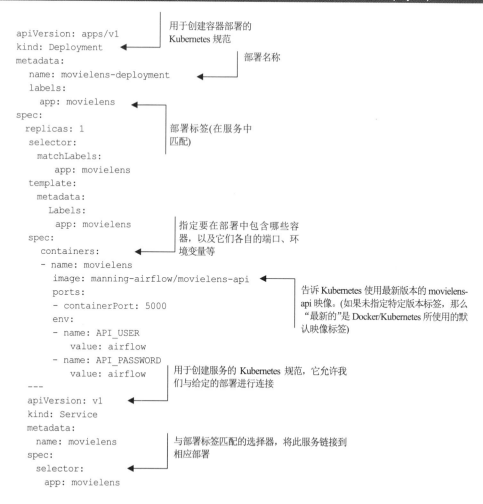

```
    ports:
    - protocol: TCP
      port: 80
      targetPort: 5000
```
将服务端口(80)映射到部署中容器暴露的端口(5000)

可以使用与存储资源相同的方式创建服务(见代码清单 10-22)。

代码清单 10-22 部署 MovieLens API

```
$ kubectl --namespace airflow apply -f resources/api.yml
deployment.apps/movielens-deployment created
service/movielens created
```

等待几秒钟后，你应该会看到 API 的 pod 已经在线：

```
$ kubectl --namespace airflow get pods
NAME                         READY    STATUS     RESTARTS   AGE
movielens-deployment-...     1/1      Running    0          11s
```

可以通过下方代码检查 API 服务是否正常工作：

```
$ kubectl --namespace airflow port-forward svc/movielens 8000:80
```

然后在浏览器中打开 http://localhost:8000。如果一切正常，你应该会在浏览器中看到来自 API 的 "hello world"。

10.5.3 使用 KubernetesPodOperator

创建所需的 Kubernetes 资源后，现在可以创建基于 Docker 的推荐器 DAG，从而使用 Kubernetes 集群而不是 Docker。

要开始在 Kubernetes 上运行我们的任务，需要用 KubernetesPodOperator 的实例替换之前使用的 DockerOperators，这些实例在 apache-airflow-providers-cncf-kubernetes providers 包中(对于 Airflow 1.10.x，可以使用 apache-airflow-backport-providers-cncf-kubernetes backport 包来安装 KubernetesPodOperator)。顾名思义，KubernetesPodOperator 在 Kubernetes 集群上的 pod 内运行任务。operator 的基本 API 如代码清单 10-23 所示。

代码清单 10-23 使用 KubernetesPodOperator(源码请见 kubernetes/dags/02_kubernetes.py)

```
                "--user",
                os.environ["MOVIELENS_USER"],
                "--password",
                os.environ["MOVIELENS_PASSWORD"],
                "--host",
                os.environ["MOVIELENS_HOST"],
            ],
            namespace="airflow",
            name="fetch-ratings",
            cluster_context="docker-desktop",
            in_cluster=False,
            volumes=[volume],
            volume_mounts=[volume_mount],
            image_pull_policy="Never",
            is_delete_operator_pod=True,
        )
```

- 用于pod的名称
- 用于运行 pod 的 Kubernetes 名称空间
- 要使用的集群的名称(如果你注册了多个 Kubernetes 集群)
- 指定我们不在 Kubernetes 内部运行 Airflow 本身
- 要在 pod 中使用的卷和卷挂载
- 指定一个映像获取策略,要求 Airflow 使用我们本地构建的映像,而不是尝试从 Docker Hub 获取映像
- pod 运行完成后自动删除

与 DockerOperator 类似,前几个参数告诉 KubernetesPodOperator 如何将我们的任务作为容器运行:image 参数告诉 Kubernetes 要使用哪个 Docker 映像,而 cmds 和 arguments 参数定义要运行哪个可执行文件(fetch-ratings)和传递给可执行文件的参数。其余参数告诉 Kubernetes 使用哪个集群(cluster_context),在哪个名称空间中运行 pod(namespace),以及容器使用什么名称(name)。

我们还提供了两个额外的参数,volumes 和 volume_mounts,它们指定了我们在上一节中创建的卷应该如何挂载到 Kubernetes pod 中的任务。这些配置值是使用 Kubernetes Python SDK 中的两个配置类创建的:V1Volume 和 V1VolumeMount(见代码清单 10-24)。

代码清单 10-24 Volumes 和 volume mounts(源码请见 kubernetes/dags/02_kubernetes.py)

```
from kubernetes.client import models as k8s

...

volume_claim = k8s.V1PersistentVolumeClaimVolumeSource(
    claim_name="data-volume"
)
volume = k8s.V1Volume(
    name="data-volume",
    persistent_volume_claim=volume_claim
)
volume_mount = k8s.V1VolumeMount(
    name="data-volume",
    mount_path="/data",
    sub_path=None,
    read_only=False,
)
```

- 对先前创建的存储卷和声明进行引用
- 在哪里挂载卷
- 将卷挂载为可写模式

在这里,首先创建一个V1Volume配置对象,该对象引用持久化卷声明的data-volume,该data-volume是前一节创建的Kubernetes资源。接下来,创建一个V1VolumeMount配置对象,它引用我们刚刚创建的卷配置(data-volume),并指定该卷应安装在pod容器中的哪个位置。然后可以使用 volumes 和 volume_mounts 参数将这些配置对象传递给KubernetesPodOperators。

现在要做的就是为电影排名创建第二个任务(见代码清单10-25)。

代码清单10-25　添加电影排名任务(源码请见 kubernetes/dags/02_kubernetes.py)

```
rank_movies = KubernetesPodOperator(
    task_id="rank_movies",
    image="manning-airflow/movielens-rank",
    cmds=["rank-movies"],
    arguments=[
        "--input_path",
        "/data/ratings/{{ds}}.json",
        "--output_path",
        "/data/rankings/{{ds}}.csv",
    ],
    namespace="airflow",
    name="fetch-ratings",
    cluster_context="docker-desktop",
    in_cluster=False,
    volumes=[volume],
    volume_mounts=[volume_mount],
    image_pull_policy="Never",
    is_delete_operator_pod=True,
)
```

然后我们把这些都连接到最后的DAG中(见代码清单10-26)。

代码清单10-26　部署完整的DAG(源码请见 kubernetes/dags/02_kubernetes.py)

```
import datetime as dt
import os

from kubernetes.client import models as k8s

from airflow import DAG
from airflow.providers.cncf.kubernetes.operators.kubernetes_pod import (
    KubernetesPodOperator,
)

with DAG(
    dag_id="02_kubernetes",
    description="Fetches ratings from the Movielens API using kubernetes.",
    start_date=dt.datetime(2019, 1, 1),
    end_date=dt.datetime(2019, 1, 3),
    schedule_interval="@daily",
) as dag:
    volume_claim = k8s.V1PersistentVolumeClaimVolumeSource(...)
    volume = k8s.V1Volume(...)
```

```
    volume_mount = k8s.V1VolumeMount(...)

    fetch_ratings = KubernetesPodOperator(...)
    rank_movies = KubernetesPodOperator(...)

    fetch_ratings >> rank_movies
```

完成 DAG 后，可以通过在 Airflow Web 用户界面中启动并运行它。稍等片刻，你将看到如图 10-11 所示的界面，表示 Airflow 已经在运行任务。有关详细信息，可以通过单击任务，然后单击 View logs 来打开单个任务实例的日志。任务的输出，应该如代码清单 10-27 所示。

图 10-11　多次成功运行基于 KubernetesPodOperator 的电影推荐器 DAG

代码清单 10-27　基于 KubernetesPodOperator 的 fetch_ratings 任务日志

```
...
[2020-04-13 20:28:45,067] {logging_mixin.py:95} INFO -
 [[34m2020-04-13 20:28:45,067[0m] {[34mpod_launcher.py:[0m122}
 INFO[0m - Event: [1mfetch-ratings-0a31c089[0m had an event
 of type [1mPending[0m[0m
[2020-04-13 20:28:46,072] {logging_mixin.py:95} INFO -
 [[34m2020-04-13 20:28:46,072[0m] {[34mpod_launcher.py:[0m122}
 INFO[0m - Event: [1mfetch-ratings-0a31c089[0m had an event
 of type [1mRunning[0m[0m
[2020-04-13 20:28:48,926] {logging_mixin.py:95} INFO -
 [[34m2020-04-13 20:28:48,926[0m] {[34mpod_launcher.py:[0m105}
 INFO[0m - b'Fetching ratings from
 http://movielens.airflow.svc.cluster.local:80 (user: airflow)\n'[0m
[2020-04-13 20:28:48,926] {logging_mixin.py:95} INFO -
 [[34m2020-04-13 20:28:48,926[0m] {[34mpod_launcher.py:[0m105}
 INFO[0m - b'Retrieved 3372 ratings!\n'[0m
[2020-04-13 20:28:48,927] {logging_mixin.py:95} INFO -
 [[34m2020-04-13 20:28:48,927[0m] {[34mpod_launcher.py:[0m105}
 INFO[0m - b'Writing to /data/ratings/2020-04-10.json\n'[0m
[2020-04-13 20:28:49,958] {logging_mixin.py:95} INFO -
 [[34m2020-04-13 20:28:49,958[0m] {[34mpod_launcher.py:[0m122}
 INFO[0m - Event: [1mfetch-ratings-0a31c089[0m had an event
 of type [1mSucceeded[0m[0m
...
```

10.5.4　诊断 Kubernetes 相关的问题

有时你会发现，你的任务可以运行，但是不能正常完成。这通常是因为 Kubernetes 无法调度任务 pod，这意味着 pod 将停留在挂起状态，而不是在集群上运行。要检查是否确实是这样,可以查看相应任务的日志,它可以告诉你关于集群上 pod 状态的更多信息(见代码清单 10-28)。

代码清单 10-28　通过日志输出看出任务处于挂起状态

```
[2020-04-13 20:27:01,301] {logging_mixin.py:95} INFO -
[[34m2020-04-13 20:27:01,301[0m] {[34mpod_launcher.py:[0m122}
INFO[0m - Event: [1mfetch-ratings-0a31c089[0m had an event of type
[1mPending[0m[0m
[2020-04-13 20:27:02,308] {logging_mixin.py:95} INFO -
[[34m2020-04-13 20:27:02,308[0m] {[34mpod_launcher.py:[0m122}
INFO[0m - Event: [1mfetch-ratings-0a31c089[0m had an event
of type [1mPending[0m[0m
[2020-04-13 20:27:03,315] {logging_mixin.py:95} INFO -
[[34m2020-04-13 20:27:03,315[0m] {[34mpod_launcher.py:[0m122}
INFO[0m - Event: [1mfetch-ratings-0a31c089[0m had an event
of type [1mPending[0m[0m
...
```

在这里,可以看到 pod 确实在集群中处于挂起状态。

为了找到问题的原因,可以通过如下方法找到任务 pod:

```
$ kubectl --namespace airflow get pods
```

一旦确定了具体 pod 的名称,就可以使用 kubectl 中的 describe 子命令向 Kubernetes 查询关于该 pod 状态的更多细节(见代码清单 10-29)。

代码清单 10-29　通过查询特定 pod 的信息来识别问题

```
$ kubectl --namespace describe pod [NAME-OF-POD]
...
Events:
  Type      Reason             Age    From              Message
  ----      ------             ----   ----              -------
  Warning   FailedScheduling   82s    default-scheduler persistentvolumeclaim
"data-volume" not found
```

这个命令生成有关相应 pod 的大量详细信息,包括最近的事件(见所示的 events 部分)。在这里,可以看到我们的 pod 没有被调度,因为所需的持久卷声明没有被正确创建。

为了解决这个问题,可以尝试通过正确应用资源规范(之前我们可能忘记设置)来修复资源,然后检查新事件(见代码清单 10-30)。

代码清单 10-30　通过创建缺失的资源解决问题

```
$ kubectl --namespace airflow apply -f resources/data-volume.yml
persistentvolumeclaim/data-volume created
persistentvolume/data-volume created

$ kubectl --namespace describe pod [NAME-OF-POD]
...
Events:
  Type      Reason             Age    From              Message
```

```
     ----                  ------                   ----      ----                  ------
     Warning   FailedScheduling          33s       default-scheduler persistentvolumeclaim
➥    "data-volume" not found
     Warning   FailedScheduling          6s        default-scheduler pod has unbound
➥    immediate PersistentVolumeClaims
     Normal    Scheduled                 3s        default-scheduler Successfully assigned
➥    airflow/fetch-ratings-0a31c089 to docker-desktop
     Normal    Pulled                    2s        kubelet, ...     Container image
➥    "manning-airflow/movielens-fetch" already present on machine
     Normal    Created                   2s        kubelet, ...     Created container base
     Normal    Started                   2s        kubelet, ...     Started container base
```

这表明 Kubernetes 确实能够在创建所需的卷声明后调度我们的 pod，从而解决之前的问题。

注意：一般来说，我们建议你在诊断任何问题时，首先检查 Airflow 的日志，以获得有关操作的详细信息。如果你看到任何与调度问题类似的问题，那么 kubectl 是你识别 Kubernetes 集群或配置问题的最佳选择。

尽管还不够全面，但希望通过这个示例能让你了解在使用 KubernetesPodOperator 时可以使用哪些方法调试与 kubernetes 相关的问题。

10.5.5　与基于 docker 的工作流的区别

如图 10-12 所示，基于 kubernetes 的工作流与如图 10-9 所示的基于 docker 的方法比较相似。然而，除了必须设置和维护 Kubernetes 集群(往往这很重要)之外，还有一些其他的差异需要记住。

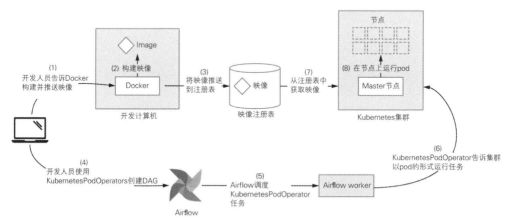

图 10-12　使用 KubernetesPodOperator 构建 DAG 的工作流

其中一个差异是任务容器不再在 Airflow 工作节点上运行，而是在 Kubernetes 集群中的一个单独的 Kubernetes 节点上运行。这意味着 worker 上使用的资源相对较少，你可以使用 Kubernetes 中的功能来确保你的任务被部署到一个拥有合适资源的节点上(例如，CPU、内存、GPU 等)。

其次，任何存储都将不再从Airflow worker访问，但需要将存储提供给Kubernetes pod。通常这意味着使用通过 Kubernetes 提供的存储(正如我们在 Kubernetes 卷和存储声明中展示的那样)。但是，也可以使用不同类型的网络或云存储，只要 pod 具有对该存储的适当访问权限。

总的来说，Kubernetes 比 Docker 提供了更大的优势，尤其是可扩展性和灵活性(例如，为不同的工作负载提供不同的资源或节点)以及管理其他资源，例如存储、保密信息等。此外，Airflow 本身可以在 Kubernetes 上运行，这意味着你可以将整个 Airflow 设置运行在一个单一的、可扩展的、基于容器的基础设施上。

10.6　本章小结

- 如果 Airflow 部署涉及许多不同的 operator，则它们可能难以管理，因为这需要了解不同的 API，并使调试和依赖项管理变得十分复杂。
- 解决此问题的一种方法是使用 Docker 等容器技术将你的任务封装在容器映像中，并在 Airflow 中运行这些映像。
- 这种容器化的方法有几个优点，包括依赖项更容易管理、更统一的任务运行界面，以及更方便测试任务。
- 通过 DockerOperator，可以直接使用 Docker 在容器映像中运行任务，这种操作类似于使用 docker run CLI 命令。
- 可以使用 KubernetesPodOperator 在 Kubernetes 集群上的 pod 中运行容器化任务。
- Kubernetes 允许你跨计算集群扩展容器化任务，这在计算资源方面提供更好的可扩展性和更大的灵活性。

第Ⅲ部分

Airflow 实践

现在你已经学会了如何构建复杂的数据管道，让我们开始在生产环境中使用它们吧！为了帮助你入门，第Ⅲ部分将讨论在生产环境中使用 Airflow 的几个主题。

首先，第 11 章将回顾我们已经了解的一些实现数据管道的实践，并重点介绍一些可以帮助构建高效且可维护的数据管道的最佳实践。

第 12 章和第 13 章将详细讨论如何在生产环境中运行 Airflow。第 12 章将描述如何部署 Airflow 的一些主题，如 Airflow 的缩放架构、监控、日志记录和警报。第 13 章将特别关注保护 Airflow 从而避免不必要的访问和减少安全漏洞的影响。

最后，第 14 章会将前面所有章节的知识点通过一个综合示例进行演示。

完成第Ⅲ部分后，你不但能够在 Airflow 中编写高效且可维护的数据管道，还可以掌握如何部署 Airflow 以及要考虑哪些实施细节，从而实现稳定且安全的部署。

第 *11* 章
最 佳 实 现

本章主要内容
- 使用风格约定编写清晰、易于理解的 DAG
- 使用统一的方法管理凭证和配置项
- 使用工厂函数生成可复用的 DAG 和任务
- 通过强制执行幂等性和确定性约束来设计可重复的任务
- 通过限制 DAG 中处理的数据量来有效地处理数据
- 使用高效的方法处理、存储中间数据集
- 使用资源池管理并发性

前面几章介绍了使用 Airflow DAG 构建和设计数据流程的大部分基本元素。本章将深入探讨一些最佳实践,以帮助你编写良好架构的 DAG,这些 DAG 在处理数据和资源方面易于理解且更加高效。

11.1 编写清晰的 DAG

编写 DAG 往往容易变成一件很麻烦的事情。例如,DAG 代码很快就会变得过于复杂或难以阅读——尤其是在 DAG 是由具有截然不同编程风格的团队成员编写时。本节将介绍一些技巧来帮助你构建和设计 DAG 代码,希望为复杂的数据处理提供一些更清晰的实现方式。

11.1.1 使用风格约定

与所有编程过程一样,编写清晰且一致的 DAG 的第一步是采用通用、清晰的编程风格,并在所有 DAG 中统一使用这种风格。尽管对清晰编码实践的彻底探索超出了本书的范围,但我们可以提供一些技巧作为起点,供你参考。

遵循风格指南

让代码更清晰、更易于理解的最简单方法是在编写代码时使用常用的样式。在编程社区中有多种风格指南，包括广为人知的 PEP8 风格指南(https://www.python.org/dev/peps/pep-0008/)和来自 Google 等公司的指南(https://google.github.io/styleguide/pyguide.html)。这些通常包括缩进建议、行的最大长度、变量、类、函数的命名样式等。通过遵循这些指南，其他程序员将能够更好地阅读你的代码，如代码清单 11-1 和代码清单 11-2 所示。

代码清单 11-1　不符合 PEP8 的代码示例

```
spam( ham[ 1 ], { eggs: 2 } )

i=i+1
submitted +=1

my_list = [
    1, 2, 3,
    4, 5, 6,
    ]
```

代码清单 11-2　使代码清单 11-1 中的代码符合 PEP-8

```
spam(ham[1], {eggs: 2})         ◀── 减少不必要的空格

i = i + 1
submitted += 1                  ◀── 在运算符前后使用一
                                    致的空格

my_list = [                     ◀── 对于 list 使用缩进，可
    1, 2, 3,                        以增加可读性
    4, 5, 6,
]
```

1. 使用静态检查器检查代码质量

Python 社区还开发了大量软件工具，可用于检查代码是否遵循正确的编码约定及风格。目前两个流行的工具是 Pylint 和 Flake8，它们都是静态代码检查器。这意味着你可以在你的代码上运行它们，从而获取关于你的代码是否符合其预设标准的报告。

例如，要在代码上运行 Flake8，可以使用 pip 安装它，并通过将其指向你的代码库来运行它，如代码清单 11-3 所示。

代码清单 11-3　安装并运行 Flake8

```
python -m pip install flake8
python -m flake8 dags/*.py
```

上述命令将对 DAGs 文件夹中的所有 Python 文件执行 Flake8 检查，并提供关于这些 DAG 文件的代码质量的报告。报告内容通常如代码清单 11-4 所示。

代码清单 11-4 Flake8 报告示例

```
$ python -m flake8 chapter08/dags/
chapter08/dags/04_sensor.py:2:1: F401
  ➥ 'airflow.operators.python.PythonOperator' imported but unused
chapter08/dags/03_operator.py:2:1: F401
  ➥ 'airflow.operators.python.PythonOperator' imported but unused
```

Flake8 和 Pylint 在社区中广泛使用，而 Pylint 通常被认为在其默认配置中具有更广泛的检查集[1]。当然，这两种工具都可以配置为对某些检查是启用还是禁用，具体取决于你的喜好，也可以将它们结合使用，从而提供更全面的反馈。有关更多详细信息，建议访问这两种工具的相应网站。

2. 使用代码格式化程序来强制执行通用格式

尽管静态检查器会提供有关代码质量的反馈，但诸如 Pylint 或 Flake8 的工具不会对如何格式化代码提出过分严格的要求，例如何时开始新的行、如何缩进函数标题等。因此，不同人编写的 Python 代码仍然可能使用风格迥异的样式，这取决于代码编写者的喜好。

减少团队内代码格式异质性的一种方法是使用代码格式化程序，这将确保代码根据其格式要求重新格式化。因此，在整个项目中一致应用格式化程序可以确保所有代码都遵循一种一致的格式化风格，即格式化程序实现的风格。

两种常用的 Python 代码格式化程序是 YAPF(https://github.com/google/yapf)和 Black(https://github.com/psf/black)。这两种工具都采用类似的风格，将 Python 代码重新格式化为它们的风格，两者强制执行的风格略有不同。因此，选择 Black 还是 YAPF 可能取决于个人喜好，但 Black 在过去几年中在 Python 社区中非常受欢迎。

为了展示这些格式化工具的效果，请参考代码清单 11-5 所示的示例。

代码清单 11-5 Black 格式化前的代码示例

```
def my_function(
    arg1, arg2,
    arg3):
    """Function to demonstrate black."""
    str_a = 'abc'
    str_b = "def"
    return str_a + \
        str_b
```

对这段代码应用 Black 工具之后，可以得到更加清晰的代码，如代码清单 11-6 所示。

代码清单 11-6 应用 Black 格式化后的同一段代码示例

```
def my_function(arg1, arg2, arg3):      ◀──┤ 更一致的参数缩进
    """Function to demonstrate black."""
```

---

1 这到底是 Pylint 的优点还是缺点，取决于你的喜好，因为有些人认为它过于陈旧。

```
        str_a = "abc"          统一使用双引号
        str_b = "def"
        return str_a + str_b
                                       删除了不必要的换行符
```

如果要运行 Black，使用 pip 安装它，并使用代码清单 11-7 中的命令将其应用到 Python 文件中。

代码清单 11-7　安装并使用 Black

```
python -m pip install black
python -m black dags/
```

运行上述代码之后，将得到如代码清单 11-8 所示的输出结果，说明 Black 是否重新格式化了 Python 文件。

代码清单 11-8　Black 输出示例

```
reformatted dags/example_dag.py
All done! ✨ 🍰 ✨
1 file reformatted.
```

注意，还可以使用 --check 标志执行 Black 的试运行，这将让 Black 仅显示它是否会重新格式化文件，而不是进行任何实际的重新格式化工作。

许多编辑器(如 Visual Studio Code、Pycharm)都支持与这些工具集成，允许在编辑器中重新格式化代码。有关如何配置此类集成的详细信息，请参阅相应编辑器的文档。

3. Airflow 特定风格约定

与 Airflow 代码的样式约定达成一致也是一个好主意，尤其是在 Airflow 提供多种方法来实现相同结果的情况下。例如代码清单 11-9 中，Airflow 提供了两种不同的样式来定义 DAG。

代码清单 11-9　两种定义 DAG 的样式

```
with DAG(...) as dag:
    task1 = PythonOperator(...)
    task2 = PythonOperator(...)         使用 context 管理器

dag = DAG(...)
task1 = PythonOperator(..., dag=dag)
task2 = PythonOperator(..., dag=dag)    没有使用 context 管理器
```

原则上，这两个 DAG 定义完成相同的工作，这意味着除了风格偏好之外，没有其他差别。但是，开发团队应该从这两种风格中选择一种，并在整个开发过程中遵循这种风格，从而统一代码风格并使代码更易于理解。

在定义任务之间的依赖关系时，这种一致性更为重要，因为 Airflow 提供了几种不同的方法来定义相同的任务依赖关系，如代码清单 11-10 所示。

代码清单 11-10　定义任务依赖关系的不同风格

```
task1 >> task2
task1 << task2
[task1] >> task2
task1.set_downstream(task2)
task2.set_upstream(task1)
```

尽管这些不同的定义各有特点，但在单个 DAG 中使用多种风格来定义依赖关系仍然会造成混淆，如代码清单 11-11 所示。

代码清单 11-11　同时使用多种不同的任务依赖符号

```
task1 >> task2
task2 << task3
task5.set_upstream(task3)
task3.set_downstream(task4)
```

因此，如果始终使用一种风格来定义任务之间的依赖关系，将使代码更具可读性，如代码清单 11-12 所示。

代码清单 11-12　使用统一的风格来定义任务之间的依赖关系

```
task1 >> task2 >> task3 >> [task4, task5]
```

不必使用某一特定的编程风格，仅需要让团队始终使用某一种统一的编程风格即可。

11.1.2　集中管理凭证

与不同系统交互的 DAG 可能需要处理不同类型的凭证，包括数据库、计算集群、云端存储等。正如在前几章中看到的，Airflow 允许在其连接存储库中维护这些凭证，从而确保凭证安全地[1]保存在一个重要位置。

尽管"连接存储库"是为内置 operator 存储凭证的最简单的地方，但为了便于访问，将自定义 PythonOperator 函数(和其他函数)的机密存储在安全性稍弱的地方可能更方便。例如，在不少 DAG 实现中，其安全密钥是通过硬编码的方式，存储在 DAG 内部或外部配置文件中的。

幸运的是，使用 Airflow 连接存储库来维护自定义代码的凭证也相对容易，方法是在自定义代码中，从连接存储库检索连接的详细信息，并使用获得的凭证来完成工作，如代码清单 11-13 所示。

代码清单 11-13　从 Airflow metastore 获取凭证

```
from airflow.hooks.base_hook import BaseHook

def _fetch_data(conn_id, **context)
    credentials = BaseHook.get_connection(conn_id)
```
使用给定的 ID 获取凭证

1　假设 Airflow 已安全配置。有关配置 Airflow 部署和安全性的更多信息，请参阅第 12 章和第 13 章。

```
    ...
fetch_data = PythonOperator(
    task_id="fetch_data",
    op_kwargs={"conn_id": "my_conn_id"},
    dag=dag
)
```

这种方法的一个优点是它使用与所有其他 Airflow operator 相同的凭证存储方法，这意味着凭证将被统一存储并管理。这样一来，只需要在这个中央数据库维护这个统一的凭证存储库并确保其安全即可。

当然，根据你的部署，你可能希望将凭证信息传递到 Airflow 之前，将其放在外部系统中维护(如 Kubernetes secrets、云端密钥存储等)。在这种情况下，将凭证传递给 Airflow(如使用环境变量)，并且在代码中使用 Airflow 连接存储库(Airflow connection store)来访问它们，依旧是个好主意。

11.1.3 统一指定配置详细信息

你可能需要将其他参数作为配置信息传递给 DAG，如文件路径和表名称等。因为它们是用 Python 编写的，所以 Airflow DAG 提供了许多不同的配置方法，包括全局变量(在 DAG 内)、配置文件(如 YAML、INI、JSON)、环境变量、基于 Python 的配置模块等。Airflow 还允许使用 Variables(https://airflow.apache.org/docs/stable/concepts.html#variables)在 metastore 中存储配置信息。

代码清单 11-14 展示了如何从 YAML 文件加载配置项[1]，YAML 配置文件示例如代码清单 11-15 所示。

代码清单 11-14　从 YAML 文件加载配置项

```
import yaml

with open("config.yaml") as config_file:        ← 使用 PyYAML 读取
    config = yaml.load(config_file)                配置文件
...
fetch_data = PythonOperator(
    task_id="fetch_data",
    op_kwargs={
        "input_path": config["input_path"],
        "output_path": config["output_path"],
    },
    ...
)
```

---

[1] 注意，不要在此类配置文件中存储任何敏感信息，因为这些文件通常是以纯文本形式存储的。如果确实要将敏感信息存储在配置文件中，请确保只有特定访问权限的用户可以访问该文件。否则，请考虑将敏感信息存储在更安全的位置，如 Airflow metastore。

代码清单 11-15　YAML 配置文件示例

```
input_path: /data
output_path: /output
```

同样，也可以使用 Airflow Variables 加载配置信息，其实这是 Airflow 提供的在 metastore 中存储全局变量的一种功能[1]，如代码清单 11-16 所示。

代码清单 11-16　在 Airflow Variables 中存储配置项

```
from airflow.models import Variable         ← 使用 Airflow Variable
                                               获取全局变量
input_path = Variable.get("dag1_input_path")
output_path = Variable.get("dag1_output_path")

fetch_data = PythonOperator(
    task_id="fetch_data",
    op_kwargs={
        "input_path": input_path,
        "output_path": output_path,
    },
    ...
)
```

注意，像这样在全局范围内获取变量可能不是好主意，因为这意味着每次调度器读取 DAG 定义时，Airflow 都会从数据库中重新获取它们。

一般来说，可以根据自己的喜好来存储配置信息，只要始终使用统一的方法即可。例如，如果将一个 DAG 的配置信息存储为 YAML 文件，那么其他 DAG 也应遵循相同的约定。

对于跨 DAG 共享的配置，强烈建议按照 DRY(don't repeat yourself)原则在单个位置(如共享的 YAML 文件)指定配置值。这样，就不太可能遇到在一处更改配置参数，而忘记在另一处更改的问题。

最后，最好认识到配置项可以在不同的 context 中加载，这取决于它们在 DAG 中的引用位置。例如，如果在 DAG 的主要部分加载配置文件，可以通过如代码清单 11-7 所示的代码来完成。

代码清单 11-17　在 DAG 定义中加载配置项(效率低下)

```
import yaml

with open("config.yaml") as config_file:    ← 在全局范围内，此配置
    config = yaml.load(config_file)            将加载到调度器中

fetch_data = PythonOperator(...)
```

config.yaml 文件可以从运行 Airflow 的 Web 服务器及调度器的计算机的本地文件系

1　注意，在 DAG 的全局范围内获取这样的变量，通常会对 DAG 的性能造成不良影响，可以阅读 11.1.4 节了解具体原因。

统加载。这意味着这两台计算机都应该可以访问配置文件路径。或者，还可以将配置文件作为(Python)任务的一部分加载，如代码清单 11-18 所示。

代码清单 11-18　在任务中加载配置项(效率更高)

```
import yaml

def _fetch_data(config_path, **context):
    with open(config_path) as config_file:
        config = yaml.load(config_file)
    ...

fetch_data = PythonOperator(
    op_kwargs={"config_path": "config.yaml"},
    ...
)
```

在任务范围内，此配置将加载到worker上

在这种情况下，Airflow worker 在执行函数之前不会加载配置文件，这意味着配置是在 Airflow worker 的 context 中加载的。根据 Airflow 部署的设置方式，这可能是一个完全不同的环境(可以访问不同的文件系统等)，从而导致错误的结果或执行失败。类似的情况也可能发生在其他配置方法中。

可以通过选择一种运行良好的配置方法，并在 DAG 中坚持使用这种方法来避免这类错误。此外，注意在加载配置项时不同 DAG 组件执行的位置，最好使用所有 Airflow 组件(如非本地文件系统等)都可以访问的位置。

11.1.4　避免在 DAG 定义中计算

Airflow DAG 是用 Python 编写的，这为你在编写它们时提供了很大的灵活性。但是，这种方法的一个缺点是 Airflow 需要执行 Python DAG 文件才能派生出相应的 DAG。此外，为了获取你可能对 DAG 做的任何更改，Airflow 必须定期重新读取文件，并将所有更改与其内部状态同步。

可以想象，如果 DAG 文件中存在一个需要很长时间才能载入的工作，则这样重复解析 DAG 文件可能会导致问题。例如，如果在定义 DAG 时进行一些长时间运行或繁重的计算，就会发生这种情况，如代码清单 11-19 所示。

代码清单 11-19　在 DAG 定义中执行计算(效率低下)

```
...
task1 = PythonOperator(...)
my_value = do_some_long_computation()
task2 = PythonOperator(op_kwargs={"my_value": my_value})
...
```

每次解析 DAG 都会执行这个长时间运行的计算

这种实现方式会导致Airflow每次加载DAG文件时都执行do_some_long_computation函数，并且阻塞整个 DAG 解析过程，直到这个函数计算完成为止。

避免这个问题的一种方法是将计算操作推迟到需要计算值的任务中执行，如代码清

单 11-20 所示。

代码清单 11-20　在任务中执行计算(更高效)

```
def _my_not_so_efficient_task(value, ...):
    ...

PythonOperator(
    task_id="my_not_so_efficient_task",
    ...
    op_kwargs={
        "value": calc_expensive_value()      ← 在这里，每次解析 DAG
    }                                            时都会计算该值
)

def _my_more_efficient_task(...):    ←
    value = calc_expensive_value()
    ...                                       通过将计算移到任务中，
                                              该值只会在任务执行时
PythonOperator(                               计算
    task_id="my_more_efficient_task",
    python_callable=_my_more_efficient_task,  ←
    ...
)
```

另一种方法是编写自己的 hook 或 operator，它只在需要执行时获取凭证，但这可能需要做更多的工作。

在某些情况下可能会发生类似的事情，比如，其中配置是从外部数据源或主 DAG 文件的文件系统加载的。例如，可能希望从 Airflow metastore 加载凭证，并通过执行类似操作在多个任务之间共享它们，如代码清单 11-21 所示。

代码清单 11-21　从 DAG 定义中的 metastore 中获取凭证(效率低下)

```
from airflow.hooks.base_hook import BaseHook
                                                            每次解析 DAG 时，这个
api_config = BaseHook.get_connection("my_api_conn")   ←    调用都会访问数据库
api_key = api_config.login
api_secret = api_config.password

task1 = PythonOperator(
    op_kwargs={"api_key": api_key, "api_secret": api_secret},
    ...
)
...
```

这种方法的缺点是，每次解析 DAG(而非只在执行 DAG)时，它都从数据库中获取凭证。因此，代码会在每 30 秒左右(具体时间取决于 Airflow 的配置)对数据库进行一次重复查询，只是为了检索这些凭证。

这种性能问题，可以通过在执行任务函数时再获取凭证来解决，如代码清单 11-22 所示。

代码清单 11-22 在任务内获取凭证(更高效)

```python
from airflow.hooks.base_hook import BaseHook

def _task1(conn_id, **context):
    api_config = BaseHook.get_connection(conn_id)   # 该调用只会在任务执行时访问数据库
    api_key = api_config.login
    api_secret = api_config.password
    ...

task1 = PythonOperator(op_kwargs={"conn_id": "my_api_conn"})
```

这样一来，只在任务实际执行时才获取凭证，使 DAG 更加高效。这种在 DAG 定义中意外包含了计算的情况可能很微妙，需要提高警惕避免。此外，有些情况可能比其他情况更糟糕：你可能不介意从本地文件系统重复加载配置文件，但从云端存储或数据库中重复加载配置文件则会带来更多性能问题。

11.1.5 使用工厂函数生成通用模式

在某些情况下，你可能会发现自己一遍又一遍地编写同一个 DAG 的变体。这通常发生在从相关数据源提取数据的情况下，源路径和应用于数据的转换只有很小的变化。或者公司内可能有相同的数据流程，这些流程需要许多相同的步骤或转换操作，因此会在许多不同的 DAG 中重复。

加快生成这些常见 DAG 结构的一种有效方法是编写工厂函数。这种函数背后的想法是，它为各个步骤进行所有所需要的配置，并生成相应的 DAG 或任务集(从而像工厂一样生成它)。例如，如果有一个涉及从外部 API 获取数据并使用给定脚本预处理这些数据的通用流程，则可以通过类似代码清单 11-23 所示的工厂函数来实现它。

代码清单 11-23 使用工厂函数生成任务集(源码见 dags/01_task_factory.py)

```python
                                                                    # 由工厂函数创建的用
def generate_tasks(dataset_name, raw_dir, processed_dir,            # 于配置任务的参数
        preprocess_script, output_dir, dag):
    raw_path = os.path.join(raw_dir, dataset_name, "{ds_nodash}.json")   # 文件路径被不同任务使用
    processed_path = os.path.join(
        processed_dir, dataset_name, "{ds_nodash}.json"
    )
    output_path = os.path.join(output_dir, dataset_name, "{ds_nodash}.json")
    fetch_task = BashOperator(                    # 创建单个任务
        task_id=f"fetch_{dataset_name}",
        bash_command=f"echo 'curl http://example.com/{dataset_name}.json"
            f"  > {raw_path}.json'",
        dag=dag,
    )

    preprocess_task = BashOperator(
        task_id=f"preprocess_{dataset_name}",
        bash_command=f"echo '{preprocess_script} {raw_path}"
```

```
            {processed_path}'",
        dag=dag,
    )

    export_task = BashOperator(
        task_id=f"export_{dataset_name}",
        bash_command=f"echo 'cp {processed_path} {output_path}'",
        dag=dag,
    )
                                                    ◀── 定义任务依赖关系
    fetch_task >> preprocess_task >> export_task

    return fetch_task, export_task    ◀── 返回链中的第一个和最后一个任务，以便
                                         可以将它们连接到更大的应用场景中的
                                         其他任务(如果需要的话)
```

然后，可以将这个工厂函数应用到多个数据集，如代码清单 11-24 所示。

代码清单 11-24　对任务应用工厂函数(源码见 dags/01_task_factory.py)

```
import airflow.utils.dates
from airflow import DAG

with DAG(
    dag_id="01_task_factory",
    start_date=airflow.utils.dates.days_ago(5),
    schedule_interval="@daily",
) as dag:
    for dataset in ["sales", "customers"]:    ◀── 使用不同配置值
        generate_tasks(                          创建任务集
            dataset_name=dataset,
            raw_dir="/data/raw",
            processed_dir="/data/processed",
            output_dir="/data/output",
            preprocess_script=f"preprocess_{dataset}.py",    ◀── 传递 DAG 实例，从而
            dag=dag,                                           将任务连接到 DAG
        )
```

以上代码可提供一个类似于图 11-1 所示的 DAG。当然，对于独立的数据集，在单个 DAG 中提取两次可能没有意义。但是，可以通过从不同的 DAG 文件调用 generate_tasks 工厂函数，轻松地将任务拆分到多个 DAG 中。

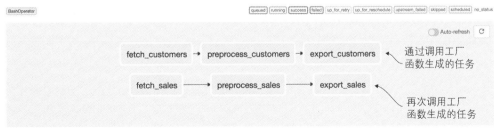

图 11-1　使用工厂函数生成可复用的任务模式。此示例 DAG 包含多组几乎相同的任务，这些任务是使用任务工厂函数通过配置对象生成的

还可以编写用于生成整个 DAG 的工厂方法，如代码清单 11-25 所示。

代码清单 11-25 使用工厂函数生成 DAG(源码见 dags/02_dag_factory.py)

```
def generate_dag(dataset_name, raw_dir, processed_dir, preprocess_script):
    with DAG(
        dag_id=f"02_dag_factory_{dataset_name}",
        start_date=airflow.utils.dates.days_ago(5),
        schedule_interval="@daily",
    ) as dag:                                            ◄──┐ 在工厂函数中
        raw_file_path = ...                                 │ 生成 DAG 实例
        processed_file_path = ...

        fetch_task = BashOperator(...)
        preprocess_task = BashOperator(...)

        fetch_task >> preprocess_task

    return dag
```

这将允许你使用代码清单 11-26 所示的简约的 DAG 文件生成 DAG。

代码清单 11-26 应用 DAG 工厂函数

```
...
                              使用工厂函数创建 DAG
dag = generate_dag(     ◄──┐
    dataset_name="sales",
    raw_dir="/data/raw",
    processed_dir="/data/processed",
    preprocess_script="preprocess_sales.py",
)
```

如代码清单 11-27 所示，还可以使用这种方法通过 DAG 文件生成多个 DAG。

代码清单 11-27 使用工厂函数生成多个 DAG(源码见 dags/02_dag_factory.py)

```
...                               生成具有不同配置的多个 DAG。注意，必须在全局名称空
                                  间中为每个 DAG 分配一个唯一名称(可以使用 globals 技
                                  术)，以确保它们不会相互覆盖
for dataset in ["sales", "customers"]:
    globals()[f"02_dag_factory_{dataset}"] = generate_dag(   ◄──┘
        dataset_name=dataset,
        raw_dir="/data/raw",
        processed_dir="/data/processed",
        preprocess_script=f"preprocess_{dataset}.py",
    )
```

这个循环会在 DAG 文件全局范围内生成多个 DAG 对象，Airflow 将这些对象看作单独的 DAG，如图 11-2 所示。注意，对象需要有不同的变量名，以防止它们相互覆盖，否则，Airflow 只会看到一个 DAG 实例(循环生成的最后一个 DAG 实例)。

图 11-2 使用 DAG 工厂函数从单个文件生成的多个 DAG(来自 Airflow 用户界面的屏幕截图,显示了使用 DAG 工厂函数从单个 DAG 文件生成的多个 DAG)

建议从单个 DAG 文件生成多个 DAG 时要谨慎,因为使用不当将造成混乱。更常见的方式是为每个 DAG 设置一个文件。虽然从单个 DAG 文件生成多个 DAG 有着显著的优势,但使用时需要格外谨慎。

当与配置文件或其他形式的外部配置结合使用时,任务或 DAG 工厂方法将会发挥更大的作用。例如,这允许构建一个工厂函数,该函数将 YAML 文件作为输入,并根据该文件中定义的配置生成 DAG。这样,就可以使用一些相对简单的配置文件来配置重复的 ETL 过程,也方便不熟悉 Airflow 的用户编辑 DAG。

11.1.6 使用任务组对相关任务进行分组

复杂的 Airflow DAG,尤其是使用工厂方法生成的那些,由于结构复杂或使用大量任务,通常变得难以理解。为了帮助组织这些复杂的结构,Airflow 2 提供一个名为任务组的新功能。任务组能有效地将任务集分组为更小的组,使 DAG 结构更易于监控和理解。

可以使用 TaskGroup context 管理器创建任务组。例如,以之前的任务工厂示例为例,可以对每个数据集生成的任务进行分组,如代码清单 11-28 所示。

代码清单 11-28 使用 TaskGroups 对任务进行可视化分组(源码见 dags/03_task_groups.py)

```
...
for dataset in ["sales", "customers"]:
    with TaskGroup(dataset, tooltip=f"Tasks for processing {dataset}"):
        generate_tasks(
            dataset_name=dataset,
            raw_dir="/data/raw",
            processed_dir="/data/processed",
            output_dir="/data/output",
            preprocess_script=f"preprocess_{dataset}.py",
            dag=dag,
        )
```

这会将针对 sales 和 customers 数据集生成的任务分为两个任务组，每个数据集对应一个任务组。因此，分组任务在 Web 界面中显示为单个精简任务组，可以通过单击相应组进行扩展，如图 11-3 所示。

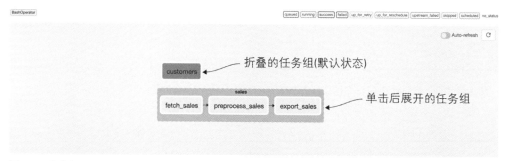

图 11-3　任务组可以通过对相关任务进行分组来帮助组织 DAG。最初，任务组被描述为 DAG 中的单个节点，如图中的 customers 任务组所示。通过单击任务组，可以展开它并查看组内的任务，如下方的 sales 任务组所示。注意，任务组可以嵌套，这意味着可以在任务组中嵌套任务组

尽管这是一个相对简单的示例，但任务组功能在更复杂的情况下可以非常有效地减少视觉干扰。例如，在第 5 章用于训练机器学习模型的 DAG 中，我们创建了大量任务，用于从不同系统获取和清理有关天气和销售的数据。通过将与销售和天气相关的任务分到各自的任务组中，任务组允许降低 DAG 在界面中的显示复杂性。这允许我们在默认情况下隐藏数据集获取任务的复杂性，但仍可在需要时展开单个任务，查看详细信息，如图 11-4 所示。

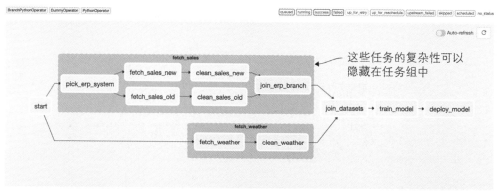

图 11-4　使用任务组来组织第 5 章中的雨伞销售预测 DAG。在这里，对获取和清理天气和销售数据集的任务进行分组，将有助于简化这些过程中涉及的复杂任务结构（代码示例见 dags/04_task_groups_umbrella.py）

11.1.7　为重大变更创建新的 DAG

一旦开始运行 DAG，调度器的数据库中就会包含该 DAG 运行的实例。对 DAG 的重大更改，例如对开始日期或计划间隔的更改，可能会混淆调度器，因为这些更改不再适合之前的 DAG 运行。同样，删除或重命名任务将阻止你从 Airflow 用户界面访问这些

任务的历史记录，因为它们将不再与 DAG 的当前状态匹配，所以将不再显示。

避免这些问题的最佳方法是在决定对现有 DAG 进行重大更改时创建新版本的 DAG，因为 Airflow 目前不支持 DAG 版本控制。可以在更改 DAG 之前，创建当前 DAG 的副本(即 dag_v1、dag_v2)来实现手工的版本控制。这样，便可以避免混淆调度器，还可以保留有关旧版本的历史信息。也许 Airflow 未来可能会添加对 DAG 的版本控制支持，因为社区强烈希望 Airflow 支持此功能。

11.2 设计可重用的任务

除了编写 DAG 代码，编写良好的 Airflow DAG 遇到的最大挑战之一是将任务设计成可重复使用的，这意味着可以轻松地重新运行一个任务，并期望得到相同的结果——即使任务在不同的时间点运行。本节将重新审视一些关键思想并提供一些建议，以确保任务符合此规范。

11.2.1 要求任务始终满足幂等性

正如第 3 章简要介绍的，Airflow 的任务关键要求之一就是任务必须是幂等的，这意味着多次运行同一个任务，必须给出相同的总体结果(假设任务本身没有改变)。

幂等性是一个重要特征，因为在很多情况下你或 Airflow 可能会重新运行任务。例如，你可能希望在更改某些代码以致要重新执行给定任务后，重新运行某些 DAG。或者，Airflow 本身可能会使用其重试机制重新运行失败的任务，但在任务报错之前已经在存储上写出了部分中间结果。在这两种情况下，你都希望避免在运行环境中引入多个数据副本或无用的中间数据，以及其他由于任务重新运行而带来的不良后果。

幂等性通常可以通过要求在重新运行任务时强制覆盖任何之前输出的数据来实现，因为这可以确保先前的运行写出的所有数据都被新结果覆盖。同样，应该仔细考虑任务的所有其他副作用(如发送通知等)，并确定这些是否以任何有害的方式违反了任务的幂等性。

11.2.2 任务结果的确定性

任务只有在结果是确定的情况下才能重现。这意味着对于给定的输入，任务应该始终返回相同的输出结果。相比之下，具有不确定性结果的任务将阻止我们构建可重复使用的 DAG，因为即便使用相同的输入数据，任务的每次运行都可能生成不同的结果。

造成不确定性结果的原因有很多，常见的原因如下：

- 依赖于函数内部数据或数据结构的隐式排序(例如，Python dict 的隐式排序或从数据库返回数据集的行顺序，没有任何特定的排序)。
- 在函数内使用外部状态，包括随机值、全局变量、存储在磁盘上的外部数据(没有作为输入传递给函数)等。

- 跨多个进程或线程并行执行数据处理，不对结果进行任何显式排序。
- 多线程代码中的竞态条件。
- 异常处理不当。

通常，通过仔细考虑函数中可能出现的不确定性来源，就可以避免不确定性函数的问题。例如，可以通过对其应用显式排序来避免数据集排序的不确定性。同样，在执行相应操作之前设置随机 seed，可以避免有关包含随机性的算法问题。

11.2.3 使用函数式范式设计任务

一种可能有助于创建任务的方法是根据函数式编程的范式来设计它们。函数式编程是一种构建计算机程序的方法，它本质上将计算视为数学函数的应用，同时避免改变状态和可变数据。此外，函数式编程语言中的函数通常要求是纯函数，这意味着它们可能会返回结果，但不会有任何副作用。

这种方法的优点之一是函数式编程语言中纯函数的结果对于给定的输入始终相同。因此，纯函数通常既是幂等的又是确定性的——这正是我们试图在 Airflow 的任务中要实现的。因此，函数式范式的支持者认为，类似的方法可以应用于数据处理应用程序，因为它引入了函数式数据工程范式。

函数式数据工程方法本质上旨在将函数式编程语言中的相同概念应用于数据工程任务。这包括要求任务没有任何副作用，并且在应用于相同的输入数据集时始终得到相同的结果。强制执行这些约束的主要优点是它们对实现幂等性和确定性任务的目标大有帮助，从而使 DAG 和任务可以复用。

更多详细信息，参阅 Maxime Beauchemin(Airflow 背后的关键人物之一)的一篇博文，其中很好地介绍了 Airflow 中数据管道的函数式数据工程概念：http://mng.bz/2eqm。

11.3 高效处理数据

应该仔细设计用于处理大量数据的 DAG，从而尽可能以最有效的方式处理。本节将讨论有效处理大量数据的一些技巧。

11.3.1 限制处理的数据量

尽管这听起来有点微不足道，但有效处理数据的最佳方法是在进程中限制为获得预期结果所需要的最少数据。毕竟，处理无用的数据既浪费时间又浪费资源。

实际上，这意味着要仔细考虑数据源，并确定它们是否都是必需的。对于需要使用的数据集，可以尝试通过排除未使用的行或列来减小其大小。使用聚合运算也可以显著提高性能，因为正确的聚合运算可以大大减小中间数据集的大小，从而减少需要在下游完成的数据处理工作量。

假设有一个数据处理过程，要计算产品在特定客户群中的月销量，如图 11-5 所示。

在这个示例中，首先通过连接两个数据集来计算总销售额，然后进行聚合和过滤，将销售额聚合到所需要的粒度，再过滤客户信息。这种方法的一个缺点是将两个潜在的大型数据集连接起来以获得结果，可能需要大量的时间和资源。

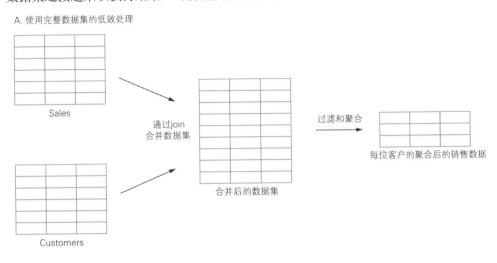

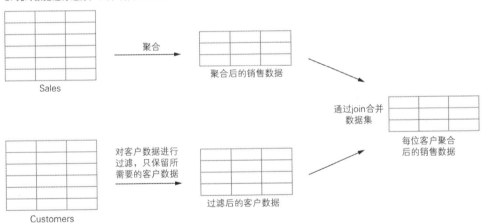

图 11-5　不同效率的数据处理方式。(A)计算每个客户的总销售信息：首先完全连接两个数据集，然后将销售额聚合到所需要的粒度，并过滤所需要的客户。尽管这可能会生成预期的结果，但由于连接表可能很大，因此效率不高。(B)更有效的方法是首先将销售和客户表过滤及聚合到所需要的最小粒度，从而连接两个较小的数据集

更有效的方法是改进过滤和聚合步骤，以便能够在合并客户和销售数据集之前减小其大小。这将大大减小连接数据集的大小，计算效率更高。

虽然这个例子可能有点抽象，但我们遇到过很多类似的案例，其中高效的聚合或数据集过滤(包括行和列)可以大大提高相关数据处理的性能。因此，仔细查看 DAG 并了解

它们是否正在处理无用的数据可能会有所帮助。

11.3.2 增量载入与增量处理

在许多情况下，可能无法使用聚合或过滤技术来减小数据集的大小。但是，通常可以使用增量数据处理的方法来限制每次运行需要处理的数据量，对于时间序列数据集尤其适用。

在第 3 章中讨论过，增量处理背后的思想是将数据拆分为基于时间的分区，并在每次 DAG 运行时分别处理它们。这样，可以将每次运行中处理的数据量限制为相应分区的大小，该大小通常远小于整个数据集的大小。通过将每次运行的结果作为增量添加到输出数据集，仍然可以随着时间的推移构建出完整的数据集，如图 11-6 所示。

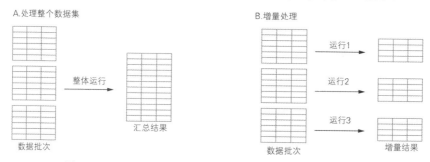

图 11-6　图中 A 所示为整体处理，每次运行都要处理整个数据集。
增量处理如图中 B 所示，每次处理增量数据

将过程设计为增量模式的一个优点是，单次运行中出现任何错误都不需要重新分析整个数据集，可以简单地重新启动失败的任务。当然，在某些情况下，可能仍然需要分析整个数据集。但是，你仍然可以通过增量执行过滤或聚合任务来减少数据处理量，从而提高整体的处理效率。

11.3.3 缓存中间数据

在大多数数据处理工作流中，DAG 由多个步骤组成，每个步骤对来自前面步骤的数据执行额外的操作。如本章前面所述，这种方法的一个优点是将 DAG 分解为更清晰的原子步骤，如果遇到任何错误，这些步骤很容易重新运行。

但是，为了能够有效地重新运行此类 DAG 中的步骤，需要确保这些步骤所需要的数据随时可用，如图 11-7 所示。否则，将无法在不重新运行其所有依赖项的情况下重新运行单个步骤，这违背了将工作流拆分为多个任务的目的。

图 11-7　存储来自任务的中间数据可确保每个任务可以轻松地独立于其他任务重新运行。在这种情况下，
云端存储(由桶表示)用于保存预处理任务的中间结果

缓存中间数据的一个缺点是，如果有多个大型数据集的中间版本，可能需要大量的存储空间。在这种情况下，可以在有限的时间内保存中间数据集，这样在最近的运行出现问题时可以有时间重新运行单个任务。

无论如何，我们建议始终保持可用数据的最原始版本(如刚刚从外部 API 摄取的数据)。这可确保始终拥有当时数据的副本。这种类型的数据快照或版本控制在源系统中通常不可用，如数据库(假设没有创建快照)或 API。保留数据的原始副本可确保你始终可以根据需要重新处理它，例如更改代码或在初始处理期间出现问题时。

11.3.4 不要将数据存储在本地文件系统

在 Airflow 作业中处理数据时，可能很容易将中间数据写入本地文件系统。当使用在 Airflow worker 本地运行的 operator 时尤其如此，如 Bash 和 Python operator，因为本地文件系统很容易从它们内部访问。

然而，将文件写入本地系统的一个缺点是，下游任务可能无法访问它们，因为 Airflow 在多个 worker 之间运行其任务，这允许它并行运行多个任务。由于 Airflow 的部署方式不同，这可能意味着两个存在依赖关系的任务可能在两个不同的 worker 上运行，这两个 worker 不能访问彼此的文件系统，因此不能访问彼此文件中的数据。

避免这一问题的最简单方法是使用共享存储，所有 Airflow worker 可以从相同的方式访问该存储。例如，一个常用的模式是将中间文件写入共享云存储桶中，每个 worker 都可以使用相同的文件 URL 和凭证访问该共享云存储桶。同样，可以使用共享数据库或其他存储系统来存储数据，具体取决于所涉及的数据类型。

11.3.5 将工作卸载到外部系统或源系统

一般来说，当 Airflow 作为一种编排工具而不是使用 Airflow worker 本身来执行实际的数据处理时，它才真正发挥了应有的作用。例如，对于较小的数据集，通常可以使用 PythonOperator 直接将数据加载到 worker。但对于更大的数据集，这样做可能会产生问题，因为它们将要求你在具有更大资源的机器上运行 Airflow worker。

在这些情况下，将计算或查询卸载到最适合该类型工作的外部系统，可以从小型的 Airflow 集群中获得更大的性能。例如，从数据库查询数据时，可以将所有必要的过滤及聚合操作推到数据库系统，而不是在本地获取数据并在 worker 上使用 Python 执行计算，从而使工作更高效。同样，对于大数据应用程序，通常可以使用 Airflow 在外部 Spark 集群上运行计算来获得更好的性能。

这里的关键在于，Airflow 主要是作为一种编排工具而设计的，因此如果以这种方式使用它，将获得最佳结果。其他工具通常更适合执行实际的数据处理工作，因此应该充分发挥各种工具或技术的优势，在完成任务的同时，提高整体效率。

11.4 管理资源

在处理大量数据时，很容易使 Airflow 集群或用于处理数据的其他系统不堪重负。本节将深入探讨一些有效管理资源的技巧，希望能为解决此类问题提供一些方法。

11.4.1 使用资源池管理并发

并行运行多个任务时，可能会遇到多个任务需要访问同一资源的情况。如果没有设计对并发性的控制，这可能会很快使被访问的资源不堪重负。对共享资源(如数据库或 GPU 系统)的访问就会时常出现这种问题，在 Spark 集群中也可能出现这种情况，例如，限制了在给定集群上运行的作业数量，当启动过多作业时，就会发生资源不足的情况。

Airflow 支持控制访问给定资源的任务数，其中每个资源池包含固定数量的槽，这些槽授予对相应资源的访问权限。需要访问资源的单个任务可以被分配到资源池中，这将明确告诉 Airflow 调度器它需要从池中获取一个槽，然后才能调度相应的任务。

你可以通过 Airflow 图形界面的"Admin > Pools"来创建资源池。图 11-8 所示为已经在 Airflow 中定义好的资源池概况。要创建新的资源池，单击 Create 按钮。在如图 11-9 所示的界面中，可以输入新资源池的名称和描述，以及要分配给它的槽数。槽数定义了资源池的并发程度。图中的数字 10，表示资源池有 10 个槽，将允许 10 个任务同时访问相应的资源。

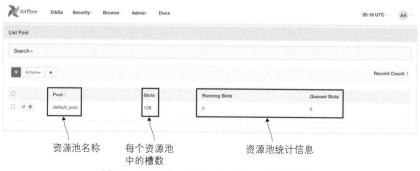

图 11-8　Web 用户界面中的 Airflow 资源池概况

图 11-9　在 Airflow Web 用户界面中创建新的资源池

如果想在任务中使用资源池，那么应该在创建任务之前先创建资源池，如代码清单 11-29 所示。

代码清单 11-29　为任务分配指定的资源池

```
PythonOperator(
    task_id="my_task",
    ...
    pool="my_resource_pool"
)
```

这样，在调度特定任务之前，Airflow 将检查 my_resource_pool 中是否还有可用的槽。如果资源池中仍然包含空闲的槽，则调度器将申请一个空槽(将可用槽的数量减少 1)并安排任务执行。如果池中没有空闲的槽，则调度器将推迟调度任务，直到有可用槽为止。

11.4.2　使用 SLA 和告警来检测长时间运行的任务

在某些情况下，由于数据中出现不可预见的问题或资源有限，任务或 DAG 运行可能需要花费比平时更长的时间。Airflow 允许使用其 SLA(服务级别协议)机制监控任务的行为。此 SLA 功能支持为 DAG 或任务设定 SLA 超时，在这种情况下，如果任务或 DAG 运行时间超出 SLA 所设定的时间，Airflow 将发送告警。

在 DAG 级别，可以通过将 sla 参数传递给 DAG 的 default_args 来设定 SLA，如代码清单 11-30 所示。

代码清单 11-30　为 DAG 中的所有任务设定 SLA(源码见 dags/05_sla_misses.py)

```
from datetime import timedelta

default_args = {
    "sla": timedelta(hours=2),
    ...
}

with DAG(
    dag_id="...",
    ...
    default_args=default_args,
) as dag:
    ...
```

通过在 DAG 级别设定 SLA，Airflow 将检查每个任务执行后的结果，以确定任务的开始或结束时间是否超过了 SLA。如果超出 SLA，Airflow 将生成 SLA 未命中告警，并将告警信息发送给用户。生成告警后，Airflow 将继续执行 DAG 的其余部分，为超出 SLA 的其他任务生成类似的警告。

默认情况下，SLA 未命中将被记录在 Airflow metastore 中，可以在 Airflow Web 用户界面中通过 Browse > SLA misses 查看。告警电子邮件还会发送到 DAG 上定义的电子邮件地址(通过 email DAG 参数设置)，告知用户相应任务已经超出 SLA。

还可以通过 sla_miss_callback 参数将处理器函数传递给 DAG，来定义 SLA 未命中时需要启动的自定义处理器(见代码清单 11-31)。

代码清单 11-31　SLA 未命中时启动自定义处理器(源码见 dags/05_sla_misses.py)

```
def sla_miss_callback(context):
    send_slack_message("Missed SLA!")

...

with DAG(
    ...
    sla_miss_callback=sla_miss_callback
) as dag:
    ...
```

还可以将 sla 参数发送给任务的 operator 来指定任务级的 SLA(见代码清单 11-32)。

代码清单 11-32　设定特定任务的 SLA

```
PythonOperator(
    ...
    sla=timedelta(hours=2)
)
```

这只会为相应的任务强制设定 SLA。但是，需要注意的是，Airflow 在强制执行 SLA 时仍会比较任务的结束时间与 DAG 的开始时间，而不是与任务的开始时间进行比较。这是因为 Airflow SLA 始终是相对于 DAG 的开始时间定义的，而不是相对单个任务的开始时间定义。

11.5　本章小结

- 采用通用风格约定，以及相关格式化工具，可以大大提高 DAG 代码的可读性。
- 工厂函数允许高效生成可复用的 DAG 或任务，同时捕获小型配置对象或文件中的实例之间的差异。
- 幂等性和确定性是构建可复用任务和 DAG 的关键，这些任务和 DAG 易于在 Airflow 中重新运行和回填。函数式编程的概念可以帮助设计具有这些特征的任务。
- 通过仔细考虑如何处理数据(即在适当的系统中处理，限制加载的数据量，并使用增量加载)，以及缓存 worker 之间使用共享文件系统中的中间数据集，可以有效地实现数据处理。
- 可以使用资源池来管理并限制 Airflow 中任务对资源的访问。
- 可以使用 SLA 来检测和标记长时间运行的任务和 DAG。

第 12 章

在生产环境中使用 Airflow

本章主要内容
- 深入了解 Airflow 调度器
- 使用不同的执行器配置 Airflow 水平缩放
- 可视化监控 Airflow 的状态和性能
- 当任务失败时发出告警

前面的大部分章节从程序员的角度来关注 Airflow 的各个部分。本章旨在从操作的角度探索 Airflow。我们假设你已经对分布式软件架构、日志记录、监控和告警等概念有一定的理解,但不需要对它们特别精通。

配置 Airflow

本章将经常提到 Airflow 配置。Airflow 中的配置按以下优先顺序解释:

(1) 环境变量 (AIRFLOW__[SECTION]__[KEY])
(2) 命令环境变量 (AIRFLOW__[SECTION]__[KEY]_CMD)
(3) airflow.cfg 文件
(4) airflow.cfg 中的命令
(5) 默认值

每当提到配置项时,都会通过演示来讲解上面的选项(1)"环境变量"。例如,以 Web server 部分中的配置项 web_server_port 为例。这将被演示为 AIRFLOW__WEBSERVER__WEB_SERVER_PORT。

要找到配置项的当前值,可以在 Airflow 用户界面的 Configurations 页面向下滚动到"Running Configuration"表,该表显示所有配置项和它们的当前值,以及配置是从上面提到的 5 个选项中的哪一个设置的。

12.1 Airflow 架构

最小的 Airflow 项目，由如图 12-1 所示的三部分组成：
- Web 服务器
- 调度器
- 数据库

图 12-1 最基本的 Airflow 架构

Web 服务器和调度器都是 Airflow 进程。数据库是必须向 Airflow 提供的一项单独服务，用于存储来自 Web 服务器和调度器的元数据。调度器必须可以访问包含 DAG 定义的文件夹。

在 Airflow 1 中部署 Web 服务器和 DAG

在 Airflow 1 中，Web 服务器和调度器都必须可以访问 DAG 文件。这会使部署变得复杂，因为在多台计算机或进程之间共享文件并不是一项简单的任务。

在 Airflow 2 中，DAG 以序列化格式写入数据库。Web 服务器从数据库中读取这种序列化格式，并且不需要访问 DAG 文件。

从 Airflow 1.10.10 开始，DAG 的序列化已经成为可能，尽管它是可选的。要在 Airflow 1(仅限 1.10.10 和以上版本)中启用 DAG 序列化，必须配置以下内容：
- AIRFLOW__CORE__STORE_DAG_CODE=True
- AIRFLOW__CORE__STORE_SERIALIZED_DAGS=True

Web 服务器的职责是直观地显示有关数据管道当前状态的信息，并允许用户执行某些操作，例如触发 DAG。

调度器有如下两个作用：

(1) 解析 DAG 文件(即读取 DAG 文件，并将它们存储在 metastore 中)。

(2) 确定要运行的任务，并将这些任务放在队列中。

12.1.3 节将深入探讨调度器的职责。Airflow 可以通过多种方式安装：从单台计算机(需要最少的设置，但不可扩展)到多台计算机(需要更多的初始工作，但具有水平可扩展性)。在 Airflow 中，不同的执行模式由执行器的类型配置。在编写本书时，有如下 4 种类型的执行器：
- SequentialExecutor (默认)
- LocalExecutor
- CeleryExecutor
- KubernetesExecutor

通过将 AIRFLOW__CORE__EXECUTOR 设置为表 12-1 中的一种执行器类型，可以配置执行器的类型。先来看看这 4 种执行器的内部工作原理。

表 12-1 Airflow 执行器模型

执行器	分布式支持	安装难易程度	适用场景
SequentialExecutor	否	非常简单	演示/测试
LocalExecutor	否	简单	当单机环境可以满足应用需求时
CeleryExecutor	是	中等	如果需要在多台计算机上横向扩展
KubernetesExecutor	是	复杂	当你熟悉 Kubernetes 并喜欢容器化设置时

12.1.1 挑选适合的执行器

SequentialExecutor 是最简单的，也是使用 Airflow 时自动获得的。顾名思义，它按顺序运行任务。它主要用于测试和演示目的，运行任务很慢，且只能在单机上运行。

虽然 LocalExecutor 也是在单机上运行，但它可以并行运行多个任务。在内部，它将任务注册在 Python FIFO(先进先出)队列中，worker 读取并执行该队列。默认情况下，LocalExecutor 最多可以运行 32 个并行进程，但可以通过配置来修改并行的数量。

如果想将工作负载分散在多台计算机上，有两种选择：CeleryExecutor 和 KubernetesExecutor。将工作分配到多台计算机上的原因有多种：单台计算机的资源限制；希望通过在多台计算机上运行作业来实现冗余；或者只是希望通过将工作分配到多台计算机来更快地运行工作负载。

CeleryExecutor 在内部应用 Celery(http://www.celeryproject.org)作为队列任务运行的机制，worker 从队列中读取并处理任务。从用户的角度来看，它的工作原理与 LocalExecutor 相同，将任务发送到队列，worker 从队列中读取要处理的任务。但是，主要区别在于所有组件都可以在不同的计算机上运行，从而分散工作负载。目前，Celery 支持 RabbitMQ、Redis 和 AWS SQS 的排队机制(在 Celery 术语中称为 broker)。Celery 还带有一个名为 Flower 的监控工具，用于检查 Celery 系统的状态。Celery 是一个 Python 库，因此可以很好地与 Airflow 集成。例如，CLI 命令 airflow celery worker 实际上会启动一个 Celery worker。这种设置唯一真正的外部依赖项是排队机制。

最后，顾名思义，KubernetesExecutor 在 Kubernetes(https://kubernetes.io)上运行工作负载。它需要配置运行 Airflow 的 Kubernetes 集群，并且执行器与 Kubernetes API 集成，从而分发 Airflow 任务。Kubernetes 是运行容器化工作负载的实际解决方案，这意味着 Airflow DAG 中的每个任务都在 Kubernetes pod 中运行。Kubernetes 具有高度可配置性和可扩展性，并且通常被广泛应用于组织内部，因此，许多人愿意将 Kubernetes 与 Airflow 结合使用。

12.1.2 为 Airflow 配置 metastore

Airflow 中发生的一切都注册在一个数据库中，我们将其称为 Airflow 中的 metastore。

工作流脚本由几个组件组成，调度器解释这些组件，并将组件存储在 metastore 中。Airflow 在 SQLAlchemy 的帮助下执行所有数据库操作，SQLAlchemy 是一个 Python ORM(Object Relational Mapper，对象关系映射器)框架，可以方便地将 Python 对象直接写入数据库，而不需要手动生成 SQL 语句。由于内部使用 SQLAlchemy，因此它支持的数据库，Airflow 同样也支持。在所有支持的数据库中，Airflow 建议使用 PostgreSQL 或 MySQL。虽然也支持 SQLite，但 SQLite 只能与 SequentialExecutor 结合使用，由于它不支持并发写入，因此不适用于生产系统。但是，由于其易于设置，因此它非常适合在开发和测试环境中使用。

不用任何配置，运行 airflow db init 会在$AIRFLOW_HOME/airflow.db 中创建一个 SQLite 数据库。如果将 Airflow 用于生产系统，并打算使用 MySQL 或 Postgres，则必须首先单独创建数据库。接下来，必须通过设置 AIRFLOW__CORE__SQL_ALCHEMY_CONN 将 Airflow 指向数据库。

这个配置项的值应该通过 URI 格式给出：protocol://[username:password@]host[:port]/path，可以参考如下示例。

- MySQL：mysql://username:password@localhost:3306/airflow
- PostgreSQL：postgres://username:password@localhost:5432/airflow

Airflow CLI 提供了 3 个用于配置数据库的命令。

- airflow db init：在空数据库上创建用于 Airflow 的 schema。
- airflow db reset：擦除当前数据库中的所有内容，并重新创建一个用于 Airflow 的 schema，这是一种破坏性操作。
- airflow db upgrade：如果已经安装或升级了新版的 Airflow，执行该操作将升级 Airflow 使用的数据库，使数据库中的结构满足新版 Airflow 要求。如果数据库已经完成升级，那么再次执行该命令将不会引发任何动作，因此这个命令多次执行也不会对生产环境造成影响。如果数据库没有被初始化，执行该命令将得到与 airflow db init 相同的效果。但需要注意的是，它不会像 airflow db init 那样创建默认的连接。

运行上述命令之后，将会输出如代码清单 12-1 所示的结果。

代码清单 12-1　初始化 Airflow metastore

```
$ airflow db init
DB: sqlite:////home/airflow/airflow.db
[2020-03-20 08:39:17,456] {db.py:368} INFO - Creating tables
INFO [alembic.runtime.migration] Context impl SQLiteImpl.
INFO [alembic.runtime.migration] Will assume non-transactional DDL.
... Running upgrade -> e3a246e0dc1, current schema
... Running upgrade e3a246e0dc1 -> 1507a7289a2f, create is_encrypted
...
```

之后显示的是 Alembic 的输出结果，它是另一个 Python 数据库框架，用于编写数据库迁移脚本。代码清单 12-1 中的每一行都来自单个数据库迁移的输出。如果升级到需要数据库升级的较新 Airflow 版本(版本说明中列出了新版本是否包含数据库升级)，则还必须升级相应的数据库。运行 airflow db upgrade 将检查当前数据库的情况，并对数据库做相应的更新，从而使数据库满足新版 Airflow 的需求。

现在，支持 Airflow 运行的数据库已经设定完毕，可以运行 Airflow 的 Web 服务器和调度器来完成相关工作了。在浏览器中访问 http://localhost:8080，可以看到如图 12-2 所示的用户界面，其中包含许多 example_* DAG 示例和相关连接。

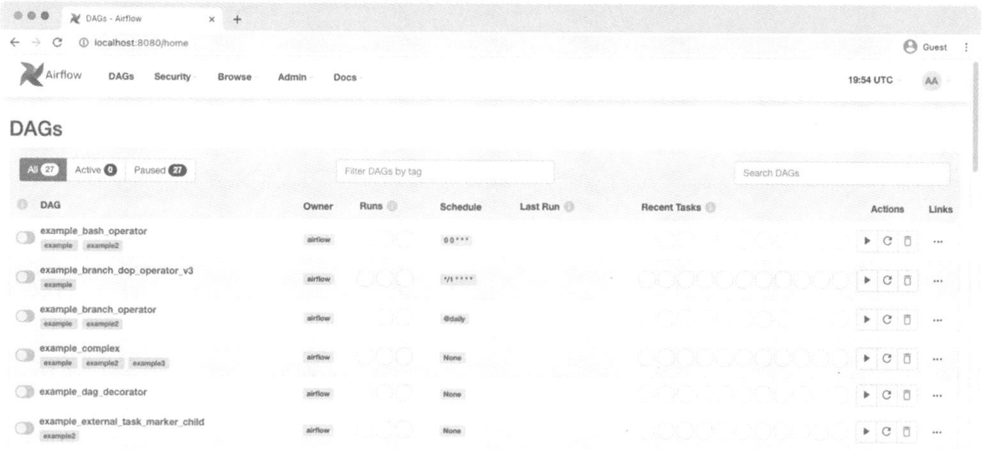

图 12-2　默认情况下，Airflow 会加载示例 DAG(以及相关的连接，本图未显示)

这些示例可以帮助你很好地理解 Airflow 的 DAG 使用，是一套不错的学习示例。但不可直接用于生产用途。如果不想在安装 Airflow 时安装这些示例，可以通过设置 AIRFLOW__CORE__LOAD_EXAMPLES=False 来实现。

但是，当重启调度器和 Web 服务器之后，还会看到示例 DAG 和相关连接，这是因为将 load_examples 设定为 False，会告知 Airflow 不再加载示例 DAG(不适用于连接)，但已经加载过的 DAG 将会保存在数据库中，并不会被删除。如果不想加载默认的连接，可以通过设置 AIRFLOW__CORE__LOAD_DEFAULT_CONNECTIONS=False 来实现。

考虑到这一点，可以通过完成以下步骤来实现一个"干净的"(即没有示例)的数据库。
(1) 安装 Airflow。
(2) 设置 AIRFLOW__CORE__LOAD_EXAMPLES=False。
(3) 设置 AIRFLOW__CORE__LOAD_DEFAULT_CONNECTIONS=False。
(4) 运行 airflow db init。

12.1.3　深入了解调度器

要了解任务的执行方式和时间，可深入了解调度器，调度器具有如下功能：
- 解析 DAG 文件并将提取的信息存储在数据库中。
- 确定哪些任务已经准备好执行，并将它们放入执行队列中。
- 从执行队列获取并执行任务。

Airflow 运行 DAG 中的所有任务。尽管任务是在 Airflow 内部，但可以通过 Airflow

用户界面来查看正在运行的任务。调度器也是通过任务运行的，它有自己的特殊类型任务，即 SchedulerJob。在 Airflow 用户界面中，所有任务都可以在 Browse > Jobs 中查看，如图 12-3 所示。

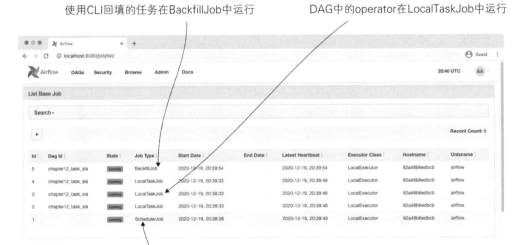

图 12-3　调度器、常规任务和回填任务在 Airflow 的任务中运行。所有任务都可以在 Airflow 用户面中查看

SchedulerJob 有 3 个职责。首先，它负责解析 DAG 文件，并将提取的信息存储在数据库中。让我们了解这意味着什么。

1. DAG 处理器

Airflow 调度器会定期处理 DAG 目录(该目录由 AIRFLOW__CORE__DAGS_FOLDER 设置)中的 Python 文件。这意味着即使没有对 DAG 文件进行任何更改[1]，它也会定期评估每个 DAG 文件，并将找到的 DAG 保留在 Airflow metastore 中。可以结合 Airflow 中的外部源来创建动态 DAG，从而保持代码不变，例如，让 DAG 读取 YAML 文件并根据其内容生成任务。为了获取动态 DAG 中的更改，调度器将定期重新处理 DAG 文件。

处理 DAG 需要消耗计算资源，重新处理 DAG 文件的频率越高，DAG 的变更就能越快地被应用，但这也将消耗更多的 CPU 资源。如果你知道你的 DAG 不会动态更改，那么降低调度器对 DAG 文件的刷新频率将会提高整体性能。DAG 的刷新频率与 4 种配置有关，如表 12-2 所示。

---

[1]　虽然 Airflow 社区正在讨论通过侦听 DAG 文件上的文件变更，并在需要时显式配置 DAG 以进行重新处理，从而实现基于事件的 DAG 解析，这可以减轻调度器的 CPU 使用率，但在编写本书时还未实现。

表 12-2　与 DAG 进程相关的 Airflow 配置项

配置项	描述
AIRFLOW__SCHEDULER__PROCESSOR_POLL_INTERVAL	完成调度器循环后等待的时间。在调度器循环(以及其他操作)中，DAG 被解析，因此这个数字越小，DAG 解析的速度就越快
AIRFLOW__SCHEDULER__MIN_FILE_PROCESS_INTERVAL	要处理的文件的最小间隔(默认值：0)。注意，不能保证在此时间间隔处理文件，这只是一个下限，而不是实际的时间间隔
AIRFLOW__SCHEDULER__DAG_DIR_LIST_INTERVAL	刷新 DAG 文件夹中文件列表的最短时间(默认值：300)。已经列出的文件保存在内存中，并以不同的时间间隔处理。注意，此设置代表一个下限，这不是实际的时间间隔
AIRFLOW__SCHEDULER__PARSING_PROCESSES	用于解析所有 DAG 文件的最大进程(非线程)数。注意，此设置代表一个上限，它不是实际的进程数

系统的最佳配置取决于 DAG 的数量、DAG 的大小(即 DAG 处理器评估它们需要多长时间)以及运行调度器的计算机上的可用资源。所有时间间隔共同决定了执行进程的频率的边界。在实际运行中，具体的刷新时间会被综合考虑，例如 DAG_DIR_LIST_INTERVAL 被设定为 300，但实际刷新的时间可能是 305 秒。

AIRFLOW__SCHEDULER__DAG_DIR_LIST_INTERVAL 对设定刷新频率特别有用。如果你经常添加新的 DAG 并希望它们尽快被 Airflow 识别出来，则可以通过降低此值解决该问题。

所有 DAG 处理都发生在 while True 循环中，其中 Airflow 循环执行一系列步骤，一遍又一遍地处理 DAG 文件。可以通过日志/logs/dag_processor_manager/dag_processor_manager.log 来了解 DAG 的具体处理过程(见代码清单 12-2)。

代码清单 12-2　DAG processor manager 的输出示例

```
================================================================
DAG File Processing Stats
File Path    PID Runtime # DAGs # Errors Last Runtime Last Run
-----------  --- ------- ------ -------- ------------ --------
.../dag1.py          1        0          0.09s ...    18:55:15
.../dag2.py          1        0          0.09s ...    18:55:15
.../dag3.py          1        0          0.10s ...    18:55:15
.../dag4.py 358 0.00s 1        0          0.08s ...    18:55:15
.../dag5.py 359 0.07s 1        0          0.08s ...    18:55:15
================================================================
... - Finding 'running' jobs without a recent heartbeat
... - Failing jobs without heartbeat after 2020-12-20 18:50:22.255611
... - Finding 'running' jobs without a recent heartbeat
... - Failing jobs without heartbeat after 2020-12-20 18:50:32.267603
... - Finding 'running' jobs without a recent heartbeat
... - Failing jobs without heartbeat after 2020-12-20 18:50:42.320578
```

注意，这些文件处理统计信息并不会在每次迭代都输出，而是由 AIRFLOW__SCHEDULER__PRINT_STATS_INTERVAL 设置的 X 秒(默认为 30 秒)决定。另请注意，显示的统计信息代表上次运行的信息，而不是最后一次"PRINT_STATS_INTERVAL"秒对应的结果。

2. 任务调度器

其次，调度器负责确定可以执行哪些任务实例。while True 循环会定期检查每个任务实例，查看其是否满足某组条件，例如是否满足所有上游依赖项，是否已达到时间间隔的末尾，是否前一个 DAG 中的任务实例已成功运行，是否设置 depends_on_past=True 等。每当任务实例满足所有条件时，它就会被设置为调度状态，这意味着调度器认为它已满足所有条件并且可以被执行。

调度器中的另外一组循环用来判断另外一组条件，从而决定哪些任务从计划状态转为排队可执行状态。在这里，判断条件包括是否有足够的空闲槽，以及某些任务是否比其他任务具有更高的优先级(通过 priority_weight 参数设定)。一旦满足所有这些条件，调度器会将命令推送到队列，从而运行任务并将任务实例的状态设置为排队状态。这意味着一旦任务实例被放入队列，调度器就不再负责了。此时，任务将由执行器负责，执行器将从队列中读取任务实例，并在 worker 上启动任务。

注意：任务调度器对任务的管理截至任务进入排队状态，一旦任务被设定为排队状态，那么任务将转由执行器负责。

队列的类型以及任务实例被放入队列后的处理方式，包含在名为 executor 的进程中。如 12.1.1 节所述，调度器的执行器部分可以通过多种方式配置，从单台计算机上的单个进程到分布在多台计算机上的多个进程。

3. 任务执行器

一般情况下，任务执行器进程会等待任务调度器进程将任务实例放到队列中执行。一旦被放入队列，执行器便会从队列中获取任务实例并执行它。Airflow 会在 metastore 中注册每个状态更改。放置在队列中的消息包含任务实例的若干细节。在执行器中，执行任务意味着要为运行的任务创建一个新进程，以便在出现故障时不会关闭 Airflow。在新进程中，它通过执行 CLI 命令 airflow tasks run 来运行单个任务实例，在代码清单 12-3 中使用的是 LocalExecutor。

代码清单 12-3　为给定的任务执行命令

```
airflow tasks run [dag_id] [task_id] [execution date] -local -pool [pool
    id] -sd [dag file path]

For example:
airflow tasks run chapter12_task_sla sleeptask 2020-04-04T00:00:00+00:00
    --local --pool default_pool -sd /..../dags/chapter12/task_sla.py
```

在执行命令之前，Airflow 将任务实例的状态在 metastore 中注册为运行状态。在此之后，它将运行任务并定期向 metastore 发送心跳来检查。心跳是通过另外一个 while True 循环实现的，其中 Airflow 将执行如下操作：

- 检查任务是否结束。
- 如果完成并且退出代码为零，则任务成功。
- 如果完成且退出代码不为零，则任务失败。
- 如果任务没有完成，
  - 注册心跳并等待 X 秒，通过 AIRFLOW__SCHEDULER__JOB_HEARTBEAT_SEC 配置(默认为 5 秒)。
  - 重复。

对于一个成功的任务，这个过程会重复多次，直到任务完成。如果没有发生错误，则任务状态更改为成功。任务的理想流程如图 12-4 所示。

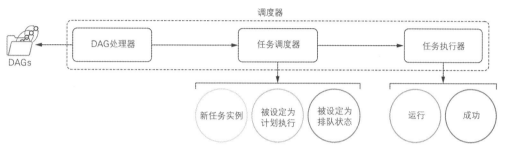

图 12-4　任务的理想流程及调度器组件所涉及的任务状态。虚线表示调度器负责的范围。当使用 SequentialExecutor/LocalExecutor 模式时，这将是一个单进程。CeleryExecutor 和 KubernetesExecutor 在不同的进程中运行任务执行器，这种设计可用于在多台计算机上扩展

12.2　安装每个执行器

Airflow 的安装和配置有多种方式。因此，本书无法列举所有安装和配置方法。但是，我们将演示启动和运行每个执行器所需的主要步骤。

如 12.1 节所述，执行器是 Airflow 调度器的一部分。DAG 处理器和任务调度器只能以一种方式运行，即启动 Airflow 调度器。但是，任务执行器可以通过不同的方式安装，从单台计算机上的单个进程到为实现更好性能及冗余的多台计算机上的多个进程。

执行器类型在 Airflow 中通过 AIRFLOW__CORE__EXECUTOR 设置，其值有如下选择：

- SequentialExecutor (默认)
- LocalExecutor
- CeleryExecutor
- KubernetesExecutor

可以通过运行 DAG 来验证执行器是否正确安装。如果任务可以进入运行状态，则表示它经历了调度、排队、运行的循环过程，这意味着它能被正确执行，执行器安装正确。

12.2.1 设置 SequentialExecutor

Airflow 中的默认执行器是如图 12-5 所示的 SequentialExecutor。调度器的任务执行器在单个子进程中运行，该子进程将串行地运行任务，因此它是任务执行最慢的方法。但由于不需要配置，因此便于测试。

图 12-5 在 SequentialExecutor 中，所有组件都必须在同一台计算机上运行

SequentialExecutor 使用 SQLite 数据库。可以在没有任何配置的情况下运行 airflow db init，此时，系统将在$AIRFLOW_HOME 目录中初始化一个 SQLite 数据库，对应的文件名为 airflow.db。之后，启动如下两个进程：
- airflow scheduler
- airflow webserver

12.2.2 设置 LocalExecutor

如图 12-6 所示，使用 LocalExecutor 设置 Airflow 与 SequentialExecutor 设置没有太大区别。它的架构与 SequentialExecutor 类似，但具有多个子进程，每个子进程执行一个任务，并且多个子进程可以并行运行，从而执行速度更快。

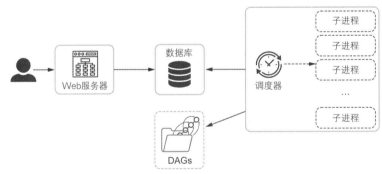

图 12-6 使用 LocalExecutor，所有组件都可以分别在单独的计算机上运行。但是，调度器创建的所有子进程则应在一台计算机上运行

此外，SequentialExecutor 与 SQLite 数据库耦合，而所有其他执行器可以与更复杂的数据库(如 MySQL 和 PostgreSQL)一起使用，从而获得更好的性能。

要配置 LocalExecutor，可将 AIRFLOW__CORE__EXECUTOR 设置为 LocalExecutor。调度器可以生成由 AIRFLOW__CORE__PARALLELISM 设定的最大子进程数(默认为 32)。从技术上讲，这些不是新进程，而是从父进程(调度器)派生出来的进程。

还有其他方法可以限制并行任务的数量。例如，通过降低默认池大小，也可以修改

AIRFLOW__CORE__DAG_CONCURRENCY 或 AIRFLOW__CORE__MAX_ACTIVE_RUNS_PER_DAG 参数设定。

在数据库方面，为相应的数据库系统安装带有额外依赖项的 Airflow。
- MySQL：pip install apache-airflow[mysql]
- PostgreSQL：pip install apache-airflow[postgres]

LocalExecutor 易于设置，并且可以提供较好的性能。但系统仍然受到调度器计算机资源的限制。一旦 LocalExecutor 在性能或者冗余度方面不再满足需求，可以通过 12.2.3 节和 12.2.4 节介绍的 CeleryExecutor 和 KubernetesExecutor 来满足新的需求。

12.2.3 设置 CeleryExecutor

CeleryExecutor 建立在 Celery 项目之上。Celery 提供了一个框架，用于通过队列系统向 worker 分发消息，如图 12-7 所示。

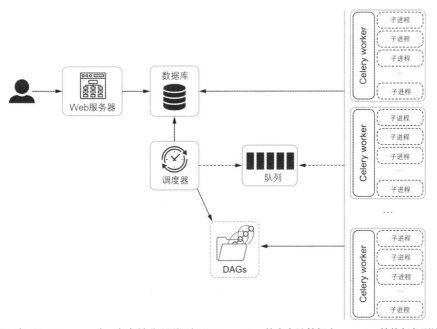

图 12-7　在 CeleryExecutor 中，任务被分配到运行 Celery worker 的多台计算机上。worker 等待任务到达队列

如图 12-7 所示，调度器和 Celery worker 都需要访问 DAG 和数据库。对于数据库，这不是问题，因为可以使用客户端连接它。对于 DAG 文件夹，这可能很难设置。可以通过共享文件系统或通过构建容器化设置(其中 DAG 通过 Airflow 将 DAG 构建到映像中)使所有计算机都可以访问 DAG。在容器化设置中，对 DAG 代码的任何更改都将导致重新部署软件。

要开始使用 Celery，首先需要安装带有 Celery 依赖项的 Airflow，并配置执行器：
- pip install apache-airflow[celery]

- AIRFLOW__CORE__EXECUTOR=CeleryExecutor

可以使用 Celery 支持的任何队列系统，在编写本书时，Redis、RabbitMQ 以及 AWS SQS 都是 Celery 支持的队列系统。在 Celery 中，队列被称为 broker。安装 broker 的步骤不在本书的范围内，安装后必须通过 AIRFLOW__CELERY__BROKER_URL 配置 broker。

- Redis：AIRFLOW__CELERY__BROKER_URL=redis://localhost:6379/0
- RabbitMQ：AIRFLOW__CELERY__BROKER_URL=amqp://user:pass@localhost:5672//

检查你使用的队列系统的文档，从而获取相应的 URI 格式。BROKER_URL 允许调度器向队列发送消息。为了让 Celery worker 与 Airflow metastore 通信，还必须配置 AIRFLOW__CELERY__RESULT_BACKEND。在 Celery 中，前缀 db+用于表示数据库连接：

- MySQL：AIRFLOW__CELERY__RESULT_BACKEND=db+mysql://user:pass@localhost/airflow
- PostgreSQL：AIRFLOW__CELERY__RESULT_BACKEND=db+postgresql://user:pass@localhost/airflow

确保 worker 计算机都可以通过相同路径访问 DAG 文件夹，如 AIRFLOW__CORE__DAGS_FOLDER 所配置的那样。在这之后，将可以完成如下工作：

(1) 启动 Airflow Web 服务器。
(2) 启动 Airflow 调度器。
(3) 启动 Airflow Celery worker。

airflow celery worker 是一个启动 Celery worker 的小型包装器命令。现在一切都应该启动并运行了。

注意： 要验证安装，可以手动触发 DAG。如果有任务可以成功完成，则意味着它已经成功运行 CeleryExecutor 设置的所有组件，并且一切都按预期执行。

为了监控系统的状态，可以设置 Flower，这是一个基于 Web 的 Celery 监控工具，可以在其中检查 worker、任务和整个 Celery 系统的状态。Airflow CLI 还提供了一个启动 Flower 的便捷命令：airflow celery flower。默认情况下，Flower 在 5555 端口运行。启动后，通过浏览器访问 http://localhost:5555 将看到如图 12-8 所示的界面。

在 Flower 的第一个视图中，可以看到已注册 Celery worker 的数量、状态以及每个 worker 已处理的任务数量等一些概要信息。如何判断系统是否运行良好？Flower 界面中最有用的部分是图 12-9 中的 Monitor 页面，它以几个图形显示了系统的状态。

在 Airflow 提供的两种分布式执行器模式(Celery 和 Kubernetes)中，CeleryExecutor 更容易设置，因为你只需要设置一个额外的组件：队列。Celery workers 以及 Flower 仪表板已经集成到 Airflow 中，这使得在多台计算机上设置和扩展任务执行变得更加容易。

Worker Name	Status	Active	Processed	Failed	Succeeded	Retried	Load Average
celery@9a0ea7a7af6c	Online	11	16	0	5	0	7.41, 2.48, 1.08
celery@50e56648bf3c	Online	10	17	0	7	0	7.41, 2.48, 1.08
celery@dc73210b7ef3	Online	5	15	0	10	0	7.41, 2.48, 1.08

Showing 1 to 3 of 3 entries

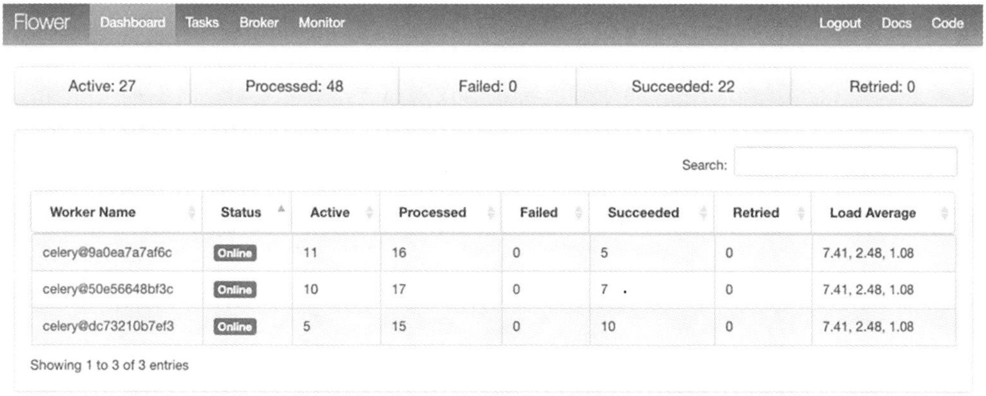

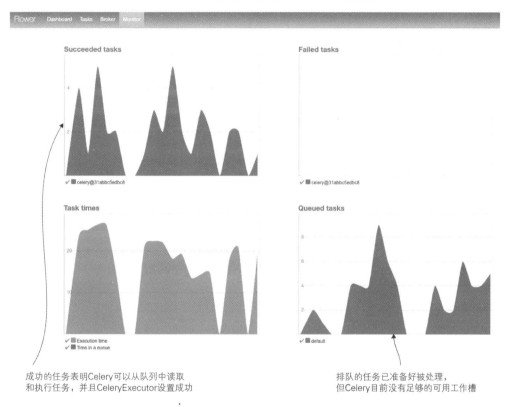

图 12-8 Flower 仪表板显示所有 Celery worker 的状态

图 12-9 Flower 的监控选项卡显示了 Celery 系统的性能

12.2.4 设置 KubernetesExecutor

最后介绍的是 KubernetesExecutor。通过设置 AIRFLOW__CORE__EXECUTOR=KubernetesExecutor 即可以使用它。顾名思义，这种执行器类型与 Kubernetes 耦合，

Kubernetes 是在容器中运行和管理软件最常用的系统。许多公司都在 Kubernetes 上运行他们的软件，因为容器提供了一个隔离的环境，可确保用户在个人计算机上开发的内容在生产系统上获得相同的效果。因此，Airflow 社区表达了在 Kubernetes 上运行 Airflow 的强烈愿望。KubernetesExecutor 的架构如图 12-10 所示。

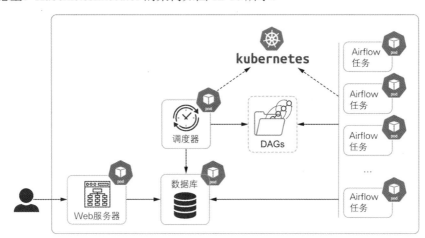

图 12-10 使用 KubernetesExecutor，所有任务都在 Kubernetes 的 pod 中运行。虽然不是必须在 Kubernetes 中运行 Web 服务器、调度器和数据库，但使用 KubernetesExecutor 时，将它们放在 Kubernetes 内部执行依旧是一个很好的选择

在使用 KubernetesExecutor 之前，需要对 Kubernetes 有所了解。Kubernetes 可能很大而且很复杂。但 Airflow KubernetesExecutor 只使用了 Kubernetes 平台中的一小部分组件。我们知道 pod 是 Kubernetes 中最小的工作单元，可以运行一个或多个容器。在 Airflow 中，一个任务将在一个 pod 中运行。

每次执行任务时都会创建一个 pod。当调度器决定运行一个任务时，它会向 Kubernetes API 发送一个 pod 创建请求，然后 Kubernetes API 会执行 airflow tasks run...命令创建一个运行 Airflow 容器的 pod，如代码清单 12-3 所示(请忽略清单中的细节)。Kubernetes 会监控 pod 的运行状态。

其他执行器的设置与物理机上的设置有明显的区别。使用 Kubernetes，所有进程都在 pod 中运行，它们可以分布在多台计算机上，尽管它们也可能运行在同一台计算机上。从用户的角度来看，进程在 pod 中运行，用户不用了解它对应哪台物理机。

在 Kubernetes 上部署软件最常用的方法是使用 Helm，它是 Kubernetes 的包管理器。在 Helm Hub(Helm 图表的存储库)上提供了各种适用于 Airflow 的第三方 Helm 图表。在编写本书时，Airflow 项目的主分支上提供了官方的 Airflow Helm 图表。但是，在编写本书时，它尚未在公共 Helm 存储库中可用。因此，最小安装说明如代码清单 12-4 所示(假设有一个功能正常的 Kubernetes 集群和 Helm3+)。

代码清单 12-4　使用 Helm chart 在 Kubernetes 上安装 Airflow

```
                                        下载包含 Helm chart 的 Airflow 源代码
$ curl -OL https://github.com/apache/airflow/archive/master.zip
$ unzip master.zip
```

在 Kubernetes 中创建一个 Airflow 名称空间

```
                                        下载指定版本的 Helm charts 依赖
$ kubectl create namespace airflow
$ helm dep update ./airflow-master/chart
$ helm install airflow ./airflow-master/chart --namespace airflow
                                        安装 Airflow Helm 图表
NAME: airflow
LAST DEPLOYED: Wed Jul 22 20:40:44 2020
NAMESPACE: airflow
STATUS: deployed
REVISION: 1
TEST SUITE: None
NOTES:
Thank you for installing Airflow!

Your release is named airflow.


▻ You can now access your dashboard(s) by executing the following
command(s) and visiting the corresponding port at localhost in your browser:

Airflow dashboard:
▻ kubectl port-forward svc/airflow-webserver 8080:8080 --namespace airflow
```

设置 KubernetesExecutor 的一个比较棘手问题是确定在 Airflow 进程之间分发 DAG 文件的方式。为此，有以下 3 种解决方法：

(1) 使用 PersistentVolume 在 pod 之间共享 DAG。

(2) 使用 Git-sync init 容器从存储库中提取最新的 DAG 代码。

(3) 将 DAG 创建到 Docker 映像中。

首先，要确定如何在不使用容器的情况下部署 Airflow DAG 代码。所有 Airflow 进程都必须有权访问包含 DAG 文件的目录。在同一计算机上，这很容易实现：启动所有 Airflow 进程，并指向保存 DAG 代码的目录即可。

但是，在不同的计算机上运行 Airflow 进程时，情况会变得很困难。在这种情况下，需要某种方式使 2 台计算机都可以访问 DAG 代码，例如使用图 12-11 所示的共享文件系统。

但是，在共享文件系统上获取代码并非易事。文件系统是为了在存储介质上存储和检索文件而构建的，并不是为了在互联网上交换文件而设计的。通过 Internet 交换文件需要通过额外的应用程序来实现。

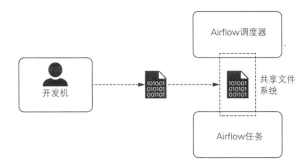

图 12-11　如果没有容器，开发人员会将代码推送到存储库，之后代码可被用于 2 个 Airflow 进程

更确切地说，假设有一个共享文件系统，例如 NFS(网络文件系统)用于在 Airflow 调度器和 worker 机器之间共享文件。你在开发机上开发代码，但不能将文件直接复制到 NFS 文件系统，因为它没有互联网接口。要将文件复制到 NFS，必须将其挂载到计算机上，并且必须通过应用程序(如 FTP)将文件写入其中，如图 12-12 所示。

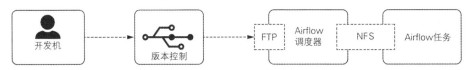

图 12-12　文件不能直接写入 NFS，因为它没有提供互联网接口。若要通过互联网发送和接收文件，可以使用 FTP 将文件传输到 NFS 所在计算机上

在图 12-12 中，开发人员或 CI/CD 系统可以通过某台 Airflow 机器上运行的 FTP 服务器将 Airflow 代码推送到 Airflow 系统。通过 FTP 服务器，CI/CD 系统就可以访问 NFS 卷，从而将 DAG 文件推送到所有 Airflow 机器并使它们可以被访问。

如果 CI/CD 系统的推送机制不可用，怎么办？出于各种原因，例如安全性或网络限制，推送机制不可用便成了一个常见的挑战。在这种情况下，常见的解决方案是通过名为"DAG puller DAG"的 DAG 从 Airflow 机器中提取代码，如代码清单 12-5 所示。

代码清单 12-5　通过 DAG puller DAG 获取最新的代码

```
import datetime

from airflow.models import DAG
from airflow.operators.bash import BashOperator

dag = DAG(
    dag_id="dag_puller",
    default_args={"depends_on_past": False},
    start_date=datetime.datetime(2020, 1, 1),
    schedule_interval=datetime.timedelta(minutes=5),
    catchup=False,
)

fetch_code = BashOperator(
    task_id="fetch_code",
    bash_command=(
```

忽略所有依赖项，始终运行任务

每 5 分钟拉取一次最新的代码

```
        "cd /airflow/dags && "
        "git reset --hard origin/master"    ← 需要安装和配置 Git
    ),
    dag=dag,
)
```

使用 DAG puller DAG，每 5 分钟将来自 master 分支的最新代码拉到 Airflow 机器上，如图 12-13 所示。虽然这会造成 master 分支上的代码与 Airflow 中部署的代码间的延迟，但有时它是最实用的解决方案。

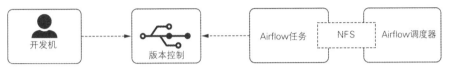

图 12-13　使用 DAG puller DAG 将代码从 master 分支发送到 Airflow 机器上

现在我们知道了在分布式设置中部署运行 Airflow 的 DAG 的挑战和潜在的解决方案，接下来看看如何在 Kubernetes 中的 pod 之间共享 DAG。

1. 使用 PersistentVolume 在 pod 之间共享 DAG

PersistentVolumes 是 Kubernetes 对存储的抽象，允许将共享卷挂载到容器，而不需要了解底层存储技术，例如 NFS、Azure 文件存储或 AWS EBS 等。棘手的部分可能是设置 CI/CD 管道，并将 DAG 代码推送到共享卷，这通常不提供直接推送到共享卷的开箱即用功能。要启用与 PersistentVolume 共享 DAG，请将配置项 AIRFLOW__KUBERNETES__DAGS_VOLUME_CLAIM 设置为 Airflow pod 上的卷名称(Kubernetes 中的"VolumeClaim")。DAG 代码必须复制到卷中，可以使用推送方法(如图 12-11 所示)，也可以使用拉取方法(如代码清单 12-5 所示)。解决方案可能取决于你选择的卷类型，因此请参阅有关卷的 Kubernetes 文档以获取更多信息。

2. 使用 Git-SYNC 初始化容器从存储库中提取最新的 DAG 代码

在运行 Airflow 任务(未完成)之前，Airflow 配置包含用于通过 sidecar 容器拉取 Git 存储库的设置列表：

- AIRFLOW_KUBERNETES_GIT_REPO= https://mycompany.com/repository/airflow
- AIRFLOW_KUBERNETES_GIT_BRANCH = master
- AIRFLOW_KUBERNETES_GIT_SUBPATH = dags
- AIRFLOW_KUBERNETES_GIT_USER = username
- AIRFLOW_KUBERNETES_GIT_PASSWORD = password
- AIRFLOW_KUBERNETES_GIT_SSH_KEY_SECRET_NAME = airflow-secrets
- AIRFLOW_KUBERNETES_GIT_DAGS_FOLDER_MOUNT_POINT=/opt/airflow/dags
- AIRFLOW_KUBERNETES_GIT_SYNC_CONTAINER_REPOSITORY=k8s.gcr.io/git-sync
- AIRFLOW_KUBERNETES_GIT_SYNC_CONTAINER_TAG = v3.1.2

- AIRFLOW_KUBERNETES_GIT_SYNC_INIT_CONTAINER_NAME=git-sync-clone

虽然并非所有细节都需要填写，但设置 GIT_REPO 和凭证(USER+PASSWORD 或 GIT_SSH_KEY_SECRET_NAME)将启用 Git 同步。Airflow 将创建一个同步容器，在开始一个任务之前，从配置的存储库中提取代码。

3. 将 DAG 构建到 Docker 映像中

最后，将 DAG 文件构建到 Airflow 映像中也是一个受欢迎的选择，因为它具有不可变性。对 DAG 文件的任何更改都将导致构建和部署一个新的 Docker 映像，以便始终可以确定正在运行的代码的版本。要告诉 KubernetesExecutor 已经将 DAG 文件构建到映像中，设置 AIRFLOW__KUBERNETES__DAGS_IN_IMAGE=True 即可。

构建和部署过程略有不同，如图 12-14 所示。

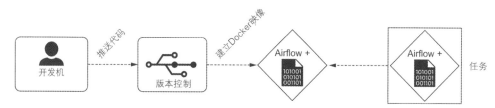

图 12-14 在向版本控制系统推送之后，将构建一个新的 Docker 映像

与 DAG 代码一起构建 Airflow 映像有几个优点：
- 可以确定当前部署的是哪个版本的代码。
- 可以在本地运行与生产相同的 Airflow 环境。
- 新依赖之间的冲突可以在构建(而非运行)时被发现。

仔细查看构建过程，不难发现为了提升性能，最好将 Airflow 的安装和添加 DAG 代码分成 2 个独立的步骤完成：
(1) 安装依赖项。
(2) 只添加 DAG 代码。

这种拆分的原因是 Airflow 包含许多依赖项，可能需要几分钟的时间来构建。在开发过程中，可能不会经常更改依赖项，但主要是更改 DAG 代码。为避免每次小的更改都重新安装依赖项，可将 DAG 代码复制到映像中的工作放在单独的步骤中来执行。如果 CI/CD 系统缓存 Docker 层，则可以在单独的 Docker 语句中缓存，因为这样可以快速检索底层。如果 CI/CD 系统没有缓存 Docker 层，那么可以创建 2 个 Docker 映像，第一个是为 Airflow 及其依赖项创建的基础映像，第二个是仅用来添加 DAG 代码的映像。让我们通过 2 个 Dockerfile 来说明它们是如何工作的[1]。首先了解基础映像的 Dockerfile，如代码清单 12-6 所示。

---

[1] 这 2 个 Dockerfile 都只用于演示目的。

代码清单 12-6 基础 Airflow Dockerfile 示例

```
FROM apache/airflow:2.0.0-python3.8

USER root

RUN apt-get update && \
    apt-get install -y gcc && \
    apt-get autoremove -y && \
    apt-get clean -y && \
    rm -rf /var/lib/apt/lists/*

USER airflow
COPY requirements.txt /opt/airflow/requirements.txt
RUN pip install --user -r /opt/airflow/requirements.txt && \
    rm /opt/airflow/requirements.txt
```

箭头注释：
- 基于官方的 Airflow 映像
- 默认用户是非 root 用户的 Airflow，因此需要切换到 root 用户进行安装
- 安装完成之后，需要切换回 Airflow 用户

这个基础 Dockerfile 从官方 Airflow 2.0.0 Docker 映像开始，并安装 requirements.txt 中列出的其他依赖项。为附加依赖项设置单独的文件可以简化 CI/CD 管道，因为对 requirements.txt 的任何更改都应始终触发基础映像的重建。命令 docker build -f Dockerfile.base -t myrepo/airflow-base 将构建基础镜像，如代码清单 12-7 所示。

代码清单 12-7 最终的 Airflow Dockerfile 示例

```
FROM myrepo/airflow-base:1.2.3

COPY dags/ /opt/airflow/dags/
```

拥有一个包含所有依赖项的预构建基础映像，能够加速最终映像的构建过程，因为唯一需要的步骤是复制 DAG 文件。可使用命令 docker build -t myrepo/airflow 构建它，每次更改都将重新构建此映像。正在安装的依赖项可能会导致基础映像和最终映像的构建时长差异巨大。

代码清单 12-8 requirements.txt 示例

```
python-dotenv~=0.10.3
```

通过将 Airflow Docker 映像的构建过程拆分为单独的语句或单独的映像，可以显著加快构建时间，因为只有最常被更改的文件(DAG 脚本)才会被复制到 Docker 映像中。仅在需要时才会执行耗时的 Docker 映像完全重建动作。

在 Kubernetes 方面，确保 Airflow 映像标签由 AIRFLOW__KUBERNETES__POD_TEMPLATE_FILE 在 YAML 中定义，或确保 AIRFLOW__KUBERNETES__WORKER_CONTAINER_TAG 设置为希望 worker pod 部署的标签。如果使用 Airflow Helm chart，则可以通过设置新构建映像的标签，使用 Helm CLI 更新部署版本，如代码清单 12-9 所示。

代码清单 12-9 使用 Helm 更新已部署的 Airflow 映像

```
helm upgrade airflow ./airflow-master/chart \
  --set images.airflow.repository=yourcompany/airflow \
```

```
--set images.airflow.tag=1234abc
```

12.3 捕获所有 Airflow 进程的日志

关于日志，所有系统都会生成某种输出，可以通过日志来了解系统发生过什么。在 Airflow 中，有 3 种类型的日志。

- Web 服务器日志：保存有关网络活动的信息。例如，哪些请求被发送到 Web 服务器。
- 调度器日志：包含有关所有调度器活动的信息，包括 DAG 解析、调度任务等。
- 任务日志：在每个日志文件中保存单个任务实例的日志。

默认情况下，日志写入本地文件系统的$AIRFLOW_HOME/logs 中。日志记录可以通过多种方式配置。本节将演示默认日志记录行为，以及如何在 12.3.4 节中将日志写入远程存储系统。

12.3.1 捕获 Web 服务器输出

Web 服务器用于提供静态文件，对文件的每个请求都会显示在 Web 服务器输出中。请参阅以下示例。

- ↪ 127.0.0.1 - - [24/Mar/2020:16:50:45 +0100] "GET / HTTP/1.1" 302 221"-" "Mozilla/5.0 (Macintosh; Intel Mac OS X 10_14_5) AppleWebKit/537.36 (KHTML, like Gecko) Chrome/80.0.3987.149 Safari/537.36"
- ↪ 127.0.0.1 - - [24/Mar/2020:16:50:46 +0100] "GET /admin/ HTTP/1.1"200 44414 "-" "Mozilla/5.0 (Macintosh; Intel Mac OS X 10_14_5) AppleWebKit/537.36 (KHTML, like Gecko) Chrome/80.0.3987.149 Safari/537.36"
- ↪ 127.0.0.1 - - [24/Mar/2020:16:50:46 +0100] "GET /static/bootstraptheme.css HTTP/1.1" 200 0 "http:/ /localhost:8080/admin/" "Mozilla/5.0 (Macintosh; Intel Mac OS X 10_14_5) AppleWebKit/537.36 (KHTML, likeGecko) Chrome/80.0.3987.149 Safari/537.36"

在命令行上启动 Web 服务器时，将看到此输出打印到 stdout 或 stderr。如果想在 Web 服务器关闭后保留日志，该怎么办？在 Web 服务器中，有 2 种类型的日志：如前所示的访问日志和错误日志。它们不仅包含错误，还包含系统信息，例如：

- [2020-04-13 12:22:51 +0200] [90649] [INFO] Listening at: http://0.0.0.0:8080(90649)
- [2020-04-13 12:22:51 +0200] [90649] [INFO] Using worker: sync
- [2020-04-13 12:22:51 +0200] [90652] [INFO] Booting worker with pid: 90652

通过在启动 Airflow Web 服务器时提供标志，可以将 2 种类型的日志写入文件。

- airflow webserver --access_logfile [filename]
- airflow webserver --error_logfile [filename]

文件名将与 AIRFLOW_HOME 相关，因此如果将"accesslogs.log"设置为文件名，那么将创建一个文件：/path/to/airflow/home/accesslogs.log。

12.3.2 捕获调度器输出

调度器默认将日志写入文件，这与 Web 服务器不同。再次查看$AIRFLOW_HOME/logs 目录，会看到与调度器日志相关的各种文件，如代码清单 12-10 所示。

代码清单 12-10　由调度器生成的日志文件

```
.
├── dag_processor_manager
│   └── dag_processor_manager.log
└── scheduler
    └── 2020-04-14
        ├── hello_world.py.log
        └── second_dag.py.log
```

这个目录树是处理 2 个 DAG 的结果：hello_world 和 second_dag。每次调度器处理 DAG 文件时，都会向各自的文件写入几行代码。这些代码是理解调度器如何操作的关键。让我们看看 hello_world.py.log，如代码清单 12-11 所示。

代码清单 12-11　调度器读取 DAG 文件并创建相应的 DAG 或任务

诸如处理 DAG 文件、从文件中加载 DAG 对象以及检查是否满足许多条件(如 DAG 调度)，这些步骤被多次执行，并且是调度器的核心功能的一部分。从这些日志中，可以

得出调度器是否按照预期工作。

还有一个名为 dag_processor_manager.log 的文件(当它达到 100MB 时将执行日志循环)，其中显示了调度器已处理的文件的聚合视图，默认为过去 30 秒(如代码清单 12-2 所示)。

12.3.3 捕获任务日志

最后了解任务日志,其中每个文件代表一项任务的一次尝试,如代码清单 12-12 所示。

代码清单 12-12　任务执行时生成的日志文件

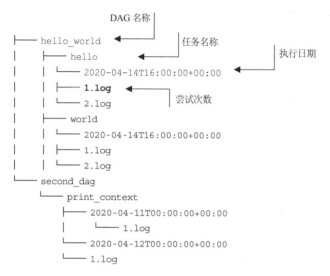

这些文件的内容对应着在 Web 服务器的用户界面中打开任务时显示的内容。

12.3.4 将日志发送到远程存储

根据 Airflow 设置，你可能希望将日志发送到其他地方。例如，在临时容器中运行 Airflow 时，当容器停止或出于存档目的，日志将消失。Airflow 拥有一个名为"remote logging"的功能，支持将日志传送到远程系统。在编写本书时，Airflow 支持以下远程系统：

- AWS S3(需要安装 pip install apache-airflow[amazon])
- Azure Blob Storage(需要安装 pip install apache-airflow[microsoft.azure])
- Elasticsearch(需要安装 pip install apache-airflow[elasticsearch])
- Google Cloud Storage(需要安装 pip install apache-airflow[google])

如果使用 Airflow 远程日志记录功能，需要进行以下配置：

- AIRFLOW__CORE__REMOTE_LOGGING=True
- AIRFLOW__CORE__REMOTE_LOG_CONN_ID=...

REMOTE_LOG_CONN_ID 指向持有远程系统凭证的连接的 ID。此后，每个远程日志系统都可以读取特定于该系统的配置。例如，在 Google Cloud Storage 中，日志的写入路径可以配置为 AIRFLOW__CORE__REMOTE_BASE_LOG_FOLDER=gs://my-bucket/path/to/logs。有关各个系统的详细信息，请参阅 Airflow 文档。

12.4 可视化及监控 Airflow 指标

在某些时候，你可能想更多地了解 Airflow 设置的性能。本节将关注有关系统状态的数字数据，也称为指标，例如，排队任务和任务实际执行之间的延迟秒数。在监控文献中，系统的可观察性和对系统的全面理解通过 3 个项目的组合来实现：日志、指标和跟踪。日志(文本数据)在 12.3 节已经介绍，本节将介绍指标，而跟踪相关的内容则不在本书的范围内。

每个 Airflow 设置都有自己的特点。有些安装规模很大，有些很小。有些只有很少的 DAG 但带有许多任务，有些有很多 DAG，但只有几个任务。在一本书中涵盖所有可能的情况不切实际，因此我们仅向你介绍监控 Airflow 的主要思想，这将适用于任何安装规模。最终目标是收集与设置相关的指标，并积极利用这些指标，比如使用仪表板，如图 12-15 所示。

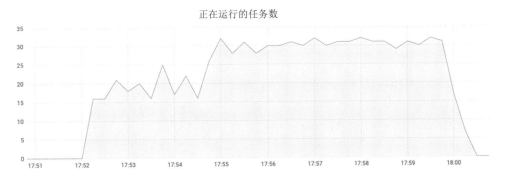

图 12-15　通过可视化的方式显示正在运行的任务数量。该图中使用的并行度的默认值为 32，有时可能会看到任务数量激增

12.4.1 从 Airflow 收集指标

Airflow 使用 StatsD(https://github.com/statsd/statsd)进行仪表化检测。仪表化是什么意思？在 StatsD 和 Airflow 的上下文中，当有些事件发生时，可以触发另外一些事件并发送相关信息，因此可以对这些发送出来的信息进行收集、聚合、可视化或报告。例如，每当任务失败时，都会发送一个名为 "ti_failures" 的事件，值为 1，表示有一个任务已失败。

1. 推送和拉取

在比较指标系统时，一个常见的讨论是关于推送与拉取，或推送模型与拉取模型。

使用推送模型时，指标将被发送或推送到指标收集系统。使用拉取模型时，系统将为某些监控指标提供公开访问，并且指标收集系统必须从系统获取或拉取指标，从而完成给定终端的监控动作。当多个系统同时向指标收集系统推送信息时，可能会造成指标收集系统溢出的情况。

StatsD 使用推送模型。因此，当开始在 Airflow 中监控时，必须设置一个指标收集系统，StatsD 可以将其指标推送到该系统之后才能查看指标。

2. 指标收集系统的选择

StatsD 是众多指标收集系统之一。其他还有 Prometheus 和 Graphite。StatsD 客户端与 Airflow 一起安装。但是，收集指标的服务器必须自行设置。StatsD 客户端以某种格式将指标传递给服务器，许多指标收集系统可以通过读取彼此的格式来交换组件。

例如，Prometheus 的服务器可用于存储来自 Airflow 的指标。但是，指标通过 StatsD 格式发送，因此必须经过翻译才能让 Prometheus 理解指标。另外，Prometheus 采用拉取模型，而 StatsD 采用推送模型，因此必须安装某些中介，来协调 StatsD 的推送和 Prometheus 的拉取。因为 Airflow 没有提供 Prometheus 的指标格式，所以 Prometheus 不能直接从 Airflow 中拉取指标。

为什么要将这些技术混搭在一起？主要是因为 Prometheus 是许多开发人员和系统管理员收集指标的首选工具。它被许多公司使用，并在许多方面优于 StatsD，例如其灵活的数据模型、易于操作，以及几乎可以与任何其他系统集成。因此，我们也更喜欢使用 Prometheus 处理指标，我们将演示如何将 StatsD 指标转换为 Prometheus 指标，之后便可以使用 Grafana 可视化收集到的指标。Grafana 是一个仪表板工具，用于可视化时间序列数据，以进行监控。

从 Airflow 到 Grafana 的步骤如图 12-16 所示。

图 12-16　从 Airflow 收集并将指标可视化所需的软件及步骤。Prometheus 收集指标，Grafana 通过仪表板可视化指标。Prometheus StatsD exporter 将 StatsD 指标转换为 Prometheus 的指标格式，并将其公开以供 Prometheus 抓取

让我们从左(Airflow)到右(Grafana)设置这个系统，从而创建一个仪表板，并可视化来自 Airflow 的指标。

12.4.2　配置 Airflow 以发送指标

要让 Airflow 推送其 StatsD 指标，必须安装具有 statsd 额外依赖项的 Airflow：

```
pip install apache-airflow[statsd]
```

接下来，要按照如下配置，告诉 Airflow 将指标推送到哪里。目前还没有收集指标的系统，我们将在 12.4.3 节配置。

- AIRFLOW__METRICS__STATSD_ON=True
- AIRFLOW__METRICS__STATSD_HOST=localhost (默认值)
- AIRFLOW__METRICS__STATSD_PORT=9125
- AIRFLOW__METRICS__STATSD_PREFIX=airflow (默认值)

至此，在 Airflow 中已经完成推送的设置，使用这个设置，Airflow 会将事件通过 UDP 协议推送到 9125 端口。

12.4.3 配置 Prometheus 以收集指标

Prometheus 是用于系统监控的软件。它具有丰富的功能，但其核心是一个时间序列数据库，可以使用名为 PromQL 的语言查询。不能像使用关系数据库的 INSERT INTO… 语句那样手动将数据插入数据库，它的工作原理是将指标拉入数据库。每 X 秒，它会从配置的目标中拉取最新的指标。如果 Prometheus 过于繁忙，它会自动减慢抓取目标的速度。但是，这需要处理大量指标，因此目前不适用。

首先，必须安装 Prometheus StatsD exporter，它可将 Airflow 的 StatsD 指标转换为 Prometheus 指标。最简单的方法是使用 Docker，如代码清单 12-13 所示。

代码清单 12-13　通过 Docker 运行 StatsD exporter

Prometheus 指标将显示在 http://localhost:9102 上

```
docker run -d -p 9102:9102 -p 9125:9125/udp prom/statsd-exporter
```

确保此端口号与 AIRFLOW__SCHEDULER__STATSD_PORT 设置的端口一致

如果没有 Docker，可以从 https://github.com/prometheus/statsd_exporter/releases 下载并运行 Prometheus StatsD exporter(见代码清单 12-14)。

首先，可以在没有配置的情况下运行 StatsD exporter。访问 http://localhost:9102/metrics，即可看到第一个 Airflow 指标。

代码清单 12-14　使用 StatsD exporter 暴露的 Prometheus 指标示例

每个指标都有一个类型，例如 gauge　　　　　　　　　　　　　每个指标都带有默认的帮助消息

```
# HELP airflow_collect_dags Metric autogenerated by statsd_exporter.
# TYPE airflow_collect_dags gauge
airflow_collect_dags 1.019871
# HELP airflow_dag_processing_processes Metric autogenerated by statsd_exporter.
# TYPE airflow_dag_processing_processes counter
airflow_dag_processing_processes 35001
```

指标 airflow_collect_dags 当前的值为 1.019871。
Prometheus 将抓取时间戳与此值一起注册

```
# HELP airflow_dag_processing_total_parse_time Metric autogenerated by
statsd_exporter.
# TYPE airflow_dag_processing_total_parse_time gauge
airflow_dag_processing_total_parse_time 1.019871
➡ # HELP airflow_dagbag_import_errors Metric autogenerated by statsd_exporter.
# TYPE airflow_dagbag_import_errors gauge
airflow_dagbag_import_errors 0
# HELP airflow_dagbag_size Metric autogenerated by statsd_exporter.
# TYPE airflow_dagbag_size gauge
airflow_dagbag_size 4
```

现在已经在 http://localhost:9102 上提供了指标,可以安装和配置 Prometheus 来抓取这个 endpoint 上的信息。最简单的方法是再次使用 Docker 运行 Prometheus 容器。首先,必须将 StatsD exporter 配置为 Prometheus 中的目标,以便 Prometheus 知道从哪里获取指标,如代码清单 12-15 所示。

代码清单 12-15　最小的 Prometheus 配置

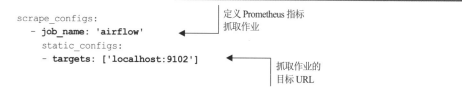

```
scrape_configs:
  - job_name: 'airflow'         ◀── 定义 Prometheus 指标抓取作业
    static_configs:
      - targets: ['localhost:9102']   ◀── 抓取作业的目标 URL
```

将代码清单 12-15 的内容保存在一个文件中,例如/tmp/prometheus.yml。然后启动 Prometheus 并挂载该文件,如代码清单 12-16 所示。

代码清单 12-16　使用 Docker 运行 Prometheus 以收集指标

```
➡ docker run -d -p 9090:9090 -v /tmp/prometheus.yml:/etc/prometheus/
  prometheus.yml prom/prometheus
```

Prometheus 现在已在 http://localhost:9090 上启动并运行。若要验证效果,首先确保 Airflow 目标已启动,然后访问 http://localhost:9090/targets,如图 12-17 所示。

运行正常的目标意味着 Prometheus 正在抓取指标,可以在 Grafana 中可视化这些指标。

图 12-17　如果所有配置都正确,在 Prometheus 的目标页面中,会将 Airflow 目标的状态显示为 UP。否则认为是不健康的

指标数据模型

Prometheus 的数据模型通过名称(如 task_duration)和一组键值标签(如 dag_id=mydag 和 task_id=first_task)来标识唯一指标。这提供了极大的灵活性,因为你可以选择具有任何所需标签组合的指标,例如 task_duration{task_id="first_task"},用于仅选择名为 "first_task" 的任务的 task_duration 指标。在许多其他指标系统(如 StatsD)中看到的替代数据模型是基于层次结构的,其中标签通过以点分隔的指标名称进行定义。

- task_duration.my_dag.first_task -> 123
- task_duration.my_other_dag.first_task -> 4

当选择所有名为 first_task 的任务的 task_duration 指标时,会出现问题,而这也是导致 Prometheus 流行的原因之一。

Prometheus 的 StatsD exporter 对指标使用通用的规则,从而将这些指标从 StatsD 使用的分层模型转换为 Prometheus 使用的标签模型。一般情况下,默认的转换规则可以很好地工作,但有时却不能,StatsD 指标会在 Prometheus 中产生唯一的指标名称。例如,在指标 dag.<dag_id>.<task_id>.duration 中,dag_id 和 task_id 不会自动转换为 Prometheus 中的标签。

虽然从技术上来说,这在 Prometheus 中仍然可行,但并不是最佳选择。因此,StatsD exporter 可以配置为将特定的点分隔指标转换为 Prometheus 指标。此类配置文件参见附录 C。更多信息可阅读 StatsD exporter 文档。

12.4.4 使用 Grafana 创建仪表板

使用 Prometheus 收集指标后,最后一个难题是在仪表板中将这些指标可视化。可视化能帮助我们快速了解系统的功能。Grafana 是指标可视化的主要工具。使用 Grafana 的最简单方法仍旧是使用 Docker(见代码清单 12-17)。

代码清单 12-17　使用 Docker 运行 Grafana 可视化指标

```
docker run -d -p 3000:3000 grafana/grafana
```

通过访问 http://localhost:3000,将显示如图 12-18 所示的 Grafana 的第一个视图。

单击 Add your first data source 命令将 Prometheus 添加为第一个数据源。你将看到可用数据源的列表。单击 Prometheus 进行配置,如图 12-19 所示。

在如图 12-20 所示的界面中,为 Prometheus 提供 URL 地址 http://localhost:9090。

将 Prometheus 配置为 Grafana 中的数据源后,即可可视化指标。创建一个新的仪表板,并在仪表板上创建一个面板。在查询字段中插入以下指标:airflow_dag_processing_total_parse_time(这个指标是处理所有 DAG 所用的秒数),将显示如图 12-21 所示的该指标的可视化结果。

图 12-18　Grafana 欢迎界面

图 12-19　在"Add data source"页面，选择 Prometheus 以将其配置为读取指标的来源

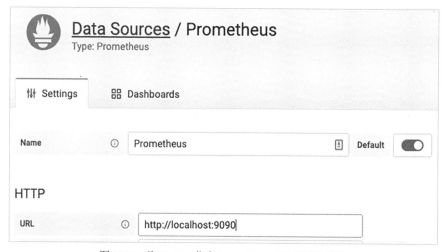

图 12-20　将 Grafana 指向 Prometheus URL 以读取数据

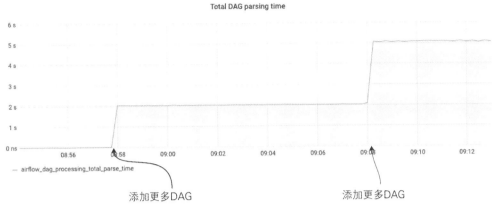

图 12-21　处理所有 DAG 文件的时间图。其中添加了更多 DAG 文件的 2 个变化点。
图中的大峰值表示 Airflow 调度器或 DAG 文件存在问题

有了 Prometheus 和 Grafana，Airflow 现在可以将指标推送到 Prometheus 的 StatsD exporter，最终在 Grafana 中绘制图形。在这个设置中有 2 件事需要注意。首先，Grafana 中的指标接近实时，但不是毫秒级实时。Prometheus 每隔一段时间(默认值：1 分钟，可以通过配置进行修改并改小)抓取一次指标，在最坏的情况下会导致 1 分钟的延迟。此外，Grafana 会定期查询 Prometheus(默认情况下查询刷新是关闭的)，因此在 Grafana 中也会有轻微的延迟。总而言之，Airflow 中的事件与 Grafana 中的图形之间的延迟最多为分钟级别，这通常不会对使用造成困扰。

其次，此设置使用 Prometheus，这是一个非常适合监控和提供指标告警的系统。但是，它不是报告系统，也不存储单个事件。如果你计划报告 Airflow 中的单个事件，则可以使用 InfluxDB 作为时间序列数据库，因为它更适合事件日志记录。

12.4.5　应监控的指标

现在已经完成了监控设置，应该监控哪些指标来了解 Airflow 的运行情况呢？一般而言，在监控任何事物时，有 4 个基本指标需要监控。

1. 延迟

服务请求需要多长时间？诸如 Web 服务器需要多长时间来响应，或者调度器将任务从排队状态转移到运行状态需要多长时间。这些指标表示为持续时间(如"Web 服务器返回请求的平均毫秒数"或"将任务从排队状态移动到运行状态的平均秒数")。

2. 流量

对系统发出了多少请求？诸如 Airflow 系统必须处理多少任务，或者 Airflow 有多少可用的开放池槽。这些指标通常表示为每个持续时间的平均值(如"每分钟运行的任务数"或"每秒开放的池槽数")。

3. 错误

发生了哪些错误？在 Airflow 中，这可以是"僵尸任务的数量"(正在运行的任务，但底层进程已经消失)、"Web 服务器中非 HTTP 200 响应的数量"或"超时任务的数量"等。

4. 饱和度

系统容量是否得到充分利用？量化运行 Airflow 的计算机指标可能是一个很好的办法，例如"当前 CPU 负载"或"当前运行任务的数量"。要确定系统有多饱和，必须知道它的上限，但上限有时很难确定。

Prometheus 具有丰富的 exporter，从而公开了有关系统的各种指标。因此，安装几个 Prometheus exporter，即可了解有关运行 Airflow 系统的更多信息。

- node exporter：用于监控 Airflow 运行的计算机(CPU、内存、磁盘 I/O、网络流量)。
- PostgreSQL/MySQL server exporter：用于监控数据库。
- 某些 Celery exporter：用于在使用 CeleryExecutor 时监控 Celery。
- Blackbox exporter：用于轮询给定端点，从而检查是否返回了预定义的 HTTP 代码。
- 如果使用了 Kubernetes，则可以使用 Kubernetes exporters：用于监控 Kubernetes 资源。请参阅 Kubernetes 监控文档。

Airflow 文档中列出了所有可用指标的概述，请参阅你的 Airflow 版本对应的内容。了解 Airflow 状态的常用指标如下。

- 要了解 DAG 运行状态，请参阅以下内容。
    - dag_processing.import_errors：给出处理 DAG 时遇到的错误数。任何大于零的状况都需要注意。
    - dag_processing.total_parse_time：添加或更改 DAG 后，若该指标突然大幅增加，则需要关注。
    - ti_failures：失败的任务实例数。
- 要了解 Airflow 的性能，请参阅以下内容。
    - dag_processing.last_duration.[filename]：处理 DAG 文件所需的时间。如果值较高，则需要关注。
    - dag_processing.last_run.seconds_ago.[filename]：自调度器上次检查包含 DAG 的文件以来的秒数。值越高，情况越差，这意味着调度器过于繁忙。值应该最多在几秒钟的数量级。
    - dagrun.[dag_id].first_task_scheduling_delay：DAG 的计划执行日期和实际执行日期之间的延迟。
    - executor.open_slots：空闲执行器槽的数量。
    - executor.queued_tasks：处于排队状态的任务数。
    - executor.running_tasks：处于运行状态的任务数。

12.5 如何获得失败任务的通知

在运行关键业务管道时，我们希望在出现问题时收到事件通知。对于失败的任务，或未在预期时间范围内完成并延迟其他进程的任务，可查看 Airflow 如何通过设置发出告警的条件，以及时发送告警信息。

12.5.1 DAG 和 operator 内的告警

Airflow 中有多个告警设置级别。首先，可以在 DAG 和 operator 的定义中配置所谓的回调(即调用特定事件的函数)，如代码清单 12-18 所示。

代码清单 12-18　定义在 DAG 失败时执行的失败回调函数

```
def send_error():
    print("ERROR!")

dag = DAG(
    dag_id="chapter12",
    on_failure_callback=send_error,
    ...
)
```

当 DAG 运行失败时执行 send_error

on_failure_callback 是 DAG 的一个参数，只要 DAG 运行失败就会执行对应的参数。可以将 Slack 消息发送到错误通道、向诸如 PagerDuty 的事件管理平台发送报告，或者是使用传统的方式发送电子邮件。但需要注意的是，具体的执行函数需要自行实现。

在任务级别，有更多选项可供配置。你可能不想单独配置每个任务，因此可以通过 DAG 的 default_args 参数统一配置所有任务，如代码清单 12-19 所示。

代码清单 12-19　定义一个用于在任务执行失败时运行的回调函数

```
def send_error():
    print("ERROR!")

dag = DAG(
    dag_id="chapter12_task_failure_callback",
    default_args={"on_failure_callback": send_error},
    on_failure_callback=send_error,
    ...
)

failing_task = BashOperator(
    task_id="failing_task",
    bash_command="exit 1",
    dag=dag,
)
```

通过 default_args 参数向下传播到所有任务

注意这里会发送 2 个通知：一个是任务失败，一个是 DAG 失败

这个任务不会返回退出代码 0，因此会失败

所有 operator(包括上面的 BaseOperator 在内)的父类都有一个参数 on_failure_callback，

因此所有 operator 都共用该参数。在 default_args 中设置 on_failure_callback，将为 DAG 中的所有任务配置发生失败时的默认行为，因此每当代码清单 12-19 中的错误发生时，所有任务都会调用 send_error。同样，也可以设置 on_success_callback(如果成功)和 on_retry_callback(如果任务被重试)。

虽然你可以在 on_failure_callback 调用的函数中自行发送电子邮件，但 Airflow 提供了一个更方便的 email_on_failure 参数，它不需要额外配置即可发送电子邮件。但是，你必须在 Airflow 配置中配置 SMTP，否则，无法发送电子邮件。代码清单 12-20 中的配置特定于 Gmail 邮箱。

代码清单 12-20　用于发送电子邮件的 SMTP 配置示例

```
AIRFLOW__SMTP__SMTP_HOST=smtp.gmail.com
AIRFLOW__SMTP__SMTP_MAIL_FROM=myname@gmail.com
AIRFLOW__SMTP__SMTP_PASSWORD=abcdefghijklmnop
AIRFLOW__SMTP__SMTP_PORT=587
AIRFLOW__SMTP__SMTP_SSL=False
AIRFLOW__SMTP__SMTP_STARTTLS=True
AIRFLOW__SMTP__SMTP_USER=myname@gmail.com
```

事实上，Airflow 默认配置就是发送电子邮件，BaseOperator 上的 email_on_failure 参数的默认值为 True。但是，如果没有正确配置 SMTP，它就不会发送电子邮件。此外，还必须在 operator 的电子邮件参数上设置目标电子邮件地址，如代码清单 12-21 所示。

代码清单 12-21　配置电子邮件地址以向其发送告警信息

```
dag = DAG(
    dag_id="task_failure_email",
    default_args={"email": "bob@work.com"},
    ...
)
```

通过正确的 SMTP 配置和目标电子邮件地址，Airflow 现在将发送一封电子邮件，通知任务失败，如图 12-22 所示。

Bas Harenslak

Airflow alert: <TaskInstance: chapter12_task_failure_email.failing_task 2020-04-01T19:29:50.900788+00:00 [failed]>

To: Bas Harenslak

Try 1 out of 1
Exception:
Bash command failed ← ——— 任务中遇到的错误
Log: Link
Host: bas.local
Log file: /.../logs/chapter12_task_failure_email/failing_task/2020-04-01T19:29:50.900788+00:00.log
Mark success: Link

图 12-22　电子邮件告警示例

在任务日志中可以看到，电子邮件已经发送：

```
INFO - Sent an alert email to ['bob@work.com']
```

12.5.2 定义服务级别协议(SLA)

Airflow 还提供 SLA(服务级别协议)的概念。SLA 的一般定义是满足有关服务或产品的特定标准。例如，电视服务商可能会保证 99.999%的电视的正常运行时间，这意味着每年有 5.26 分钟的停机时间是可以接受的。在 Airflow 中，可以在任务级别配置 SLA，从而配置任务可以接受的最晚完成日期和时间。如果不满足 SLA，则发送电子邮件或调用自定义回调函数。要配置任务 SLA 的截止日期，可以参考代码清单 12-22。

代码清单 12-22　配置 SLA

```
dag = DAG(
    dag_id="chapter12_task_sla",
    default_args={"email": "bob@work.com"},
    schedule_interval=datetime.timedelta(minutes=30),    ◄── DAG 每 30 分钟触发
    start_date=datetime.datetime(2020, 1, 1, 12),              一次，例如 12:30
    end_date=datetime.datetime(2020, 1, 1, 15),
)

sleeptask = BashOperator(
    task_id="sleeptask",
                                                    ◄── 此任务休眠 60 秒
    bash_command="sleep 60",
    sla=datetime.timedelta(minutes=2),              ◄── SLA 定义了 DAG 计划开始和任务完
    dag=dag,                                             成之间的最大增量(如 12:32)
)
```

需要注意的是，SLA 的功能可能与预想的不同。你可能会觉得这个 SLA 应该是任务运行的最大时间，其实是 DAG 运行的计划开始时间到任务完成时间的最大时间差。

因此，如果 DAG 从 12:30 开始，并且你希望任务能够在 14:30 之前完成，就可以配置两小时的 timedelta，即使任务仅需要运行 5 分钟。上面的定义比较晦涩，让我们通过一个例子来讲解，例如你打算在 14:30 通过邮件将数据处理报告发送出去，如果数据处理任务运行时间超出预期，并且在 14:30 之前没能完成，这将触发 SLA，并发送一封告警电子邮件。在临近截止时间时，系统不会等待任务完成，而是触发 SLA。若任务未在截止时间之前完成，就会发送邮件，如代码清单 12-23 所示。

代码清单 12-23　SLA 未命中电子邮件报告示例

```
Here's a list of tasks that missed their SLAs:
sleeptask on 2020-01-01T12:30:00+00:00

Blocking tasks:
```

```
                =,            .=
             =.|    ,---.    |.=
             =.|  "-(:::::)-" |.=
              \\__/`-.|.-'\__//
              `-| .::| .::|-'
               _|`-._|_.-'|_
              /.-|   | .::|-.\
             // ,|  .::|::::|. \\
             || //\::::|::' /\\ ||
             /'\|| `.__|__.' ||/'\
             ^   \\         //   ^
                 /'\       /'\
                  ^         ^
```

你没看错，在电子邮件中确实会包含这只通过 ASCII 符号显示的甲壳虫。虽然代码清单 12-22 中的任务只是一个示例，但设置 SLA 将有助于检测工作中的偏差。例如，作业的输入数据突然增大了 5 倍，导致作业处理时间显著延长，你可能会考虑重新评估作业的某些参数。可以借助 SLA 检测数据大小和由此产生的作业运行时间的变化。

SLA 电子邮件只通知 SLA 未命中的情况，因此可以考虑使用电子邮件以外的其他方式来处理这种未满足 SLA 的情况。这可以通过 sla_miss_callback 参数实现。令人困惑的是，这是 DAG 类上的参数，而不是 BaseOperator 类上的参数。

如果你想设定任务的最大运行时间，可在 operator 上配置 execution_timeout 参数。如果任务运行时间超过 execution_timeout 参数指定的值，则任务失败。

12.6 可伸缩性与性能

12.1 节和 12.2 节介绍了 Airflow 提供的执行器类型：
- SequentialExecutor (默认)
- LocalExecutor
- CeleryExecutor
- KubernetesExecutor

让我们进一步了解如何配置 Airflow 和这些执行器类型，从而获得足够的可伸缩性及性能。性能，这里是指快速响应事件的能力，没有延迟和尽可能少的等待。可伸缩性，指的是在不影响服务的情况下处理大量(增加的)负载的能力。

之所以在 12.4 节重点介绍监控，是因为在没有量化和了解系统状态的情况下，优化任何东西都是没有意义的。通过量化正在做的事情，就可以知道某个变化是否对系统产生了积极的影响。

12.6.1 控制最大运行任务数

表 12-3 列出了可以控制并行运行任务数的 Airflow 配置。注意，配置项的名称有些奇怪，因此请仔细阅读它们的描述。

表 12-3　与运行任务数相关的 Airflow 配置概况

配置项	默认值	描述
AIRFLOW__CORE__DAG_CONCURRENCY	16	每个 DAG 中，处于排队或运行状态的最大任务数
AIRFLOW__CORE__MAX_ACTIVE_RUNS_PER_DAG	16	每个 DAG 并行运行的最大数量
AIRFLOW__CORE__PARALLELISM	32	全局并行运行的任务实例的最大数量
AIRFLOW__CELERY__WORKER_CONCURRENCY	16	每个 Celery worker 的最大任务数(仅针对 Celery)

假设你正在运行一个有大量任务的 DAG，因为将 dag_concurrency 的默认值设置为 16，所以即便将 parallelism 设置为 32，实际的并行度依旧是 16。具有大量任务的第二个 DAG 也将被限制为 16 个并行任务，这 2 个任务加在一起将达到由 parallelism 设定的全局并行度的上限(如前所述，将 parallelism 设定为 32)。

对于并行任务的全局数量还有一个限制因素：默认情况下，所有任务都在名为"default_pool"的池中运行，且有 128 个槽。不过，在达到 default_pool 限制之前，可以通过增加 dag_concurrency 和 parallelism 来使用更多的并行。

CeleryExecutor 通过 AIRFLOW__CELERY__WORKER_CONCURRENCY 来控制 Celery 每个 worker 可以处理的进程数。根据经验可以得知，Airflow 可能非常消耗资源。因此，不妨以每个进程至少需要 200MB 的 RAM 作为基准，让具有特定并发数的 worker 启动并运行。此外，可以通过在并行环境中估计最消耗资源的任务所需资源，来评估 Celery worker 可以处理多少并行任务。对于特定的 DAG，默认值 max_active_runs_per_dag 可以被 DAG 类上的 concurrency 参数覆盖。

在单个任务级别，可以设置 pool 参数以在池中运行特定任务，这限制了它可以运行的任务数量。池可以应用于特定的任务组。例如，虽然 Airflow 系统运行 20 个查询数据库的任务，并等待结果返回可能没问题，但当启动 5 个 CPU 密集型任务时可能就会遇到麻烦。要限制此类高资源消耗任务，可以为这些任务分配一个具有较小值的"最大任务数"专用 high_resource 池。

此外，在任务级别还可以设置 task_concurrency 参数，它为特定任务在多次运行中提供了额外的限制。这在资源密集型任务的情况下也很有用，因为当多个实例并行运行时，它可能占用机器的所有资源，如图 12-23 所示。

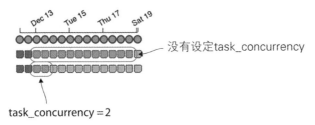

图 12-23　通过 task_concurrency 可以限制任务的并行执行次数

12.6.2 系统性能配置

运行大量任务时,你可能会注意到 metastore 上的负载上升。Airflow 严重依赖数据库来存储所有状态。每个新的 Airflow 版本通常都包含多项与性能相关的改进,因此请定期更新你使用的 Airflow。我们还可以调整对数据库执行的查询数量。

提高 AIRFLOW__SCHEDULER__SCHEDULER_HEARTBEAT_SEC 的值(默认值:5)可以降低 Airflow 在调度器作业上执行的签入次数,从而减少数据库查询次数。通过经验来看,60 秒是一个合理的值。默认情况下,Airflow 用户界面将在收到最后一个调度器心跳后 30 秒显示警告,但此数字可通过 AIRFLOW__SCHEDULER__SCHEDULER_HEALTH_CHECK_THRESHOLD 配置。

AIRFLOW__SCHEDULER__PARSING_PROCESSES 的值(默认值:2;如果使用 SQLite,则固定为1)控制调度器的任务调度部分同时轮询多少个进程来处理DAG 的状态,每个进程负责检查是否应创建新的 DAG 运行,或者新任务实例应该是计划状态还是排队状态等。这个值越大,同时检查的 DAG 就越多,任务之间的延迟就越低。提高这个值的代价是更高的 CPU 使用率,因此要适度地增加该值并观察其对系统的影响。

最后,从用户的角度来看,配置 AIRFLOW__SCHEDULER__DAG_DIR_LIST_INTERVAL(默认值:300 秒)可能会很有趣。这个设置确定调度器扫描 DAG 目录以查找新文件的频率。如果你碰巧经常添加新的 DAG 文件,就会发现新添加的 DAG 文件并不会立即出现在 Airflow 用户界面中。降低此值将使 Airflow 更频繁地扫描 DAG 目录以查找新文件,但代价是 CPU 使用率更高,因此要谨慎设定这个值。

12.6.3 运行多个调度器

Airflow 2 的一个备受期待的功能是可以水平扩展调度器(Airflow 1 不具备此功能)。因为调度器是 Airflow 的心脏和大脑,所以能够运行多个调度器实例,无论是为了增加可扩展性还是冗余,长期以来一直是 Airflow 社区的愿望。

分布式系统很复杂,大多数系统都需要添加共识算法来确定哪个进程是领导者。在 Airflow 中,为了使系统操作尽可能简单,可在数据库级别通过行级锁定(SELECT...FOR UPDATE)来实现领导。因此,多个调度器可以彼此独立运行,而不需要任何额外的工具来达成共识。唯一的要求是数据库必须支持某些锁定概念。在编写本书时,如下数据库及相应版本已经通过测试:

- PostgreSQL 9.6+
- MySQL 8+

要扩展调度器,只需要启动另一个调度器进程:

```
airflow scheduler
```

每个调度器实例将根据先来先服务的原则确定将要处理哪些任务(任务由数据库中的行表示),并且不需要额外的配置。如果运行多个实例,并且某个调度器所在的计算机出现故障,它将不再需要关闭 Airflow,因为其他调度器实例将继续运行。

12.7 本章小结

- SequentialExecutor 和 LocalExecutor 仅能在单机上运行，但易于设置。
- CeleryExecutor 和 KubernetesExecutor 需要更多的设置工作，但允许在多台计算机上扩展任务。
- Prometheus 和 Grafana 可用于存储和可视化来自 Airflow 的指标。
- 发生某些事件时，故障回调和 SLA 可以发送电子邮件或自定义通知。
- 在多台计算机上部署 Airflow 并非易事，因为 Airflow 任务和调度器都需要访问 DAG 目录。

第13章 Airflow 安全性

本章主要内容
- 检查和配置 RBAC 界面以控制访问
- 通过连接 LDAP 服务授予集中用户组访问权
- 配置 Fernet 密钥来加密数据库中的 secret 信息
- 保护浏览器和 Web 服务器之间的通信
- 从集中加密管理系统获取加密信息

鉴于 Airflow 的性质，Web 中的蜘蛛会协调一系列任务，它必须与许多系统连接，因此它必须获取各个系统的访问权限。为避免不必要的访问，本章将讨论 Airflow 的安全性。本章将涵盖各种与安全相关的用例，并通过实例对 Airflow 中的安全内容做出详细的讲解。安全性通常被视为黑魔法的话题，需要了解大量技术、各种术语和错综复杂的细节。虽然事实如此，但我们在编写这一章时，考虑到读者可能对安全知识了解较少，因此强调了各种关键点，以避免在 Airflow 上执行不必要的操作。

Airflow 界面

Airflow 1.x 有两个界面：
- 在 Flask-Admin 之上开发的原始界面
- 基于 Flask-AppBuilder(FAB)开发的 RBAC 界面

Airflow 最初附带原始界面，并首先在 Airflow 1.10.0 中引入了基于角色的访问控制(RBAC)界面。RBAC 界面提供了一种通过定义具有相应权限的角色，并将用户分配给这些角色来限制访问的机制。默认情况下，原始界面公开开放。RBAC 界面具有更多安全功能。

在编写本书时，原始界面已被弃用，并从 Airflow 2.0 中删除。RBAC 界面现在是唯一的界面，因此本章仅介绍 RBAC 界面。要启用运行 Airflow 1.x 的 RBAC 界面，请先设置 AIRFLOW__WEBSERVER__RBAC=True。

13.1 保护 Airflow Web 界面

通过运行 airflow webserver 来启动 Airflow Web 服务器。在浏览器中访问 http://localhost:8080，将显示如图 13-1 所示的登录界面。

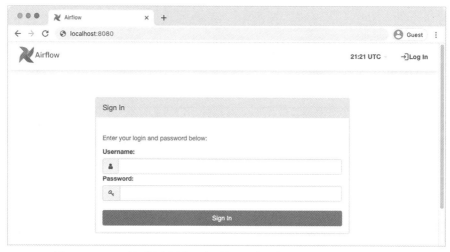

图 13-1　RBAC 界面的主屏幕。默认情况下启用密码验证。不存在默认用户

这是 RBAC 界面的第一个页面。此时，Web 服务器要求你输入用户名和密码，但现在还没创建用户。

13.1.1 将用户添加到 RBAC 界面

代码清单 13-1 将为名为 Bob Smith 的用户创建一个账户。

代码清单 13-1　为 RBAC 界面注册用户

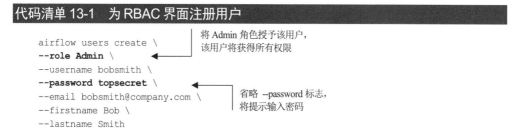

这将创建一个名为 Admin 的用户。RBAC 模型由用户组成，这些用户被分配给一个单一角色，从而获得该角色所具有的所有权限，这些权限适用于 Web 服务器界面的某些组件，如图 13-2 所示。

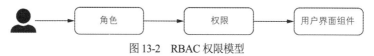

图 13-2　RBAC 权限模型

在代码清单 13-1 中，用户 bobsmith 被分配了一个 Admin 角色，然后可以将某些组件(如菜单和特定页面)上的某些操作(如编辑)分配给角色。例如，拥有"可以在 ConnectionModelView 编辑"的权限，将允许编辑连接。

有 5 个默认角色。Admin 角色被授予所有权限，包括访问安全视图。但是，请认真考虑在生产系统中授予用户哪个角色。

此时，可以使用用户名 bobsmith 和密码 topsecret 登录。主界面看起来和原来的界面一样，但顶部菜单栏有一些新项目，如图 13-3 所示。

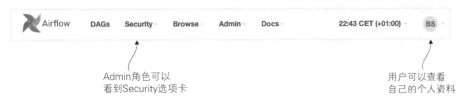

图 13-3　不同角色和权限的用户对应的顶端菜单栏将显示不同内容

安全视图是 RBAC 界面最有趣的特性。打开菜单会显示几个选项，如图 13-4 所示。

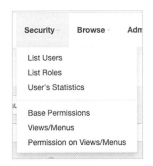

图 13-4　Security 选项卡下的选项

如图 13-5 所示，单击 List Roles 可以检查所有默认角色。

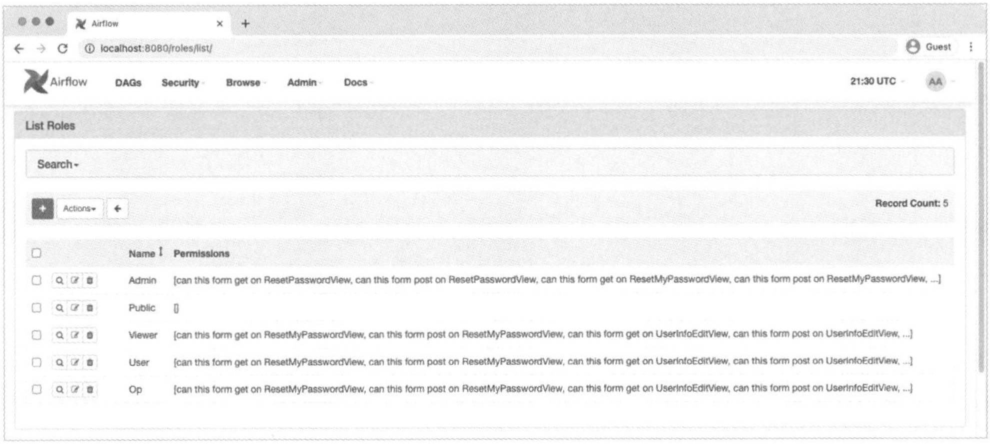

图 13-5　Airflow 中的默认角色和相应权限。为了提高可读性，这里省略了若干权限

在 List Roles 视图中，可看到默认情况下可用的 5 个角色。这些角色的默认权限均已在表 13-1 中给出。

表 13-1　Airflow RBAC 界面默认角色权限

角色名称	目标用户/用途	默认权限
Admin	仅在管理安全权限时需要	所有权限
Public	未经身份验证的用户	没有权限
Viewer	Airflow 的只读视图	读取 DAG 的权限
User	如果你想在团队中严格区分哪些开发者可以编辑诸如连接或者变量等加密资源，那么可以使用这个角色。这个角色只被授予创建 DAG 的权限，而不能编辑加密资源	与 Viewer 角色相同，但对 DAG 具有编辑权限(清除、触发、暂停等)
Op	开发 Airflow DAG 所需的所有权限	与 User 角色相同，但具有查看和编辑连接、池、变量、XCom 和配置的额外权限

刚刚创建的 bobsmith 用户被分配了 Admin 角色，并授予了所有权限(为了便于阅读，图 13-5 中省略了一些权限)。你可能会注意到 Public 角色没有权限。正如角色名称所暗示的那样，附加到它的所有权限都是公开的(即不必登录)。假设你希望允许没有 Airflow 账户的人查看 Docs 菜单，则可以授予这种权限，如图 13-6 所示。

图 13-6　向 Public 角色授予权限使"用户界面"可供所有人使用

要启用对这些组件的访问，必须编辑公共(Public)角色并为其添加正确的权限，如图 13-7 所示。

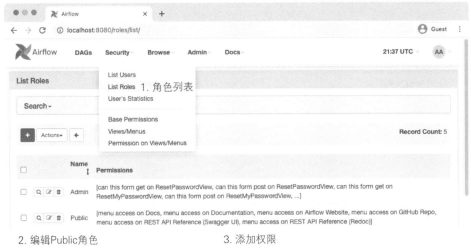

图 13-7　为 Public 角色添加权限

Airflow 对权限的划分非常精细，对每个菜单和菜单项的访问都可以通过权限控制。例如，要使 Docs 菜单可见，必须添加 "menu access on Docs" 权限。为了使 Docs 菜单中的 Documentation 菜单项可被访问，必须添加 "menu access on Documentation" 权限。有时，找到正确的权限可能很麻烦。最好的方法是检查其他角色，从而了解可以使用哪些权限。权限表示为一个字符串，在大多数情况下，都可以做到顾名思义，即字符串的含义便是其能提供的权限。

13.1.2　配置 RBAC 界面

如前所述，RBAC 界面是在 Flask-AppBuilder(FAB)框架之上开发的。第一次运行 RBAC Web 服务器时，可在$AIRFLOW_HOME 中找到一个名为 webserver_config.py 的文件。FAB 可以通过名为 config.py 的文件配置，但为了清楚起见，该文件在 Airflow 中被命名为 webserver_config.py。该文件中包含对 FAB 的配置，即 Airflow 的 RBAC 界面的底层框架。

可以通过在$AIRFLOW_HOME 中放置 webserver_config.py 文件来向 RBAC 界面提供配置。如果 Airflow 找不到该文件，它会为你生成一个默认文件。有关此文件中的详细信息和可用选项，参阅 FAB 文档。它包含 RBAC 界面的所有配置(不仅仅是与安全相关的配置)。例如，要为 Airflow RBAC 界面配置主题，可在 webserver_config.py 中设置 APP_THEME="sandstone.css"。关于主题的设置可以参考 FAB 文档。图 13-8 显示了使用 sandstone 主题的界面示例。

图 13-8　使用 sandstone 主题的 RBAC 界面

13.2　加密静态数据

RBAC 界面要求将带有用户名和密码的用户信息保存在数据库中。这可以防止非授权用户访问 Airflow，但并不能完全阻止来自外界的威胁。在深入研究加密技术之前，先回顾一下图 12-1 中 Airflow 的基本架构。

Airflow 由几个组件组成。众所周知，每个组件都有潜在的威胁，因为它们是入侵者可以访问系统的途径，如图 13-9 所示。因此，减少暴露的接口数量(即缩小攻击面)始终是推荐的做法。如果出于实际原因必须公开某些服务，例如 Airflow Web 服务器，那么请始终确保通过访问控制来限制对它的访问[1]。

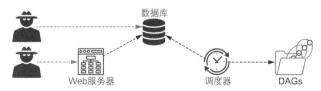

图 13-9　Web 服务器和数据库对外公开了某些服务，为入侵者提供访问 Airflow 的潜在路径。
对它们的安全加固将有助于 Airflow 的安全运行

创建 Fernet 密钥

如果系统不幸被入侵，应该如何保护数据安全？在创建任何用户和密码之前，请确保已在 Airflow 上启用加密功能。如果没有加密，密码(以及其他保密信息，如连接)将在未加密的情况下存储在数据库中。任何有权访问数据库的人也可以读取密码。加密后，它们被存储为一系列看似随机的字符，即便数据库被入侵，也无法获取真实的密码。Airflow 可以使用所谓的 Fernet 密钥加密和解密 secret 来实现这一点，如图 13-10 所示。

1　在任何云服务中，向 Internet 公开服务都很容易。可以采取简单措施来避免这种情况，包括不使用外部 IP 地址或阻止所有外部网络访问，以及使用 IP 白名单等技术。

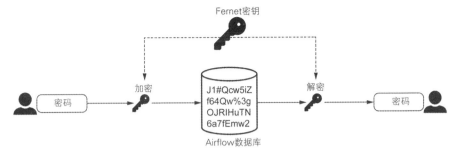

图 13-10　Fernet 密钥在将数据存储到数据库之前对其加密，并在从数据库中读取数据之前对其解密。在没有 Fernet 密钥的情况下，入侵者即便看到数据库中的密码也无法使用——因为密码已被加密。这里使用的是对称加密技术

　　Fernet 密钥是用于加密和解密的密钥字符串。如果此密钥丢失，则无法再对加密的信息解密。可以通过代码清单 13-2 中所示的方法生成 Fernet 密钥供 Airflow 使用。

代码清单 13-2　创建 Fernet 密钥

```
from cryptography.fernet import Fernet

fernet_key = Fernet.generate_key()
print(fernet_key.decode())
# YlCImzjge_TeZc7jPJ7Jz2pgOtb4yTssA1pVyqIADWg=
```

然后可以通过设置 AIRFLOW__CORE__FERNET_KEY 配置项，将密钥提供给 Airflow：

```
AIRFLOW__CORE__FERNET_KEY=YlCImzjge_TeZc7jPJ7Jz2pgOtb4yTssA1pVyqIADWg=
```

　　Airflow 将使用给定的密钥对连接、变量和用户密码等信息进行加密和解密。之后便可以创建第一个用户并安全地存储其密码。密钥需要严加保管，因为获得该密钥的任何人都可以对加密信息解密。另外，如果该密钥丢失，则之前的加密信息也将无法解密。

　　为了避免在环境变量中以纯文本形式存储 Fernet 密钥，可以配置 Airflow，从 Bash 命令读取值(如 cat /path/to/secret)。命令本身可以在环境变量中设置：AIRFLOW__CORE__FERNET_KEY_CMD=cat /path/to/secret。保存密钥值的文件可以被设置为只读模式，并只对 Airflow 用户可见。

13.3　连接 LDAP 服务

　　如 13.1 节所示，可以在 Airflow 中创建和存储用户。然而，在大多数公司中，通常使用专业的用户管理系统。在 Airflow 中使用这种专业的用户管理系统将提供更加安全便捷的用户管理方法。

　　当前比较流行的用户管理方法是使用支持 LDAP 协议(轻量级目录访问协议)的服务，如 Azure AD 或 OpenLDAP，它们被称为目录服务。

注意： 本节将使用术语"LDAP 服务"来表示支持通过 LDAP 协议查询的目录服务。目录服务是一种存储系统，主要用于存储用户、服务等资源信息。LDAP 是可以查询大多数目录服务的协议。

当 Airflow 连接到 LDAP 服务时，登录后可以在后台从 LDAP 服务中获取用户信息，如图 13-11 所示。

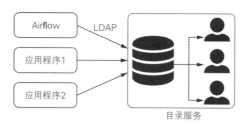

图 13-11 用户信息存储在诸如 Azure AD 或 OpenLDAP 的目录服务中，可以使用 LDAP 协议访问这些服务。这样，用户只需要创建一次就可以连接到所有应用程序

接下来，将在 13.3.1 节简要介绍 LDAP 及其相应的技术，在 13.3.2 节演示如何将 Airflow 连接到 LDAP 服务。

13.3.1 理解 LDAP

SQL 与关系数据库(如 PostgreSQL 或 MySQL)之间的关系类似于 LDAP 与目录服务(如 Azure AD 或 OpenLDAP)之间的关系。就像关系数据库存储数据，SQL 用于查询数据一样，目录服务也用于存储数据(尽管是在不同的结构中)，LDAP 用于查询目录服务。

然而，关系数据库和目录服务是为了不同的目的而构建的：关系数据库被设计用于对你希望存储的任何数据进行事务性使用，而目录服务则被设计用于大量的读取操作，其中的数据遵循类似电话簿的结构(如公司的员工或建筑物中的设备)。其中，关系数据库更适合用于支付系统，因为支付的数据交互非常频繁，而且支付分析涉及不同类型的聚合；而目录服务更适合存储用户账户，因为这些账户经常被请求，但不经常被更改。

在目录服务中，实体(如用户、打印机或网络共享)存储在名为目录信息树(DIT)的层次结构中。每个实体称为一个条目，其中的信息通过"键-值对"的方式存储，在这里称为"属性和值"。此外，每个条目都由专有名称(DN)唯一标识。目录服务中的数据存储结构如图 13-12 所示。

你可能想知道为什么要展示这种层次结构，以及缩写 dc、ou 和 cn 代表什么。虽然目录服务是一个理论上可以存储任何数据的数据库，但实际上要求存储的数据满足 LDAP 格式[1]。其中约定之一是使用所谓的域组件(dc)启动树，其在图 13-12 中表示为 dc=com 和 dc=apacheairflow。顾名思义，这些是域名的组件，因此你的公司域名会被点分割，例如 apacheairflow 和 com。

---

[1] 这些标准在 RFC 4510-4519 中定义。

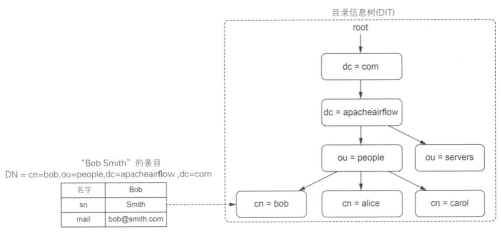

图 13-12 目录服务中的信息存储在名为 DIT 的分层结构中。条目代表一个实体，例如一个人，并保存有关该实体的键-值属性

接下来是 ou=people 和 cn=bob。"ou" 是 organizational unit 的缩写，"cn" 是 common name 的缩写。在此不讲解如何构建 DIT，这些都是常用组件。

LDAP 标准定义了各种 ObjectClass，它们定义了特定实体以及特定键。例如，ObjectClass person 用诸如 sn(姓氏，必填)和 initials(可选)的键来定义一个人。因为 LDAP 标准定义了这样的 ObjectClass，读取 LDAP 服务的应用程序肯定会在名为 sn 的字段中找到某人的姓氏，所以任何可以查询 LDAP 服务的应用程序都知道在哪里可以找到所需的信息。

既然我们知道了目录服务的主要组成部分，以及信息如何存储在其中，那么 LDAP 究竟是什么以及它如何与目录服务连接？就像 SQL 提供某些语句(如 SELECT、INSERT、UPDATE 和 DELETE)一样，LDAP 提供了一组对目录服务的操作，如表 13-2 所示。

表 13-2 LDAP 操作概述

LDAP 操作	描述
Abandon	终止先前请求的操作
Add	创建一个新条目
Bind	对给定用户进行身份验证。从技术上讲，与目录服务的第一个连接是匿名的。之后的绑定操作会将身份更改为给定用户，这允许你对目录服务执行某些操作
Compare	检查给定条目是否包含给定属性值
Delete	删除条目
Extended	请求未由 LDAP 标准定义，但在目录服务上可用的操作(取决于你要连接的目录服务的类型)
Modify DN	更改条目的 DN
Modify	编辑条目的属性
Search	搜索并返回符合给定条件的条目
Unbind	关闭与目录服务的连接

若仅需要获取用户信息，则只需要执行以下操作：bind(以具有读取目录服务中用户权限的用户身份进行身份验证)、search(搜索给定 DN)和用来关闭连接的 unbind。

搜索查询包含一组过滤器，通常是用来从 DIT 中选择的 DN，以及条目必须满足的几个条件，例如 uid=bsmith。这就是任何查询 LDAP 服务的应用程序在幕后所做的事情[1]，如代码清单 13-3 所示。

代码清单 13-3　LDAP 搜索示例

与 LDAP 服务通信的应用程序将执行此类搜索，以获取和验证用户信息，从而对应用程序实现身份验证。

13.3.2　从 LDAP 服务获取用户

可使用 FAB 支持 LDAP 身份验证。因此，必须在 webserver_config.py(在$AIRFLOW_HOME 中)中配置它。正确配置并登录后，FAB 将在 LDAP 服务中搜索给定的用户名和密码，如代码清单 13-4 所示。

代码清单 13-4　在 webserver_config.py 中配置 LDAP 同步

如果找到特定用户的信息，FAB 将允许找到的用户访问由 AUTH_USER_REGISTRATION_ROLE 配置的角色。在编写本书时，尚不存在将 LDAP 组映射到 Airflow RBAC 角色的功能[2]。

通过 LDAP 设置，将不再需要在 Airflow 中手动创建和维护用户。所有用户都存储在

1　ldapsearch 需要安装 ldap-utils 包。

2　可以手动编辑 metastore 中的表 ab_user_role，以分配不同的角色(在第一次登录后)。

LDAP 服务中，这是存储用户信息的唯一系统，所有应用程序(包括 Airflow)都可以在 LDAP 服务中验证用户凭证，而不需要维护自己的凭证。

13.4 加密与 Web 服务器的通信

入侵者可以在系统的不同位置获取数据。其中常见的方式是在两个系统之间传输数据时进行数据窃取。中间人攻击(MITM)是当两个系统或者两个用户在通信时，第三者从中拦截通信，并读取通信的信息，然后转发信息，从而没人注意到该信息已经被拦截的一种攻击技术，如图 13-13 所示。

图 13-13　中间人攻击会拦截用户与 Airflow Web 服务器之间的通信。通信被读取并转发时，用户不会注意到拦截的发生，而攻击者可以读取所有通信信息

信息被未知人员拦截将带来极大的安全问题，那么如何保护 Airflow 的数据传输安全呢？关于中间人攻击的具体细节，本书不打算讨论，但是会介绍如何降低中间人攻击的影响。

13.4.1　了解 HTTPS

可以通过浏览器访问 Airflow Web 服务器，通过 HTTP 协议与 Airflow 通信，如图 13-14 所示。为了安全地与 Airflow Web 服务器通信，必须使用 HTTPS(HTTP Secure)。在保护与 Web 服务器的通信之前，可先行了解 HTTP 和 HTTPS 之间的区别。如果你已经了解这一点，可以直接阅读 13.4.2 节。

图 13-14　使用 HTTP，不检查调用者的有效性，数据以纯文本形式传输

HTTPS 有何不同？要了解 HTTPS 的工作原理以及私钥和证书的用途，可先了解 HTTP 的工作原理。

浏览 HTTP 网站时，不会在任何一方(用户的浏览器或 Web 服务器)执行任何检查来验证请求的身份。所有现代浏览器都会显示不安全连接的警告，如图 13-15 所示。

图 13-15　在 Google Chrome 中访问 http://example.com 将显示"不安全",因为 HTTP 通信是不安全的

既然知道 HTTP 通信不安全,那么如何借助 HTTPS 通信呢? 首先,从用户的角度来看,现代浏览器会显示一把锁或绿色的标记来表示一个有效的证书,如图 13-16 所示。

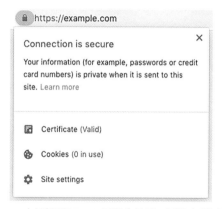

图 13-16　在 Google Chrome 中导航到 HTTPS 网站会显示一把锁(如果证书有效)以表示安全连接

当浏览器和 Web 服务器通过 HTTPS 通信时,初始握手涉及更多验证远程端有效性的步骤,如图 13-17 所示。

图 13-17　在 HTTPS 会话开始时,浏览器和 Web 服务器就相互会话密钥达成一致,以加密和解密两者之间的通信

HTTPS 中使用的加密是 TLS(传输层安全)，它同时使用非对称加密和对称加密。对称加密对加密和解密应用同一密钥，而非对称加密由 2 个密钥组成：公钥和私钥。非对称加密的神奇之处在于，用公钥加密的数据只能用私钥解密(私钥在网络中不传输，没有传输泄密的风险)，用私钥加密的数据只能用公钥解密，如图 13-18 所示。

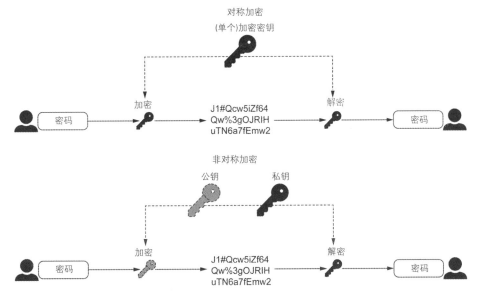

图 13-18　使用对称加密，加密密钥一旦被窃取，窃取者就可以加密和解密消息。在非对称加密中，公钥会发送给对方，但公钥丢失不会危及安全性

在 HTTPS 会话开始时，Web 服务器首先返回证书，这是一个带有可公开共享密钥的文件。浏览器将随机生成的会话密钥返回给 Web 服务器，并使用公钥加密。只有私钥才能解密此消息，只有 Web 服务器才能访问该消息。出于这个原因，永远不要共享私钥很重要，任何拥有此密钥的人都可以解密网络通信的信息。

13.4.2　为 HTTPS 配置证书

Airflow 由多种组件组成，应避免这些组件受到攻击，无论它们是在外部使用(如暴露在 URL 上或者 Web 服务器上)，还是在内部使用(如调度器和数据库)。检测和避免中间人攻击可能很困难。但是，通过对通信加密，即便中间者拦截了数据，也无法使用。

默认情况下，我们通过 HTTP 与 Airflow 通信。当通过浏览器访问 Airflow 时，可以通过 URL 判断通信是否加密：http(s)://localhost:8080。所有 HTTP 通信都以纯文本形式传输，读取通信的中间人可以在密码传输时拦截并读取密码。HTTPS 通信意味着数据在一端加密，另一端解密。读取 HTTPS 通信的中间人将无法解析数据，因为数据已经被加密。

让我们看看如何保护 Airflow 中的一个公共端点：Web 服务器。以下是你所需的 2 个要素：

- 私钥(需要保密，不可共享给他人)
- 证书(可以被安全共享)

稍后将详细说明以上要素的含义。现在，重要的是要知道私钥和证书都是由证书颁发机构提供的文件或自签名证书(你自己生成的未由官方证书颁发机构签署的证书)，如代码清单 13-5 所示。

代码清单 13-5　创建自签名证书

```
openssl req \
-x509 \
-newkey rsa:4096 \      生成有效期为一年的密钥
-sha256 \
-nodes \
-days 365 \
-keyout privatekey.pem \     私钥的文件名
-out certificate.pem \       证书的文件名
-extensions san \
-config \
 <(echo "[req]";
   echo distinguished_name=req;       出于安全原因，大多
   echo "[san]";                      数浏览器都需要
   echo subjectAltName=DNS:localhost,IP:127.0.0.1    SAN 扩展
   ) \
-subj "/CN=localhost"
```

私钥和证书都必须存储在 Airflow 可访问的路径上，并且 Airflow 在运行时必须完成如下设定：

- AIRFLOW__WEBSERVER__WEB_SERVER_SSL_CERT=/path/to/certificate.pem
- AIRFLOW__WEBSERVER__WEB_SERVER_SSL_KEY=/path/to/privatekey.pem

启动 Web 服务器，可看到 http://localhost:8080 已不能被访问。但是可以通过 https://localhost:8080 访问，如图 13-19 所示。

此时，浏览器和 Airflow Web 服务器之间的通信是加密的。虽然通信可能被攻击者拦截，但拦截的数据对他们来说毫无用处，因为数据是被加密的，所以无法直接读取。只有使用私钥才能解密数据。因此不要共享私钥，应将其保存在安全的地方。

当使用代码清单 13-5 生成自签名证书时，你最初会收到警告，Chrome 中将显示如图 13-20 所示的界面。

计算机中存放着一个受信任证书及其位置的列表，具体情况取决于操作系统。在大多数 Linux 系统中，可信证书存储在/etc/ssl/certs 中。这些证书将和操作系统一起使用，并得到各个机构的认可。这些证书使你能够访问 https://www.google.com，接收 Google 的证书，并在你的预信任证书列表中验证它，因为 Google 的证书随操作系统一起提供[1]。每当浏览器被定向到某个返回非此列表中的证书的网站时，浏览器都将显示警告，就像

---

[1] 为清楚起见，省略了各种技术细节。为所有网站存储数十亿个可信证书是不切实际的。实际情况是，计算机上存储的证书很少。证书由某些受信任的机构颁发。读取证书即可帮助浏览器找到证书的颁发机构，以及它们的上级颁发机构，直到计算机上找到证书链中的一个证书为止。

使用我们的自签名证书一样。因此，必须告诉计算机要信任我们生成的证书：它是我们自己生成的，可以信任。

图13-19　在提供了证书和私钥之后，Web 服务器将在 https://localhost:8080 上提供服务。注意，不能为 localhost 颁发官方证书，因此，证书必须是自签名的。默认情况下，自签名证书是不受信任的，因此必须将该证书添加到受信任证书中

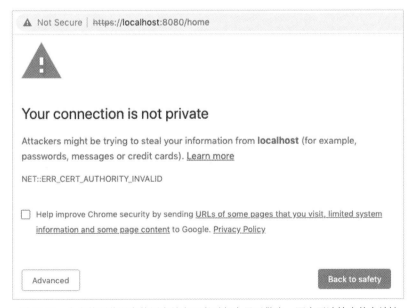

图13-20　大多数浏览器在使用自签名证书时都会显示警告，因为无法检查其有效性

在不同的操作系统中，告知计算机信任证书的方式不同。在 macOS 中，需要打开 Keychain Access 并在系统 Keychain 中导入证书，如图 13-21 所示。

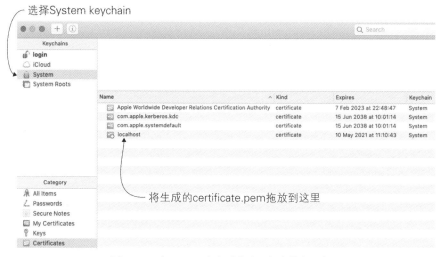

图 13-21　在 macOS 上向系统中添加自签名证书

在此之后，这个证书便已经添加到系统中，但是不受信任。如果要信任该证书，还必须在遇到自签名证书时显式地信任 SSL，如图 13-22 所示。

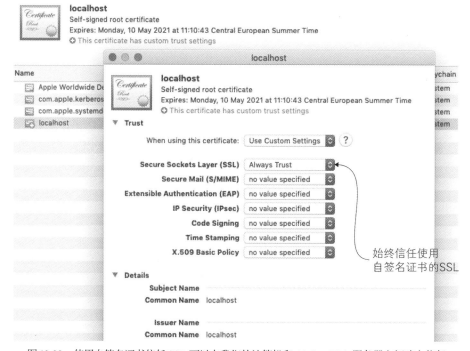

图 13-22　使用自签名证书信任 SSL 可以在我们的计算机和 Airflow Web 服务器之间建立信任

如果在其他人可以访问的地址(即不是本地主机)上托管 Airflow，那么每个人都必须经历信任自签名证书的麻烦操作。这显然是不可取的。因此，可以通过可验证的可信权威颁发证书。详细信息可在互联网上搜索"TLS 证书"(用于购买证书)或"Let's Encrypt"(用于生成 DNS 验证的证书并提供加密)。

13.5　从认证管理系统获取凭证

许多公司都使用中央加密存储系统，从而方便他们在统一的系统中存储认证相关信息(密码、证书、密钥等)，并且应用程序能够在需要时请求认证信息，而不必独立存储认证信息。有很多认证管理系统可用，如 HashiCorp Vault、Azure Key Vault、AWS SSM 和 GCP Secrets Manager。使用统一的认证管理系统，可以避免将认证信息分散到不同的系统中，而是将所有的认证信息都保存在一个专门为存储和管理认证信息而设计的系统中。此外，这个系统还提供认证轮转和版本控制等功能，而这些功能在 Airflow 中是不提供的。

Airflow 中的 secret 值可以存储在变量和连接中。只需要与加密存储系统连接，而不用将 secret 值复制粘贴到 Airflow 中，这样做既方便又安全。在 Airflow 1.10.10 中，引入了一个名为 secrets backend 的新功能，它提供了一种从外部加密存储系统获取 secret 值的机制，同时仍然使用现有的变量和连接类。

在编写本书时，AWS SSM、GCP Secret Manager 和 HashiCorp Vault 均可被支持。secrets backend 提供了一个通用类，可以生成它的子类，从而连接你自己所需的加密存储系统。代码清单 13-6 所示的是一个使用 HashiCorp Vault 的例子。

代码清单 13-6　从 secrets backend 获取连接的详细信息

```
import airflow.utils.dates
from airflow.models import DAG
from airflow.providers.http.operators.http import SimpleHttpOperator
dag = DAG(
    dag_id="secretsbackend_with_vault",
    start_date=airflow.utils.dates.days_ago(1),
    schedule_interval=None,
)

call_api = SimpleHttpOperator(
    task_id="call_api",
    http_conn_id="secure_api",    ◀── 指的是 Vault 中的 secret id
    method="GET",
    endpoint="",
    log_response=True,
    dag=dag,
)
```

正如代码清单 13-5 所示，DAG 代码中没有明确提及 HashiCorp Vault。SimpleHttpOperator 发出 HTTP 请求，在本例中是针对连接中设置的 URL。在 secrets backend 问世之前，需要将 URL 保存在 Airflow 连接中。现在则可以将它保存在 HashiCorp Vault (或其他 secrets backend)中。执行此操作时需要注意以下几点：

- secrets backend 必须使用 AIRFLOW__SECRETS__BACKEND 和 AIRFLOW__SECRETS__BACKEND_KWARGS 配置。
- 所有的 secret 都必须有一个共同的前缀。
- 所有连接都必须存储在名为 conn_uri 的键中。
- 所有变量都必须存储在名为 value 的键中。

Secret 名称存储为路径(这适用于所有 secret 管理器)，例如 secret/connections/secure_api，其中 secret 和 connections 可以视为用于组织文件的文件夹，而 secure_api 是标识实际 secret 的名称。

注意：secret 前缀用于与 Vault backend 相区别。有关 secrets backend 选择的所有详细信息，请参阅 Airflow 文档。

在所有认证管理系统中，通过 secret 的分层组织形式，将允许 Airflow 提供通用的 secrets backend，从而可以与这类系统交互。在 HashiCorp Vault 的"Secrets Engines"部分，secret 将被存储为图 13-23 所示的形式。

图 13-23　Vault 中的 secret 存储在 Secrets Engines 中，该 Secrets Engines 可以将 secret 存储在各种系统中。默认情况下，你会获得一个名为"secret"的引擎，用于存储 key-value secrets

在 Vault 的 secret engine 中，我们创建了一个名为 connection/secure_api 的 secret。虽然前缀"connections/"不是必需的，但 Airflow 的 secrets backend 还是采用了一个有助于搜索 secret 的前缀，以便于在 Vault 的 secret 层次结构内快速搜索。

在任何 secret backend 存储 Airflow 连接都需要设置一个名为 conn_uri 的密钥，这是 Airflow 将请求的密钥，如图 13-24 所示。必须以 URI 格式提供连接，将 URI 从内部传递给 Airflow 的连接类，然后从 URI 中提取正确的详细信息。

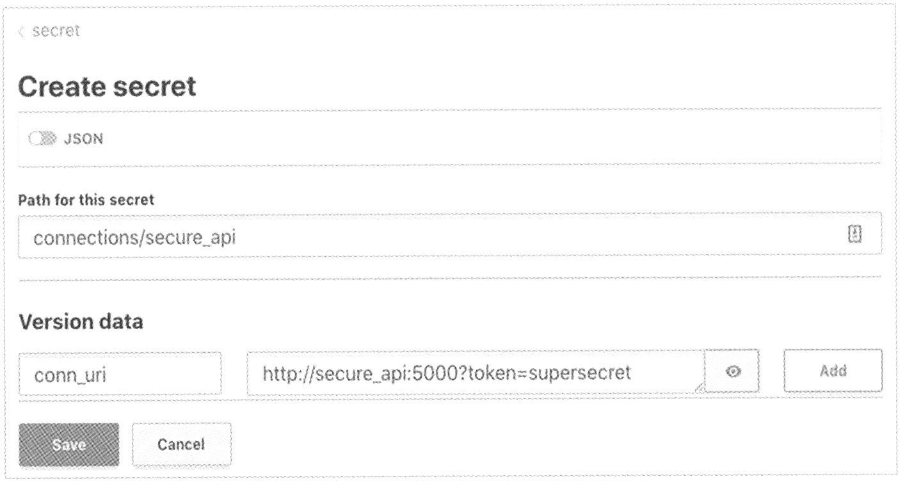

图 13-24　在 Vault 中保存 Airflow 连接详细信息需要设置一个键：conn_uri

假设有一个 API 在一个名为 secure_api 的主机上运行，并使用 5000 端口，它需要一个名称为"token"且值为"supersecret"的 header 以进行身份验证。如图 13-24 所示，要解析为 Airflow 连接，API 详细信息必须以 URI 格式存储：http://secure_api:5000?token=supersecret。

在 Airflow 中，必须通过 2 个配置项来获取凭证。首先，必须将 AIRFLOW__SECRETS__BACKEND 设置为读取 secret 的类。

- HashiCorp Vault：airflow.providers.hashicorp.secrets.vault.VaultBackend
- AWS SSM: airflow.providers.amazon.aws.secrets.systems_manager.SystemsManagerParameterStoreBackend
- GCP Secret Manager: airflow.providers.google.cloud.secrets.secrets_manager.CloudSecretsManagerBackend

接下来，必须在 AIRFLOW__SECRETS__BACKEND_KWARGS 中配置特定于所选 secrets backend 的各种详细信息。有关所有 secrets backend 的详细信息参阅 Airflow 文档。以 Vault 的 BACKEND_KWARGS 为例：{"url":"http://vault:8200", "token": "airflow", "connections_path":"connections"}。

这里，url 指向 Vault 的 URL，token 是指用于对 Vault 进行身份验证的令牌，connections_path 是指查询所有连接的前缀。在 Vault backend，所有 secret(连接和变量)的默认前缀都设置为 secret。这样一来，使用 secure_api 作为 conn_id 的完整搜索查询变成 secret/connections/secure_api。

secrets backend 不会替换存储在环境变量或 Airflow metastore 中的 secret。因为它是另一个存储 secret 的地方。获取 secret 的顺序如下：

(1) Secret backend
(2) 环境变量(AIRFLOW_CONN_*和 AIRFLOW_VAR_*)
(3) Airflow metastore

通过 secret backend 设置，可将 secret 信息的存储和管理交给专门为此目的开发的系统。其他系统也可以连接到认证管理系统，这样便只用对 secret 一次存储，而不用将它分发到多个系统，因为每个系统都有被攻击的可能，集中存储认证，将降低被攻击的可能。

从技术上讲，对系统的入侵方法多种多样。但是，我们已经演示了在 Airflow 内部和外部保护数据的各种方法，所有这些方法的目标都是降低被入侵的风险。最后，请确保使用最新版的 Airflow，因为在最新版的 Airflow 中经常会包含安全补丁，并修复早期版本中的 bug。

13.6 本章小结

- 通常，安全性不止体现在某一方面，而是在应用程序的各个级别都应该考虑安全性，从而降低被入侵的风险。
- RBAC 界面具有基于角色的安全机制，允许对用户组执行某些操作。
- 通过使用 TLS 加密，可以防止由于客户端和 Airflow Web 服务器之间的通信被拦截所带来的泄密。
- 通过使用 Fernet 密钥，可以使 Airflow 数据库中的凭证无法被攻击者解读。
- HashiCorp Vault 等认证管理系统，可用于存储和管理 secret，以便统一管理 secret，为 Airflow 等应用程序提供方便、安全的 secret 管理。

第 *14* 章

实战：探索游览纽约市的最快方式

本章主要内容
- 从头开始设置 Airflow 数据管道
- 构建中间输出数据
- 开发幂等任务
- 通过一个 operator 处理多个相似转换

纽约市的交通非常繁忙，似乎每时每刻都是交通高峰期。好在可以选择多种交通方式。2013 年 5 月，Citi Bike 在纽约市开始运营，拥有 6 000 辆共享单车。多年来，Citi Bike 不断发展壮大，已经成为纽约市流行的交通工具。

众所周知，Yellow Cab 是纽约的标志性交通工具，计程车于 19 世纪 90 年代后期在纽约市问世，一直非常受欢迎。近年来，计程车司机的数量直线下降，许多司机都转行运营 Uber 和 Lyft 等网约车，为大众提供出行服务。

在纽约无论使用哪种交通工具，通常的目标都是尽快从 A 点到达 B 点。幸运的是，纽约在发布数据方面非常积极，人们可以轻松获得 Citi Bikes 的骑行数据以及 Yellow Taxis 的出行数据。

本章将始终围绕"如果我现在在纽约市从 A 到 B，哪种交通方式最快？"这个问题展开。我们创建了一个 Airflow 迷你项目来提取和加载数据，并将其转换为可用的格式，然后通过数据来判断哪种交通方式更快，结果将取决于出行的具体地点和出行的时间[1]。

为了使这个迷你项目可被重现，我们创建了一个 Docker Compose 文件，在这个 Docker 容器中运行多个服务。具体包括以下内容：
- 一个用于提供 Citi Bike 数据的 REST API 服务
- 一个共享文件，用于提供 Yellow Cab 出租车数据
- MinIO，一个支持 S3 协议的对象存储

---

1 本章中的某些想法基于 Todd Schneider(https://toddwschneider.com/posts/taxi-vs-citi-bike-nyc)的博客文章，他使用 Monte Carlo simulation 分析了最快的出行方式。

- 用于查询和存储数据的 PostgreSQL 数据库
- 用于显示结果的 Flask 应用程序

集合以上信息，可以得到如图 14-1 所示的构建模块。

图 14-1 Docker Compose 文件创建了几个服务。需要从这些数据源中加载并处理数据，最终在结果页面显示最快的交通方式

本章的目标是使用这些构建块从 REST API 和共享中提取数据，并开发连接这些模块的数据管道。选择 MinIO 是因为 AWS S3 经常被用于数据存储，而 MinIO 支持 S3 协议。最后，分析结果会写入 PostgreSQL 数据库，并在网页中显示出来。首先，请确保当前目录包含 docker-compose.yml 文件并创建所有容器，如代码清单 14-1 所示。

代码清单 14-1　在 Docker 容器中运行用例的构建块

```
$ docker-compose up -d
Creating network "airflow-use-case_default" with the default driver
Creating volume "airflow-use-case_logs" with default driver
Creating volume "airflow-use-case_s3" with default driver
Creating airflow-use-case_result_db_1                ... done
Creating airflow-use-case_citibike_db_1              ... done
Creating airflow-use-case_minio_1                    ... done
Creating airflow-use-case_postgres_1                 ... done
Creating airflow-use-case_nyc_transportation_api_1   ... done
Creating airflow-use-case_taxi_db_1                  ... done
Creating airflow-use-case_webserver_1                ... done
Creating airflow-use-case_initdb_adduser_1           ... done
Creating airflow-use-case_scheduler_1                ... done
Creating airflow-use-case_minio_init_1               ... done
Creating airflow-use-case_citibike_api_1             ... done
Creating airflow-use-case_taxi_fileserver_1          ... done
```

这将在 localhost:[port]上提供以下服务，括号中的内容是[username]/[password]。

- 5432：Airflow PostgreSQL metastore (airflow/airflow)
- 5433：NYC Taxi Postgres DB (taxi/ridetlc)
- 5434：Citi Bike Postgres DB (citi/cycling)
- 5435：NYC 交通结果 Postgres DB (nyc/tr4N5p0RT4TI0N)
- 8080：Airflow webserver (airflow/airflow)
- 8081：NYC Taxi 静态文件服务器
- 8082：Citi Bike API (citibike/cycling)
- 8083：纽约市交通网页
- 9000：MinIO (AKIAIOSFODNN7EXAMPLE/wJalrXUtnFEMI/K7MDENG/ bPxRfi-CYEXAMPLEKEY)

Yellow Cab 和 Citi Bikes 的骑行数据已按月分批提供。

- NYC Yellow Taxi：https://www1.nyc.gov/site/tlc/about/tlc-trip-record-data.page
- NYC Citi Bike：https://www.citibikenyc.com/system-data

这个项目的目标是展示一个真实的环境，因此你可能会遇到一些真正的挑战，并学会如何在 Airflow 中处理这些挑战。数据集每月发布一次。1 个月的间隔很长，因此我们在 Docker Compose 设置中创建了 2 个 API，它们提供相同的数据，但间隔可配置为 1 分钟。此外，API 模拟了生产系统的几个特征，例如身份验证。

先来看一下如图 14-2 所示的纽约市地图，从而为如何在纽约市选择最快的出行方式提供一些思路。

图 14-2　纽约市的 Citi Bike 和 Yellow Cab 的运营区域图

可以清楚地看到 Citi Bike 站点仅位于纽约市中心。在这个项目中，因为要考虑使用 Citi Bike 和 Yellow Cab 2 种交通工具，所以应关心同时存在 Citi Bike 和 Yellow Cab 的区域。14.1 节将检查数据并制定算法。

14.1 理解数据

Docker Compose 文件为 Yellow Cab 和 Citi Bike 数据提供了 2 个 endpoint。
- Yellow Cab 数据：http://localhost:8081
- Citi Bike 数据：http://localhost:8082

让我们看看如何查询这些 endpoint 以及它们返回怎样的数据。

14.1.1 Yellow Cab 文件共享

Yellow Cab 数据可在 http://localhost:8081 上获得，如代码清单 14-2 所示。数据以静态 CSV 文件的形式提供，其中每个 CSV 文件都包含过去 15 分钟内完成的计程车行程。它将只保留一整小时的数据。超过 1 小时的数据将被自动删除。另外，它不需要任何身份验证。

代码清单 14-2　对 Yellow Cab 文件共享的请求示例

```
$ curl http:/ /localhost:8081
[
    { "name":"06-27-2020-16-15-00.csv", "type":"file", "mtime":"Sat, 27 Jun
      2020 16:15:02 GMT", "size":16193 },
    { "name":"06-27-2020-16-30-00.csv", "type":"file", "mtime":"Sat, 27 Jun
      2020 16:30:01 GMT", "size":16580 },
    { "name":"06-27-2020-16-45-00.csv", "type":"file", "mtime":"Sat, 27 Jun
      2020 16:45:01 GMT", "size":13728 },
    { "name":"06-27-2020-17-00-00.csv", "type":"file", "mtime":"Sat, 27 Jun
      2020 17:00:01 GMT", "size":15919 }
]
```

该索引会返回可用文件的列表。每个都是一个 CSV 文件，通过文件名标识了特定的 15 分钟内完成的 Yellow Cab 行程，如代码清单 14-3 所示。

代码清单 14-3　Yellow Cab 文件的片段示例

```
$ curl http:/ /localhost:8081/06-27-2020-17-00-00.csv
pickup_datetime,dropoff_datetime,pickup_locationid,dropoff_locationid,
    trip_distance
2020-06-27 14:57:32,2020-06-27 16:58:41,87,138,11.24
2020-06-27 14:47:40,2020-06-27 16:46:24,186,35,11.36
2020-06-27 14:47:01,2020-06-27 16:54:39,231,138,14.10
2020-06-27 15:39:34,2020-06-27 16:46:08,28,234,12.00
2020-06-27 15:26:09,2020-06-27 16:55:22,186,1,20.89
...
```

可以看到每行代表一次计程车行程，带有开始和结束时间，以及开始和结束区域 ID。

14.1.2　Citi Bike REST API

Citi Bike 数据可在 http://localhost:8082 上获得，它通过 REST API 提供数据，如代码清单 14-4 所示。此 API 强制执行基本身份验证，这意味着必须提供用户名和密码。API 返回特定时间段内完成的 Citi Bike 骑行结果。

代码清单 14-4　对 Citi Bike REST API 的请求示例

```
$ date
Sat 27 Jun 2020 18:41:07 CEST                              ← 请求上一小时的数据

$ curl --user citibike:cycling http:/ /localhost:8082/recent/hour/1
[
  {
    "end_station_id": 3724,
    "end_station_latitude": 40.7667405590595,
    "end_station_longitude": -73.9790689945221,
    "end_station_name": "7 Ave & Central Park South",
    "start_station_id": 3159,                               ← 每个JSON对象代
    "start_station_latitude": 40.77492513,                     表一次 Citi Bike
    "start_station_longitude": -73.98266566,                   骑行
    "start_station_name": "W 67 St & Broadway",
    "starttime": "Sat, 27 Jun 2020 14:18:15 GMT",
    "stoptime": "Sat, 27 Jun 2020 15:32:59 GMT",
    "tripduration": 4483
  },
  {
    "end_station_id": 319,
    "end_station_latitude": 40.711066,
    "end_station_longitude": -74.009447,
    "end_station_name": "Fulton St & Broadway",
    "start_station_id": 3440,
    "start_station_latitude": 40.692418292578466,
    "start_station_longitude": -73.98949474096298,
    "start_station_name": "Fulton St & Adams St",
    "starttime": "Sat, 27 Jun 2020 10:47:18 GMT",
    "stoptime": "Sat, 27 Jun 2020 16:27:21 GMT",
    "tripduration": 20403
  },
  ...
]
```

这个查询请求在过去一小时内完成的 Citi Bike 骑行。响应中的每条记录代表一次 Citi Bike 骑行，并提供开始和结束位置，以及开始和结束时间的纬度和经度坐标。通过配置 endpoint，可以返回特定时间间隔的骑行数据。

```
http://localhost:8082/recent/<period>/<amount>
```

其中<period>可以是 minute、hour 或 day，表示单位。<amount>是一个整数，表示给定的时间间隔。例如，http://localhost:8082/recent/day/3 将返回过去 3 天内完成的所有 Citi Bike 骑行。

API 在请求大小方面没有任何限制。理论上，可以请求无限天数的数据。在实践中，API 通常会限制计算能力和数据传输大小。例如，API 可以将结果数量限制为 1 000。有了这样的限制，就必须知道在特定时间内可能有多少次骑行，并定期发出请求以获取所有数据，同时确保返回结果小于 1 000。

14.1.3　确定算法

现在已经查询到代码清单 14-3 和代码清单 14-4 中的数据样本，让我们通过它们了解现实中的情况，并决定如何继续分析工作。为了方便分析，必须将 2 个数据集内的位置映射到某些共同点。Yellow Cab 出行数据提供计程车区域 ID，而 Citi Bike 数据提供自行车站的纬度及经度坐标。为了统一，可将 Citi Bike 站点的纬度及经度映射到计程车的区域 ID。如图 14-3 所示，这会牺牲一点准确性。

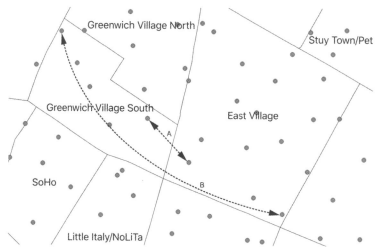

图 14-3　将 Citi Bike 站点(图中用圆点表示)映射到 Yellow Cab 区域可以实现准确的比较，但这样做忽略了在某个区域内的骑行距离不同的事实。图中的 A 行程明显比 B 行程短。在计算 Greenwich Village South 到 East Village 的平均骑行时间时，得到的这两个区域行程的平均时间，恐怕和真实值有偏差

由于 Yellow Cab 数据仅在文件共享系统上提供一小时，因此必须将其下载并保存在自己的系统中。通过这种方式，我们随着时间的推移建立了一个历史计程车出行数据集，即便之后改变处理方式，也总会有历史数据可用。如前所述，Docker Compose 文件创建了一个 MinIO 服务，它是一个对象存储服务，因此可以使用它存储提取的数据。

14.2　提取数据

在提取多个数据源时，需要注意数据的时间间隔。Yellow Cab 的数据每 15 分钟提供一次，Citi Bike 数据的间隔是可配置的。为方便起见，我们每隔 15 分钟请求一次 Citi Bike 数据，如代码清单 14-5 所示。这允许你在同一 DAG 中以相同的时间间隔发出 2 个请求，

对所有数据使用并行处理。如果选择不同的时间间隔，则必须对 2 个数据集中的数据进行相应的调整。

代码清单 14-5　DAG 每 15 分钟运行一次

```
import airflow.utils.dates
from airflow.models import DAG

dag = DAG(
    dag_id="nyc_dag",
    schedule_interval="*/15 * * * *",         ← 每 15 分钟运行一次
    start_date=airflow.utils.dates.days_ago(1),
    catchup=False,
)
```

14.2.1　下载 Citi Bike 数据

在 Airflow 中，可以使用 SimpleHttpOperator 进行 HTTP 调用。然而，很快就证明它不适合我们的用例：SimpleHttpOperator 只是发出一个 HTTP 请求，但不提供将响应存储在任何地方的功能[1]。在这种情况下，只能通过 PythonOperator 实现所需的功能。

接下来看看如何查询 Citi Bike API 并将输出存储在 MinIO 对象存储上，如代码清单 14-6 所示。

代码清单 14-6　从 Citi Bike REST API 下载数据并存储在 MinIO 上

```
import json

import requests
from airflow.hooks.base import BaseHook
from airflow.models import DAG
from airflow.operators.python import PythonOperator
from airflow.providers.amazon.aws.hooks.s3 import S3Hook
from requests.auth import HTTPBasicAuth

def _download_citi_bike_data(ts_nodash, **_):
    citibike_conn = BaseHook.get_connection(conn_id="citibike")   ← 从 Airflow 连接加载 Citi Bike 凭证

    url = f"http://{citibike_conn.host}:{citibike_conn.port}/recent/minute/15"
    response = requests.get(url, auth=HTTPBasicAuth(citibike_conn.login,
      citibike_conn.password))
    data = response.json()

    s3_hook = S3Hook(aws_conn_id="s3")   ← 使用 S3Hook 与 MinIO 通信
    s3_hook.load_string(
        string_data=json.dumps(data),
        key=f"raw/citibike/{ts_nodash}.json",
        bucket_name="datalake"
    )
```

在结果文件名中使用 Airflow 任务的时间戳

1　通过设置 xcom_push=True，可以将输出存储在 XCom 中。

```
download_citi_bike_data = PythonOperator(
    task_id="download_citi_bike_data",
    python_callable=_download_citi_bike_data,
    dag=dag,
)
```

虽然没有用于这个特定的 HTTP 到 S3 操作的 Airflow operator，但可以使用 Airflow hook 和连接。首先，必须连接到 Citi Bike API(使用 Python requests 库)和 MinIO 存储(使用 S3Hook)，如代码清单 14-7 所示。由于两者都需要凭证进行身份验证，因此可以将凭证信息保存在 Airflow 中，并在运行时调用。

代码清单 14-7　通过环境变量设置连接详细信息

```
➥ export AIRFLOW_CONN_CITIBIKE=http://citibike:cycling@citibike_api:5000
➥ export AIRFLOW_CONN_S3="s3://:@?host=http://minio:9000&aws_access_key_id
    =AKIAIOSFODNN7EXAMPLE&aws_secret_access_key=wJalrXUtnFEMI/K7MDENG/bPxRfi
    CYEXAMPLEKEY"
```

必须提供自定义的 S3 主机

默认情况下，S3 Hook 在 http://s3.amazonaws.com 上与 AWS S3 通信。由于我们在与 AWS 不同的地址上运行 MinIO，因此必须在连接详细信息中提供此地址。遗憾的是，这项任务比较复杂，如果想了解其工作原理，则必须仔细阅读 Hook 的具体实现方式才能理解。如图 14-4 所示，在使用 S3 Hook 的情况下，可以在连接中通过 host 键提供主机名。

从这里开始设置主机名　　　通过host键提供具体主机名

图14-4　按照图中格式，设定自定义主机名

现在已经建立了连接，接下来就可以数据传输，如代码清单 14-8 所示。

代码清单 14-8　使用 S3Hook 将数据上传到 MinIO

```
s3_hook = S3Hook(aws_conn_id="s3")
s3_hook.load_string(
    string_data=json.dumps(data),
    key=f"raw/citibike/{ts_nodash}.json",
    bucket_name="datalake"
)
```

使用任务时间戳作为键名，将数据写入对象存储

如果一切顺利，就可以通过 http://localhost:9000 登录 MinIO 界面，并且在如图 14-5 所示的界面中看到刚才写入的 JSON 文件。

图 14-5 MinIO 界面的屏幕截图，显示了对象存储路径/datalake/raw/citibike 中的文件，
以及带有 ds_nodash 模板的文件名

如果要使用不同的参数更频繁地执行这个 HTTP 到 S3 的操作，最好能为此任务编写一个 operator 从而避免代码重复。

14.2.2 下载 Yellow Cab 数据

我们还想在 MinIO 对象存储上下载计程车数据。这也是一个 HTTP 到 S3 的操作，但它有几个不同的特点：

- 文件通过共享方式提供，必须在 MinIO 上为 Citi Bike 数据创建新文件。
- 计程车数据通过 CSV 格式提供，而 Citi Bike API 以 JSON 格式返回数据。
- 我们不知道具体的文件名，因此必须列出索引才能获取文件列表。

当你需要使用这种特定功能时，往往需要通过编码的方式自行实现，而不是使用 Airflow 内置的 operator 来实现。虽然有些 Airflow operator 是高度可配置的，但有些则不是，对于现在的情况，自己编写 operator 是一个很好的选择。接下来让我们看看如何实现，如代码清单 14-9 所示。

代码清单 14-9 从 Yellow Cab 共享文件获取数据，并写到 MinIO 存储上

```
def _download_taxi_data():
    taxi_conn = BaseHook.get_connection(conn_id="taxi")
    s3_hook = S3Hook(aws_conn_id="s3")

    url = f"http://{taxi_conn.host}"        ◀── 获取文件列表
    response = requests.get(url)
    files = response.json()

    for filename in [f["name"] for f in files]:
        response = requests.get(f"{url}/{filename}")   ◀── 获取单个文件
        s3_key = f"raw/taxi/{filename}"
        s3_hook.load_string(string_data=response.text, key=s3_key,
    bucket_name="datalake")                 ◀── 将文件上传到 MinIO


download_taxi_data = PythonOperator(
    task_id="download_taxi_data",
```

```
        python_callable=_download_taxi_data,
        dag=dag,
)
```

通过执行上述代码，可以从文件服务器上下载数据，并上传至 MinIO，但这似乎有问题，你是否发现了？

s3_hook.load_string()不是幂等操作。它不会覆盖文件，并且只会上传一个尚不存在的文件。如果已存在同名文件，则会发生失败。

```
[2020-06-28 15:24:03,053] {taskinstance.py:1145} ERROR - The key
raw/taxi/06-28-2020-14-30-00.csv already exists.
...
    raise ValueError("The key {key} already exists.".format(key=key))
ValueError: The key raw/taxi/06-28-2020-14-30-00.csv already exists.
```

为了避免上述的失败情况，可以使用 Python 的 EAFP 习惯用法(首先尝试并捕获异常，而不是检查所有可能的条件)在遇到 ValueError 时简单地跳过，如代码清单 14-10 所示。

代码清单 14-10　从 Yellow Cab 共享文件获取数据，并写到 MinIO 存储上

```
def _download_taxi_data():
    taxi_conn = BaseHook.get_connection(conn_id="taxi")
    s3_hook = S3Hook(aws_conn_id="s3")

    url = f"http://{taxi_conn.host}"
    response = requests.get(url)
    files = response.json()

    for filename in [f["name"] for f in files]:
        response = requests.get(f"{url}/{filename}")
        s3_key = f"raw/taxi/{filename}"
        try:
            s3_hook.load_string(
                string_data=response.text,
                key=s3_key,
                bucket_name="datalake",
            )
            print(f"Uploaded {s3_key} to MinIO.")
        except ValueError:                          ◀── 捕获"文件已存在"引发的
            print(f"File {s3_key} already exists.")     ValueError 异常
```

对现有文件添加这个检查将保证数据管道不再经常失败，如图 14-6 所示。在 DAG 中的 2 个任务都会下载数据并将数据保存在 MinIO 存储上。

如图 14-7 所示，来自 Citi Bike API 和文件共享服务器的 Yellow Cab 数据都保存在 MinIO 存储中了。

图 14-6　DAG 中的 2 个纽约市交通数据下载任务

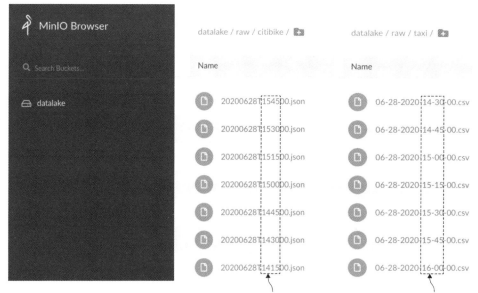

图 14-7　数据导出到 MinIO 存储。因此，以后可以随时访问这些文件

14.3　对数据应用类似的转换

下载 Citi Bike 和 Yellow Cab 数据后，需要使用几种方法将 Citi Bike 站点坐标映射到 Yellow Cab 的区域上，并对其进行比较。有多种方法可以做到这一点，具体取决于数据量的大小。

在大数据场景中，你可能希望使用 Apache Spark 的集群来处理数据。可以使用 SparkSubmitOperator 或其他可以触发 Spark 作业的 operator(如 SSHOperator)来触发 Spark

作业。然后 Spark 作业将从 S3 读取数据，并转换数据，最后将结果写回 S3 当中。

如果数据量较小，则可在单台计算机上处理数据，可以使用 Pandas 处理数据，但在编写本书时还没有 PandasOperator，因此 Pandas 代码通常使用 PythonOperator 执行。注意，Python 代码与 Airflow 在同一台计算机上运行，而 Spark 作业通常在其他计算机上执行，从而不会影响 Airflow 机器的资源使用。在后一种情况下，Airflow 只负责启动和监控 Spark 作业。如果 Pandas 作业达到计算机资源的极限，理论上它可能导致计算机挂起，并随之关闭 Airflow。

避免占用 Airflow 机器资源的另一种方法是使用 KubernetesPodOperator 或使用 ECSOperator 的类似容器化系统(如 AWS ECS)将作业卸载到 Kubernetes 中去执行。

假设使用 Pandas 处理较小的数据集。与其为每个数据处理任务单独应用 PythonOperator，不如通过一些技术，创建可重复使用的组件，从而实现代码重用。目前在/raw 中有 2 个数据集。

- /raw/citibike/{ts_nodash}.json
- /raw/taxi/*.csv

我们将使用 Pandas 读取 2 个数据集，并进行一些转换，然后将最终结果写入如下文件：

- /processed/citibike/{ts_nodash}.parquet
- /processed/taxi/{ts_nodash}.parquet

虽然输入格式不同，但是加载它们的位置以及将处理之后的结果写入的位置却是相同的。在 Pandas 中使用的抽象操作是 Pandas DataFrame(类似于 Spark DataFrame)。我们的转换、输入数据集和输出文件位置之间存在一些微小的差异，但核心实现是相同的：都使用 Pandas DataFrame 进行操作。因此，可以创建一个 operator 来处理这 2 种转换，如代码清单 14-11 所示。

代码清单 14-11　使用一个 operator 处理所有的 Pandas DataFrame 操作

```
import logging

from airflow.models import BaseOperator
from airflow.utils.decorators import apply_defaults
class PandasOperator(BaseOperator):
    template_fields = (
        "_input_callable_kwargs",          ⎫ 所有 kwargs 参数
        "_transform_callable_kwargs",      ⎬ 都可以包含模板
        "_output_callable_kwargs",         ⎭ 化值
    )


    @apply_defaults
    def __init__(
        self,
        input_callable,
        output_callable,
        transform_callable=None,
        input_callable_kwargs=None,
```

```
            transform_callable_kwargs=None,
            output_callable_kwargs=None,
            **kwargs,
        ):
            super().__init__(**kwargs)

            # Attributes for reading data
            self._input_callable = input_callable
            self._input_callable_kwargs = input_callable_kwargs or {}

            # Attributes for transformations
            self._transform_callable = transform_callable
            self._transform_callable_kwargs = transform_callable_kwargs or {}

            # Attributes for writing data
            self._output_callable = output_callable
            self._output_callable_kwargs = output_callable_kwargs or {}

        def execute(self, context):                              ◀── 调用 input callable 以返
            df = self._input_callable(**self._input_callable_kwargs)    回 Pandas DataFrame
            logging.info("Read DataFrame with shape: %s.", df.shape)

            if self._transform_callable:
在 DataFrame       df = self._transform_callable(
上进行转换              df,
                    **self._transform_callable_kwargs,
                )
                logging.info("DataFrame shape after transform: %s.", df.shape)
                                                                 ◀── 写入 DataFrame
            self._output_callable(df, **self._output_callable_kwargs)
```

让我们分解如何使用这个 PandasOperator。如前所述，各种转换之间的共性是使用 Pandas DataFrame。我们使用这种共性来组合对 DataFrame 给定的 3 个函数的操作：

- input_callable
- transform_callable（可选）
- output_callable

input_callable 将数据读入 Pandas DataFrame 中，transform_callable 将转换这个 DataFrame，output_callable 将结果写入 DataFrame。只要所有 3 个函数的输入和输出都是 Pandas DataFrame，就可以通过各种组合与配置来使用这个 PandasOperator 处理数据。接下来，通过示例来了解它是如何实现的，如代码清单 14-12 所示。

代码清单 14-12 使用代码清单 14-11 中的 PandasOperator

```
process_taxi_data = PandasOperator(
    task_id="process_taxi_data",
    input_callable=get_minio_object,                ◀── 从 MinIO 存储读取 CSV
    input_callable_kwargs={
        "pandas_read_callable": pd.read_csv,
        "bucket": "datalake",
        "paths": "{{ ti.xcom_pull(task_ids='download_taxi_data') }}",
```

```
    },
    transform_callable=transform_taxi_data,         ◄─── 在 DataFrame 上应用转换
    output_callable=write_minio_object,
    output_callable_kwargs={                             将 parquet 写入
        "bucket": "datalake",                            MinIO 存储
        "path": "processed/taxi/{{ ts_nodash }}.parquet",
        "pandas_write_callable": pd.DataFrame.to_parquet,
        "pandas_write_callable_kwargs": {"engine": "auto"},
    },
    dag=dag,
)
```

PandasOperator 的目标是通过一个 operator 融合并匹配多个输入、转换和输出函数。因此，可以通过指向函数并为函数提供各自参数的方式，来定义一个将这些(输入、转换、输出)函数融为一体的 Airflow 任务。我们从 input 函数开始介绍，它将返回一个 Pandas DataFrame，如代码清单 14-13 所示。

代码清单 14-13　函数示例：读取 MinIO 对象并返回 Pandas DataFrames

```
def get_minio_object(
    pandas_read_callable,
    bucket,
    paths,
    pandas_read_callable_kwargs=None,
):
    s3_conn = BaseHook.get_connection(conn_id="s3")       ◄─── 初始化 MinIO 客户端
    minio_client = Minio(
        s3_conn.extra_dejson["host"].split("://")[1],
        access_key=s3_conn.extra_dejson["aws_access_key_id"],
        secret_key=s3_conn.extra_dejson["aws_secret_access_key"],
        secure=False,
    )

    if isinstance(paths, str):
        paths = [paths]
    if pandas_read_callable_kwargs is None:
        pandas_read_callable_kwargs = {}

    dfs = []
    for path in paths:
        minio_object = minio_client.get_object(
            bucket_name=bucket,
            object_name=path,
        )                                              ◄─── 从 MinIO 读取文件
        df = pandas_read_callable(
            minio_object,
            **pandas_read_callable_kwargs,
        )
        dfs.append(df)
    return pd.concat(dfs)                              ◄─── 返回 Pandas DataFrame
```

遵循"DataFrame in，DataFrame out"的转换函数如代码清单 14-14 所示。

代码清单 14-14　转换计程车数据的函数示例

```python
def transform_taxi_data(df):              # 输入 DataFrame
    df[["pickup_datetime", "dropoff_datetime"]] = df[["pickup_datetime",
        "dropoff_datetime"]].apply(
            pd.to_datetime
    )
    df["tripduration"] = (df["dropoff_datetime"] - df["pickup_datetime"])\
        .dt.total_seconds().astype(int)
    df = df.rename(
        columns={
            "pickup_datetime": "starttime",
            "pickup_locationid": "start_location_id",
            "dropoff_datetime": "stoptime",
            "dropoff_locationid": "end_location_id",
        }
    ).drop(columns=["trip_distance"])
    return df                             # 输出 DataFrame
```

最后，使用 Pandas DataFrame 的输出函数如代码清单 14-15 所示。

代码清单 14-15　将转换后的 DataFrame 写回 MinIO 存储的函数示例

```python
def write_minio_object(
    df,
    pandas_write_callable,
    bucket,
    path,
    pandas_write_callable_kwargs=None
):
    s3_conn = BaseHook.get_connection(conn_id="s3")
    minio_client = Minio(
        s3_conn.extra_dejson["host"].split("://")[1],
        access_key=s3_conn.extra_dejson["aws_access_key_id"],
        secret_key=s3_conn.extra_dejson["aws_secret_access_key"],
        secure=False,
    )
    bytes_buffer = io.BytesIO()
    pandas_write_method = getattr(df, pandas_write_callable.__name__)   # 获取对 DataFrame 写入方法的引用（如 pd.DataFrame.to_parquet）
    pandas_write_method(bytes_buffer, **pandas_write_callable_kwargs)   # 调用 DataFrame 写入方法，将 DataFrame 写入一个可以存储在 MinIO 中的 bytes 缓冲区
    nbytes = bytes_buffer.tell()
    bytes_buffer.seek(0)
    minio_client.put_object(              # 将 bytes 缓冲区存储到 MinIO 中
        bucket_name=bucket,
        object_name=path,
        length=nbytes,
        data=bytes_buffer,
    )
```

现在，在输入、转换和输出函数之间传递 Pandas DataFrames 时，提供了更改数据集输入格式的选项，例如，只要将参数 "pandas_read_callable"：pd.read_csv 更改为 "pandas_read_callable"：pd.read_parquet 即可实现使用不同格式的数据集作为输入。因此，

不必为每个新数据集重新编写代码，从而避免代码重复并提高灵活性。

注意：每当你发现程序中有重复的逻辑，并想开发一段代码来满足多种情况需求时，请仔细考虑操作的共同点，例如它们都使用 Pandas DataFrame 或 Python 文件对象等。

14.4 构建数据管道

正如 14.3 节所述，我们在名为"datalake"的存储桶中创建了文件夹"Raw"和"Processed"。我们是如何做到这些的？为什么这样做？在效率方面，原则上可以编写一个单独的 Python 函数来提取数据、转换数据并将结果写入数据库，同时将数据保存在内存中，而不接触文件系统。这样做效率更高，那我们为什么不那样做呢？

首先，因为数据经常被多人或者多个数据管道使用。为了可以重用这些数据，要将数据存储在其他人或者其他进程可以访问的位置。

但更重要的是，我们希望使数据管道可被重用。就数据管道而言，可再现性意味着什么？数据永远不会完美，软件永远都在进步。这意味着我们希望能够返回到之前的 DAG 运行，并使用已处理的数据重新运行数据管道。如果从诸如 REST API 的 Web 服务提取数据，该服务仅返回给定时间点的状态结果，那么我们将无法从该 API 获取历史数据。在这种情况下，最好保留一份未经编辑的结果副本。出于隐私原因，有时数据的某些部分会被编辑，这是不可避免的，但可重现数据管道的起点应该是存储输入数据的副本。这些原始数据通常存储在原始文件夹中，如图 14-8 所示。

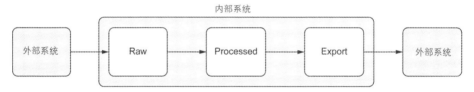

图 14-8 我们无法控制外部系统中的数据结构。在我们自己的内部系统中，按照数据的生命周期来存储数据是合乎逻辑的。例如，未编辑的数据存储在 Raw 中，派生和转换后的数据存储在 Processed 中，准备传输的数据集存储在 Export 中

对于图 14-8 所示的内部系统中的原始数据，你(和其他人)可以随心所欲地更改、丰富、完善、转换并与其他数据连接，然后将其写回 Processed 文件夹。转换通常是计算密集型和时间密集型操作，因此应尽量避免重新运行这些转换任务，而是将之前的处理结果保存起来，以便可以再次读取处理过的结果。

在实践中，许多组织会在数据阶段之间应用更细粒度的分离，例如原始 > 预处理 > 丰富 > 处理 > 导出。没有一种结构适合所有人。你的项目需求将决定如何更好地处理数据移动。

14.5 开发幂等的数据管道

现在原始文件夹中已经有了所需数据，接下来要处理这些数据，并将处理后的结果插入 Postgres 数据库中。由于本章的重点不在如何使用 Pandas 或 Spark 处理数据，因此不会讨论这些数据处理的具体细节。但是我们要重复强调数据管道的一个重要方面，即确保数据管道可以多次执行而不需要手动重置状态，并且结果不会发生改变，也就是确保数据管道的幂等性。

在这个数据管道中有两个阶段可以引入幂等性。第一阶段很简单：当对原始数据进行转换并将结果存储在/processed 文件夹中时，应该设置一个标志来覆盖目标文件。这样可以确保重新运行任务不会因为已经存在的文件而导致失败。

在第二阶段，将结果写入数据库。重新运行并将结果写入数据库的任务可能不会失败，但可能会导致数据库中出现重复的行，从而污染结果。如何确保以幂等方式将结果写入数据库，而不会带来数据污染呢？

一种方法是向表中添加一列，该列可以标识有关写入数据库的作业的独特信息，例如 Airflow 作业的执行日期。如代码清单 14-16 所示，假设使用 Pandas 将 DataFrame 写入数据库。

代码清单 14-16　将 Pandas DataFrame 写入 SQL 数据库

```
--CREATE TABLE citi_bike_rides(
--    tripduration INTEGER,
--    starttime TIMESTAMP,
--    start_location_id INTEGER,
--    stoptime TIMESTAMP,
--    end_location_id INTEGER
--);


df = pd.read_csv(... citi bike data ...)
engine = sqlalchemy.create_engine(
    BaseHook.get_connection(self._postgres_conn_id).get_uri()
)
df.to_sql("citi_bike_rides", con=engine, index=False, if_exists="append")
```

Pandas DataFrame 和表结构必须匹配

执行 df.to_sql() 时无法判断是否要将已经存在的行插入表中。在这种情况下，可以修改数据库表，添加一列用来保存 Airflow 的执行日期，如代码清单 14-17 所示。

代码清单 14-17　通过一次操作，将 Pandas DataFrame 写入 SQL 数据库

```
--CREATE TABLE citi_bike_rides(
--    tripduration INTEGER,
--    starttime TIMESTAMP,
--    start_location_id INTEGER,
--    stoptime TIMESTAMP,
--    end_location_id INTEGER,
--    airflow_execution_date TIMESTAMP
```

```
--);

df = pd.read_csv(... citi bike data ...)
df["airflow_execution_date"] = pd.Timestamp(
    context["execution_date"].timestamp(),
    unit='s',
)
engine = sqlalchemy.create_engine(
    BaseHook.get_connection(self._postgres_conn_id).get_uri()
)
with engine.begin() as conn:          ◀── 开始一个事务
    conn.execute(
        "DELETE FROM citi_bike_rides "
        f"WHERE airflow_execution_date='{context['execution_date']}';"
    )
    df.to_sql("citi_bike_rides", con=conn, index=False, if_exists="append")
```

将 execution_date 作为列添加到 Pandas Dataframe 中

首先删除表中所有 airflow_execution_date 等于当前 execution_date 的记录

在这个示例中，我们开始一个数据库事务，因为与数据库的交互是双重的：首先删除所有具有给定执行日期的现有行，然后再插入新行。如果没有具有给定执行日期的现有行，则不会删除任何内容。两条 SQL 语句(通过 df.to_sql()在后台执行 SQL)被包装在一个事务中，这是一个原子性操作，这意味着两条 SQL 语句要么都成功，要么都失败，从而保证数据库的原子性，并且在某个 SQL 执行失败时，不会留下任何中间结果。

一旦数据被成功处理并存储在数据库中，就可以在 http://localhost:8083 上启动一个 Web 应用程序，它在数据库中查询结果，如图 14-9 所示。

Start location	End location	Weekday	Time group	Avg time Citi Bike	Avg time Taxi
Alphabet City	East Village	Sunday	8 AM - 11 AM	1057.2	330.0
Alphabet City	Penn Station/Madison Sq West	Sunday	8 AM - 11 AM	1023.0	1318.0
Astoria	Long Island City/Hunters Point	Sunday	8 AM - 11 AM	700.0	358.0
Astoria	Old Astoria	Sunday	10 PM - 8 AM	206.0	1757.0
Astoria	Steinway	Sunday	8 AM - 11 AM	725.0	705.0
Battery Park City	Clinton East	Sunday	8 AM - 11 AM	1551.0	1788.0
Battery Park City	East Chelsea	Saturday	4 PM - 7 PM	715.0	913.0
Battery Park City	Financial District North	Sunday	8 AM - 11 AM	388.5	415.75

图 14-9 通过 Web 应用程序显示存储在 PostgreSQL 数据库中的结果，该数据由 Airflow DAG 持续更新

上面的查询结果显示了给定时间内两个街区之间哪种交通方式更快。例如第一行，在周日上午 8 点到 11 点之间，从 Alphabet City 到 East Village 搭乘计程车比较快，平均耗时 330 秒，大概 5 分半钟。而使用 Citi Bike 则需要 1057.2 秒，大概 17.62 分钟。

现在 Airflow 会以 15 分钟的时间间隔触发作业，完成数据下载、转换并将数据保存

在 Postgres 数据库中。对于真正的面向用户的应用程序，你应该提供一个更美观、搜索功能更强的前端页面，但从后端的角度来看，如图 14-9 所示的通过自动化数据管道提供的纽约市出行建议的应用程序已经能够满足用户需求了。

14.6 本章小结

- 在不同项目中，开发幂等任务可能会存在差异。
- 存储中间数据可以确保数据管道在发生中断时，可以重复运行。
- 当现有 operator 的功能无法满足要求时，必须使用 PythonOperator 调用函数或创建自己的 operator。

第Ⅳ部分

在 云 端

现在，你已经掌握Airflow的核心内容，应该能够编写复杂的数据管道，并知道如何在生产环境中设置Airflow。

到目前为止，我们一直专注于在本地系统上运行Airflow，无论是本机还是使用Docker等容器技术。一个常见的问题是如何在云环境中运行和使用Airflow，因为许多现代技术都涉及云平台。第Ⅳ部分完全关注在云端运行Airflow，包括为Airflow部署设计架构和利用Airflow的内置功能调用各种云服务等主题。

首先，第15章将简要介绍在设计基于云端的Airflow部署时所涉及的相关组件，还将简要讨论Airflow用于与各种云服务交互的内置功能，并涉及云供应商提供的Airflow部署，你可以使用云供应商提供的一键式部署方式在云端快速部署Airflow。

之后，将深入讨论几个特定云平台的Airflow实现：Amazon AWS(第16章)、Microsoft Azure(第17章)以及Google Cloud Platform(第18章)。此3章将介绍如何利用各云平台提供的服务部署Airflow，并讨论与特定云平台中的云服务交互的Airflow内置功能。每一章都将提供一个示例，帮助你更好地理解相关内容。

完成第Ⅳ部分的学习后，你应该可以掌握如何在云端部署并使用Airflow，利用Airflow调用相关云服务来创建功能强大的数据管道，且利用云计算的弹性功能扩展工作流。

第 15 章
Airflow 在云端

> **本章主要内容**
> - 了解在云端部署 Airflow 所需的组件
> - 介绍与云服务集成的特定 hook 和 operator
> - 使用云服务商提供的一键式 Airflow 部署方案,替代你自己的部署方案

本章将探索如何在云环境中部署和集成 Airflow。首先,我们将重新审视 Airflow 的各个组件,以及学习如何将它们在云环境中组合在一起,并为你介绍如何将当前 Airflow 中的组件与 Amazon AWS(第 16 章)、Microsoft Azure(第 17 章)和 Google Cloud Platform (第 18 章)提供的组件进行映射。然后将简要介绍特定于云环境的 hook 和 operator,它们可用于与特定的云服务集成。最后还将提供一些用于部署 Airflow 的托管替代方案,并讨论选择云服务商提供的一键式 Airflow 部署与你自己在云端部署 Airflow 的差别及适用场景。

15.1 设计云端部署策略

在为不同云(AWS、Azure 和 GCP)中的 Airflow 设计部署策略之前,先回顾一下 Airflow 的不同组件(如 Web 服务器、调度器、workers)以及这些组件需要怎样的共享资源访问(如 DAG、日志存储等)。了解这些内容将帮助我们更好地将它们映射到适当的云服务中。

为了便于理解,我们将从基于 LocalExecutor 的 Airflow 部署开始。在这种类型的设置中,Airflow worker 与调度器在同一台计算机上运行,这意味着只需要为 Airflow 设置 2 个计算资源:一个用于 Web 服务器,一个用于调度器,如图 15-1 所示。

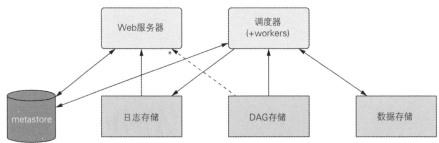

图 15-1　基于 LocalExecutor 的 Airflow 部署涉及的不同计算和存储组件

Web 服务器和调度器组件都需要访问共享数据库(Airflow metastore)和共享存储中的 DAG(取决于 Airflow 1 的版本和配置[1])以及日志。根据管理数据的方式，你可能还需要设置外部存储来保存输入和输出数据集。

除了这些计算和存储资源，还需要考虑网络资源。这里有 2 个主要关注点：如何将不同的服务连接在一起，以及如何组织网络设置以保护 Airflow 的内部服务。如图 15-2 所示，这通常涉及设置不同的网段(公共子网和私有子网)，并将不同的服务连接到适当的子网。此外，完整的设置还应包括保护任何公开的服务免遭未经授权的访问。

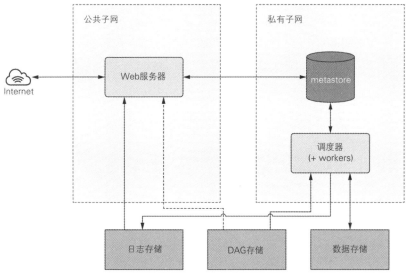

图 15-2　基于 LocalExecutor 部署的网络概述。将组件分布在公共子网和私有子网中。将可以公开访问的服务放在公共子网中。注意，存储服务不在 2 个子网中，因为 AWS S3 这样的云存储不提供绑定到特定子网的功能，尽管如此，仍需要防止这些存储资源被非法访问

1　在 Airflow 1 中，默认情况下 Airflow Web 服务器和调度器都需要访问 DAG 存储。在 Airflow 1.10.10 中，为 Web 服务器添加一个选项，用于将 DAG 存储在 metastore 中，以便在启用此选项时不再需要访问 DAG 存储。在 Airflow 2 中，此选项始终处于启用状态，因此 Web 服务器不再需要访问 DAG 存储。

图 15-2 展示了在云端部署基于 LocalExecutor 的 Airflow 所需的完整组件。

如果使用 CeleryExecutor(它通过在不同的计算机上运行 workers 来提供更好的扩展性)，则需要完成更多的工作，因为基于 Celery 的部署需要 2 个额外的资源：用于 Airflow workers 的额外计算资源池，以及为 workers 提供消息中继的消息代理，如图 15-3 所示。

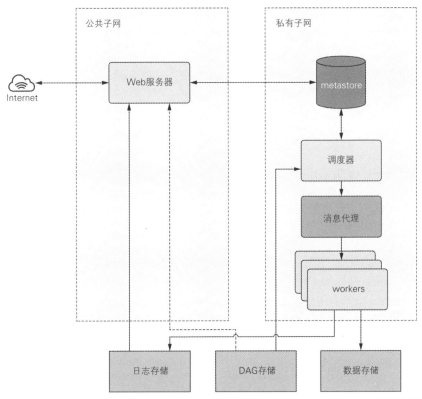

图 15-3　基于 CeleryExecutor 的 Airflow 部署架构。主要新增功能包括用于 Airflow workers 的额外计算组件池和用于中继任务的消息代理。请注意，基于 Celery 的设置不再需要调度器访问数据和日志存储，因为 workers 计算资源将负责实际执行工作(完成实际的读取和写入数据工作，并生成日志消息)

通过这些架构示意图，你将对如何在云端环境部署 Airflow 有所了解。接下来的章节将深入探讨通过不同的云供应商实现这些架构。

15.2　云端专用的 hook 和 operator

多年来，Airflow 的贡献者开发了大量 hook 和 operator，支持用户使用它们与不同的云服务交互。例如，S3Hook 支持与 AWS S3 存储服务交互，实现文件的上传与下载，而 BigQueryExecuteQueryOperator 支持在 Google 的 BigQuery 服务上执行查询。

在 Airflow 2 中可通过安装相应的程序包来使用这些特定于云端的 hook 和 operator。在较早版本的 Airflow 中，可通过从 PyPI 安装等效的 backport 包来使用相同的功能。

15.3 托管服务

虽然手动安装部署 Airflow 可以具有更大的灵活性，但设置和维护 Airflow 将耗费较大的时间和精力。为了减轻 Airflow 手动部署和管理的负担，可以选择由相关云服务商提供的 Airflow 托管服务。云服务商通常会提供相应的 Airflow 管理工具，通过这些工具可以轻松地部署和管理云端的 Airflow。通常，云服务商还对云端的 Airflow 使用的基础设施提供管理和部署功能，因此不必担心 Airflow 所在的操作系统上的补丁和安全问题，这些操作都将由云服务商完成，云服务商将为这些基础设置应用最新的补丁，并保证其不受外界攻击。

3 个著名的 Airflow 托管服务是 Astronomer.io、Google Cloud Composer 和 Amazon MWAA。本章后部将简要介绍这些服务及其主要功能。

15.3.1 Astronomer.io

Astronomer.io 是一个基于 Kubernetes 的 Airflow 解决方案，可以通过 Astronomer cloud 将其用作 SaaS(软件即服务)解决方案，也可以通过 Astronomer Enterprise 将其部署到你自己的 Kubernetes 集群。与普通 Airflow 相比，Astronomer 还提供了额外的工具，可帮助你从图形界面或其定制的 CLI 轻松部署 Airflow 实例。如果你的开发机上部署了 Kubernetes，CLI 还允许你通过本地运行的 Airflow 实例开发，这可以简化 DAG 开发过程。

由于它是基于 Kubernetes 构建的，因此 Astronomer.io 通常可以与你习惯使用的任何基于 Kubernetes 或 Docker 的工作流很好地集成。这使得使用 KubernetesExecutor 和 KubernetesPodOperator 在容器中运行任务变得更加容易。它也支持使用 LocalExecutor 或 CeleryExecutor 的其他部署模式，这将为你运行任务的方式提供很大的灵活性。Astronomer 还支持在集群中通过指定额外的操作系统依赖项或者 Python 依赖项来定制 Airflow 部署。或者，如果你需要更大的灵活性，还可以构建自定义 Airflow 基础映像。

SaaS 解决方案的定价是使用 Astronome 单元(AU)计算的，不同的配置使用不同数量的 AU。有关这些成本的概述参见 Astronomer 网站(https://www.astronomer.io/)。

值得一提的是，Astronomer.io 还聘请了几位 Airflow 项目的主要贡献者。他们为 Airflow 项目作出了巨大贡献，并定期推动对 Airflow 开源版本的重要改进的开发，确保每个人都能从这些新功能中受益。如果你想在 Astronomer 之外的平台尝试部署 Airflow 的话，还可以在网上免费下载能在 Kubernetes 上部署 Airflow 的 Helm chart。

15.3.2 Google Cloud Composer

Google Cloud Composer 是 Airflow 的托管版本，运行在 Google Cloud Platform(GCP)

之上。因此，Cloud Composer 提供了一种简单的、几乎一键式的解决方案，用于将 Airflow 部署到 GCP，并与其他 GCP 服务提供了很好的集成。GCP 还将负责管理底层资源，你只需要为它们使用的资源付费。可以使用 GCP CLI 与 Cloud Composer 交互，也可以在 GCP Web 界面内监控集群的状态。

与 Astronomer.io 解决方案相似的是，Cloud Composer 也基于 Kubernetes 并在 Google Kubernetes Engine(GKE)上运行。Cloud Composer 的一个很好的功能是它与 GCP 中的不同服务(如 Google Cloud Storage、BigQuery 等)可以很好地集成，从而可以轻松地从 DAG 中访问这些不同的服务。Cloud Composer 还提供了很大的灵活性。可以根据需要配置 Kubernetes 集群，以便可以根据特定需求调整部署。与 Astronomer.io 相似的是，可以使用 Web 界面或 GCP CLI 将 Python 依赖项安装到 Airflow 集群中。

除了底层服务(GKE、Google Cloud Storage[1] 等)的成本外，Google Cloud Composer 还包括环境本身的费用(节点数量、数据库存储、网络出口等)。有关这些费用的最新信息参见 GCP 网站(https://cloud.google.com/)。

作为开源软件的坚定支持者，Google 还定期为 Airflow 开源项目作贡献，并针对不同的 Google 服务开发了一套通用的 operator，以便在 Airflow 内部使用它们[2]。

15.3.3 适用于 Apache Airflow 的 Amazon 托管工作流

Amazon Managed Workflows for Apache Airflow (MWAA)是一项 AWS 服务，与 Google 的 Cloud Composer 相似的是，MWAA 支持在 AWS 中轻松创建托管的 Airflow 部署。当使用 MWAA 运行 Airflow 时，该服务将管理底层基础架构，并扩展部署以满足工作流程需求。此外，MWAA 中的 Airflow 部署还提供与 AWS 服务(如 S3、RedShift、Sagemaker)、用于日志记录或告警的 AWS CloudWatch，以及 AWS IAM 的良好集成，以提供 Web 界面的统一登录和对数据的安全访问。

与其他托管解决方案相似的是，MWAA 使用 CeleryExecutor 根据当前工作负载扩展 workers，并管理底层基础设施。可以通过将 DAG 上传到预定义的 S3 存储桶来添加或编辑 DAG，然后将它们部署到 Airflow 环境中。根据需要，可以使用类似的基于 S3 的方法将额外的 Airflow 插件或 Python 依赖包安装到集群中。

MWAA 的定价包括 Airflow 环境本身的基本费用和每个 Airflow worker 实例的额外费用。这两种情况都分为小型、中型、大型计算机配置，可按性能和使用需求进行相应选择。worker 的动态扩展意味着 worker 的使用应该具有成本效益。Airflow metastore 以及 DAG 或数据所需的任何存储都需要额外的(月度)存储成本。有关最新报价及更多详细信息，请参阅 AWS 网站(https://aws.amazon.com/)。

---

1 用来存储 Cloud Composer 所需的 DAG 和日志。

2 请注意，不一定需要通过 Google Composer 来使用这些 operator。只要权限设置正确，它们在 Airflow 中也可以很好地运行。

15.4 选择部署策略

在选择运行 Airflow 工作负载的平台时，我们建议研究不同产品的详细功能及其定价，以确定哪种服务最适合应用场景。通常，利用云端提供的基础设施，通过自行部署的方式来安装并配置 Airflow，且将它们与现有云或本地解决方案相集成往往会得到更大的灵活性。但是自行部署的工作量往往较大，并且需要许多与云计算相关的专业知识，特别是在云端安全和成本控制的相关方面。

使用托管的方案，可以将 Airflow 的基础设施管理、网络安全加固等工作交由云服务商来完成，他们在这些方面更加专业。你只需要专注于构建 Airflow DAG，而不用为创建和维护基础架构而担忧。但是，如果应用场景比较复杂，那么托管环境可能不能满足你所需要的灵活性要求。

在选择部署策略时，一些重要的考虑因素可能包括以下内容。

- 想使用基于 Kubernetes 的工作流吗？如果是这样，Astronomer.io 或 Google Cloud Platform 提供了一种简单的方法。或者，你可以创建自己的 Kubernetes 集群，例如使用来自 Astronomer.io 的 Helm chart。
- 想从 DAG 连接到哪些服务？如果你使用了大量的 GCP 资源，那么使用 Google Cloud Composer 可能会很容易，因为 Composer 和其他 GCP 服务之间的集成非常容易。但是，如果你希望连接到本地服务或其他云中的服务，则在 GCP 中运行 Airflow 可能意义不大。
- 希望如何部署 DAG？Astronomer.io 和 Google Cloud Composer 提供了一种使用 CLI(Astronomer.io)或云存储桶(Cloud Composer)部署 DAG 的简单方法。但是，你可能需要考虑如何将此功能绑定到 CI/CD 管道中，从而实现自动部署新的 DAG 版本。
- 想在 Airflow 部署上花费多少成本？由于底层使用集群，因此基于 Kubernetes 的部署可能很昂贵。其他部署策略(在云中使用其他计算解决方案)或 SaaS 解决方案(如 Astronomer.io)可能是更经济的选择。如果你已经拥有 Kubernetes 集群，可能还需要考虑在自己的 Kubernetes 基础架构上运行 Airflow。
- 对 Airflow 的灵活性有怎样的要求？使用自己部署的 Airflow 可以具有较大的灵活性，但需要的工作量也相应增加。使用托管服务，虽然灵活性较小，但是极大减轻了部署和管理 Airflow 的负担。

如上所述，在选择 Airflow 部署时需要考虑许多因素。虽然我们无法替你做决定，但希望上述信息能够为你选择 Airflow 部署方案提供一些参考。

15.5 本章小结

- Airflow 由几个组件(如 Web 服务器、调度器、metastore、存储)组成，需要将云服务中的组件与上述 Airflow 组件映射。

- 对于不同执行器(如 Local/CeleryExecutors)的 Airflow 部署，需要在部署策略中使用不同的组件。
- 为了与特定于云的服务集成，Airflow 提供了针对云服务的 hook 和 operator，支持与相应的云服务交互。
- 托管的服务(如 Astronomer.io、Google Cloud Composer、Amazon MWAA)可完成许多底层的部署与管理工作，为你提供一键式部署解决方案。
- 选择自行部署还是使用云服务商提供的托管服务，取决于许多因素。使用托管服务的工作量较小，但是灵活性也相对较小，同时成本可能较高。使用自行部署的方式，具有极大的灵活性，但也需要更多的工作量。

第 16 章

在 AWS 中运行 Airflow

本章主要内容
- 使用 ECS、S3、EFS 和 RDS 服务为 AWS 设计 Airflow 部署策略
- 专为 AWS 设计的 hook 和 operator
- 通过示例讲解如何使用针对 AWS 的 hook 和 operator

继第 15 章简要介绍之后,本章将进一步深入探讨如何在 Amazon AWS 中部署 Airflow 并集成云服务。首先,将 Airflow 的不同组件映射到 AWS 服务来设计 Airflow 的部署。然后,探索 Airflow 提供的用于与多个关键 AWS 服务集成的 hook 和 operator。最后,展示如何使用这些针对 AWS 的 hook 和 operator 来实现电影推荐的示例。

16.1 在 AWS 中部署 Airflow

第 15 章介绍了构成 Airflow 部署的不同组件。本节将为 AWS 设计一些部署模式,将它们映射到特定的 AWS 云服务。通过这些介绍,你应该可以了解在 AWS 中部署 Airflow 所需的过程,并为实现这一过程提供一个良好的起点。

16.1.1 选择云服务

从 Airflow Web 服务器和调度器组件开始,运行这些组件的最简单方法之一可能是使用 Fargate,它是 AWS 的容器无服务器计算引擎。Fargate 的主要优势之一(与 ECS[1] 或 EKS[2] 等其他 AWS 服务相比)是它支持在 AWS 中轻松运行容器,而不必担心配置和管理底层计算资源。这意味着可以简单地向 Fargate 提供 Web 服务器和调度器容器任务的定义,Fargate 负责部署、运行和监控这些任务。

---

1 ECS(Elastic Compute Service,弹性计算服务),类似于 Fargate,但需要你自己管理底层机器。
2 EKS(Elastic Kubernetes Service,弹性 Kubernetes 服务),AWS 用于部署和运行 Kubernetes 的托管解决方案。

对于 Airflow metastore，建议考虑 AWS 的托管 RDS 解决方案(如 Amazon RDS[1]，硬件配置、数据库设置、打补丁和备份等耗时的管理任务都由 AWS 负责。Amazon RDS 提供了多种类型的 RDS 引擎可供选择，包括 MySQL、Postgres 和 Aurora(这是 Amazon 的专有数据库引擎)。通常，Airflow 支持所有这些数据库，并将其用作 metastore，具体选择哪个数据库往往由其他因素决定，例如成本或高可用性等因素。

AWS 为共享存储提供了多种选项。为人熟知的就是 S3，它是一个可扩展的对象存储系统。S3 通常非常适合以相对较低的成本存储具有高持久性和可用性的大量数据。因此，它非常适合存储我们在 DAG 中使用的大型数据集或临时文件，例如 Airflow 工作日志(Airflow 可以直接写入 S3)。S3 的一个缺点是它不能作为本地文件系统挂载到 Web 服务器或调度器所在的计算机中，这使得它不太适合存储诸如 DAG 这类的 Airflow 需要本地访问的文件。

相比之下，AWS 的 EFS 存储系统与 NFS 兼容，因此可以直接挂载到 Airflow 容器中，使其适合存储 DAG。然而，EFS 比 S3 价格贵很多，这使得它不太适合存储数据或日志文件。EFS 的另一个缺点是与 S3 相比，将文件上传到 EFS 更困难，因为 AWS 没有提供简单的基于 Web 或 CLI 的界面将文件复制到 EFS。出于这些原因，寻找其他存储选项，例如 S3 或 Git 来存储 DAG，然后使用自动化过程将 DAG 同步到 EFS(本章后部将讲解)可能仍然有意义。

总的来说，这为我们提供了以下设置，如图 16-1 所示。

- Fargate 用于计算组件(Airflow Web 服务器和调度器)
- 适用于 Airflow metastore 的 Amazon RDS(如 Aurora)
- S3 用于日志存储(也可用于数据存储)
- EFS 用于 DAG 存储

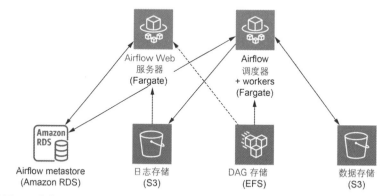

图 16-1 将图 15-1 中的 Airflow 组件映射到 AWS 服务。Fargate 用于计算组件(Web 服务器、调度器和 workers)，因为它提供了一种简单灵活的基于容器的计算服务。托管数据库服务 Amazon RDS 用作 metastore，而 EFS 和 S3 用于存储。箭头表示服务之间的依赖关系

---

[1] Amazon RDS 包括多种数据库类型，例如 PostgreSQL、MySQL 和 Aurora。

16.1.2 设计网络

我们还需要考虑如何连接这些服务，以及管理对 Airflow 的互联网访问。典型的 AWS 网络设置是创建一个包含公共子网和私有子网的 VPC(虚拟私有云)。在这种类型的设置中，VPC 内的私有子网用于不直接暴露给 Internet 的服务，而公有子网用于提供对服务的外部访问和到 Internet 的数据传输。

在 Airflow 部署时，有几个服务需要网络连接。例如，Web 服务器和调度器容器都需要访问 Airflow metastore RDS，以及访问存储在 EFS 上的 DAG。如图 16-2 所示，可以通过将容器、RDS 和 EFS 实例连接到私有子网来实现这种访问，这也将确保这些服务不能直接从 Internet 访问。为了让容器可以访问 S3，还可以在私有子网中放置一个私有 S3 endpoint，这将确保任何 S3 绑定通信都在 VPC 内完成。

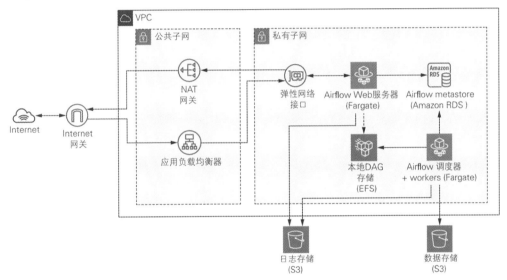

图 16-2 将组件映射到具有公共子网/私有子网的网络布局上。公共子网通过应用负载均衡器提供对 Web 服务器的访问，并结合互联网网关和 NAT 网关，用于路由来自互联网的通信。私有子网确保计算和存储组件可以相互访问，而不会暴露在互联网上。箭头指示信息在服务之间流动的方向

我们还希望 Airflow Web 服务器可被公开访问，以便可以从各自的工作环境访问 Web 服务器。一种典型的方法是将它们置于应用程序负载均衡器(ALB)之后，该应用程序负载均衡器可通过 Internet 网关在公共子网中公开访问。如果配置正确，这个 ALB 将处理任何传入连接，并将它们转发到 Web 服务器容器。为了确保 Web 服务器也可以对我们的请求发回响应，还需要在公共子网中放置一个 NAT 网关。

16.1.3 添加 DAG 同步

如前所述，使用 EFS 存储 DAG 的一个缺点是使用基于 Web 的界面或命令行工具不

太容易访问 EFS。因此，你可能希望设置一个进程，自动从另一个存储后端(如 S3 或 Git 存储库)同步 DAG。

一种解决方案是创建一个 Lambda 函数，负责将 DAG 从 git 或 S3 同步到 EFS，如图 16-3 所示。通过 S3 事件或 Git 的构建管道可以触发此 Lambda，将任何发生变化的 DAG 同步到 EFS，从而使这些新的 DAG 可以被 Airflow 使用。

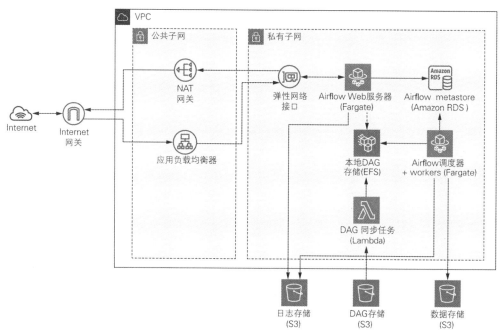

图 16-3　将 DAG 自动同步添加到架构中。这允许在 S3 中存储和编辑 DAG，且通常比 EFS 更容易访问及交互。Lambda 服务负责将新的 DAG 从 S3 自动同步到 EFS

16.1.4　使用 CeleryExecutor 扩展

尽管前面的设置可能足够强大以处理许多工作负载，我们仍然可以通过使用 CeleryExecutor 来提高 Airflow 部署的可扩展性。使用 CeleryExecutor 的主要优点是它允许你在自己的容器实例中运行每个 Airflow worker，从而大大增加了每个 worker 的可用资源。

要使用 CeleryExecutor，必须对设计进行一些更改，如图 16-4 所示。首先，需要为 Airflow worker 设置一个单独的 Fargate 任务池，这些任务在基于 Celery 的不同进程中运行。注意，这些任务还需要访问 Airflow metastore 和日志存储桶才能存储其日志和结果。其次，需要添加一个消息代理，将作业从调度器中继到 worker。虽然可以选择在 Fargate 或类似的服务中托管我们自己的消息代理(如 RabbitMQ 或 Redis)，但使用 AWS 的 SQS 服务更加方便，它提供了一个简单的无服务器消息代理，几乎不需要维护。

当然，使用 CeleryExecutor 的一个缺点是它的设置比 LocalExecutor 稍微复杂一些。另外，额外添加的组件(如额外的 worker 任务)由于需要额外的计算资源，因此会带来额外的成本。

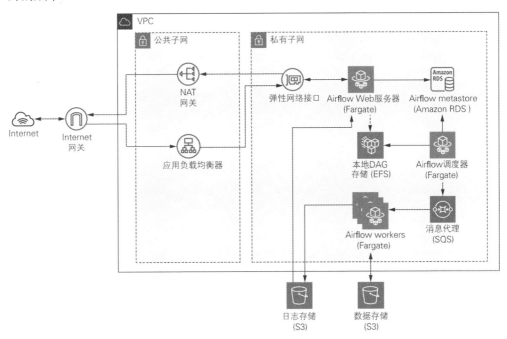

图 16-4　基于 CeleryExecutor 的替代部署。CeleryExecutor 在单独的计算进程中运行 workers，这些进程在 Fargate 上作为单独的容器实例运行。Amazon 的 SQS 服务用作消息代理，在任务被调度后，将任务传递给 workers

16.1.5　后续步骤

虽然已经为 AWS 中的 Airflow 勾勒了一些基本的部署策略，但应该清楚地认识到，这些设置并不应该直接用于生产环境，因为还有许多因素需要考虑。

首先，安全性是生产部署的重要考虑因素。尽管已经通过一些技术手段来保护不同组件免受公共互联网的影响，但仍然需要考虑使用安全组和网络 ACL 进一步限制对组件的访问，使用适当的 IAM[1] 角色和策略来限制对 AWS 资源的访问。在 Airflow 层面上，还应该考虑如何保护 Airflow(使用 Airflow 的 RBAC 机制等)。

我们还希望生产环境具有一个强大的方法来记录、审计和跟踪指标，并在任何部署的服务遇到问题时发出警报。为此，建议使用 AWS 提供的相应服务，包括 CloudTrail 和 CloudWatch。

1　身份和访问管理。

16.2 针对 AWS 的 hook 和 operator

Airflow 提供了大量的内置 hook 和 operator，支持与大量 AWS 服务交互。例如，这可支持协调跨不同服务对数据进行移动和转换，以及部署任何所需资源的进程。有关所有可用 hook 和 operator 的概述，参阅 Amazon/AWS 提供程序包[1]。

由于数量众多，我们不会详细介绍所有针对 AWS 的 hook 和 operator，建议你参考 AWS 文档来获取详细信息。表 16-1 和表 16-2 简要概述了几个 hook 和 operator，以及它们关联的 AWS 服务及其各自的应用程序。16.3 节还将提供其中一些 hook 和 operator 的演示。

表 16-1 针对 AWS 的 hook

服务	描述	hook	用途
Athena	无服务器的大数据查询	AWSAthenaHook	执行查询、轮询查询状态、检索结果
CloudFormation	基础设施资源(栈)管理	AWSCloudFormationHook	创建和删除 CloudFormation 堆栈
EC2	虚拟机	EC2Hook	检索 VM 的详细信息；等待状态变化
Glue	托管的 ETL 服务	AwsGlueJobHook	创建 Glue 作业并检查其状态
Lambda	无服务器函数	AwsLambdaHook	调用 Lambda 函数
S3	简单的存储服务	S3Hook	获取文件列表，上传、下载文件
SageMaker	托管的机器学习服务	SageMakerHook	创建和管理机器学习任务，endpoint 等

表 16-2 针对 AWS 的 operator

operator	服务	描述
AWSAthenaOperator	Athena	在 Athena 上执行查询
CloudFormationCreateStackOperator	CloudFormation	创建 CloudFormation 堆栈
CloudFormationDeleteStackOperator	CloudFormation	删除 CloudFormation 堆栈
S3CopyObjectOperator	S3	在 S3 中复制对象
SageMakerTrainingOperator	SageMaker	创建 SageMaker 训练作业

一个值得特别介绍的 hook 是 AwsBaseHook，它使用 AWS 的 boto3 库为 AWS 服务提供通用接口。要使用 AwsBaseHook，请使用包含适当 AWS 凭证的 Airflow 连接，对其进行实例化：

```
from airflow.providers.amazon.aws.hooks.base_aws import AwsBaseHook
hook = AwsBaseHook("my_aws_conn")
```

---

1 Airflow 2 中，可以使用 apache-airflow-providers-amazon 包安装。Airflow 1.10 中，使用 backport 安装包 apache-airflow-backport-providers-amazon。

可以使用如图 16-5 所示的 Web 用户界面或其他配置方法(如环境变量)在 Airflow 中创建所需的连接。连接需要 2 个详细信息：访问密钥和指向 AWS 中 IAM 用户的 secret[1]。

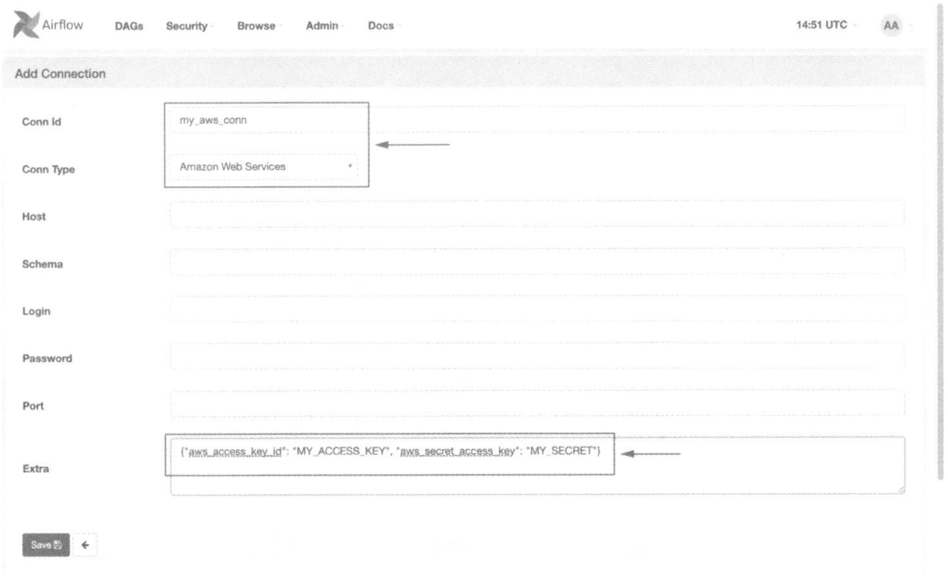

图 16-5　在 Airflow 中为 AWS hook 创建连接。注意，访问密钥和 secret 应使用 JSON 格式写入 extra 文本框，而非登录的用户名和密码字段，这可能与你的想法不同

一旦实例化 hook，就可以使用它调用 get_client_type 方法，为不同的服务创建 boto3 客户端。例如，可以为 AWS Glue 服务创建一个客户端，如下所示：

```
glue_client = hook.get_client_type("glue")
```

有了这个客户端，就可以对 AWS 中的 Glue 服务进行各种操作。有关不同类型的客户端和支持的操作，可以参考 boto3 文档(https://boto3.amazonaws.com/v1/documentation/api/latest/index.html)。为了能够执行这些操作，使用 hook 的 IAM 用户应该在 AWS 中具有适当的权限。因此，请确保使用 IAM 策略为相应的用户分配适当的权限。

16.3 节将展示一个基于 AwsBaseHook 构建自定义 operator 的示例，这个示例将介绍如何将上面介绍的这些内容整合在一起。

16.3　用例：使用 AWS Athena 进行无服务器的电影排名

为了探索如何在 Airflow 中使用特定于 AWS 的一些功能，先了解如下这个示例。

---

[1]　16.3 节将提供如何获取这些详细信息的示例。

16.3.1 用例概要

这个用例将使用 AWS 中的一些无服务器服务(S3、Glue、Athena)来分析前几章中使用过的电影数据。目标是通过平均评分(使用截止该时间点的所有评分)对它们排名，从而找到最受欢迎的电影。使用无服务器服务完成这项任务的优势是不用自己运行和维护任何服务器。这使得整体部署具有更好的经济成本(只在运行时付费)，同时也降低了维护成本。

为了构建这个无服务器的电影排名，需要实现以下几个步骤：
- 首先，从 API 中获取电影评分，并将它们加载到 S3 中，从而可以在 AWS 中使用它们。我们计划按月加载数据，以便可以在新数据到来时计算每个月的评分情况。
- 其次，使用 AWS Glue(一种无服务器的 ETL 服务)来获取 S3 上的评分数据。通过这种方法，Glue 为存储在 S3 中的数据创建了一个表，可以随后查询它来计算电影排名。
- 最后，使用 AWS Athena(一种无服务器的 SQL 查询引擎)对评分表执行 SQL 查询，从而计算电影排名。并将查询结果写入 S3 中，以便可以在下游的应用程序中使用排名信息。

图 16-6 所示的进程提供了一种相对简单的方法来对电影评分排序，它可以轻松扩展到更大的数据集(因为 S3 和 Glue 及 Athena 都是高度可扩展的技术)。此外，无服务器方面意味着在每月获取一次数据的情况下，不需要像以前那样为服务器支付整月的使用费，而只是在每月执行的那一次时间，为程序运行的短暂时间而付费。

图 16-6 在无服务器的电影排名用例中涉及的数据进程概况。箭头表示在 Airflow 中执行的数据转换过程，在图中显示了完成相应转换的 AWS 服务

16.3.2 设置资源

在实施 DAG 之前，先要在 AWS 中创建所需的资源。DAG 需要以下 AWS 资源：
- 用于保存评分数据的 S3 存储桶
- 用于保存评级结果的 S3 存储桶
- 一个 Glue 爬虫，它将根据评分数据创建一个表格
- 允许访问 S3 存储桶并调用 Glue 和 Athena 等服务的 IAM 用户

可以在 AWS 控制台(http://console.aws.amazon.com)中配置这些资源。但是，为了可重复使用，建议使用 infrastructure-as-code 解决方案来定义和管理资源，例如使用

CloudFormation(用于在代码中定义云资源的 AWS 模板解决方案)。对于这个用例，我们提供了一个 CloudFormation 模板，用于在你的账户中创建所有必需的资源。由于篇幅关系，此处不再深入探讨模板的细节，可以通过如下链接获取详细信息：https://github.com/BasPH/datapipelines-with-apache-airflow/blob/master/chapter16/resources/stack.yml。

如果使用我们提供的模板创建所需的资源，请打开 AWS 控制台，转到 CloudFormation 部分，并单击 Create stack 命令，如图 16-7 所示。在页面中，上传我们提供的模板并单击 Next 按钮。在 Stack 详细信息页面上，为堆栈输入一个名称，并为 S3 桶名填写一个唯一的前缀(因为 S3 存储桶的名称在 AWS 账户中需要全局唯一)。再单击几次 Next 按钮，确保在检查页面上选择 "I acknowlege that AWS CloudFormation might creat IAM resources with custom names(我了解 AWS CloudFormation 可能会创建具有自定义名称的 IAM 资源)"。在此之后，CloudFormation 将开始创建资源。

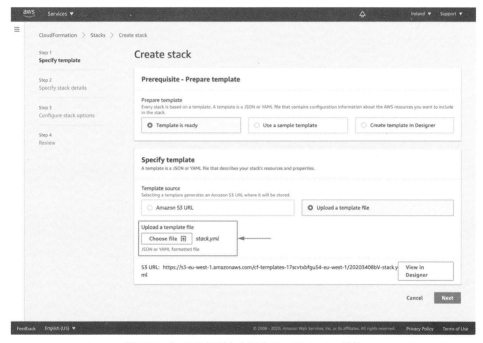

图 16-7　在 AWS 控制台中创建 CloudFormation 堆栈

资源创建完毕后，即可在 CloudFormation 堆栈概述页面中看到如图 16-8 所示的堆栈状态。还可以在 resources 选项卡中查看 CloudFormation 创建了哪些资源，如图 16-9 所示。这应该包括一个 IAM 用户和一组访问策略、两个 S3 存储桶和 Glue 爬虫。请注意，可以通过单击每个资源的物理 ID 链接导航到不同的资源，从而在 AWS 控制台中查看该资源的详细信息。

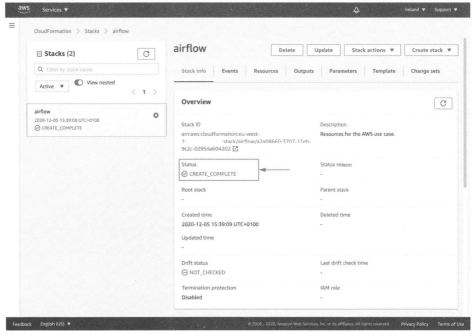

图 16-8 在 AWS 控制台中创建的 CloudFormation Stack 概况。此页面显示堆栈的总体状态，并在需要时提供用于更新或删除堆栈的控件

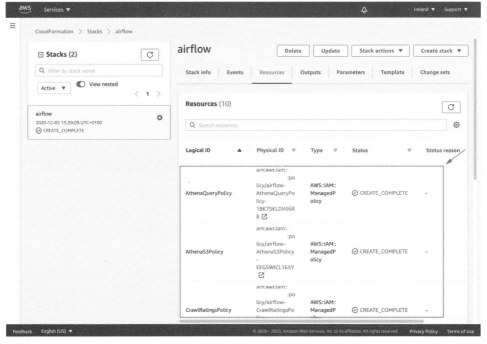

图 16-9 CloudFormation 堆栈创建的资源概况。可以使用这个视图导航到由堆栈创建的不同具体资源

如果在创建堆栈期间出现了错误，可以尝试使用 Events 选项卡提供的内容来查找问题原因。例如，存储桶名称是否与已经存在的存储桶冲突(因为它们必须是全局唯一的)。

创建完所需的资源后，还要做一件事。为了能够在 DAG 中使用刚才用于创建堆栈的 IAM 用户，需要为该用户创建一个可以与 Airflow 共享的访问密钥和 secret。要创建这个访问密钥和 secret，请向下滚动页面，直到找到由堆栈创建的 AWS:IAM:USER 资源，然后单击其物理 ID 链接。这将会跳转到 AWS 的 IAM 控制台中的用户概况。接下来，导航到 Security credentials 选项卡并单击 Create access key 按钮，如图 16-10 所示。记下生成的访问密钥和 secret，并确保它们安全，因为稍后将在 Airflow 中使用它。

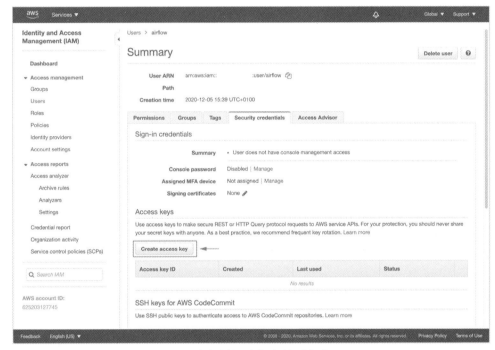

图 16-10　为生成的用户创建访问密钥和 secret

16.3.3　创建 DAG

现在已拥有所有必需的资源，接下来使用合适的 hook 和 operator 实现 DAG。第一步，使用一个 operator 从电影评级 API 获取数据，并将它们上传到 S3。尽管 Airflow 提供了许多内置的 S3 operator，但它们都不允许从 API 中获取评分数据并将它们直接上传到 S3。幸运的是，还可以结合 PythonOperator 和 S3Hook 来实现这一步。通过将它们结合在一起，将允许我们使用自己的 Python 函数获取评分数据，然后将结果上传到 S3，如代码清单 16-1 所示。

代码清单 16-1　使用 S3Hook 上传评分数据(源码见 dags/01_aws_usecase.py)

```
from airflow.operators.python import PythonOperator
```

```python
from airflow.providers.amazon.aws.hooks.s3 import S3Hook

from custom.hooks import MovielensHook

def _fetch_ratings(api_conn_id, s3_conn_id, s3_bucket, **context):
    year = context["execution_date"].year
    month = context["execution_date"].month

    logging.info(f"Fetching ratings for {year}/{month:02d}")
    api_hook = MovielensHook(conn_id=api_conn_id)
    ratings = pd.DataFrame.from_records(
        api_hook.get_ratings_for_month(year=year, month=month),
        columns=["userId", "movieId", "rating", "timestamp"],
    )                                                          # ← 使用第 8 章中的 MovielensHook
                                                               #   从 API 获取评分数据(hook 代码
    logging.info(f"Fetched {ratings.shape[0]} rows")           #   为 dags/custom/hooks.py)
# ← 将评分数据写入临时目录
    with tempfile.TemporaryDirectory() as tmp_dir:
        tmp_path = path.join(tmp_dir, "ratings.csv")
        ratings.to_csv(tmp_path, index=False)

        logging.info(f"Writing results to ratings/{year}/{month:02d}.csv")
        s3_hook = S3Hook(s3_conn_id)
        s3_hook.load_file(
            tmp_path,                              # ← 将评分数据通过 S3Hook
            key=f"ratings/{year}/{month:02d}.csv", #   写入 S3
            bucket_name=s3_bucket,
            replace=True,
        )

fetch_ratings = PythonOperator(
    task_id="fetch_ratings",
    python_callable=_fetch_ratings,
    op_kwargs={
        "api_conn_id": "movielens",
        "s3_conn_id": "my_aws_conn",
        "s3_bucket": "my_ratings_bucket",
    },
)
```

注意，S3Hook 需要一个连接 ID，用于指定使用哪个连接(即，使用哪个凭证)来连接 S3。因此，需要确保已为 Airflow 配置了所需的连接，该连接具有访问密钥和 secret，供具有足够权限的用户使用。幸运的是，16.3.2 节已创建了一个这样的用户(使用 CloudFormation 堆栈)，现在可以使用凭证来创建 Airflow 连接，如图 16-5 所示。创建连接后，请确保 PythonOperator 的 op_kwargs 参数已使用正确的名称和 S3 存储桶名称。

第二步，需要一个能够连接到 AWS 以触发 Glue 爬虫(也是由 CloudFormation 堆栈创建的)的 operator。遗憾的是，Airflow 没有为这个操作提供 operator，这意味着必须自行构建。但是，可以使用内置的 AwsBaseHook 作为 operator 的基础，这样一来，便可以使用 boto3 轻松访问不同的 AWS 服务。

通过 AwsBaseHook 可以创建自己的 operator[1](GlueTriggerCrawlerOperator)。它通过 AwsBaseHook 检索 Glue 客户端，可以使用它调用 Glue 客户端的 start_crawler 方法，从而启动爬虫。在检查爬虫是否启动成功后，可以使用客户端的 get_crawler 方法检查爬虫的状态，该方法将返回爬虫的状态。一旦爬虫达到就绪状态，就可以确定它已经完成运行[2]，这意味着可以继续执行其他下游任务。这个 operator 的实现，可以参考代码清单 16-2。

代码清单 16-2　用于触发 Glue 爬虫的 operator(源码见 dags/custom/operators.py)

```python
import time
from airflow.models import BaseOperator
from airflow.providers.amazon.aws.hooks.base_aws import AwsBaseHook
from airflow.utils.decorators import apply_defaults

class GlueTriggerCrawlerOperator(BaseOperator):
    """
    Operator that triggers a crawler run in AWS Glue.

    Parameters
    ----------
    aws_conn_id
        Connection to use for connecting to AWS. Should have the appropriate
        permissions (Glue:StartCrawler and Glue:GetCrawler) in AWS.
    crawler_name
        Name of the crawler to trigger.
    region_name
        Name of the AWS region in which the crawler is located.
    kwargs
        Any kwargs are passed to the BaseOperator.
    """
    @apply_defaults
    def __init__(
        self,
        aws_conn_id: str,
        crawler_name: str,
        region_name: str = None,
        **kwargs
    ):
        super().__init__(**kwargs)
        self._aws_conn_id = aws_conn_id
        self._crawler_name = crawler_name
        self._region_name = region_name

    def execute(self, context):
        hook = AwsBaseHook(
            self._aws_conn_id, client_type="glue",
            region_name=self._region_name
        )
        glue_client = hook.get_conn()
```

创建 AwsBaseHook 实例并检索 AWS Glue 的客户端

1　有关创建自定义 operator 的详细信息，参阅第 8 章。
2　通过添加对异常响应、异常状态的检查等，可以让该示例更加完善。

```
                self.log.info("Triggering crawler")
                response = glue_client.start_crawler(Name=self._crawler_name)  ◄── 使用 Glue 客户端
                if response["ResponseMetadata"]["HTTPStatusCode"] != 200:         启动爬虫
    ┌──────►        raise RuntimeError(
    │                   "An error occurred while triggering the crawler: %r" % response
    │               )
检查爬虫是否启动成功

                self.log.info("Waiting for crawler to finish")
    ┌──────►    while True:
    │               time.sleep(1)
    │               crawler = glue_client.get_crawler(Name=self._crawler_name)
持续检查爬            crawler_state = crawler["Crawler"]["State"]
虫状态
                    if crawler_state == "READY":  ◄──── 一旦爬虫完成运行(由 READY
                        self.log.info("Crawler finished running")   状态指示)就停止循环
                        break
```

可以通过如代码清单 16-3 所示的方式使用 GlueTriggerCrawlerOperator。

代码清单 16-3　使用 GlueTriggerCrawlerOperator(源码见 dags/01_aws_usecase.py)

```
from custom.operators import GlueTriggerCrawlerOperator

trigger_crawler = GlueTriggerCrawlerOperator(
    aws_conn_id="my_aws_conn",
    task_id="trigger_crawler",
    crawler_name="ratings-crawler",
)
```

最后，第三步需要一个允许在 Athena 中执行查询的 operator。幸运的是，Airflow 提供了相关的 operator：AwsAthenaOperator。这个 operator 需要许多参数：与 Athena 的连接、数据库(应该由 Glue 爬虫创建)、执行查询以及 S3 中用于将查询结果写入的输出位置。具体实现如代码清单 16-4 所示。

代码清单 16-4　使用 AWSAthenaOperator 对电影进行排名(源码见 dags/01_aws_usecase.py)

```
from airflow.providers.amazon.aws.operators.athena import AWSAthenaOperator

rank_movies = AWSAthenaOperator(
    task_id="rank_movies",
    aws_conn_id="my_aws_conn",
    database="airflow",                                  为每个评分条目获取影片 ID、
    query="""                                            评分值和日期
        SELECT movieid, AVG(rating) as avg_rating, COUNT(*) as num_ratings  ◄──
        FROM (
            SELECT movieid, rating,
                CAST(from_unixtime(timestamp) AS DATE) AS date
```

```
            FROM ratings
        )
        WHERE date <= DATE('{{ ds }}')    ← 获取截止执行日期的所
        GROUP BY movieid                     有评分数据
        ORDER BY avg_rating DESC
    """,                                  ← 按电影 ID 分组,从而计算
    output_location=f"s3://my_rankings_bucket/{{ds}}",    每部电影的平均评分
)
```

现在已经创建了所有必要的任务,接下来可以开始将整个 DAG 中的所有内容联系在一起,如代码清单 16-5 所示。

代码清单 16-5　构建整个电影推荐 DAG(源码见 dags/01_aws_usecase.py)

```
import datetime as dt
import logging
import os
from os import path
import tempfile

import pandas as pd

from airflow import DAG
from airflow.providers.amazon.aws.hooks.s3 import S3Hook
from airflow.providers.amazon.aws.operators.athena import AWSAthenaOperator
from airflow.operators.dummy import DummyOperator
from airflow.operators.python import PythonOperator

from custom.operators import GlueTriggerCrawlerOperator
from custom.ratings import fetch_ratings

with DAG(
    dag_id="01_aws_usecase",
    description="DAG demonstrating some AWS-specific hooks and operators.",
 ►  start_date=dt.datetime(year=2019, month=1, day=1),
    end_date=dt.datetime(year=2019, month=3, day=1),
    schedule_interval="@monthly",
    default_args={
        "depends_on_past": True,    ←  使用 depends_on_past 避免在加载过去的数
    }                                   据之前执行查询(这会产生不完整的结果)
) as dag:
    fetch_ratings = PythonOperator(...)
    trigger_crawler = GlueTriggerCrawlerOperator(...)
    rank_movies = AWSAthenaOperator(...)
    fetch_ratings >> trigger_crawler >> rank_movies
```
设定与评分数据集匹配的
开始和结束日期

一切就绪后,便可以在 Airflow 中运行 DAG,如图 16-11 所示。如果一切配置正确,DAG 将可以顺利运行,Athena 的一些 CSV 输出将在评分输出存储桶中显示,如图 16-12 所示。如果遇到问题,请检查 AWS 资源设置是否正确,并检查访问密钥和 secret 配置是否正确。

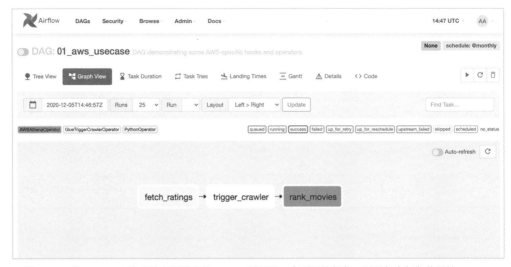

图 16-11　在 Airflow 中生成的电影排名的 DAG，展示了 3 个不同的任务，以及每个任务使用的 operator

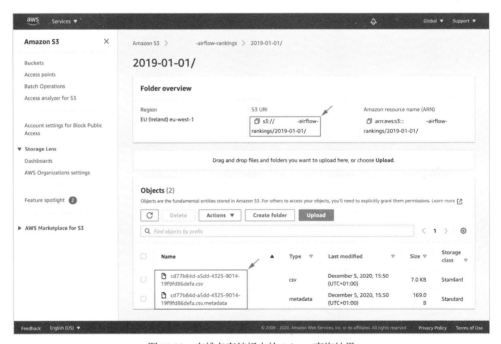

图 16-12　在排名存储桶中的 Athena 查询结果

16.3.4　环境清理

完成此示例后，请清理 AWS 中创建的所有资源，以避免产生任何不必要的成本。如果你使用我们的 CloudFormation 模板创建资源，则可以通过删除堆栈来删除大部分资源。注意，即使使用模板，某些资源(如 S3 存储桶)也必须手动删除，因为 CloudFormation 不支持自动删除非空的存储桶。请确保所有创建的资源已成功删除，特别注意检查那些可能通过手动方式创建的资源。

16.4 本章小结

- 可在 AWS 中部署 Airflow，将 ECS、Fargate 等服务用于运行调度器和 Web 服务器进程，将 EFS 和 S3 用于存储，并将 Amazon RDS 用于 Airflow metastore。
- Airflow 提供了许多 AWS 特定的 hook 和 operator，它们支持将不同的服务与 AWS 云平台集成在一起。
- AwsBaseHook 类使用 boto3 库提供对 AWS 中所有服务的底层访问，支持实现个人的高级 hook 和 operator。
- 使用 AWS 特有的 hook 和 operator，一般需要在 AWS 和 Airflow 中配置所需的资源和访问权限，这样才能让 Airflow 执行所需的操作。

第 17 章

在 Azure 中使用 Airflow

本章主要内容
- 为 Azure 设计部署策略
- 应用于 Azure 的 hook 和 operator
- 演示如何使用针对 Azure 设计的 hook 和 operator

本章将深入探讨如何在 Microsoft Azure 云中部署 Airflow 并与 Azure 云服务集成。首先，通过将 Airflow 的不同组件映射到 Azure 服务来开始设计 Airflow 部署。然后我们将探索 Airflow 提供的一些用于与几个关键 Azure 服务集成的 hook 和 operator。最后，我们将展示如何使用这些特定于 Azure 的 hook 和 operator 来实现电影推荐的示例。

17.1 在 Azure 中部署 Airflow

在第 15 章中，我们描述了组成 Airflow 部署的不同组件。在本节中，我们将它们映射到特定的 Azure 云服务来为 Azure 设计一些部署模式。这会让你对如何在 Azure 中部署 Airflow 的步骤有所了解，并为实现这一过程提供一个良好的起点。

17.1.1 选择服务

让我们从 Airflow Web 服务器和调度器组件开始。运行这些组件的最简单方法就是使用 Azure 的托管容器服务，例如 Azure 容器实例(ACI)或 Azure Kubernetes 服务(AKS)。但是，对于 Web 服务器，我们还有另一个选择：使用 Azure 应用服务(Azure App Service)。

Azure App Service 是一个完全托管的平台，用于构建、部署和扩展 Web 应用程序。在实践中，它提供了一种将 Web 服务部署到托管平台的便捷方法，该平台包括身份验证和监控等功能。重要的是，App Service 支持在容器中部署应用程序，这意味着可以使用它部署 Airflow Web 服务器，并允许它为我们处理身份验证。当然，调度器不需要应用服务提供的任何与 Web 相关的功能。因此，可以将调度器部署在 ACI 上，它提供了一个更基本的容器运行时环境。

对于 Airflow metastore，可以使用 Azure 的托管数据库服务(例如 Azure SQL 数据库)。该服务为我们提供了托管的 SQL Server 数据库解决方案，从而减轻我们的数据库维护负担。

Azure 提供了许多不同的存储解决方案，包括 Azure 文件存储、Azure Blob 存储和 Azure Data Lake Storage。Azure 文件存储是托管 DAG 的最方便的解决方案，因为文件存储卷可以直接挂载在应用服务和 ACI 中运行的容器上。此外，使用 Azure 存储资源管理器，可以轻松访问文件存储，从而可以简化添加或更新 DAG 的操作。对于数据存储，可以使用 Azure Blob 或 Data Lake Storage，因为它们比文件存储更适合数据工作负载。

如图 17-1 所示，Azure 为我们提供了如下设置：
- 运行 Airflow Web 服务器的 App Service
- 运行 Airflow 调度器的 ACI
- 运行 Airflow metastore 的 Azure SQL 数据库
- 用于存储 DAG 的 Azure 文件存储
- 用于存储数据和日志的 Azure Blob 存储

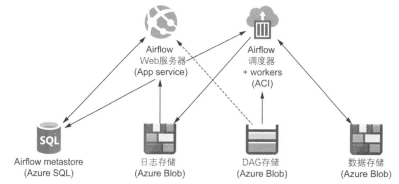

图 17-1 将图 15-1 中的 Airflow 组件映射到 Azure 服务。App Service 和 ACI 用于计算组件(分别为 Web 服务器、调度器和 worker 提供服务)，因为它们提供了方便的基于容器的计算服务。将 App Service 用于 Web 服务器，因为它为 Web 服务器提供了额外的访问验证等功能。将托管的 Azure SQL 数据库用作 metastore。将 Azure 文件存储和 Azure Blob 存储服务用于存储 DAG、日志和数据。图中箭头表示服务之间的依赖关系

17.1.2 设计网络

现在已经为每个组件选择了服务，可以开始设计它们之间的网络连接。在这种情况下，我们希望将 Airflow Web 服务器公开到互联网，以便可以远程访问它。但是，我们希望将其他组件(例如 Airflow metastore 和 Airflow 调度器)保留在专用网络中，以避免将它们暴露在网上。

幸运的是，Azure App Service 可以轻松地将 Web 服务器作为 Web 应用程序提供给使用者，这正是它的设计目的。因此，可以将 App Service 用于 Web 服务器，并将其连接到互联网。我们还可以利用 App Service 的内置功能，在 Web 服务器前面添加防火墙或者认

证层(可以与 Azure AD 等集成)，防止未经授权的用户访问 Web 服务器。

对于调度器和 metastore，可以创建一个带有私有子网的虚拟网络(vnet)，并将这些需要保护的组件放在私有网络中(如图 17-2 所示)。这将为我们提供 metastore 和调度器之间的连接。要允许 Web 服务器访问 metastore，需要为 App Service 启用 vnet 集成。

Azure 文件存储和 Azure Blob 存储都可以与 App Service 和 ACI 集成。默认情况下，这两种存储服务都可以通过互联网访问，这意味着它们不需要集成到我们的 vnet 中。但是，我们还建议使用私有端点将存储账户连接到你的私有资源，通过私有网络传输，从而提高安全性，降低被攻击的风险。

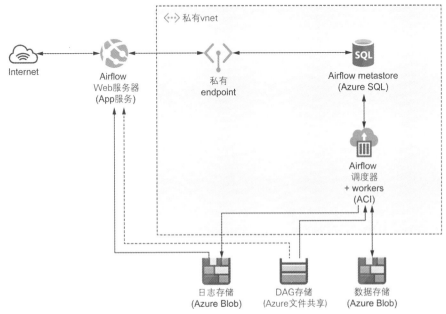

图 17-2　将 Airflow 组件映射到具有私有虚拟网络(vnet)的网络布局上。私有 vnet 将我们的内部资源(例如，metastore 和调度器)与公共互联网隔离，保护它们免受外部访问。Web 服务器通过 Azure App 服务公开到互联网，以便可以远程访问。将私有 endpoint 与 vnet 集成，以便 Web 服务器可以访问 metastore。图中箭头指示数据在服务之间流动的方向。此处的存储服务未隔离到 vnet，但可以根据需要隔离[1]

17.1.3　使用 CeleryExecutor 扩展

与 AWS 解决方案类似，可以通过从 LocalExecutor 切换到 CeleryExecutor 来提高 Azure 部署的可扩展性。在 Azure 中，切换 executor 还需要创建一个可供 CeleryExecutor 使用的 Airflow worker 池。由于我们已经在 ACI 中运行调度器，因此可以使用相同的方法在 ACI 中通过容器运行 Airflow worker 池，如图 17-3 所示。

1　可以使用私有 endpoint 和防火墙规则的组合，将存储服务的访问限制在 vnet 中，从而提供更高的安全性。

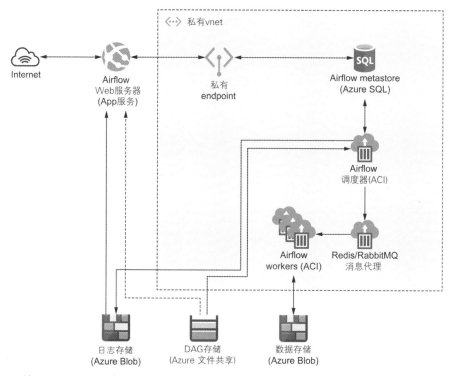

图 17-3　基于 CeleryExecutor 的可选部署。CeleryExecutor 在独立的计算进程中运行 worker，这些计算进程在 ACI 上作为独立的容器实例运行。此外，在 ACI 中运行一个 Redis 或 RabbitMQ 实例，作为消息代理，在任务被调度后将任务传递给 worker

接下来，我们还需要实现一个消息代理，用于在调度器和 worker 之间进行作业中继。遗憾的是，目前 Azure 中暂时没有托管解决方案来实现这个消息代理。因此，最简单的方法是在 ACI 中运行一个开源服务，它可以充当 Airflow 的消息代理。可以使用 RabbitMQ 和 Redis 等开源工具。

17.1.4　后续步骤

上面的内容介绍了如何在 Azure 中部署 Airflow 的一些基本策略，但我们应该知道，上面的内容并不能直接用于生产环境。与 AWS 设计类似，在任何生产环境中，仍需要采取额外步骤，例如设置适当的防火墙和访问控制。在 Airflow 层面，你还应该考虑如何保护 Airflow(例如，使用 Airflow 的 RBAC 机制等)。

我们还希望在生产环境中提供一个强大的方法来记录、审计、跟踪指标，并在任何部署的服务遇到问题时发出告警。为此，我们建议使用 Azure 提供的相应服务，包括 Azure Log Analytics、App Insights 等。

17.2 针对 Azure 设计的 hook 和 operator

在撰写本书时，在 Airflow 内置的 hook 和 operator 中只有少数是针对 Azure 云服务而开发的。这可能是 Airflow 社区中使用 Azure 相对较少造成的。但是，通过 Azure Python SDK 实现自己的内容应该非常简单。此外，可以使用更通用的接口(例如 ODBC，我们将在稍后示例中看到)访问多个服务，这意味着 Airflow 仍然可以与 Azure 云服务很好地交互。

Airflow 的特定于 Azure 的 hook 和 operator(见表 17-1 和表 17-2)由 Microsoft/Azure 程序包提供[1]。其中某些 hook 和 operator 可用于与 Azure 的不同存储服务交互(例如，Blob、文件共享和 Data Lake Storage)，也可以与专用数据库(例如 Cosmos DB)和容器运行时环境(例如 Azure 容器服务)交互。

表 17-1 Azure 专用的 hook

服务	描述	hook	应用场景
Azure Blob Storage	Blob 存储服务	WasbHook[a]	上传、下载文件
Azure Container Instances	用于运行容器的托管服务	AzureContainerInstanceHook	运行和监控容器化作业
Azure Cosmos DB	多模数据库服务	AzureCosmosDBHook	插入和检索数据库文档
Azure Data Lake Storage	用于大数据分析的数据湖存储	AzureDataLakeHook	从 Azure Data Lake Storage 上传、下载文件
Azure File Storage	NFS 兼容的文件存储服务	AzureFileShareHook	上传、下载文件

a Windows Azure Storage Blob

表 17-2 Azure 专用的 operator

operator	服务	描述
AzureDataLakeStorageListOperator	Azure Data Lake Storage	列出指定文件路径下的文件
AzureContainerInstancesOperator	Azure Container Instances	运行容器化任务
AzureCosmosInsertDocumentOperator	Azure Cosmos DB	将文档插入数据库实例
WasbDeleteBlobOperator	Azure Blob Storage	删除指定的 blob

17.3 示例：在 Azure 上运行无服务器的电影推荐程序

为了熟悉在 Airflow 中使用某些 Azure 服务，我们将使用几个无服务器服务(与 AWS 中提供的无服务器服务类似，但现在使用 Azure)实现一个小型电影推荐器。在这个用例中，我们有兴趣通过根据用户平均评分对它们排名来识别流行电影。通过使用无服务器技术来完成这项任务，我们希望让设置相对简单，且具有成本效益，并且将所有服务器维护的工作都交给 Azure 处理。

---

1 在 Airflow 2 中可以通过 apache-airflow-providers-microsoft-azure 程序包安装，在 Airflow 1.10 中可以通过 backport 程序包 apache-airflow-backport-providers-microsoft-azure 来安装。

17.3.1 示例概要

尽管在 Azure 中可能有许多不同的方法用来执行这种分析，但我们将重点介绍使用 Azure Synapse 执行我们的电影排名，因为通过它可以执行按需的无服务器 SQL 查询。这意味着我们只需要为 Azure Synapse 运行查询时付费，而不用维护任何计算资源，并且拥有更低的运行成本。

要通过 Synapse 实现我们的用例，需要执行以下步骤：

(1) 从我们的评分 API 中获取指定月份的评分数据，然后将这些数据上传到 Azure Blob 存储，以便进一步分析。

(2) 使用 Azure Synapse 执行对电影评分数据排名的 SQL 查询。生成排名电影列表，并将结果写回 Azure Blob 存储以供下游程序分析使用。

具体的数据处理过程如图 17-4 所示，很多读者会发现，与使用 Glue 和 Athena 的 AWS 示例相比，我们少了一步。这是因为在 Azure 中执行查询时，可以直接读取 blob 上存储的文件，而不用像 AWS 一样先生成外部表，然后再查询。

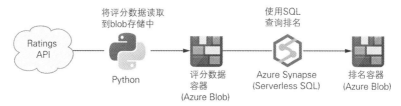

图 17-4　无服务器电影排名用例中涉及的数据过程概述。箭头表示在 Airflow 中数据流动的方向，并使用 Azure 服务与 Airflow 的组件映射

17.3.2 设定资源

在构建 DAG 之前，首先需要创建所需的资源。我们将在 Azure 门户(https://portal.azure.com)中执行此操作，在你订阅 Azure 相关服务之后，就可以访问该门户。

如图 17-5 所示，在门户中，将首先创建一个资源组，它是我们这个用例的虚拟资源容器。在这里，我们将资源组命名为"airflow-azure"，但也可以将它命名为任何你喜欢的名字。

设置好资源组后，就可以开始创建 Azure Synapse 工作区，目前在 Azure 门户中称为 "Azure Synapse Analytics"(工作区预览)。要创建 Synapse 工作区，请在门户中打开服务页面，然后单击 Create Synapse workspace。如图 17-6 所示，在创建向导的第一页，选择之前创建的资源组，并输入 Synapse 工作区的名称。在存储选项下，确保创建一个新的存储账户和文件系统。

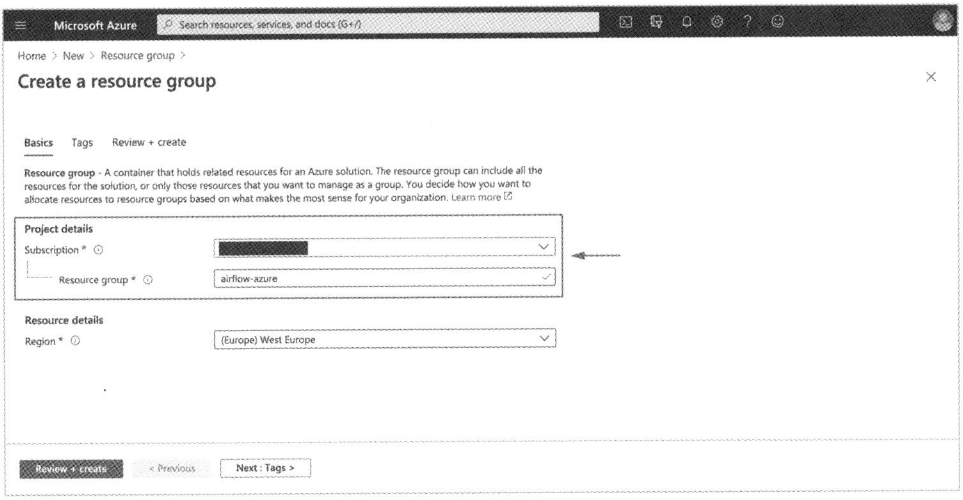

第 17 章　在 Azure 中使用 Airflow

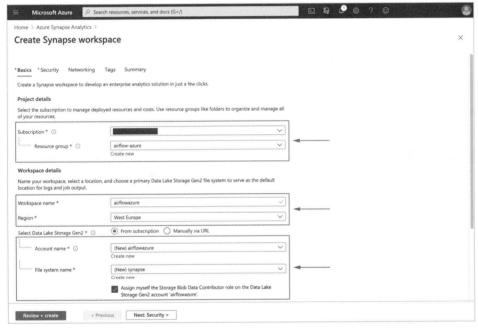

图 17-5　创建 Azure 资源组来保存我们的资源

图 17-6　用于创建 Synapse 工作区向导的第一页。确保为你的工作区指定正确的资源组和名称。要设置存储，请在存储下的账户和文件系统选项单击 Create 按钮，然后输入存储账户和文件系统的名称

在创建向导的下一页，如图 17-7 所示，为 SQL 管理员账户指定用户名和密码。你可以根据自己的喜好设置这些信息，但请将它们保存在安全的位置，因为稍后我们在创建 DAG 时需要使用这些信息。

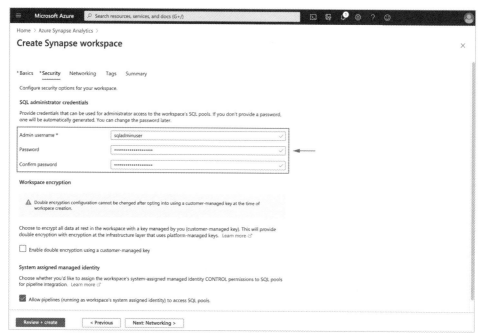

图 17-7　为 Synapse 工作区指定安全选项

在如图 17-8 所示的第三页，还可以通过取消选择"Allow connections from all IP addresses"来限制网络访问。但如果你取消选择此选项，请将你的个人 IP 放在防火墙的白名单中。单击 Review + create 按钮开始创建工作区。

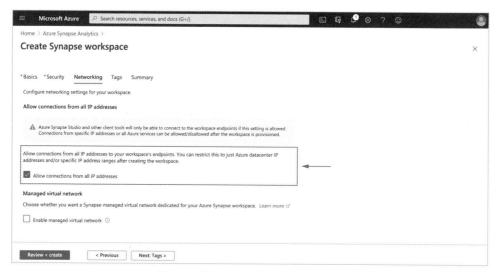

图 17-8　为 Synapse 工作区指定网络选项

现在我们已经有了 Synapse 工作区和相应的存储账户，可以开始创建容器(一种子文件夹)，将我们的评分数据和排名数据保存在 blob 存储中。为此，请打开存储账户(可以在你的资源组中找到它),来到 Overview 页面并单击 Containers。在 Containers 页面(如图 17-9 所示),通过单击+Container,并输入相应的容器名称,创建两个新容器,ratings 和 rankings。

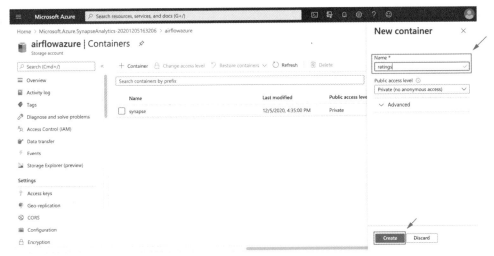

图 17-9　创建用于在存储账户中保存评分数据和排名数据的 blob 容器

最后,为了确保可以从 Airflow 访问我们的存储账户,需要获取访问密钥和 secret。要获取这些凭证,请单击左侧面板中的访问密钥(如图 17-10 所示)。记下存储账户名称和两个 key 中的一个,我们将在创建 DAG 时将其作为连接详细信息传递给 Airflow。

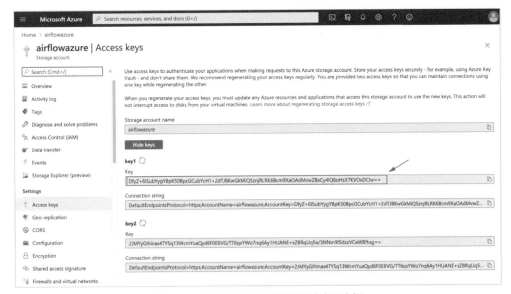

图 17-10　获取访问 blob 存储的账户名和密钥

17.3.3 创建DAG

现在我们拥有了所有必需的资源,可以开始创建 DAG。对于之前提到的两个步骤中的第一步,需要实现一个从评分 API 获取数据,并将其上传到 Azure Blob 存储的操作。实现这一点的最简单方法是将 PythonOperator 与 Microsoft/Azure 程序包中的 WasbHook 相结合。这种组合允许我们使用自己的函数获取评分数据,然后使用 hook 将结果上传到 Azure Blob 存储(见代码清单 17-1)。

代码清单 17-1 通过 WasbHook 上传评分数据(源码请见 dags/01_azure_usecase.py)

```python
import logging
from os import path
import tempfile

from airflow.operators.python import PythonOperator
from airflow.providers.microsoft.azure.hooks.wasb import WasbHook

from custom.hooks import MovielensHook

def _fetch_ratings(api_conn_id, wasb_conn_id, container, **context):
    year = context["execution_date"].year
    month = context["execution_date"].month
    logging.info(f"Fetching ratings for {year}/{month:02d}")
    api_hook = MovielensHook(conn_id=api_conn_id)
    ratings = pd.DataFrame.from_records(
        api_hook.get_ratings_for_month(year=year, month=month),
        columns=["userId", "movieId", "rating", "timestamp"],
    )
    logging.info(f"Fetched {ratings.shape[0]} rows")

    with tempfile.TemporaryDirectory() as tmp_dir:
        tmp_path = path.join(tmp_dir, "ratings.csv")
        ratings.to_csv(tmp_path, index=False)

        logging.info(f"Writing results to "
            f"{container}/{year}/{month:02d}.csv")
        hook = WasbHook(wasb_conn_id)
        hook.load_file(
            tmp_path,
            container_name=container,
            blob_name=f"{year}/{month:02d}.csv",
        )

fetch_ratings = PythonOperator(
    task_id="upload_ratings",
    python_callable=_upload_ratings,
    op_kwargs={
        "wasb_conn_id": "my_wasb_conn",
        "container": "ratings"
    },
)
```

使用第 8 章中的 MovielensHook 从 API 获取评分数据(hook 的代码为 dags/custom/hooks.py)

将评级数据写入临时目录

使用 WasbHook 将临时目录中的评分数据上传到 Azure Blob

WasbHook 需要一个连接 ID，通过这个 ID 连接到存储账户。可以使用上一节中获得的凭证在 Airflow 中创建此连接，使用账户名作为登录名，使用账户密钥作为密码(如图 17-11 所示)。代码非常简单：获取评分数据，将它们写入一个临时文件，然后使用 WasbHook 将临时文件上传到 ratings 容器。

接下来，需要一个可以连接到 Azure Synapse 的 operator，执行生成排名的查询，并将结果写入存储账户中的 rankings 容器。尽管没有 Airflow hook 或 operator 提供这种功能，但可以使用 OdbcHook(来自 ODBC 提供程序包 [1])通过 "ODBC 连接" 连接到 Synapse。然后，通过这个 hook 允许我们执行查询并检索结果，之后使用 WasbHook 将其写入 Azure Blob 存储中。

实际排名将由代码清单 17-2 中的 Synapse SQL 查询执行。

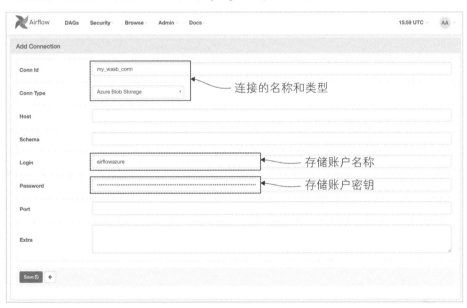

图 17-11　使用从 Azure 门户获取的存储账户名称和密钥为 Azure Blob 存储账户创建 Airflow 连接

代码清单 17-2　用于电影排名的 Synapse SQL 查询(源码请见 dags/01_azure_usecase.py)

```
RANK_QUERY = """
    SELECT movieId, AVG(rating) as avg_rating, COUNT(*) as num_ratings
    FROM OPENROWSET(
        BULK
            'https://{blob_account_name}.blob.core.windows.net/
            ↳ {blob_container}/*/*.csv',
        FORMAT = 'CSV',
        PARSER_VERSION = '2.0',
```

检索每条评分记录的电影ID、评分值和日期

告诉 Synapse 在 blob 存储账户中查找 CSV 数据集

---

[1] 在 Airflow 2 中，通过 apache-airflow-providers-odbc 软件包进行安装；在 Airflow 1.10 中，使用 backport 软件包 apache-airflow-backport-providers-odbc 进行安装。

```
            HEADER_ROW = TRUE,
            FIELDTERMINATOR =',',
            ROWTERMINATOR = '\n',
        )
        WITH (                              ← 定义读取CSV数据
            [userId] bigint,                   时要使用的schema
            [movieId] bigint,
            [rating] float,
            [timestamp] bigint          ← 根据分区文件名选择截止执行
        ) AS [r]                              日期的所有评分数据
        WHERE (
            (r.filepath(1) < '{year}') OR
            (r.filepath(1) = '{year}' AND r.filepath(2) <= '{month:02d}')
        )
        GROUP BY movieId              ← 按电影ID分组,从而计算每部
        ORDER BY avg_rating DESC         电影的平均评分
"""
```

在此 SQL 查询中,OPENROWSET 语句告诉 Synapse 从我们的存储账户(由 URL 引用)加载所需的数据集,并且数据文件采用 CSV 文件格式。在 OPENROWSET 之后,WITH 语句告诉 Synapse 从外部数据集读取数据所需的模式,以便可以确保数据字段具有正确的数据类型。最后,WHERE 语句用来分解文件路径,确保我们只读取当前月份的数据,而语句的其余部分使用 SELECT AVG、GROUP BY 和 ORDER BY 执行实际排名。

注意: 在这种情况下,Synapse 可以访问存储账户,因为我们将文件放在与 Synapse 工作区耦合的存储账户中。如果你要将文件放在另一个存储账户中(不直接耦合到工作区),则需要确保授予 Synapse 工作区对相应账户的访问权限,或者使用适当的访问凭证,在工作区中将其注册为外部数据存储。

可以使用以下函数执行此查询,该函数使用 OdbcHook 执行查询[1],并将结果中的行转换为 Pandas data frame,然后使用 WasbHook 将 data frame 的内容上传到 blob 存储(见代码清单 17-3)。

代码清单 17-3 使用 ODBC 执行 Synapse 查询(源码请见 dags/01_azure_usecase.py)

```
def _rank_movies(
    odbc_conn_id, wasb_conn_id, ratings_container, rankings_container,
      **context
):
    year = context["execution_date"].year
    month = context["execution_date"].month        ← 检索 blob 存储账户的名称(与
                                                      存储账户的登录名相同)
    blob_account_name = WasbHook.get_connection(wasb_conn_id).login

    query = RANK_QUERY.format(        ← 将运行参数注入
        year=year,                         SQL 查询
        month=month,
```

---

[1] 请注意,这需要安装正确的 ODBC 驱动程序。这个驱动程序已经安装在我们的 Docker 映像中。如果你没有使用我们的映像,则可以在 Microsoft 网站上找到有关如何自行安装驱动程序的详细信息。请确保为你的操作系统使用正确的版本。

```
        blob_account_name=blob_account_name,
        blob_container=ratings_container,
    )
    logging.info(f"Executing query: {query}")

    odbc_hook = OdbcHook(                          ◀──── 使用 ODBC hook
        odbc_conn_id,                                    连接到 Synapse
        driver="ODBC Driver 17 for SQL Server",
    )
    with odbc_hook.get_conn() as conn:
        with conn.cursor() as cursor:
            cursor.execute(query)                  ◀──── 执行查询并检索
                                                         结果行
            rows = cursor.fetchall()
            colnames = [field[0] for field in cursor.description]

    ranking = pd.DataFrame.from_records(rows, columns=colnames)  ◀──── 将结果行转换为
    logging.info(f"Retrieved {ranking.shape[0]} rows")                  Pandas data frame

    logging.info(f"Writing results to "
        ⮑ {rankings_container}/{year}/{month:02d}.csv")
    with tempfile.TemporaryDirectory() as tmp_dir:
        tmp_path = path.join(tmp_dir, "ranking.csv")    ◀──── 将结果写入临时
        ranking.to_csv(tmp_path, index=False)                  CSV 文件

        wasb_hook = WasbHook(wasb_conn_id)         ◀──── 将包含排名的 CSV 文
        wasb_hook.load_file(                              件上传到 blob 存储
            tmp_path,
            container_name=rankings_container,
            blob_name=f"{year}/{month:02d}.csv",
        )
```

与上一步类似，可以使用 PythonOperator 执行此函数，将所需的连接和容器路径作为参数传递给 operator(见代码清单 17-4)。

代码清单 17-4　调用电影排名函数（源码请见 dags/01_azure_usecase.py）

```
rank_movies = PythonOperator(
    task_id="rank_movies",
    python_callable=_rank_movies,
    op_kwargs={
        "odbc_conn_id": "my_odbc_conn",
        "wasb_conn_id": "my_wasb_conn",
        "ratings_container": "ratings",
        "rankings_container": "rankings",
    },
)
```

当然，我们仍然需要提供 ODBC 连接到 Airflow 的详细信息(如图 17-12 所示)。可在 Azure 门户中 Synapse workspace 的 overview 页面中的 "SQL on-demand endpoint" 下找到 Synapse 实例的主机 URL。对于数据库 schema，我们将简单地使用默认数据库(master)。最后，对于登录的用户名和密码，可以使用在创建工作区时为管理员用户提供的用户名和密码。当然，出于演示目的，这里只使用管理员账户。在你的工作中，建议创建一个

具有所需权限的单独 SQL 用户,并通过该用户连接到 Synapse。

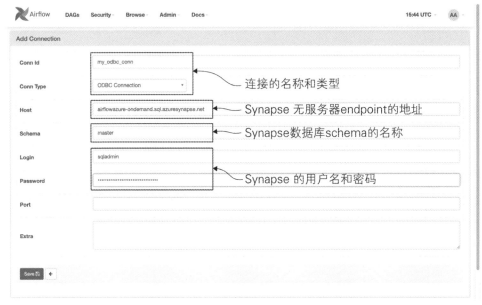

图 17-12　为 Synapse 的 ODBC 连接创建 Airflow 连接。创建 Synapse 工作区时已经设置了相应的用户信息

接下来是将这两个 operator 组合成一个 DAG,我们将每月运行一次 DAG,从而生成月度电影排名(见代码清单 17-5)。

代码清单 17-5　创建完整的电影推荐 DAG(源码见 dags/01_azure_usecase.py)

```python
import datetime as dt
import logging
from os import path
import tempfile

import pandas as pd

from airflow import DAG

from airflow.providers.microsoft.azure.hooks.wasb import WasbHook
from airflow.providers.odbc.hooks.odbc import OdbcHook
from airflow.operators.python import PythonOperator

from custom.hooks import MovielensHook

RANK_QUERY = ...

def _fetch_ratings(api_conn_id, wasb_conn_id, container, **context):
    ...

def _rank_movies(odbc_conn_id, wasb_conn_id, ratings_container,
        rankings_container, **context):
    ...
```

```
with DAG(
    dag_id="01_azure_usecase",
    description="DAG demonstrating some Azure hooks and operators.",
    start_date=dt.datetime(year=2019, month=1, day=1),
    end_date=dt.datetime(year=2019, month=3, day=1),
    schedule_interval="@monthly",
    default_args={"depends_on_past": True},
) as dag:
    fetch_ratings = PythonOperator(...)
    rank_movies = PythonOperator(...)
    upload_ratings >> rank_movies
```

设置开始和结束日期，从而获取所需的评分数据集

使用depends_on_past避免在加载过去的数据之前运行查询(这会产生不完整的结果)

程序成功运行之后，终于能够在 Airflow 中运行我们的 DAG。如果一切顺利，会看到任务从 ratings API 加载数据并在 Synapse 中处理它们(如图 17-13 所示)。如果遇到任何问题，请检查数据路径以及 Azure Blob 存储和 Synapse 的访问凭证是否正确。

图 17-13　在 DAG 中使用 Azure Synapse 成功生成电影排名

17.3.4　环境清理

在 Azure Synapse 中完成此示例后，可以通过删除在示例开始时创建的资源组来删除所有创建的资源(因为它包含所有这些资源)。为此，请在 Azure 门户中打开资源组的 Overview 页面，然后单击 Delete resource group(如图 17-14 所示)。确认删除，从而清理所有底层资源。

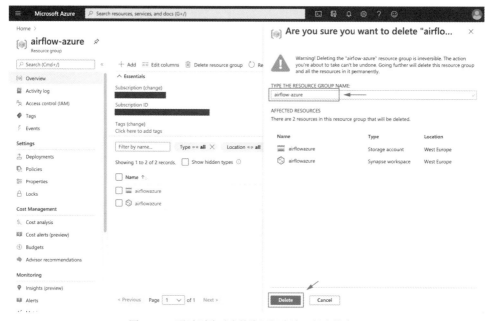

图 17-14　通过删除对应的资源组来清理创建的资源

17.4　本章小结

- 可以通过 ACI 和 App Service 等服务在 Azure 中部署 Airflow，可以将它们用于运行调度器和 Web 服务器进程。可以使用 Azure File/Blob 存储服务来存储文件，并将 Azure SQL Database 作为 Airflow metastore。
- Airflow 提供了多个针对 Azure 的 hook 和 operator，允许你将不同的服务与 Azure 云平台集成。
- 如果某些 Azure 服务符合标准化协议，则可以使用通用 hook(例如 ODBC hook) 访问这些服务。
- 使用针对 Azure 的 hook 和 operator，通常还需要你在 Azure 和 Airflow 中配置所需的资源和访问权限，以便允许 Airflow 执行所需操作。

第 18 章

在 GCP 中运行 Airflow

本章主要内容
- 为 GCP 设计 Airflow 部署策略
- 针对 GCP 的 hook 和 operator 概述
- 演示如何使用针对 GCP 的 hook 和 operator

我们最后介绍的云提供商是谷歌云平台(Google Cloud Platform，GCP)，从 hook 和 operator 的数量来看，这是受支持最好的云平台。几乎所有的 Google 服务都可以通过 Airflow 控制。在本章中，我们将深入探讨在 GCP 上设置 Airflow(18.1 节)、GCP 服务的 operator 和 hook(18.2 节)，以及将前面在 AWS 和 Azure 上演示的电影推荐示例应用于 GCP 中(18.3 节)。

我们还必须注意，GCP 带有名为"Cloud Composer"的托管 Airflow 服务，在 15.3.2 节有更详细的介绍。本章将介绍 GCP 上的 DIY Airflow 设置，而不介绍 Cloud Composer。

18.1 在 GCP 中部署 Airflow

GCP 为运行软件提供了丰富多样的服务，但与其他云服务商一样，没有一家云服务商可以满足用户的所有需求，所以才成就了多家主流云服务商，他们提供各种具有特色的服务。

18.1.1 选择服务

在 GCP 中可以按照一定的规模将 Airflow 的组件与 GCP 服务映射，如图 18-1 所示，从具有最大灵活性的完全由客户自己维护的服务，到完全由 GCP 管理的各种托管服务。

计算引擎	Kubernetes 引擎	App 引擎	Cloud Functions
• 虚拟机 • 自维护 • 完全可控 • 一般用途			• 函数 • GCP 托管 • 不必配置 • 基于事件的工作负载

图 18-1　谷歌云平台提供的不同计算服务概述

在左边，是计算引擎，它为你提供一个虚拟机来运行任何你想要的软件。计算引擎为你提供了极大的自由和控制能力，带来极大灵活性的同时，它也要求你自己管理和配置虚拟机。例如，如果你在计算引擎上运行的服务的工作负载增加，那么你可以通过创建一个具有更大实例类型的 VM 进行垂直扩展，或者通过配置自动扩展策略来创建更多相同的实例来水平扩展。

在右侧，是 Cloud Functions，你可以向其提供一种支持语言(在撰写本文时是 Node.js、Python、Go 和 Java)的函数。例如，通过 Python 函数返回给定时区的当前时间。因此，如果你使用参数 CEST 调用该函数，该函数将返回 CEST 时区的时间。函数处理小工作负载，并可以基于事件操作。Google 会管理你的函数(即底层基础架构)，并将自动扩展已部署函数的数量。如果你的函数请求高负载，Google 会自动扩展。谷歌处理所有日志记录、监控等，你只需要提供函数内容即可。如果你的应用场景符合使用函数的特性，那么可以极大地提高你的工作效率。

设置 Airflow 并不是一件简单的事情，因为它需要共享存储来存储 DAG 文件(主要在运行 CeleryExecutor 或 KubernetesExecutor 时)。这限制了我们在 GCP 中的选择：

- Cloud Functions 可用于基于事件的无状态函数，而 Airflow 不是，因此无法将 Airflow 部署在 Cloud Functions 上。
- 在 App Engine 上运行 Airflow，在技术上可能是可行的，但需要注意的是：App Engine 需要一个 Docker 容器，而 Airflow 的最小安装将 Web 服务器和调度器进程拆分为两部分。这带来了一个挑战：通常，公开某些内容(例如前端或 REST API)的应用程序可以在 App Engine 上运行，App Engine 会根据负载自动扩展。Airflow 并不适合这个模型，因为它默认是一个分布式应用程序。尽管在 GAE 上运行 Web 服务器可能是一个很好的备用选择。

而 Airflow 调度器不适合 App Engine 模型，但你可以有如下两个选择：GCE 和 GKE。Kubernetes 相关内容已经在第 10 章详细讨论过。

- Kubernetes Engine 非常适合 Airflow。提供了用于在 Kubernetes 上部署 Airflow 的 Helm charts。此外，它还提供了挂载由多个 pod 共享的文件系统的抽象。
- 计算引擎允许你完全自由地运行和配置实例。这里有两种类型的计算引擎：基于 Linux 的虚拟机和容器优化的 OS (COS)虚拟机。COS 系统是运行 Docker 容器的理想选择，因此从部署的角度来看，这将很有吸引力，但是，与 Airflow 结合使用会带来一个问题。Airflow 可能需要 DAG 文件存储系统在多台机器之间共享，通过 NFS 访问存储是一种常见的解决方案。但是，COS 没有附带 NFS 支持库。虽然在技术上安装这些虚拟机是可能的，但这不是一项简单的任务，因此改用基于 Linux 的虚拟机更容易，因为它提供了完全的控制权。

对于共享的文件系统，在 GCP 提供的众多选择中，我们推荐使用如下两个：
- Google Cloud Filestore(GCP 托管的 NAS 服务)
- GCS 挂载 FUSE

共享的文件系统长期以来一直是一个挑战，每个系统都有利有弊。如果可能，我们更愿意避免使用 FUSE 文件系统，因为它们将类似文件系统的接口应用于非常规文件系统(例如，GCS 是一个对象存储)，这会带来性能和一致性方面的挑战，尤其是在多个用户同时使用时。

对于其他 Airflow 组件，可以选择的服务较少，因此也更容易。对于 metastore，可以使用 GCP 提供的 Cloud SQL，它可以同时运行 MySQL 和 PostgreSQL。对于日志的存储，我们将使用 Google Cloud Storage(GCS)，这是 GCP 的对象存储服务。

在 GCP 上运行 Airflow 时，在 Google Kubernetes Engine(GKE)上部署可能是最简单的方法(如图 18-2 所示)。GKE 是 Google 的托管 Kubernetes 服务，它提供了一种部署和管理容器化软件的简单方法。GCP 上的另一个部署方法是——在基于 Linux 的计算引擎 VM 上运行所有内容——这将需要更多的工作和时间，因为你必须自己配置所有内容。Google 已经提供了名为 Composer 的托管 Airflow 服务，但在本章，我们将演示如何在 GKE 上部署 Airflow，以及如何与其他 GCP 服务集成。

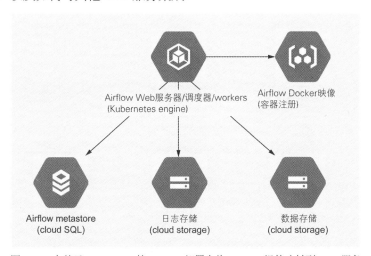

图 18-2　在基于 Kubernetes 的 Airflow 部署中将 Airflow 组件映射到 GCP 服务

18.1.2　使用 Helm 在 GKE 上部署 Airflow

让我们从启动 GKE 开始。在本节中，我们旨在提供用于启动和运行 Airflow 的基本命令，因此跳过了生产设置中经常需要的其他细节，例如不在公共 IP 上公开服务。代码清单 18-1 中的命令将创建一个具有公共端点的 GKE 集群。

使用 gcloud cli

要告诉 Google 使用特定项目,可以使用以下命令配置默认值:

```
gcloud config set project [my-project-id]
```

或为每个命令添加一个标志,如下所示:

```
gcloud compute instances list --project [my-project-id]
```

对于列出的 gcloud 命令,我们不会使用--project 标志,并假设你设置了默认值或将 --project 标志添加到命令中。

代码清单 18-1 通过 gcloud 命令创建 GKE 集群

```
gcloud container clusters create my-airflow-cluster \
--machine-type n1-standard-4 \
--num-nodes 1 \
--region "europe-west4"
```

然后使用代码清单 18-2 中的命令将 kubectl 客户端连接到集群。

代码清单 18-2 用于设置 kubectl 配置项的 gcloud 命令

```
gcloud container clusters get-credentials my-airflow-cluster \
--region europe-west4
```

在这个集群上,将使用 Helm(Kubernetes 的包管理器)部署一个完全可操作的 Airflow 环境。在撰写本文时,GitHub 上的 Airflow 存储库中包含 Helm chart,但未通过官方渠道发布。因此,必须下载它才能安装(见代码清单 18-3)。可以查看 Airflow 文档来获取最新信息。

代码清单 18-3 下载并安装 Airflow Helm chart

```
$ curl -OL https://github.com/apache/airflow/archive/master.zip    ← 下载 Airflow 源代码
$ unzip master.zip
$ kubectl create namespace airflow    ← 为 Airflow 创建 Kubernetes 名称空间
$ helm dep update ./airflow-master/chart    ← 下载指定版本的依赖 Helm charts
$ helm install airflow ./airflow-master/chart -namespace airflow    ← 安装 Airflow Helm chart,这需要一些时间

NAME: airflow
LAST DEPLOYED: Wed Jul 22 20:40:44 2020
NAMESPACE: airflow
STATUS: deployed
REVISION: 1
TEST SUITE: None
NOTES:
Thank you for installing Airflow!

Your release is named airflow.

  You can now access your dashboard(s) by executing the following command(s)
```

and visiting the corresponding port at localhost in your browser:
➥ Airflow dashboard: kubectl port-forward svc/airflow-webserver
    8080:8080 --namespace airflow

代码清单18-3 中的 Helm chart 安装了在 Kubernetes 中运行的完整 Airflow 环境。这意味着一切都在 Kubernetes 内部运行。许多部分都是可配置的，但默认情况下，它运行带有 Postgres metastore 的 KubernetesExecutor，DAG 被放在 Docker 映像中，并且 Web 服务器用户名/密码是 admin/admin。Web 服务器作为 Kubernetes ClusterIP 服务运行，它为你提供集群内部的服务，其他应用程序可以访问，但无法从外部访问。如果要访问它，则将端口转发到 pod(见代码清单 18-4)。

代码清单 18-4　端口转发到 Airflow Web 服务器

```
kubectl port-forward svc/airflow-webserver 8080:8080 --namespace airflow
```

这样一来，可以通过 http://localhost:8080 访问 Web 服务器。
可以通过两种方法添加 DAG：
(1) 在使用 Helm chart 时，默认部署方法是与 Airflow Docker 映像一起构建 DAG。要构建新映像并更新 Docker 映像，请运行代码清单 18-5 所示的命令。

代码清单 18-5　使用 Helm 更新已部署的 Airflow 映像

```
helm upgrade airflow ./airflow-master/chart \
  --set images.airflow.repository=yourcompany/airflow \
  --set images.airflow.tag=1234abc
```

(2) 或者可以指向一个 Git 存储库并配置一个 Git-sync sidecar 容器(https://github.com/kubernetes/git-sync)，它每 X(默认 60)秒从 Git 存储库中提取代码(见代码清单 18-6)。

代码清单 18-6　使用 Airflow Helm chart 配置 Git-sync sidecar

```
helm upgrade airflow ./airflow-master/chart \
  --set dags.persistence.enabled=false \
  --set dags.gitSync.enabled=true
```

有关所有详细信息和配置选项，请参阅 Airflow 文档。

18.1.3　与 Google 服务集成

在 GKE 上运行 Airflow 后，可以查看如何使用更多的 Google 托管服务，这样我们就不必自己在 Kubernetes 上管理应用程序。我们将演示如何创建一个 GCP 负载均衡器来向外部公开 Web 服务器。为此，必须更改 Web 服务器的服务类型，默认情况下它是 ClusterIP 服务。

ClusterIP 类型的服务可以将请求路由到正确的 pod，但不提供用来连接的外部端点，需要用户通过代理来连接到服务(如图 18-3 左侧所示)。这对用户来说很不方便，所以我们想使用一种不同的机制，用户可以直接连接而不需要任何配置。为达到这一目的，我们有多种选择，其中之一是创建 Kubernetes 服务 LoadBalancer(如图 18-3 右侧所示)。服务类型可以通过 chart/values.yaml 中的 webserver 部分来设定。将服务类型从 ClusterIP 更改为 LoadBalancer，然后应用修改后的 Helm chart(见代码清单 18-7)。

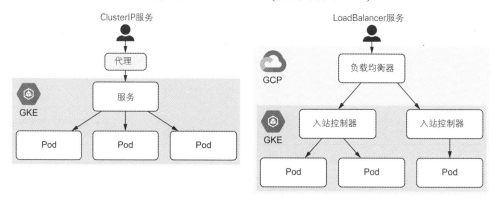

图 18-3　在 Kubernetes 中运行服务的不同访问模式

代码清单 18-7　安装新版本的 Helm chart

```
helm upgrade --install airflow ./airflow-master/chart --namespace airflow
```

GKE 收到在 GKE 集群上应用更改的请求，并注意到从 ClusterIP 服务到 LoadBalancer 服务的变更。GKE 可以与各种 GCP 服务集成，其中之一是负载均衡器。在 GKE 中创建 Kubernetes LoadBalancer 时，GCP 将在网络服务菜单下创建一个负载均衡器，为你的 GKE 集群提供通信服务，如图 18-4 所示。

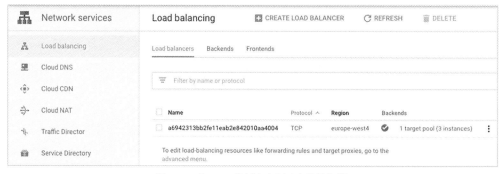

图 18-4　在 GCP 控制台中创建负载均衡器

选择新创建的负载均衡器将显示地址，该地址现在可以从外部访问，如图 18-5 所示。在这个屏幕截图中，Airflow Web 服务器现在可通过 http://34.90.59.14:8080 访问。通过 Airflow Helm 安装的其他组件也可以交给 GCP 服务。例如下面这些服务：

- 可在 Cloud SQL 上运行 Postgres 数据库。
- 可在 Google Cloud Repository(GCR)运行我们自己的映像。
- 可通过远程日志设定，将日志写到 GCS 中(已在 12.3.4 节介绍)。

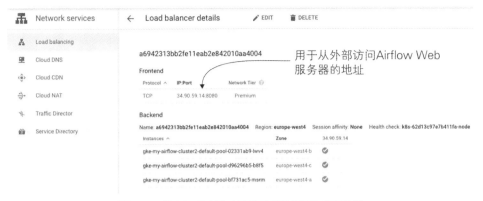

图 18-5　在 GCP 控制台中查找负载均衡器的外部地址

18.1.4　设计网络

对于网络的布局，你有非常多的选择。例如，通信可以利用公共互联网并使用外部 IP。也可以出于安全考量，在 GCP 内部路由所有通信，并仅使用内部 IP。在本小节中，我们旨在提供一个网络布局来帮助你入门，虽然它也许并不适合所有用户，但可以作为一个学习的起点。我们将使用如图 18-6 所示的组件。

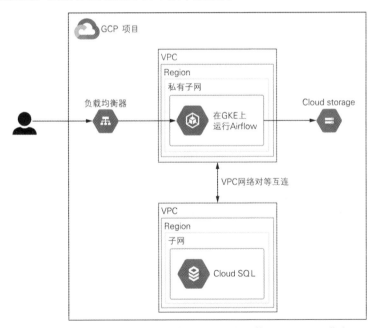

图 18-6　GCP 网络布局示例，其中 Airflow 在 GKE 上运行，使用 Cloud SQL 作为 metastore，
以及通过负载均衡器公开的 Airflow Web 服务器

如前所述，Airflow 安装在 GKE 上。Web 服务器可以通过负载均衡器对外提供访问。Cloud Storage 是一项全球可用的服务，不限于 VPC。但是，GCP 确实提供了一项名为 VPC

服务控制(VPC SC)的服务，从而限制只能从你的 VPC 内访问的特定服务(包括云存储)。为 Airflow metastore 提供服务的 Cloud SQL 数据库不能与你自己的服务在同一子网中运行。Google 在它自己的范围内为你创建了一个完全托管的数据库。因此，必须通过公共互联网或通过将你自己的 VPC 与 Google 的 VPC 对等连接，从而创建与数据库的连接。

18.1.5 通过 CeleryExecutor 扩展

Celery 依靠消息代理将任务分发给 worker。GCP 提供名为 Pub/Sub 的消息传递服务。但是，Celery 不支持这项服务。因此，你只能使用 Celery 支持的开源工具：RabbitMQ 或 Redis。从架构的角度来看，这不会改变图 18-6 所示的架构，因为这些服务可以与 GKE 中的 Airflow 容器一起运行。

默认情况下，Airflow Helm 与 KubernetesExecutor 一起启动。幸运的是，配置 CeleryExecutor 非常容易。所需的组件(例如 Redis)通过一个命令即可自动安装(见代码清单 18-8)。

代码清单 18-8　配置 CeleryExecutor

```
$ helm upgrade airflow ./airflow-master/chart --set executor=CeleryExecutor

Release "airflow" has been upgraded. Happy Helming!
...

You can now access your dashboard(s) by executing the following command(s)
    and visiting the corresponding port at localhost in your browser:

Airflow dashboard:       kubectl port-forward svc/airflow-webserver
   8080:8080 --namespace airflow
Flower dashboard:        kubectl port-forward svc/airflow-flower
      5555:5555 --namespace airflow       ◀── 安装 Celery Flower 仪
                                              表板用于监控
```

Celery worker 的数量可以通过 Helm 属性 workers.replicas 手动控制，默认值为 1。它不会自动缩放。但是，有一个解决方案可以做到这一点，即 Kubernetes Event-Driven Autoscaling，也称为 KEDA[1]。基于某个给定条件，KEDA 会自动增加或减少容器的数量(在 Kubernetes 中，称为 HPA，或水平 Pod 自动缩放)，可以用于设置 Airflow 上的工作负载。Airflow Helm chart 提供了启用 KEDA 自动缩放的设置，并将 Airflow metastore 中如下查询的结果定义为 Airflow 中相应 worker 的数量：

```
CEIL((RUNNING + QUEUED tasks) / 16)
```

例如，假设我们有 26 个正在运行的任务和 11 个排队的任务：CEIL((26+11)/16)=3 个 worker。默认情况下，KEDA 每 30 秒查询一次数据库，如果与当前的 worker 数量不同，

---

[1] Celery 和 KEDA 设置首先由这篇博文为人熟知：https://www.astronomer.io/blog/the-kedaautoscaler。

则更改 worker 的数量，从而启用 Celery worker 的自动缩放功能，如图 18-7 所示。

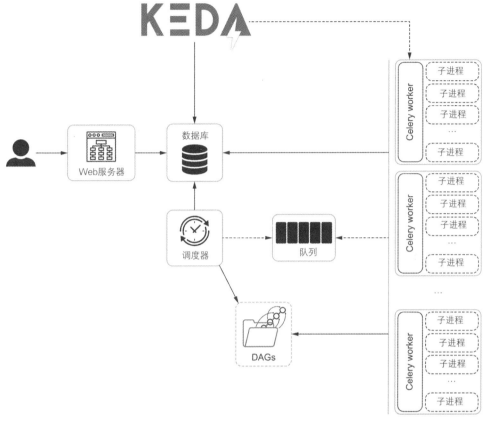

图 18-7　在 Airflow 中运行带有 KEDA 的 CeleryExecutor，会根据工作负载自动增加和减少 Celery worker 的数量。这种设置仅在 Airflow 安装于 Kubernetes 上时才有效

使用 Airflow Helm chart 启用 KEDA 自动缩放(见代码清单 18-9)。

代码清单 18-9　配置 CeleryExecutor 及自动缩放

```
helm repo add kedacore https://kedacore.github.io/charts

helm repo update

kubectl create namespace keda

helm install \
  --set image.keda=docker.io/kedacore/keda:1.2.0 \
  ↩ --set image.metricsAdapter=docker.io/kedacore/keda-metrics-adapter:1.2.0 \
  --namespace keda \
  keda kedacore/keda
```

```
helm upgrade airflow ./airflow-master/chart \
  --set executor=CeleryExecutor \
  --set workers.keda.enabled=true \
  --set workers.persistence.enabled=false
```

◁── KEDA 不支持 Kubernetes StatefulSets，所以必须关闭

那么为什么大家更喜欢设置 Celery 和 KEDA，而不是 KubernetesExecutor 呢？虽然两者都可以水平扩展，但从性能角度来看，设置 Celery 和 KEDA 性能更好，因为它可以保持一定数量的 Celery worker 正常运行，这些 worker 会立即处理到达队列的新任务。但 KubernetesExecutor 必须创建一个新的 Airflow pod 来运行给定的任务，从而增加每个任务的启动开销。

上面提到的所有设置都是可配置的。关于所有详细信息，请参阅文档。在撰写本文时，KEDA 设置被认为还在实验阶段，有关最新信息，请参阅 Airflow 文档。

18.2 针对 GCP 的 hook 和 operator

在 GCP 中，有许多服务可以与 Airflow 的 operator、hook 和传感器等组件对应，与 AWS 和 Azure 相比，GCP 对 Airflow 提供了更广泛的支持。由于 GCP 支持的组件众多，建议你参考 Google/Cloud 提供程序包 apache-airflow-providers-google，以全面了解可用的 hook 和 operator。

Google 相关的 hook 不是从 airflow.hooks.BaseHook 继承的，而是从 airflow.providers.google.common.hooks.base_google.GoogleBaseHook 类继承的。该基类为 Google REST API 提供了相同的身份验证机制，因此所有使用它派生的 hook 和 operator 都不必实现身份验证。它支持 3 种身份验证方法：

(1) 在 Airflow 之外，通过将环境变量 GOOGLE_APPLICATION_CREDENTIALS 配置为 JSON 密钥文件的路径；

(2) 通过在 Google Cloud Platform 类型的 Airflow 连接中，设置 Project id 和 Keyfile Path 字段；

(3) 在 Keyfile JSON 字段中，向类型为 Google Cloud Platform 的 Airflow 连接提供 JSON 密钥文件的内容。

在运行任何与 GCP 相关的 operator 时，都会向 GCP 发送请求，这需要进行身份验证。这种身份验证可以由 GCP 中的服务账户表示，该账户可以由应用程序(例如 Airflow)而不是用户来使用。Airflow 需要通过三个选项之一来使用给定的服务账户对 GCP 进行身份验证。例如，假设我们希望允许 Airflow 运行 BigQuery 任务，则需要创建一个授予必要权限的服务账户。

首先，在 GCP 控制台中，来到 Service Accounts，如图 18-8 所示。

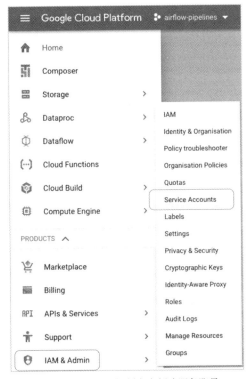

图 18-8 在 GCP 控制台中创建服务账号

单击 Create Service Account 并提供名称，例如 run-bigquery-jobs。接下来，提供 BigQuery Job User 角色，该角色拥有运行 BigQuery 任务所需的权限。如图 18-9 所示。

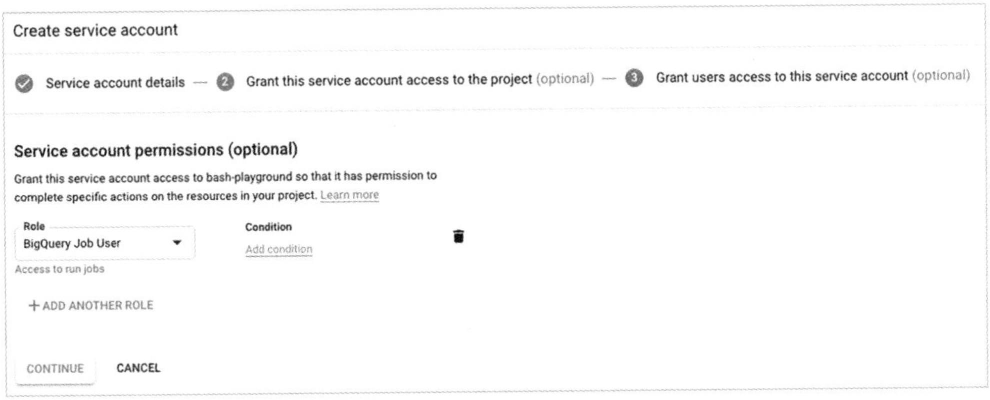

图 18-9 向你的服务账号添加必要的 BigQuery 权限

添加角色后，单击 CONTINUE 来到下一个界面，我们可以在其中创建密钥。单击 Create key，你将获得两个选项来下载密钥文件。JSON 是推荐的方法，因此选择它并单击 CREATE 以下载包含密钥的 JSON 文件，如图 18-10 所示。

刚刚下载的 JSON 文件包含一些可用于通过 GCP 进行身份验证的值(见代码清单 18-10)。

代码清单 18-10 服务账户 JSON 密钥的内容

```
$ cat airflow-pipelines-4aa1b2353bca.json
{
  "type": "service_account",
  "project_id": "airflow-pipelines",
  "private_key_id": "4aa1b2353bca412363bfa85f95de6ad488e6f4c7",
➥ "private_key": "-----BEGIN PRIVATE KEY-----\nMIIz...LaY=\n-----END
    PRIVATE KEY-----\n",
  "client_email": "run-bigquery-jobs@airflow-pipelines.iam...com",
  "client_id": "936502912366591303469",
  "auth_uri": "https://accounts.google.com/o/oauth2/auth",
  "token_uri": "https://oauth2.googleapis.com/token",
  "auth_provider_x509_cert_url": "https://www.googleapis.com/oauth2/...",
  "client_x509_cert_url": "https://...iam.gserviceaccount.com"
}
```

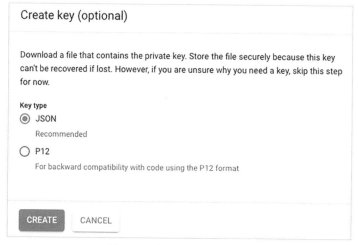

图 18-10 创建并下载访问密钥

请确保该文件被安全地保存。任何有权访问它的人都可以对 GCP 进行身份验证，并使用授予的权限。我们将它提供给 Airflow，以便可以运行 BigQuery 任务。鉴于之前提到的 3 个选项，可以通过 3 种方式提供密钥：

(1) 通过设置环境变量 GOOGLE_APPLICATION_CREDENTIALS(见代码清单 18-11)。

代码清单 18-11 使用环境变量设置 Google 认证信息

```
export GOOGLE_APPLICATION_CREDENTIALS=/path/to/key.json
```

注意，这会在全局范围设置凭证，所有通过 Google 进行身份验证的应用程序都将读取这个 JSON 密钥。

(2) 如图 18-11 所示，通过配置 Airflow 连接。

(3) 如图 18-12 所示，通过向 Airflow 连接提供 JSON 文件的内容。

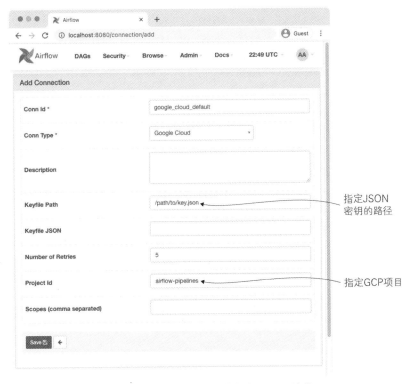

图 18-11　使用访问密钥文件创建 Airflow 连接

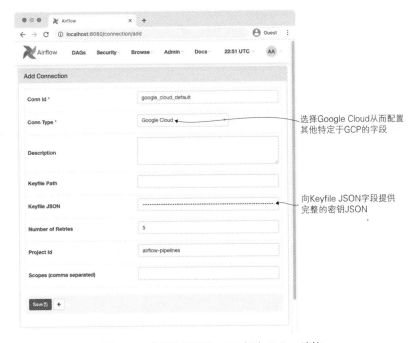

图 18-12　使用访问密钥 JSON 创建 Airflow 连接

所有 3 个选项都将进行身份验证。请注意，JSON 密钥是针对单个项目的。使用选项 1 将在你的系统上全局设置密钥：所有与 Google 连接的应用程序都将使用此密钥进行身份验证，并具有相同的权限。选项 2 也是指向 JSON 密钥的文件位置，但通过 Airflow 连接来提供认证。通过这种方式，可以为不同的任务提供不同的连接 ID，在任务之间使用不同的权限集，还可以连接到不同的 GCP 项目。选项 2 和选项 3 之间的区别在于，在选项 3 中，你的 JSON 密钥仅存储在 Airflow 中，而不是作为文件系统上的文件。但如果你的系统上有其他应用程序需要共享相同的密钥，请使用选项 2。

18.3 用例：在 GCP 上运行无服务器的电影评级

让我们回顾之前应用于 AWS 和 Azure 的用例。那么它如何在 GCP 上工作？如表 18-1 所示，不同的云服务商所提供的服务可以相互替代。

表 18-1 AWS、Azure 和 GCP 中云服务的对应关系

AWS	Azure	GCP
S3	Blob Storage	GCS
Glue	Synapse	Dataflow
Athena	Synapse	BigQuery

表中提到的云服务功能相近，但并不完全相同。一般情况下可以相互替代，但在各种功能和细节上有所不同。例如，AWS Glue 是一项托管 Apache Spark 服务及 metadata 存储。GCP Dataflow 是一项托管的 Apache Beam 服务。Spark 和 Beam 都旨在处理大数据，但处理方式不同。但对于我们的示例，它们都可以完成所需工作。

18.3.1 上传到 GCS

与第 16 章和第 17 章类似，工作流的第一部分是从 ratings API 中获取评分数据，并将其上传到 GCS(Google 的对象存储服务)。尽管大多数 GCP 服务都可以与 Airflow 提供的 operator 通信，但显然没有 operator 可以与我们的自定义 API 通信。虽然可以首先获取评分数据，并将数据写入本地文件，然后再通过 LocalFilesystemToGCSOperator 将文件上传到 GCS，但我们更倾向于在一个任务中完成这个操作，可以通过 Airflow 中提供的 GCSHook 在 GCS 上完成此操作(见代码清单 18-12)。

代码清单 18-12 DAG 获取评分并上传到 GCS

```
import datetime
import logging
import os
import tempfile
from os import path
```

```python
import pandas as pd
from airflow.models import DAG
from airflow.operators.python import PythonOperator
from airflow.providers.google.cloud.hooks.gcs import GCSHook

from custom.hooks import MovielensHook

dag = DAG(
    "gcp_movie_ranking",
    start_date=datetime.datetime(year=2019, month=1, day=1),
    end_date=datetime.datetime(year=2019, month=3, day=1),
    schedule_interval="@monthly",
    default_args={"depends_on_past": True},
)


def _fetch_ratings(api_conn_id, gcp_conn_id, gcs_bucket, **context):
    year = context["execution_date"].year
    month = context["execution_date"].month

    logging.info(f"Fetching ratings for {year}/{month:02d}")

    api_hook = MovielensHook(conn_id=api_conn_id)
    ratings = pd.DataFrame.from_records(
        api_hook.get_ratings_for_month(year=year, month=month),
        columns=["userId", "movieId", "rating", "timestamp"],
    )
    logging.info(f"Fetched {ratings.shape[0]} rows")

    with tempfile.TemporaryDirectory() as tmp_dir:         # 首先提取结果并将其
        tmp_path = path.join(tmp_dir, "ratings.csv")       # 写入本地文件
        ratings.to_csv(tmp_path, index=False)

        # Upload file to GCS.
        logging.info(f"Writing results to ratings/{year}/{month:02d}.csv")
        gcs_hook = GCSHook(gcp_conn_id)                    # 文件将上传到的 GCS
        gcs_hook.upload(                                    # 存储桶
            bucket_name=gcs_bucket,
            object_name=f"ratings/{year}/{month:02d}.csv",  # 数据将写入这
            filename=tmp_path,                              # 个 GCS key
        )


fetch_ratings = PythonOperator(
    task_id="fetch_ratings",
    python_callable=_fetch_ratings,
    op_kwargs={
        "api_conn_id": "movielens",
        "gcp_conn_id": "gcp",
        "gcs_bucket": os.environ["RATINGS_BUCKET"],
    },
    dag=dag,
)
```

(左侧标注：初始化与 GCS 的连接；将本地文件上传到 GCS)

如果一切顺利，可在 GCS 存储桶中看到如图 18-13 所示的 CSV 文件。

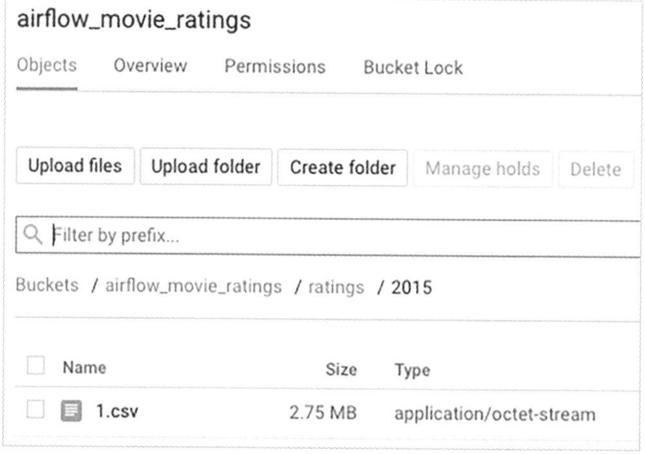

图 18-13 初始 DAG 成功运行的结果，并将评分数据上传到 Google Cloud Storage 的存储桶中

18.3.2 将数据导入 BigQuery

将数据上传到 GCS 后，需要将数据加载到 BigQuery 中，方便查询。虽然 BigQuery 可以处理外部数据，但在对数据进行分区时，尤其是在创建外部表时，它的选项会有所限制。所以最好是将数据导入 BigQuery 然后再查询。在 Airflow 中，有几个用于 BigQuery 的 operator，通过 GCSToBigQueryOperator 可以将存储在 GCS 上的数据加载到 BigQuery 中(见代码清单 18-13)。

代码清单 18-13　将分区数据从 GCS 导入 BigQuery

```
from airflow.providers.google.cloud.transfers.gcs_to_bigquery import
    GCSToBigQueryOperator

# 尝试自动检测 schema
import_in_bigquery = GCSToBigQueryOperator(
    task_id="import_in_bigquery",
    bucket="airflow_movie_ratings",
    source_objects=[
        "ratings/{{ execution_date.year }}/{{ execution_date.month }}.csv"
    ],
    source_format="CSV",
    create_disposition="CREATE_IF_NEEDED",     # 如果表不存在，则创建该表
    write_disposition="WRITE_TRUNCATE",        # 如果分区数据已经存在，则重写它
    bigquery_conn_id="gcp",
    autodetect=True,
    destination_project_dataset_table=(
        "airflow-pipelines:"
        "airflow.ratings${{ ds_nodash }}",     # $符号后面的值定义了要写入的分区，称为"分区装饰器"
    ),
    dag=dag,
)
```

```
fetch_ratings >> import_in_bigquery
```

如图 18-14 所示,这将生成这个 DAG 的第二部分。

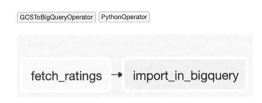

图 18-14　上传数据并将数据导入 GCP BigQuery 中的 DAG

如你所见,我们定义了源(GCS 存储桶中的文件)和目标(BigQuery 表分区),此外,还有更多配置。例如,create 和 write 配置分别定义了当"表"不存在或"分区"已存在时要发生的动作。它们的值可以是 CREATE_IF_NEEDED 和 WRITE_TRUNCATE。与 GCP 相关的 Airflow operator 直接为 Google 提供了围绕底层请求的便利包装器。它们为开发人员提供了一个调用底层系统的接口,并可以同时使用 Airflow 的功能,例如可以模板化的变量。但是像 create_disposition 这样的参数是特定于 GCP 的,并且直接传递给请求。因此,了解它们的预期值的唯一方法就是仔细阅读 Airflow 文档或 GCP 文档,或者直接检查相关源代码。

运行这个工作流后,可以检查 BigQuery 中的数据(如图 18-15 所示)。

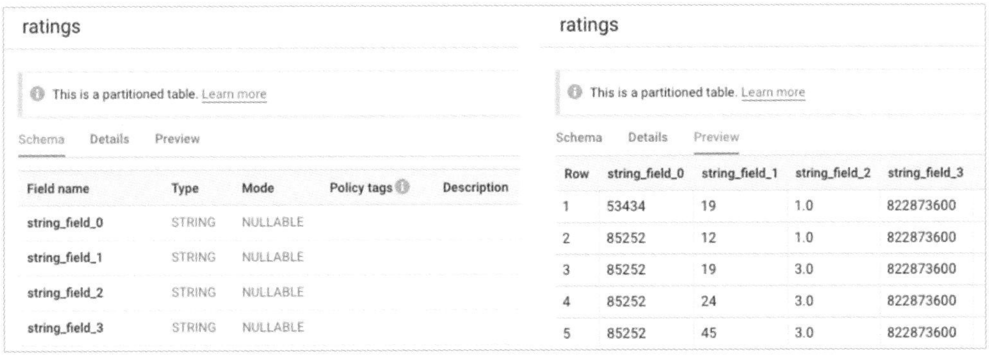

图 18-15　在 BigQuery 中查看导入的数据

如图 18-15 右侧所示,数据已经加载成功。然而,正如我们在左侧看到的,schema 自动检测(我们设置为 True)并没有自动推断 schema,这从列名 string_field_0、string_field_1 等可以明显看出。虽然 schema 自动检测大部分时间都可以正常完成任务,但不能保证 schema 推断一定成功。在这种情况下,我们知道数据的结构不会改变。因此,这个结果是可以接受的(见代码清单 18-14)。

代码清单 18-14　将数据从 GCS 导入 BigQuery 时设定 schema

```
from airflow.providers.google.cloud.transfers.gcs_to_bigquery import
GCSToBigQueryOperator
```

```
import_in_bigquery = GCSToBigQueryOperator(
    task_id="import_in_bigquery",
    bucket="airflow_movie_ratings",
    source_objects=[
        "ratings/{{ execution_date.year }}/{{ execution_date.month }}.csv"
    ],
    source_format="CSV",
    create_disposition="CREATE_IF_NEEDED",
    write_disposition="WRITE_TRUNCATE",
    bigquery_conn_id="gcp",
    skip_leading_rows=1,          ◀──── 跳过标题行
    schema_fields=[
        {"name": "userId", "type": "INTEGER"},
        {"name": "movieId", "type": "INTEGER"},    手动定义 schema
        {"name": "rating", "type": "FLOAT"},
        {"name": "timestamp", "type": "TIMESTAMP"},
    ],
    destination_project_dataset_table=(
        "airflow-pipelines:",
        "airflow.ratings${{ ds_nodash }}",
    ),
    dag=dag,
)
```

现在检查 BigQuery 的 schema 不仅向我们展示了正确的 schema，而且还显示了格式良好的时间戳，如图 18-16 所示。

图 18-16 使用预定义的 schema 检查 BigQuery 中导入的数据

18.3.3 提取最高评分

最后，我们要计算 BigQuery 中的最高评分并存储结果。BigQuery 和 Airflow 都没有为此提供开箱即用的解决方案。虽然我们可以运行查询并导出完整的表，但不能直接将查询结果导出。解决方法是先将查询结果存入中间表，然后导出中间表，最后再删除中间表(见代码清单 18-15)。

代码清单 18-15　通过中间表导出 BigQuery 查询结果

```
from airflow.providers.google.cloud.operators.bigquery import
BigQueryExecuteQueryOperator, BigQueryDeleteTableOperator
from airflow.providers.google.cloud.transfers.bigquery_to_gcs import
    BigQueryToGCSOperator

query_top_ratings = BigQueryExecuteQueryOperator(
    task_id="query_top_ratings",
    destination_dataset_table=(                     ◁── BigQuery 查询结果的
        "airflow-pipelines:",                            目标表
        "airflow.ratings_{{ ds_nodash }}",
    ),
    sql="""SELECT
movieid,
AVG(rating) as avg_rating,
COUNT(*) as num_ratings
FROM airflow.ratings
WHERE DATE(timestamp) <= DATE("{{ ds }}")
GROUP BY movieid                                    ◁── 要执行的 SQL 查询
ORDER BY avg_rating DESC
""",
    write_disposition="WRITE_TRUNCATE",
    create_disposition="CREATE_IF_NEEDED",
    bigquery_conn_id="gcp",
    dag=dag,
)

extract_top_ratings = BigQueryToGCSOperator(
    task_id="extract_top_ratings",
    source_project_dataset_table=(                  ◁── 要提取的 BigQuery 表
        "airflow-pipelines:",
        "airflow.ratings_{{ ds_nodash }}",
    ),
    destination_cloud_storage_uris=(
        "gs://airflow_movie_results/{{ ds_nodash }}.csv"   ◁──
    ),
    export_format="CSV",                            │
    bigquery_conn_id="gcp",                         └── 提取目标路径
    dag=dag,
)

delete_result_table = BigQueryTableDeleteOperator(
    task_id="delete_result_table",
    deletion_dataset_table=(                        ◁── 要删除的 BigQuery 表
        "airflow-pipelines:",
        "airflow.ratings_{{ ds_nodash }}",
    ),
    bigquery_conn_id="gcp",
    dag=dag,
)

fetch_ratings >> import_in_bigquery >> query_top_ratings >>
extract_top_ratings >> delete_result_table
```

在 Airflow Web 服务器中，将看到如图 18-17 所示的结果。

图18-17　获取评分数据，然后上传至 GCS 并导入 BigQuery，接下来处理数据并获取最终结果的完整 DAG

使用 ds_nodash context 变量，我们设法将一系列任务串在一起，在 BigQuery 上执行各种操作。当每次 DAG 运行时，ds_nodash 的值保持不变，因此可用于连接任务结果，同时避免相同的任务在不同的时间间隔覆盖它们。最后的结果是如图 18-18 所示的包含 CSV 文件的存储桶。

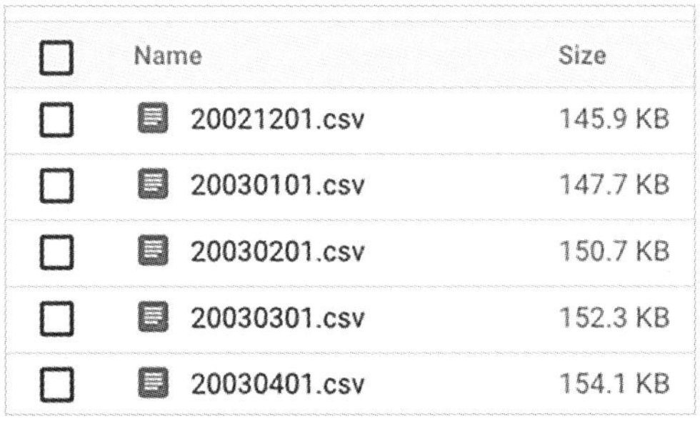

Name	Size
20021201.csv	145.9 KB
20030101.csv	147.7 KB
20030201.csv	150.7 KB
20030301.csv	152.3 KB
20030401.csv	154.1 KB

图 18-18　结果被导出并存储在 GCS 上，并将相应的日期作为 CSV 的文件名

在 BigQuery 中，如果我们同时运行多个 DAG，将创建多个中间表。可以通过 BigQuery 方便地对它们分组(如图 18-19 所示)。

图 18-19　BigQuery 对具有相同后缀的表分组。当同时运行多个 DAG 时，可能会产生多个中间表

这个 DAG 中的最后一个任务是清理中间表。请注意，查询 BigQuery、提取结果和删除中间表的操作现在分为 3 个任务。不能通过同一个任务完成所有这些操作，BigQuery 和 Airflow 中都没有这样的任务。现在，假设 extract_top_ratings 由于某种原因失败了——就会产生无用的 BigQuery 表，BigQuery 定价由多个因素组成，包括数据存储，因此对于残留的 BigQuery 表需要格外小心，因为这可能会导致成本增加。完成所有操作后，请记得删除所有资源。在 Google Cloud 中，这只需要删除相应的项目即可(假设所有资源都位

于同一项目下)。在菜单 IAM & Admin | Manage Resources 下，选择你的项目并单击 Delete 按钮。

单击 Shut Down 后，你的项目将被删除。大约 30 天后，Google 会删除所有资源，但不提供任何保证，并且某些资源可能会比其他资源更快被删除。

18.4 本章小结

- 在 GCP 中安装并运行 Airflow 的最简单方法是使用 GKE，并使用 Airflow Helm chart 作为起点。
- Airflow 提供了许多特定于 GCP 的 hook 和 operator，允许你与 Google Cloud Platform 中的不同服务集成，这些 hook 和 operator 安装在 apache-airflow-providers- google 包中。
- GoogleBaseHook 类为 GCP 提供身份验证，这使你可以在实现自己的 GCP hook 和 operator 时专注于服务细节，而不用考虑身份验证问题。
- 使用特定于 GCP 的 hook 和 operator，通常需要你在 GCP 和 Airflow 中配置所需的资源和访问权限，以便允许 Airflow 执行所需的操作。

附录 A
运行示例代码

本书随附的代码可以从 GitHub 上获取，网址为 https://github.com/BasPH/data-pipelines-with-apache-airflow，也可扫描封底二维码下载。该代码存储库包含本书使用的所有示例代码，以及易于执行的 Docker 环境，以便你可以自己运行所有示例。本附录解释了代码的组织方式，以及如何运行这些示例。

A.1 代码结构

代码是按章节组织的，每一章的结构都是一样的。存储库结构的顶层由几个章节目录(编号为 01-18)组成，其中包含相应章节的代码示例。每个章节目录至少包含以下文件和子目录：

- dags：包含本章演示的 DAG 文件的目录
- docker-compose.yml：描述运行 DAG 所需的 Airflow 设置文件
- README.md：自述文件介绍章节示例，并解释有关如何运行该章节示例的详细信息

一般情况下，本书中的代码清单将引用章节目录中的相应文件。对于某些章节，章节中显示的代码清单将对应于各个 DAG。在其他情况下(特别是对于更复杂的示例)，多个代码清单将合并为一个 DAG，从而生成一个完整 DAG 文件，所以在文件提供时，只提供一个完整的 DAG 文件。

除了 DAG 文件和 Python 代码之外，本书后面的一些示例(尤其是与云计算相关的第 16、17 和 18 章)需要额外的支持资源或配置来运行这些示例。运行这些示例所需的额外步骤将在相应章节的 README 文件中描述。

A.2 运行示例代码

每章都自带一个 Docker 环境，可用于运行相应的代码示例。

A.2.1 启动 Docker 环境

要开始运行章节示例，请在章节目录中运行如下命令：

```
$ docker-compose up --build
```

该命令将启动一个 Docker 环境，其中包含运行 Airflow 所需的多个容器，具体如下：
- Airflow Web 服务器
- Airflow 调度器
- 用于 Airflow metastore 的 Postgres 数据库

为了避免在终端中看到所有 3 个容器的输出，还可以使用以下命令在后台启动 Docker 环境：

```
$ docker-compose up --build -d
```

在某些章节中创建了额外的容器，提供示例所需的其他服务或 API。例如，第 12 章演示了以下监控服务，这些服务也是在 Docker 中创建的，以使示例尽可能真实：
- Grafana
- Prometheus
- Flower
- Redis

幸运的是，运行所有这些服务，将由 docker-compose 文件中的详细信息负责处理。当然，如果你有兴趣，可以深入了解此文件的详细信息。

A2.2 检查正在运行的服务

示例运行后，可以使用 docker ps 命令检查哪些容器正在运行：

```
$ docker ps
CONTAINER ID    IMAGE                              ... NAMES
d7c68a1b9937    apache/airflow:2.0.0-python3.8     ... chapter02_scheduler_1
557e97741309    apache/airflow:2.0.0-python3.8     ... chapter02_webserver_1
742194dd2ef5    postgres:12-alpine                 ... chapter02_postgres_1
```

默认情况下，docker-compose 使用包含文件夹的名称作为运行容器的前缀，这意味着每个章节的容器应该可以通过它们的容器名称来识别。

也可以使用 docker logs 检查各个容器的日志：

```
$ docker logs -f chapter02_scheduler_1
➥ [2020-11-30 20:17:36,532] {scheduler_job.py:1249} INFO - Starting the
  scheduler
➥ [2020-11-30 20:17:36,533] {scheduler_job.py:1254} INFO - Processing each
  file at most -1 times
➥ [2020-11-30 20:17:36,984] {dag_processing.py:250} INFO - Launched
  DagFileProcessorManager with pid: 131
```

如果出现问题，这些日志能够为你提供许多有价值的反馈。

A.2.3 环境清理

运行完示例后，可以使用 CTRL+C 组合键退出 docker-compose。(请注意，如果你在后台运行 docker-compose，则不需要这样做。)要完全清理 Docker 环境，可以从章节目录运行以下命令：

```
$ docker-compose down -v
```

除了停止各种容器之外，还需要删除示例中使用的所有 Docker 网络和卷。

要检查所有容器是否确实已完全删除，可以使用以下命令查看任何已停止但尚未删除的容器：

```
$ docker ps -a
```

如果通过上面命令查询出没有完全删除的 Docker，则可以通过如下命令，根据容器 ID 将特定的 Docker 容器删除：

```
$ docker rm <container_id>
```

其中 container_id 可以通过 docker ps 命令获得，或者也可以使用如下命令删除所有容器：

```
$ docker rm $(docker ps -aq)
```

最后，可以通过如下命令删除所有之前被容器使用的卷：

```
$ docker volume prune
```

但是，我们建议你谨慎使用该命令，因为如果删除了错误的 Docker 卷，将会带来数据丢失。

附录 B
Airflow 1 和 Airflow 2 中的包结构

本书中的大部分内容都是基于 Airflow 1 的，就在本书出版之前，Airflow 2 发布，所以我们决定对所有代码进行更新，以满足 Airflow 2 的要求。

最重要的变化之一是 Airflow 2 中新提供程序包。许多模块从 Airflow 核心程序中删除，现在通过单独的程序包提供给用户，从而缩小核心 Airflow 包的大小。在本附录中，我们列出了本书中使用的所有 Airflow 导入，及其在 Airflow 1 和 Airflow 2 中对应的路径。

B.1 Airflow 1 的包结构

在 Airflow1 中，在 core 组件(operators/hooks/sensors/等)和 contrib 组件之间进行了拆分，如 airflow.operators.python_operator.PythonOperator 和 airflow.contrib.sensors.python_sensor.PythonSensor。

从 Airflow 在 Airbnb 开发以来，这是一个历史性的产物，在 Airbnb 内部将 core 和 contrib 组件分别提供是有意义的。但当 Airflow 项目作为一个开源项目获得关注时，core 和 contrib 之间的分歧成为社区中的一个灰色区域和频繁讨论的焦点。在 Airflow 1 的整个开发过程中，源自 contrib 包的模块都保留在 contrib 中以避免被更改。

B.2 Airflow 2 的包结构

在 Airflow 2 中，社区终于决定对 Airflow 进行重大的更新，因此决定重组 Airflow 包，从而创建一个适合在全局范围内运行项目的结构。在 Airflow 中另一个常见的问题是，Airflow 需要安装大量的依赖项。

因此，社区决定将 Airflow 项目剥离为单独的项目：
- 一个"核心"项目，只包含几个通用 operator、hook 等。
- 可以通过单独的包安装的其他组件，允许开发人员选择安装哪些组件，同时维护一组可管理的依赖项。这些额外的包被命名为 providers。每个 providers 包都使用

apache-airflow-providers-[name] 的格式来命名，例如 apache-airflow-providers-postgres。

现在包含在 providers 包中的所有组件都从 Airflow 的 core 中删除。例如，Airflow 1 的 airflow.hooks.postgres_hook.PostgresHook 类不再包含在 Airflow 2 中。如果要添加它，可以使用如下命令安装：

```
pip install apache-airflow-providers-postgres
```

并且需要导入 airflow.providers.postgres.operators.postgres.PostgresOperator。

注意：如果你希望让 Airflow 1 中的 DAG 可以平稳转移到 Airflow 2 中并顺利执行，每个支持包可以通过 backports 形式存在，它们存在于 Airflow 2 的结构中，但所有组件都与 Airflow 1 兼容。例如，要为 Airflow 1 的 DAG 使用新的 postgres 支持程序，可以使用如下代码安装：

```
pip install apache-airflow-backport-providers-postgres
```

表 B.1 列出了本书代码示例中的所有 Airflow import，显示了 Airflow 1 和 Airflow 2 中的路径，并针对某些情况，还显示了要安装在 Airflow 2 中的附加 providers 包。

表 B.1　Airflow import

Airflow 2 import path	Airflow 2 附加包	Airflow 1 import path
airflow.providers.amazon.aws.hooks.base_aws.AwsBaseHook	apache-airflow-providers-amazon	airflow.contrib.hooks.aws_hook.AwsHook
airflow.providers.microsoft.azure.hooks.wasb.WasbHook	apache-airflow-providers-microsoft-azure	airflow.contrib.hooks.wasb_hook.WasbHook
kubernetes.client.models.V1Volume	kubernetes	airflow.contrib.kubernetes.volume.Volume
kubernetes.client.models.V1VolumeMount	kubernetes	airflow.contrib.kubernetes.volume_mount.VolumeMount
airflow.providers.amazon.aws.operators.athena.AWSAthenaOperator	apache-airflow-providers-amazon	airflow.contrib.operators.aws_athena_operator.AWSAthenaOperator
airflow.providers.google.cloud.operators.bigquery.BigQueryExecuteQueryOperator	apache-airflow-providers-google	airflow.contrib.operators.bigquery_operator.BigQueryOperator
airflow.providers.google.cloud.operators.bigquery.BigQueryDeleteTableOperator	apache-airflow-providers-google	airflow.contrib.operators.bigquery_table_delete_operator.BigQueryTableDeleteOperator
airflow.providers.google.cloud.transfers.bigquery_to_gcs.BigQueryToGCSOperator	apache-airflow-providers-google	airflow.contrib.operators.bigquery_to_gcs.BigQueryToCloudStorageOperator
airflow.providers.google.cloud.transfers.local_to_gcs.LocalFilesystemToGCSOperator	apache-airflow-providers-google	airflow.contrib.operators.file_to_gcs.FileToGoogleCloudStorageOperator
airflow.providers.google.cloud.transfers.gcs_to_bigquery.GCSToBigQueryOperator	apache-airflow-providers-google	airflow.contrib.operators.gcs_to_bq.GoogleCloudStorageToBigQueryOperator

(续表)

Airflow 2 import path	Airflow 2 附加包	Airflow 1 import path
airflow.providers.cncf.kubernetes.operators.kubernetes_pod.KubernetesPodOperator	apache-airflow-providers-cncf-kubernetes	airflow.contrib.operators.kubernetes_pod_operator.KubernetesPodOperator
airflow.providers.amazon.aws.operators.s3_copy_object.S3CopyObjectOperator	apache-airflow-providers-amazon	airflow.contrib.operators.s3_copy_object_operator.S3CopyObjectOperator
airflow.providers.amazon.aws.operators.sagemaker_endpoint.SageMakerEndpointOperator	apache-airflow-providers-amazon	airflow.contrib.operators.sagemaker_endpoint_operator.SageMakerEndpointOperator
airflow.providers.amazon.aws.operators.sagemaker_training.SageMakerTrainingOperator	apache-airflow-providers-amazon	airflow.contrib.operators.sagemaker_training_operator.SageMakerTrainingOperator
airflow.sensors.filesystem.FileSensor		airflow.contrib.sensors.file_sensor.FileSensor
airflow.sensors.python.PythonSensor		airflow.contrib.sensors.python_sensor.PythonSensor
airflow.DAG		airflow.DAG
airflow.exceptions.AirflowSkipException		airflow.exceptions.AirflowSkipException
airflow.hooks.base_hook.BaseHook		airflow.hooks.base_hook.BaseHook
airflow.providers.postgres.hooks.postgres.PostgresHook	apache-airflow-providers-postgres	airflow.hooks.postgres_hook.PostgresHook
airflow.providers.amazon.aws.hooks.s3.S3Hook	apache-airflow-providers-amazon	airflow.hooks.S3_hook.S3Hook
airflow.models.BaseOperator		airflow.models.BaseOperator
airflow.models.Connection		airflow.models.Connection
airflow.models.DAG		airflow.models.DAG
airflow.models.Variable		airflow.models.Variable
airflow.operators.bash.BashOperator		airflow.operators.bash_operator.BashOperator
airflow.operators.dagrun_operator.TriggerDagRunOperator		airflow.operators.dagrun_operator.TriggerDagRunOperator
airflow.providers.docker.operators.docker.DockerOperator	apache-airflow-providers-docker	airflow.operators.docker_operator.DockerOperator
airflow.operators.dummy_operator.DummyOperator		airflow.operators.dummy_operator.DummyOperator
airflow.providers.http.operators.http.SimpleHttpOperator	apache-airflow-providers-http	airflow.operators.http_operator.SimpleHttpOperator
airflow.operators.latest_only.LatestOnlyOperator		airflow.operators.latest_only_operator.LatestOnlyOperator

(续表)

Airflow 2 import path	Airflow 2 附加包	Airflow 1 import path
airflow.providers.postgres.operators.postgres.PostgresOperator	apache-airflow-providers-postgres	airflow.operators.postgres_operator.PostgresOperator
airflow.operators.python.PythonOperator		airflow.operators.python_operator.PythonOperator
airflow.utils		airflow.utils
airflow.utils.decorators.apply_defaults		airflow.utils.apply_defaults
airflow.utils.dates		airflow.utils.dates
airflow.utils.decorators.apply_defaults		airflow.utils.decorators.apply_defaults

附录 C
Prometheus 指标映射

本附录包含从 StatsD 格式到 Prometheus 格式的指标映射。它也包含在随附的 GitHub 存储库中(https://github.com/BasPH/data-pipelines-with-apache-airflow)，其中使用 Prometheus StatsD exporter 演示。StatsD exporter 采用 StatsD 指标(由 Airflow 提供)并以 Prometheus 可以读取的格式公开这些指标。但是，某些转换效率不高或不符合 Prometheus 的命名约定。因此，通过这个映射可以将 Airflow 的 StatsD 指标明确映射到 Prometheus 指标。由于 Airflow 是一个开源项目，因此这个映射可能会发生变化(见代码清单 C-1)。

代码清单 C-1　Airflow 指标的 Prometheus StatsD exporter 映射

```
mappings:

- match: "airflow.dag_processing.total_parse_time"
  help: Number of seconds taken to process all DAG files
  name: "airflow_dag_processing_time"

- match: "airflow.dag.*.*.duration"
  name: "airflow_task_duration"
  labels:
    dag_id: "$1"
    task_id: "$2"

- match: "airflow.dagbag_size"
  help: Number of DAGs
  name: "airflow_dag_count"

- match: "airflow.dag_processing.import_errors"
  help: The number of errors encountered when processing DAGs
  name: "airflow_dag_errors"

- match: "airflow.dag.loading-duration.*"
  help: Loading duration of DAGs grouped by file. If multiple DAGs are found
     in one file, DAG ids are concatenated by an underscore in the label.
  name: "airflow_dag_loading_duration"
  labels:
    dag_ids: "$1"
```

```yaml
- match: "airflow.dag_processing.last_duration.*"
  name: "airflow_dag_processing_last_duration"
  labels:
    filename: "$1"

- match: "airflow.dag_processing.last_run.seconds_ago.*"
  name: "airflow_dag_processing_last_run_seconds_ago"
  labels:
    filename: "$1"

- match: "airflow.dag_processing.last_runtime.*"
  name: "airflow_dag_processing_last_runtime"
  labels:
    filename: "$1"

- match: "airflow.dagrun.dependency-check.*"
  name: "airflow_dag_processing_last_runtime"
  labels:
    dag_id: "$1"

- match: "airflow.dagrun.duration.success.*"
  name: "airflow_dagrun_success_duration"
  labels:
    dag_id: "$1"

- match: "airflow.dagrun.schedule_delay.*"
  name: "airflow_dagrun_schedule_delay"
  labels:
    dag_id: "$1"

- match: "airflow.executor.open_slots"
  help: The number of open executor slots
  name: "airflow_executor_open_slots"

- match: "airflow.executor.queued_tasks"
  help: The number of queued tasks
  name: "airflow_executor_queued_tasks"

- match: "airflow.executor.running_tasks"
  help: The number of running tasks
  name: "airflow_executor_running_tasks"
```